普通高等教育"十一五"国家级规划教材(高职高专)
高职高专教育"十二五"规划建设教材

兽医临床诊疗技术

(第3版)

沈永恕　吴敏秋　主编

中国农业大学出版社
·北京·

内容简介

《兽医临床诊疗技术》全书共分上、下两篇，内容包括临床诊断技术、实验室检验技术、特殊检查技术、建立诊断的步骤与方法、给药技术、穿刺术与封闭疗法、其他治疗技术和动物外产科手术共8章。书中系统地介绍了兽医临床诊断和治疗方面的基本知识和各项技术的操作要领、方法及注意事项，文字简洁，图文并茂(200多幅插图)，内容通俗易懂、深入浅出，突出“实践性”和“应用性”。既介绍了传统经典的临床诊疗技术，又反映了近年来临床诊疗的新技术、新成就，同时增添了小动物(犬、猫等)的诊断、手术和治疗技术。本书可作为大、中专农业院校畜牧、兽医专业教材，也是各级兽医临床诊疗和检验工作者及广大畜禽饲养者的重要参考书。

图书在版编目(CIP)数据

兽医临床诊疗技术/沈永恕，吴敏秋主编. —3版. —北京：中国农业大学出版社，2011.7

ISBN 978-7-5655-0317-7

Ⅰ.①兽…　Ⅱ.①沈…②吴…　Ⅲ.①兽医学-疹疗　Ⅳ.①S854

中国版本图书馆CIP数据核字(2011)第107040号

书　名　兽医临床诊疗技术(第3版)
作　者　沈永恕　吴敏秋　主编

策划编辑　姚慧敏　伍　斌　　**责任编辑**　韩元凤
封面设计　郑　川　　**责任校对**　陈　莹　王晓凤
出版发行　中国农业大学出版社
社　址　北京市海淀区圆明园西路2号　　**邮政编码**　100193
电　话　发行部 010-62818525,8625　　读者服务部 010-62732336
编辑部 010-62732617,2618　　出　版　部 010-62733440
网　址　http://www.cau.edu.cn/caup　　**E-mail** cbsszs @ cau.edu.cn
经　销　新华书店
印　刷　北京鑫丰华彩印有限公司
版　次　2011年9月第3版　　2014年7月第3次印刷
规　格　787×980　16开本　25.5印张　468千字　彩插4
定　价　42.00元

第3版编写人员

主　编	沈永恕	郑州牧业工程高等专科学校
	吴敏秋	江苏畜牧兽医职业技术学院
副主编	章红兵	金华职业技术学院
	张　华	郑州牧业工程高等专科学校
	陆江宁	黑龙江农业职业技术学院
参　编	牛彦兵	新疆农业职业技术学院
	刘正伟	辽宁农业职业技术学院
	柴西超	商丘职业技术学院
	法林荣	云南农业职业技术学院
	黄东璋	江苏畜牧兽医职业技术学院

第2版编写人员

主　编　沈永恕　郑州牧业工程高等专科学校

　　　　吴敏秋　江苏畜牧兽医职业技术学院

副主编　易本驰　信阳农业高等专科学校

　　　　张　华　郑州牧业工程高等专科学校

　　　　胡喜斌　黑龙江生物科技职业学院

　　　　朱金凤　河南农业职业学院

参　编　皇甫和平　郑州牧业工程高等专科学校

　　　　江青东　郑州牧业工程高等专科学校

第1版编写人员

主　编　沈永恕　郑州牧业工程高等专科学校

副主编　周元军　山东临沂师范学院

胡喜斌　黑龙江生物科技职业学院

朱金凤　河南农业职业学院

陈桂先　广西农业职业技术学院

向瑞平　郑州牧业工程高等专科学校

石冬梅　郑州牧业工程高等专科学校

参　编　乐　涛　信阳农业高等专科学校

李德印　郑州牧业工程高等专科学校

张　华　郑州牧业工程高等专科学校

杨宗泽　河北科技师范学院

汪德刚　郑州牧业工程高等专科学校

郭永刚　郑州牧业工程高等专科学校

唐光武　郑州牧业工程高等专科学校

皇甫和平　郑州牧业工程高等专科学校

第3版前言

“兽医临床诊疗技术”是动物医学专业的一门专业核心课程。以培养高素质技能型人才为目标，旨在为动物医院、动物生产等部门培养动物疾病诊断与防治方面的，具有扎实理论知识和较强实践能力的高素质技能型专门人才；同时课程建设以兽医临床就业岗位应具备的综合能力为依据，以满足兽医临床对应用型人才的要求为取向，适时调整和完善课程的内容设置，保证了课程内容和教学模式的实践性、科学性和先进性。

“兽医临床诊疗技术”是联系基础课与专业课的桥梁课程，它既是解剖学、生理学、病理学等基础课程的后续课程，同时又是动物疫病防治技术等专业课程的先导课程，在兽医专业课程体系中和人才培养方面起着承上启下的关键作用。

通过本课程的学习，使学生熟练掌握兽医临床基本检查方法和系统检查方法；掌握血常规、生化检查、尿液检查、粪便检查等各项实验室检查方法；熟悉影像学诊断如B超检查、X线检查技术；能熟练运用注射、穿刺、冲洗、理疗及常用外科技术等方法对疾病进行治疗。通过兽医临床诊断技术和治疗技术的学习，培养学生临床病例分析与鉴别诊断的能力，并能灵活运用这些知识和能力解决专业学习和兽医临床中的问题，提高学生兽医临床诊疗技能。

本课程紧扣动物医学专业的培养目标，以提高学生的兽医临床诊疗技能为主线，通过分析本专业学生的就业岗位、行业现状和发展趋势，调研兽医临床岗位的工作过程、技术要求和职业资格标准，明确学生在本课程学习中需要掌握的基本技术、关键技术和综合技能，形成了基于工作过程需要的课程教学体系。以任务驱动、项目导向为突破口，科学设计、合理安排理论教学和实验教学内容。通过课堂理论讲授、动手实验、实训操作、顶岗实习，将“教、学、做”一体化融入教学全过程，实现“工”与“学”的契合与对接。为此，我们根据长期的临床实践和教学经验，并参阅了大量的有关书籍，在普通高等教育“十一五”国家级规划教材基础上我们把内容做了适当的调整和补充，编写了高职高专教育“十二五”规划建设教材《兽医临床诊疗技术》一书。

全书共分上、下两篇，内容包括临床诊断技术、实验室检验技术、特殊检查技术、建立诊断的步骤与方法、给药技术、穿刺术与封闭疗法、其他治疗技术和动物外产科手术共8章。书中系统地介绍了兽医临床诊断和治疗方面的基本知识和各项技术的操作要领、方法及注意事项，文字简洁，图文并茂(200多幅插图)，内容通俗易懂、深入浅出，突出“实践性”和“应用性”。既介绍了传统经典的临床诊疗技术，又反映了近年来临床诊疗的新技术、新成就，同时增添了小动物(犬、猫、兔等)的诊断、手术和治疗技术。本书可作为大、中专农业院校畜牧、兽医专业教材，也是各级兽医临床诊疗和检验工作者及广大畜禽饲养者的重要参考书。书中所介绍的临床诊断和治疗技术，只要认真学习，刻苦练习，即能操作和应用。

本书在编写过程中得到有关高等院校专家、教授的热情帮助和大力支持，谨此致以衷心感谢。由于我们水平有限，难免有一些不足之处，敬请读者给予批评指正。

编　者

2011年5月

第2版前言

科学技术是第一生产力，科技进步是我国农业生产和农村经济快速发展的关键。科技兴农需要大批具有较高的专业知识和生产技能的高素质的人才来实现，这是保证农业持续发展的根本措施。畜牧业是农业经济的支柱产业，随着畜牧业的发展，不但传统养殖业（猪、鸡、牛、羊等）迅速发展，而且特种经济动物养殖业（兔、鹿、鸵鸟、犬等）也异军突起，发展迅速。伴随着养殖数量的大量增加，各种动物疾病随之增多，病情也越来越复杂化，每年由于动物疾病的发生和死亡所造成的经济损失十分巨大，严重地制约了畜牧业的发展。所以，兽医临床诊断和治疗技术显得越来越重要。要想保证畜牧业健康发展，扑灭动物疾病，必须首先建立正确的诊断，再采取一系列的防治措施，为此，我们根据长期的临床实践和教学经验，并参阅了大量的相关书籍，编写了《兽医临床诊疗技术》一书。该书为普通高等教育“十一五”国家级规划教材。几年来在全国十几所大专院校使用反映较好，在第一版基础上，我们把内容做了适当的调整和补充，又再次出版。

全书共分上、下两篇，内容包括临床诊断技术、实验室检验、特殊检查、建立诊断与病历记录、动物外科技术、给药技术、穿刺术与封闭疗法和其他治疗技术共8章。书中系统地介绍了兽医临床诊断和治疗方面的基本知识和各项技术的操作要领、方法及注意事项，文字简洁，图文并茂（200多幅插图），内容通俗易懂、深入浅出，突出“实践性”和“应用性”。既介绍了传统经典的临床诊疗技术，又反映了近年来临床诊疗的新技术、新成就，同时增添了小动物（犬、猫、兔等）的诊断、手术和治疗技术。本书可作为大、中专农业院校畜牧、兽医专业教材，也是各级兽医临床诊疗和检验工作者及广大畜禽饲养者的重要参考书。书中所介绍的临床诊断和治疗技术，只要认真学习，刻苦练习，即能操作和应用。

本书在编写过程中，得到有关高等院校专家、教授的热情帮助和大力支持，谨此致以衷心感谢。由于我们水平有限，难免有一些不足之处，敬请读者给予批评指正。

编 者

2008 年 9 月

第1版前言

科学技术是第一生产力，科技进步是我国农业生产和农村经济快速发展的关键。科技兴农需要大批具有较高的专业知识和生产技能的高素质的人才来实现，这是保证农业持续发展的根本措施。畜牧业是农业经济的支柱产业，随着畜牧业的发展，不但传统养殖业（猪、鸡、牛、羊等）迅速发展，而且特种经济动物养殖业（兔、鹿、鸵鸟、犬等）也异军突起，发展迅速。伴随着养殖数量的大量增加，各种动物疾病随之增多，病情也越来越复杂化，每年由于动物疾病的发生和死亡所造成的经济损失十分巨大，严重地制约了畜牧业的发展。所以，兽医临床诊断和治疗技术显得越来越重要。要想保证畜牧业健康发展，扑灭动物疾病，必须首先建立正确的诊断，再进行一系列的防治措施，为此，我们根据长期的临床实践和教学经验，并参阅了大量的有关书籍，编写了《兽医临床诊疗技术》一书。该书为普通高等教育"十一五"国家级规划教材。

全书包括兽医临床诊断技术和治疗技术两部分，具体分为临床诊断技术、实验室检验、特殊检查、动物外科手术和治疗技术五个章节。书中系统地介绍了兽医临床诊断和治疗方面的基本知识和各项技术的操作要领、方法及注意事项，文字简治，图文并茂（200多幅插图），内容通俗易懂、深入浅出，突出"实践性"和"应用性"。既介绍了传统经典的临床诊疗技术，又反映了近年来临床诊疗的新技术、新成就，同时增添了小动物（犬、猫、兔等）的诊断、手术和治疗技术。本书可作为大、中专农业院校、畜牧、兽医专业的教材，也是各级兽医临床诊疗和检验工作者及广大畜禽饲养者的重要参考书。书中所介绍的临床诊断和治疗技术，只要认真学习，刻苦练习，即能操作和应用。

本书在编写过程中，得到有关高等院校专家、教授的热情帮助和大力支持，谨此致以衷心感谢。由于我们水平有限，难免有一些不足之处，敬请读者给予批评指正。

编　者

2006 年 9 月

目录

上篇　兽医临床诊断技术

下篇 兽医临床治疗技术

上　篇

兽医临床诊断技术

第一章　临床诊断技术

知识目标

- 了解动物接近与保定的注意事项。
- 掌握动物临床检查常见异常表现的临床诊断意义。

技能目标

- 掌握常见动物保定方法。
- 熟练掌握一般检查及各系统临床检查的方法。

第一节　动物保定法

一、动物的接近

接近是指兽医人员靠近被诊治动物的过程。

[方法]

(1)兽医人员接近动物时，一般由畜主或饲养人员在旁边协助进行。

(2)检查者应以温和的呼唤声，先向动物发出欲要接近的信号，然后再从其侧前方徐徐靠近。

(3)接近后，可用手轻轻抚摸动物的颈侧，使其保持安静和温顺状态，以便进行检查。对猪，则可在其耳根或腹下部用手轻搔，使其安静或卧下，再行检查。对牛或马属动物可轻拍其额部，另一手从饲养员或畜主手接过缰绳。

[注意事项]

(1)接近前应先了解动物的习性及其惊恐与欲攻击人、畜时的神态(如牛低头凝视，马竖耳、瞪眼，猪斜视、翘鼻、发出呼呼声等)。

(2)除亲自观察外，还须向畜主了解动物平时的性情，如有无胆小易惊，好踢人、咬人、顶人等恶癖。

(3)接触马属动物时,一般应从其左侧前方接近,以便事先有所注意。不宜从正前方和后方蓦然接近,以免被其前肢刨伤或后肢踢伤。

(4)接近犬、猫时,最后要让其看到医生后再行接近,当动物怒目圆睁、龇牙咧嘴甚至发出"呜呜"声或"汪汪"声时应特别小心。

(5)为防止感染和疾病传播,要有相应的防护措施,并注意消毒。

二、动物的保定

保定就是以人力、器械或药物限制动物的活动,消除其防卫能力,保障人、畜的安全,以达到检查和处置的目的。

各种动物都可以在自然状态下进行检查,但必要时可采取一些保定措施。

(一)牛的保定

1. 简易保定法

[方法]

(1)徒手保定　保定者面对牛的头部,站于牛的一侧,先用一只手拉提鼻绳、鼻环,或以拇指与食指、中指捏住牛的鼻中膈略上提,然后用另一手抓住牛角加以保定(图 1-1)。适用于驯服且有缰绳的牛。

(2)鼻钳保定　将鼻钳的两钳嘴抵近两鼻孔,并迅速夹住鼻中隔,用一只手或双手握持略向上提举(图 1-2),亦可用绳系紧钳柄固定之。

图 1-1　牛徒手保定法

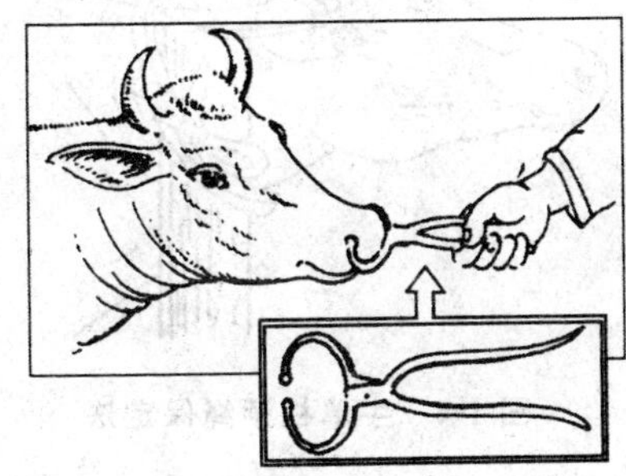

图 1-2　牛鼻钳保定法

(3)两后肢保定　取 2～3 m 长的保定绳,折成等长两段,于腹部形成绳套,然

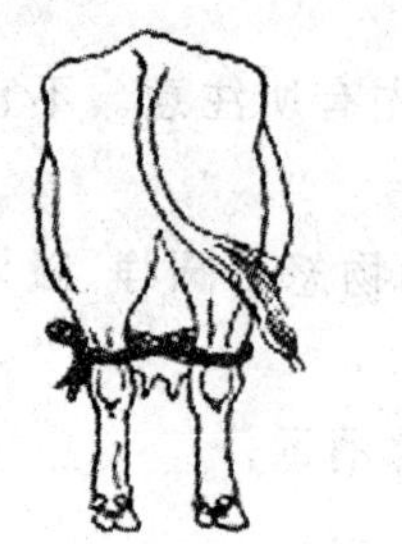

图 1-3 牛两后肢保定法

后慢慢滑至两后肢飞节之上，向一侧拉紧即可。亦可用一条手指粗的柔软的短绳从中间对折，在跗关节上方将两后肢胫部作“8”字形缠绕，打一活结，将两后肢固定在一起(图 1-3 左)。用于恶癖牛的一般检查、静脉注射、乳房、子宫及阴道疾病的治疗。或用绳子的一端扣住一后肢跗关节上方跟腱部，另一端则转向对侧肢相应部作“8”字形缠绕，最后收绳抽紧使两后肢靠拢，绳头由一人牵住，准备随时松开(图 1-3 右)。

[应用]适用于一般检查、灌肠和肌肉注射等。

2. 柱栏保定法

(1)单柱颈绳保定

[方法]将牛的颈部紧贴于单柱(或树桩)，以单绳或双绳作颈部活结固定(图 1-4)。

[应用]适用于一般检查或直肠检查。

(2)角桩保定

[方法]将牛头前方或侧方对准木桩或树干，用绳子或牛缰绳在角根和木桩上作“8”字形反复捆缚，最后将牛的嘴端也缚于木桩上(图 1-5)。

[应用]适用于一般检查、肌肉注射、内脏器官的临床检查或直肠检查等。

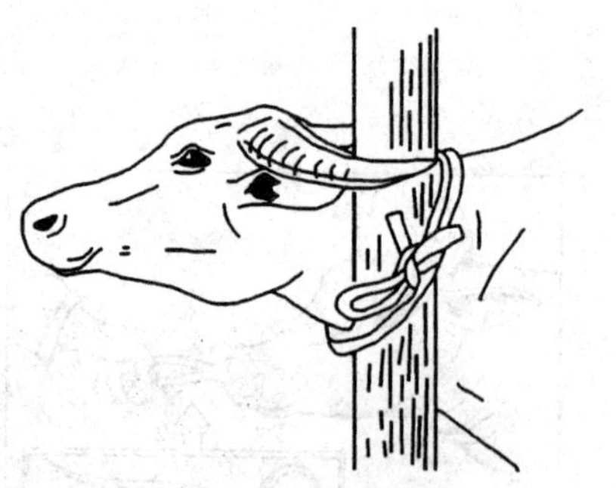
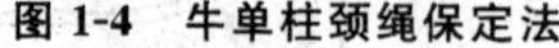

图 1-4 牛单柱颈绳保定法

图 1-5 牛角桩保定法

(3)二柱栏保定

[方法]将牛牵至二柱栏前柱旁，令其靠近柱栏，先将缰绳系于柱栏横梁前端的铁环上，再作颈部活结使颈部固定于前柱上。然后再用一条长绳于前柱至后柱的

挂钩上作水平环绕一周作一围绳，将牛围在前后柱之间，最后用绳在胸部或腹部作上下、左右固定，分别在鬐甲和腰上打活结。必要时可用一根长竹竿或木棒从右前方向左后方斜过腹，前端在前柱前外侧着地，后端斜向后柱挂钩下方，并在挂钩处加以固定（图 1-6）。

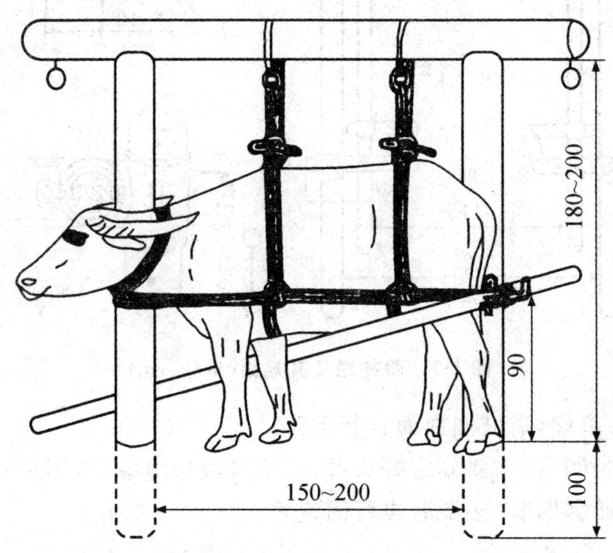

图 1-6　牛二柱栏保定法（单位：cm）

[应用]适用于修蹄、瓣胃注射、瘤胃穿刺及瘤胃切开等手术时的保定。

(4)四柱栏保定

[方法]先将四柱栏的活动横梁按所保定的畜体高度调至胸部 1/2 水平线上，同时按该畜胸部宽度调好两横梁的间距，装系两前柱间的前带（胸带），然后牵畜入四栏柱，再装好两后柱间后带（尾带）即可保定。需要时可装背带和腹带。解除保定的顺序是，先解除背带和腹带，再解开缰绳和前带，让牛从前柱间离开。

牛用四栏柱可用钢管制成，管直径为 8～10 cm（图 1-7）。

[应用]适用于临床一般检查或治疗时的保定。

3. **倒卧保定法**

[方法]

(1)背腰缠绕倒牛法　取一条长约 15 m 的绳，一头拴在牛的两角根处，将绳另一端沿非卧侧颈部外面的躯干上部向后牵引，在肩胛骨后角处环胸绕一圈做成第一绳套，继而向后引至肷部，在环腹一周（此套应放在乳房前方）做成第二绳套（图 1-8），绳子套好后，由一人抓住牛鼻环绳和牛角，向倒卧侧按压牛头，2～3 人用力

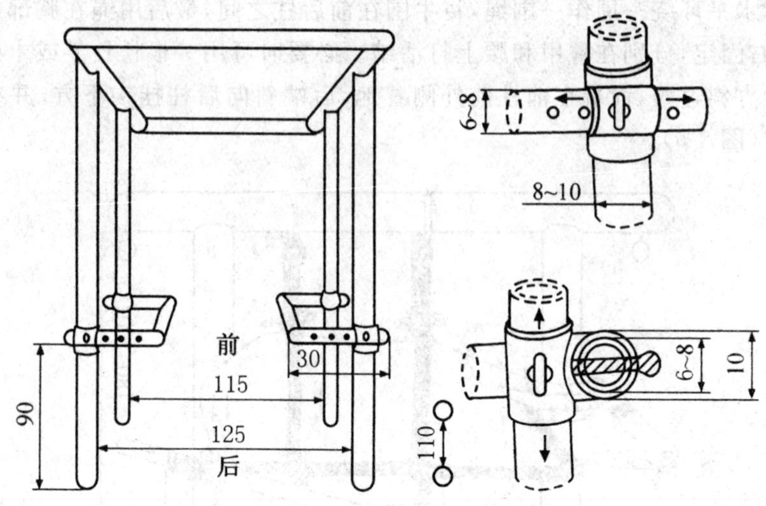

图 1-7 四柱栏及其规格(单位:cm)

向后牵拉绳的游离端,后肢屈曲而自行倒卧。

应注意:牛卧倒后,一要固定好头部;二不能放松绳端,否则牛易重新站起。一般情况下,不需捆绑四肢,必要时再行固定之。

图 1-8 背腰缠绕倒牛法

(2)拉提前肢倒牛法　由助手保定头部(握鼻绳或鼻环)。取 10 m 长的圆绳一条,折成长、短两段,于折转处做一套结并系于左前肢系部;将短绳一端经胸下至右侧并绕过背部再返回左侧;再将长绳一端向上引至左髋结节前方并经腰部返回绕一周半打结,再引向后方,交于另一助手牵引。此时,保定者拉紧左前肢的短绳,令牛向前走一步,正当其抬左前肢的瞬间,3 人同时拉紧绳索,拉长绳端的助手速将缠在腰部的绳套顺着臀部下滑到两后肢的跖部而拉紧,牛即先跪下而后倒卧,一人迅速固定牛头，还有一人固定牛的后躯，最后将两后肢与左前肢捆扎在一起(图1-9)，需要时再固定右前肢，而将四肢缚在一起。

［应用］常用于去势及会阴部外科手术等。

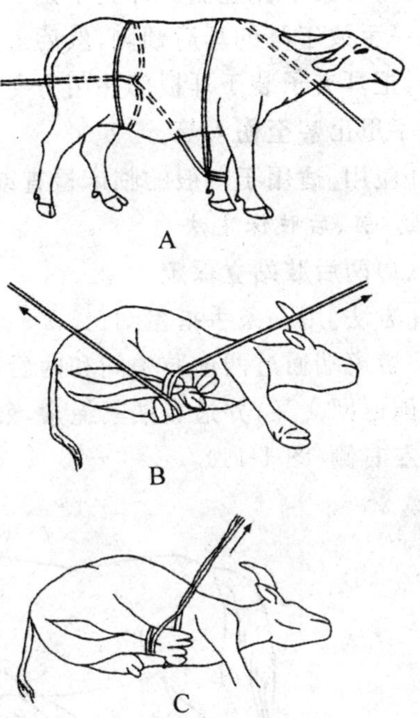

A. 倒牛绳的套结法 B、C. 肢蹄的捆系法

图 1-9 拉提前肢倒牛法

(二)马的保定

1. 简易保定法

［方法］

(1)鼻捻保定法 一只手(右手)抓住笼头，将鼻捻子的绳套套于另一只手(左手)上，并夹于指间，如图 1-10 所示，该手自鼻梁向下轻轻抚摸至上唇时，迅速有力地抓住马的上唇，将绳套套于唇上，此时抓笼头的一只手离开笼头，并迅速向一方捻转把柄，直至拧紧，放松左手，保定者双手持把柄和缰绳面向前站于马的左侧，与马左肩齐平。

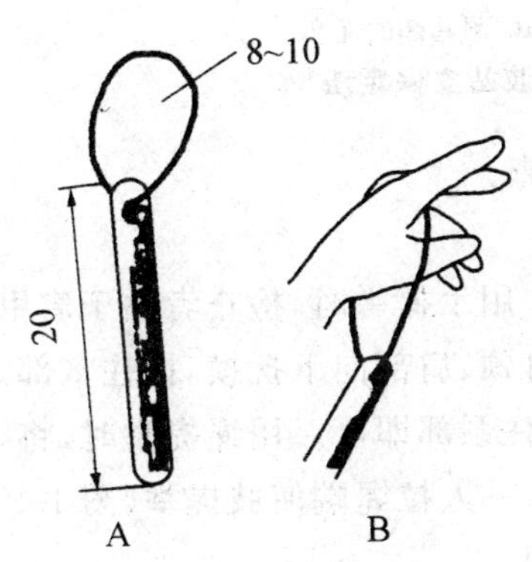

A. 鼻捻棒及绳套 B. 绳套夹于指间的姿势 C. 拧紧上唇

图 1-10 马的鼻捻保定法(单位:cm)

(2)耳夹子保定法　耳夹子是一长形夹，夹于马的耳根部，其作用与鼻捻子相似。一手放于马的耳后颈侧，然后迅速抓住马耳，以持夹子的另一只手迅速将夹子张开，把耳夹子装于耳根部并用力夹紧，此时应握紧耳夹，避免因骚动、挣扎而使夹子脱手甩出甚至伤人等。

[应用]适用于一般的临床检查或简单的处置。

2. 前、后肢保定法

(1)两后肢站立保定

[方法]用一条手指粗细、长 7～8 m 的绳子，绳中段对折打一颈套，套于马颈基部，两游离端通过两前肢中间和两后肢之间，使绳套于马后肢的系部，再分别向左右两侧返回交叉，并适当抽紧绳索，最后将绳端引回至颈套，分别系结固定于颈部绳环左右侧(图 1-11)。

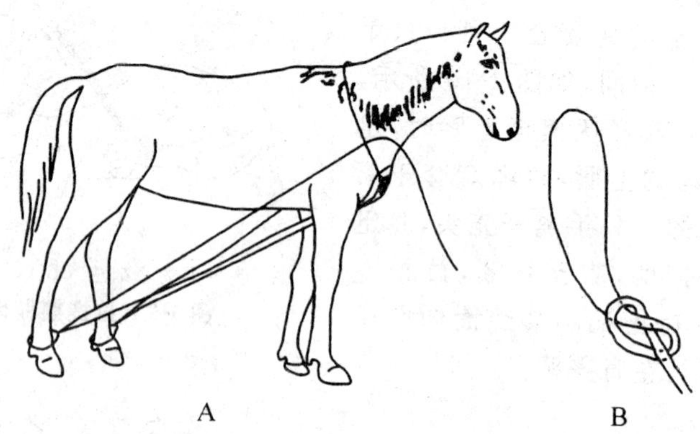

A. 保定的姿势　B. 颈基部的绳套

图 1-11　两后肢站立保定法

[应用]适用于马直肠检查或阴道检查。

(2)前肢提举保定

[方法]徒手或用绳提举马的一前肢。用手提举时，检查者站于肩甲侧方，面向马体后方，一只手置于鬐甲部，另一只手自颈、肩部向下抚摸，握住掌部。提举时将鬐甲部稍向对侧推动，然后用另一只手握住系部即可。用绳提举时，将绳系于前肢的系部，使绳的游离端经鬐甲部绕向对侧，一人拉绳端使肢提举(图 1-12)。

[应用]适用于检蹄或一般的外科处理。

3. 柱栏保定法

(1)单柱保定法

[方法]将马缰绳系于立柱(或树桩)上，用颈绳绕颈部后，系结固定。

[应用]适用于灌药或插胃管等。

(2)二柱栏保定法

[方法]先将马引至柱栏的一侧,并令其靠近柱栏,将缰绳系于柱梁横前端的铁环上,再将脖绳系于前柱上,最后缠绕围绳及吊挂胸、腹绳(图 1-13),具体操作同牛的二柱栏保定法。

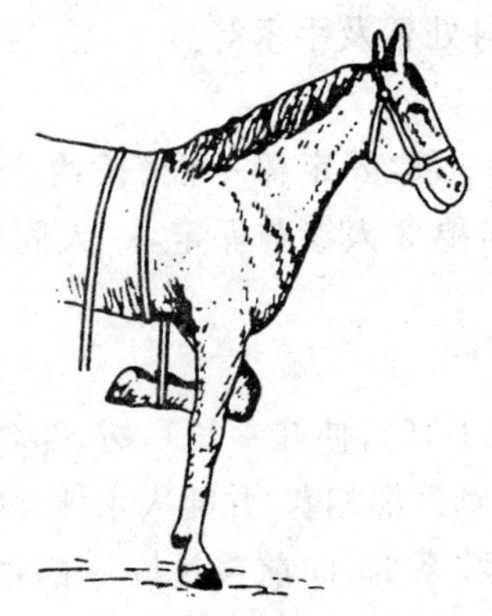

图 1-12 前肢提举保定法

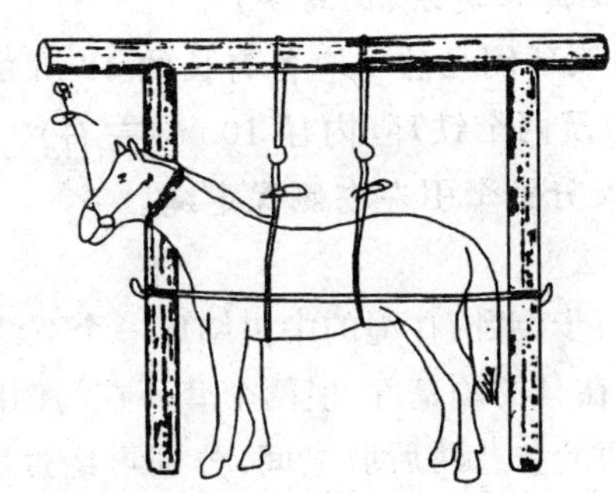

图 1-13 马的二柱栏保定法

[应用]适用于一般临床检查、检蹄及装蹄等。

(3)四柱栏及六柱栏保定法

[方法]保定栏内备有胸革(或用扁绳代替),肩革(带)及腹革(带),前者是保定栏内必备的,而后者可依检查的目的及被检动物的具体情况而定(图 1-14)。

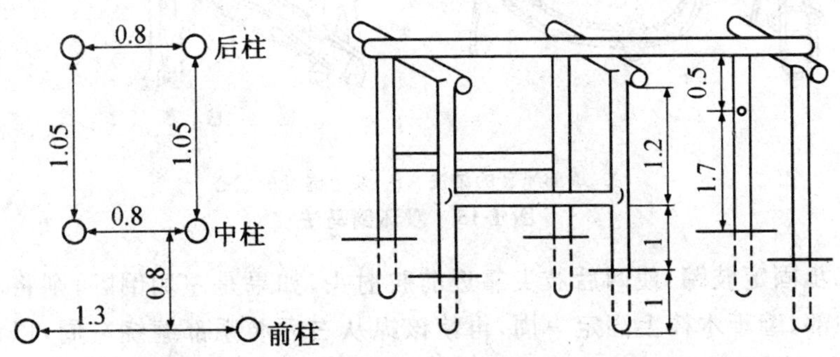

图 1-14 六柱栏及其结构示意图(单位:m)

先挂好胸革,再将马从柱栏后方引进,并把缰绳系于某一柱上,最后挂上臀革。这样,便可对马匹进行一般临床检查。

对某些检查(如检查口腔)或处置,可按需要同时利用两前柱固定头部(或同时系好肩革)。

在做直肠检查时,须上好腹革(带)及肩革(带),并将尾举向侧方或固定于两后柱的铁环上。

在做导尿(特别是公马)或某些外伤处理时,尚需固定一或两后肢,以防踢蹴;在施行外科手术时,必须全面而确实地保定。

[应用]适用于一般临床检查、直肠检查、外科处置及手术等。

4. 侧卧保定法(倒马法)

(1)双环倒马法 应备有长约 12 m 的绳子一条,固定棒一根(长约 25 cm、直径 3 cm)及两个铁环(内径 10 cm 左右)。至少需要 3 人参与保定,一人固定头部,另外两人分别牵引左右侧保定绳。

[方法]

第一步倒卧:在绳的中央结成一个双活结(图 1-15),使其一长一短,并各套一铁环,绳套在马的颈基部,使两个套环在马倒卧的对侧颈部相套,并插入木棒;两游离绳端穿过两前肢及两后肢之间,分别再绕过同侧后肢系部,向前穿过同侧的铁环。此时,左右侧的保定者,同时用力向马体后方平行牵引同侧绳的游离端,使马倒卧。

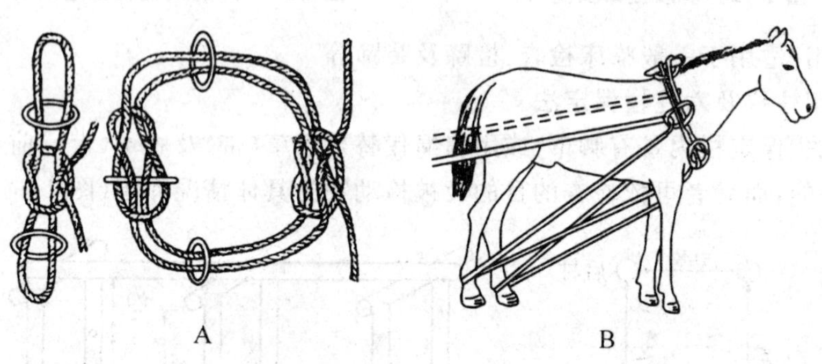

A. 颈部绳套的结法 B. 装上绳套的状态

图 1-15 双环倒马法

第二步固定肢蹄:使两后肢尖靠近前肢肘头,如果是左侧倒卧,则将右侧绳通过右侧颈部,缠于木棒上固定一周,再使该绳从右后肢系部缠绕一周,以活结固定于棒上;左侧绳的游离端从左侧绕过鬐甲至右侧,在木棒缠绕一周,再于左侧系部绕一周,以活结固定于棒上。用左右侧绳余端作双套结,将两前肢系部与两后肢系部固定在一起。

解除保定时,只需抽出木棒,绳即可自行松开。

[应用]适用于公马的去势及直肠检查等。

(2)单绳倒马法

[方法]用长约 12 m 的保定绳,其一端系一铁环(内径 8～10 cm)。先将系有铁环的一端绕颈一周,在欲卧侧的对侧颈基部打结,使铁环放于马肘部后上方,铁环自然下垂;将绳另一游离端通过腹下,再行至卧侧后肢系部,从系部的内侧向后、外侧绕行,再将游离端从铁环的下方(靠马体部)插入环内,从环穿过经背腰部,将绳端引向卧侧后方,用右手拉紧,使卧侧后肢悬起,再用左手握紧缰绳,把马头转向卧地的对侧,加大回头的姿势。同时用两肘强压马的背部,马体失去平衡而随即卧倒地上。当马卧倒地以后,应仍是头部保持倒卧的回头姿势,并迅速用绳的游离端固定另一后肢,之后将马头放于平地上,加以固定。

[应用]适用于公马的去势及直肠检查等。

5. 马保定注意事项

(1)在所有的保定过程中,固定绳均应打活结,以便于解开,防止发生意外。

(2)依诊疗目的及需要,而采取既灵活又安全的各种相适应的保定措施。

(3)倒马时,保定用的绳索必须结实可靠以防断裂;马不宜过饱;倒卧的地面不宜太坚硬,应选择平坦的土质地面,头底下应铺软垫;在固定四肢时,术者应站于适当的位置,注意安全;在整个倒马过程中,应尽量注意避免马体损伤及骨折等。

(4)使用鼻捻子和耳夹子可造成马明显的疼痛,对马的伤害较大,一般情况下尽量少用,用其保定时,时间不能过长。

(三)猪的保定

1. 站立保定

[方法]

(1)在猪群中,可将其赶至猪圈的一角,使其相互拥挤而不便骚动,然后进行检查、处置。欲捕捉猪群中的个体猪只进行检查时,可迅速抓紧提举猪尾、猪耳或后肢,并将其拖出猪群,然后做进一步保定。

(2)绳套保定是在绳的一端做一活套,使绳端自猪的鼻端滑下,当猪张口时迅速使之套入上颌,并立即勒紧;然后由一人拉紧保定绳的一端,或将绳拴于木桩上;此时,猪多呈用力后退姿势,从而可保持安定的站立状态(图 1-16)。

(3)亦可使用带长柄的绳套(捕猪器),其方法基本同上。将绳套套入上腭后,迅速捻紧而固定之。

[应用]第一种方法适用于体温检查、肌肉注射及一般的临床检查;第二、三种方法适用于体格较大的猪只、带仔母猪或公猪的保定,尚可用于投药、注射及针刺等。

A. 保定后姿势 B. 绳套的结法

图 1-16 猪的绳套保定法

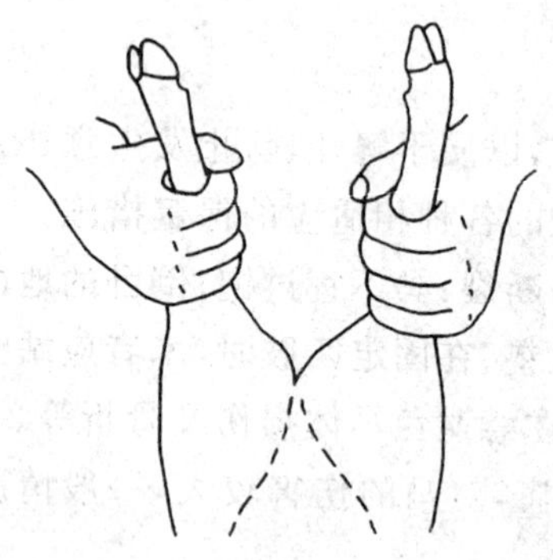

图 1-17 提举后肢保定法

2. 提举保定

[方法]保定人员抓住猪的两耳根基部，迅速提举，使猪腹面朝前，并以膝部夹住其腰腹部；亦可抓住两后肢飞节并将其后躯倒提，保定者用两腿夹住猪胸背部而固定之(图 1-17)。

[应用]此法多用于体型较小或中等的猪只的保定。抓耳提举适用于经口插胃管或气管内注射；后肢提举适用于腹股沟浅淋巴结检查、腹腔注射、灌肠及阴囊疝手术等。

3. 网架保定

网架是用两根较坚固的木棒或竹竿(长100～150 cm)按 60～75 cm 的宽度，用绳在架内织成网床(图 1-18)。

图 1-18 猪保定用网架的结构

[方法]将网架平放于地上，将猪赶至网架上，随即抬起网架，并将两端的木杆放于木凳(或其他支架)上，使猪的四肢落入网孔并离开地面即可固定。较小的猪可将其捉住后放于网架固定。

[应用]适用于一般临床检查、耳静脉注射及针刺等。

4. 保定架保定法

[方法]将猪放于特制的活动保定架或较适宜的木槽内，使其呈仰卧姿势，然后固定四肢或行背位保定(图 1-19)。

[应用]适用于前腔静脉注射、腹部手术或进行一般临床检查。

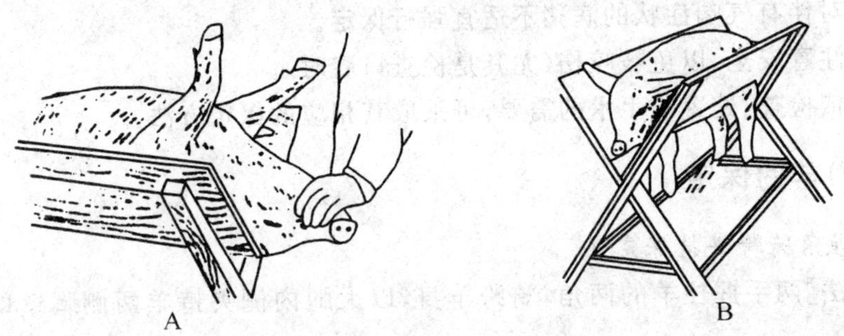

A. 仰卧保定　B. 背位保定

图 1-19　猪的保定架保定法

5. 倒卧保定法(棒绳捆猪法)

[方法]抓猪时，右手迅速握住猪的左耳，同时用左手抓住猪的左侧膝皱襞，并向检查者怀内提举靠紧，然后将猪右胸壁横放于一端系有绳的木棒上(木棒长度超出猪体的横径)，以膝抵压猪的腰臀部，将绳从猪腋下向上绕过左胸至背侧，再向下绕过木棒后，引绳向前，将上下颌缠绕拉紧，使猪头部向后上方弯曲，然后将绳端再向后绕过左腋下，返回向前系。在颌与棒之间的绳上，系结固定，最后检查者踩住地上的木棒即可(图 1-20)。

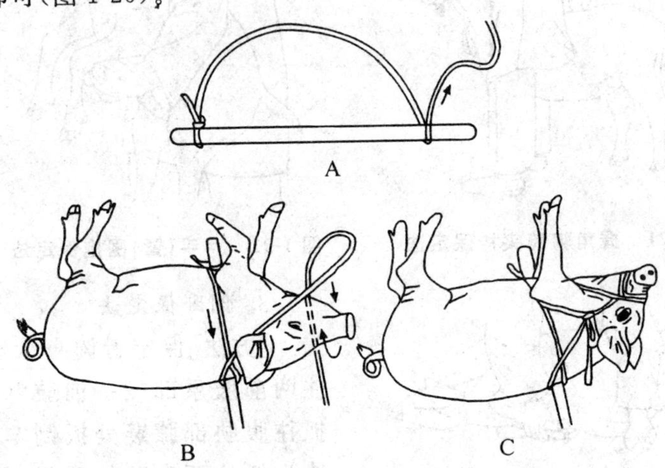

A. 棒绳　B. 绳的捆法　C. 保定后状态

图 1-20　棒绳捆猪法

[应用]适用于大母猪的阉割、静脉注射及某些手术等。

6. 猪保定注意事项

(1)尽可能避免剧烈追赶,以免影响检查结果。

(2)固定绳应打活结,便于解脱。

(3)对伴有气喘症状的病猪不适宜强行保定。

(4)注意安全,以免被咬伤(尤其是检查口腔时)。

(5)依检查、处置或手术的需要,可采取其相应的保定方法。

(四)羊的保定

1. 握角骑跨夹持保定法

[方法]两手握住羊的两角,骑跨羊身,以大腿内侧夹持羊两侧胸壁即可保定(图 1-21)。

[应用]适用于临床检查或治疗时的保定。

2. 两手(臂)围抱保定法

[方法]从羊胸侧用两手(臂)分别围抱其胸加以保定(图 1-22)。

[应用]适用于一般检查或治疗时的保定。

图 1-21 握角骑跨夹持保定法

图 1-22 两手(臂)围抱保定法

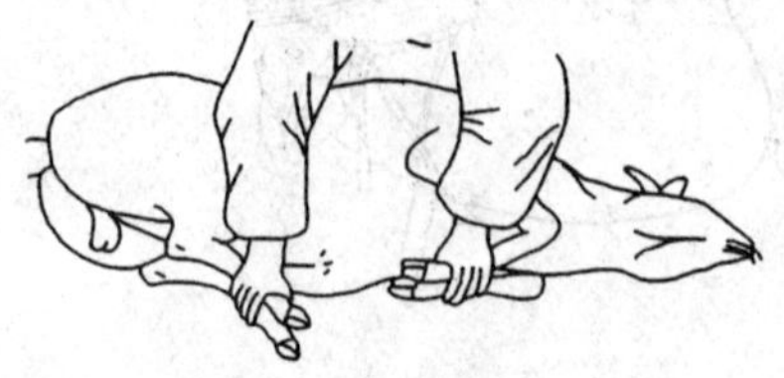

图 1-23 羊倒卧保定法

3. 倒卧保定法

[方法]保定者俯身从对侧一只手抓住两前肢系部或一前肢臂部,另一只手抓住腹胁部膝襞处扳倒羊体,后一只手改为抓住两后肢的系部,前后一齐抓住即可(图 1-23)。

[应用]适用于治疗或简单手术时的保定。

(五)骆驼的保定

[方法]在畜主的协助下，令其卧下。待其卧下后，用绳在一侧弯曲的腕关节上下方缠绕1～2周，使绳的一端自屈曲腕关节内侧空隙通过并系结；再将另一端绕过颈上部，至另侧屈曲的腕关节部做同样的缠绕与系结。如此便可以进行一般的临床检查与处置。必要时，亦可将绳自两屈曲的前肢，分别在驼峰间交叉引至对侧后肢屈曲部，做与前肢相同的固定。

保定或接近时，应注意其喷人。

[应用]适用于临床检查或治疗。

(六)犬的保定

1. 颌部保定法

[方法]用绷带在犬的上下颌缠绕两周后收紧，交叉绕于颈部打结，以固定其嘴不得张开(图1-24)。

图1-24　颌部保定法

[应用]适用于一般检查时的保定。

2. 横卧保定法

[方法]先将犬作颌部保定，然后两手分别握住犬两前肢的掌部和两后肢的跖部，将犬提起横卧在平台上，以右手的臂部压住犬的颈部，即可保定(图1-25)。

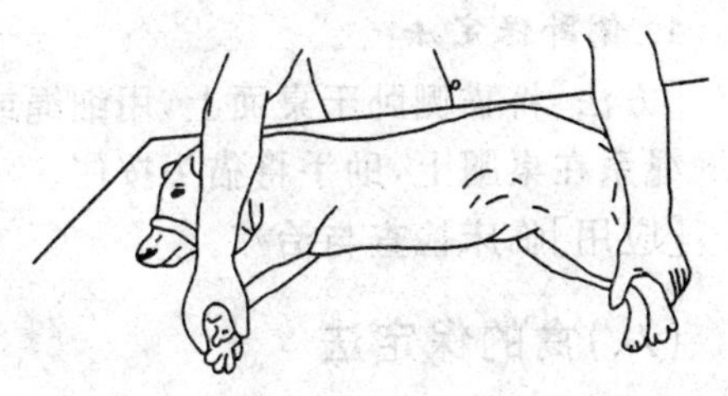

图1-25　横卧保定法

[应用]适用于临床检查和治疗时的保定。

3. 口笼(嘴罩)保定法

[方法]将专用于套犬的口笼套入犬的口鼻部,并将罩的游离部顶带系在颈部。

[应用]适用于嘴筒较长的大型犬和中型犬的临床检查和治疗。

4. 伊丽莎白圈保定法

[方法]将其套在犬颈部后将扣扣好,形成前大后小漏斗状。

[应用]适用于限制犬回头的临床检查,也多用于术后防止动物自我损伤。

5. 四肢捆绑保定法

[方法]将犬呈侧卧、仰卧或腹卧姿势后,用绷带将四肢分别拴系于检查台或手术台上,可将前后分别拴在一起,进行侧卧、仰卧或腹卧保定。

[应用]适用于处理犬的外伤或手术。

(七)猫的保定法

1. 徒手保定法

[方法]保定小猫时,可先把一只手放在小猫的胸腹下,用手掌托起,再用另一只手扶住头颈部即可。也可用右手抓住猫的颈背部皮肤,左手托起猫的臀部,使猫的大部分体重落在左手上。保定成年猫时,应由两人进行,一人先抓住猫颈部皮肤,另一人用双手分别抓住猫的两前肢和后两肢,将猫牢牢地固定住。

[应用]适用于临床检查和治疗。

2. 猫袋保定法

[方法]猫袋可用人造革、粗帆布或厚布制成,布的一侧缝上拉锁,把猫装进袋后拉上拉锁。布的前端装一根能放松的带子,把猫装进袋后先拉上拉锁,再扎紧颈部袋口,猫就不能外跑,此时拉出露出的后肢,可进行体温测量、注射、灌肠等。

[应用]适用于临床检查与治疗。

3. 站立保定法

[方法]站立保定时,要将猫放在桌面上或手术台上,用左手把住猫颈下方,右手放在猫的背腰部,以防猫左右摆动或蹲下。

[应用]适用于临床检查与治疗。

4. 侧卧保定法

[方法]将猫侧卧于桌面上,用细绳或绷带将两前肢和两后肢分别捆绑在一起,用细绳系在桌腿上,助手将猫头按住。

[应用]临床检查与治疗。

(八)禽的保定法

对于小型禽类如鸡、鸽等,可将其两脚夹于保定者的食指和中指之间,拇指和其余手指拢住翅膀；成年的鸡、鸭、鹅等禽类的保定，可用一手抓住两翅基部，另一手抓住两脚；大型禽类的保定，可用一只胳膊环绕禽体，另一只胳膊向下压住翅膀，但对于鸵鸟要先抓住其颈基部，再按住背部向下压，使之卧下。禽类保定时切忌只抓住一只翅膀，以免挣扎而造成骨折或其他损伤。

附：常用的绳结法

1. 单活结

一只手持绳并将绳在另一只手上绕一周，然后用被绳绕的手握住绳的另一端并将其经绳环处拉出即成（图 1-26）。

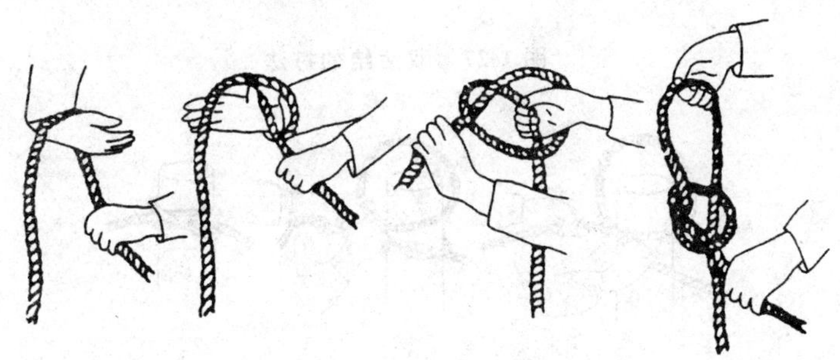

图 1-26 单活结的打法

2. 双活结

两手握绳，左手掌向上，右手掌向下，两手同时右转至两手相对为止，此时绳子形成两个圈；再使两圈并拢，左手圈通过右手圈，右手圈通过左手圈，然后两手分别向相反方向拉绳，于是形成两个套圈（图 1-27）。

3. 猪蹄结（猪蹄扣）

一种方法是将绳端套于柱上后，再套一圈，把两绳端压在圈的里边，一端向左，一端向右；另一种方法是两手交叉握绳，各向原来的方向移动，最后两手一转即成（图 1-28）。

4. 拴马结

左手握持缰绳的游离端，右手握持缰绳绕过木桩，再在左手上绕成一个小圈套；将左手的小圈套从大圈套向上向右拉出，同时换右手拉缰绳的游离端；把游离端做成小套穿入左手所拉的小圈内，然后抽出左手，拉紧缰绳的近端即成（图 1-29）。

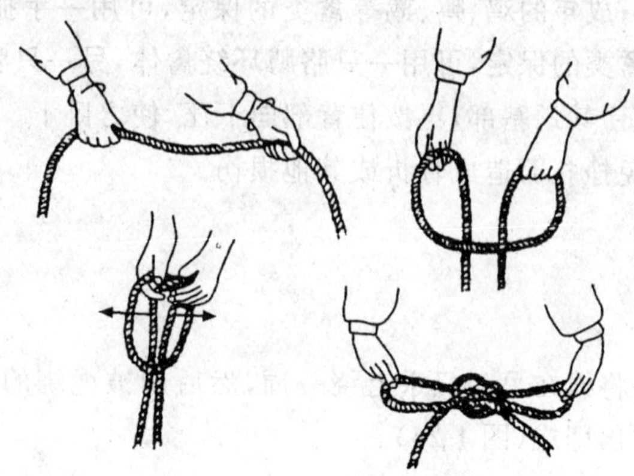

图 1-27　双活结的打法

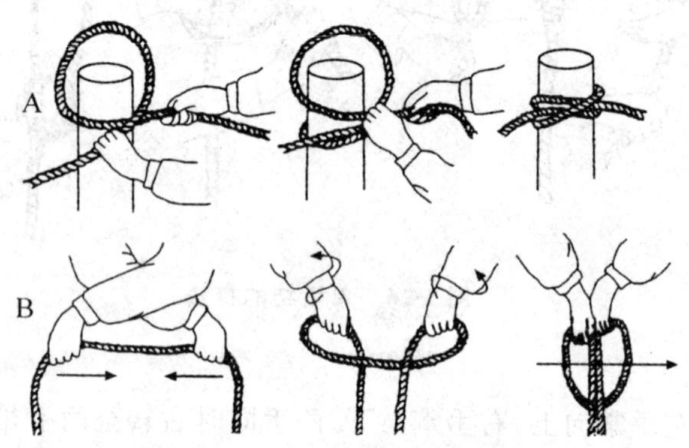

A. 在桩柱上　B. 双手打法

图 1-28　猪蹄结的打法

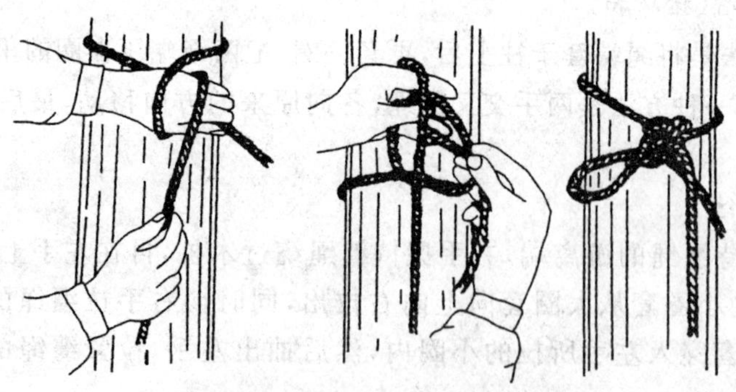

图 1-29　拴马结的打法

第二节 临床检查的基本方法与程序

一、临床检查的基本方法

在兽医临床工作中，为了诊断疾病，常需应用各种特定的检查方法，以获得能用于疾病诊断的症状和资料，这些特定的检查方法称为临床检查法。临床检查方法可概括为临床基本检查法、实验室检查法和特殊检查法。基本检查法是对动物进行病史询问和物理检查；实验室检查法是在有适当设备的实验室内进行的一种检查方法；特殊检查法是用以检查某些疾病或某一疾病的特定的方法。

临床基本检查法包括问诊、视诊、触诊、听诊、叩诊和嗅诊。临床基本检查法有3个特点，一是方法简单易行，不需要昂贵的仪器设备，借助于简单的器械和检查者的感觉器官就可施行；二是在任何场所，对任何动物都可普遍应用；三是能直接地、较准确地观察和判断病理变化。

（一）问诊

问诊就是向畜主或饲养管理人员询问与患病动物发病有关的情况，又称病史调查。

[方法]采用交谈或启发式询问。一般在着手检查病畜前进行，也可边检查边询问。

[应用范围]

（1）现症病史　主要了解本次发病的时间、地点；发病后的主要表现及经过；畜群及相邻饲养场的动物发病情况；对发病原因的估计；已经采取的治疗措施及其效果。

（2）既往病史　患病动物及动物群过去发病情况，即以往发生过哪些病？是否发生过与本次发病相类似的疾病？其经过和结局如何？

（3）饲养管理　包括日粮的组成与质量、饲喂量（采食量）、饲喂制度和方式。

（4）卫生防疫　了解畜舍卫生及环境条件、平时消毒措施、预防接种情况及有关流行病学情况的调查。

（5）生产性能　根据动物特点，有所针对的了解。如为肉用动物要了解动物生长速度；如为产蛋禽要了解产蛋量；乳畜则应了解产奶量；役畜则应了解使役情况等。

[注意事项]

(1)语言要通俗易懂,态度要和蔼,并尽可能用当地方言提问,尽量避免使用特定意义的兽医专业术语,如里急后重、潜血、共济失调等,以取得饲养、管理人员的大力配合,避免暗示性提问。

(2)在内容上既要有重点,又要全面收集情况,并根据具体情况进行必要的选择和增减。

(3)在问诊的顺序上应根据实际情况灵活掌握,可先问诊后检查,也可以边检查边问诊,还可以在检查结束后补充提问。

(4)对问诊所得到的材料,应客观对待,不要简单地肯定或否定,应结合现症检查结果进行综合分析,但不要单纯依靠问诊而草率做出诊断或给予处方、用药。

(二)视诊

视诊是指通过肉眼或借助于简单器械观察动物及动物群的各种外在表现,以及体表组织与器官状态的检查法,以判断动物是否正常或寻找诊断依据。广义的视诊还可包括 X 线影像、超声显像及内窥镜检查以及动物群巡视等。

[方法]

(1)个体视诊　检查者应站离病畜适当距离处,首先观察其全貌,然后由前往后、从左到右边走边看,观察病畜的头、颈、胸、脊椎、四肢。当行至病畜的正后方时,应注意尾、肛门及会阴部,并对照观察两侧胸、腹部是否有异常。为了观察步态及运动过程,可由畜主或饲养员进行牵遛或适当驱赶,以观察其表现。最后再接近动物进行仔细观察。

(2)群体巡视　注意观察动物群全貌,及时发现异常,注意观察畜舍环境卫生状况,检查饲料种类与质量等。

[应用范围]

(1)外貌(体格、发育、营养及躯体结构等)的观察。

(2)精神状态、姿势、运动与行为等的观察。

(3)被毛、皮肤及体表病变等的观察。

(4)可视黏膜及与外界直通的体腔等的观察。

(5)某些生理活动情况,如呼吸动作,采食、咀嚼、吞咽、反刍与嗳气活动,排尿与排粪动作等的观察。

(6)病畜排出的分泌物、排泄物及其他病理产物的数量、性状与混杂物等的观察。

[注意事项]

(1)对初来门诊的病畜,应让其稍经休息,先适应一下新的环境后再进行检查。

(2)最好在自然光照的场所进行。

(3)视诊时一般先不要靠近病畜,也不宜进行保定,以免惊扰,应尽量使动物取自然姿势。

(4)收集症状要客观全面,不要单纯根据视诊所见的症状就确立诊断,要结合其他方法检查的结果,进行综合分析与判断。

(三)触诊

触诊是指检查者利用手或借助检查器具触压动物体,根据感觉了解组织器官有无异常变化的一种检查法。触诊主要是由检查者以指腹、掌指关节部掌面或手背的皮肤进行感觉。触诊可确定病变的位置、硬度、大小、轮廓、温度、压痛及移动性等。

[方法及其应用]

(1)浅表触诊法 检查者以手掌或手背轻放于被检部位,接触皮肤轻柔滑动触摸。适用于检查体表的关节、肌肉、腱、浅在血管、骨骼等,以感觉其温度、湿度、敏感性、肿块的硬度与性状等。

(2)深部触诊法 从外部检查内在组织器官的位置、形态、大小、活动性、压痛及内容物性状等。

①双手按压法 检查者以两手于被检部位的左右或上下两侧对应位置同时加压,并逐渐缩小两手间的距离,以检查中、小动物内脏器官及其内容物的性状。也可用于大动物颈部食道及气管的检查。

②插入触诊法 检查者以一指或几个并拢的手指,沿一定部位用力插入或切入触压,以感知内部器官的状态和压痛点。适用于肝、脾、肾脏的外部触诊检查。

③冲击触诊法 以拳或并拢的手指,置于腹壁相应的被检部位,作2～3次急速、连续、强而有力的冲击,以感知腹腔深部器官的状态与腹腔积液状态。适用于腹腔积液及瘤胃、皱胃内容物性状的判定。当腹腔积液时,在冲击后感到有回击波或振水音。

除上述外部触诊法,对大动物还可进行直肠检查以及食道、尿道的探诊等,这些属内部触诊法。

[注意事项]

(1)注意安全,应了解被检动物的习性及有关恶癖,并在必要时进行保定。当需触诊马、牛的四肢及腹下等部位时,要一只手放在畜体的适宜部位做支点,用另一只手进行检查，并从前往后，自上而下地边抚摸边接近欲检部位，切勿直接突然接触。

(2)检查某部位的敏感性时，宜先健区后病部，先远后近，先轻后重，并注意与对应部位或健区进行对比；检查前应先遮住病畜的眼睛；注意不要使用能引起病畜疼痛或妨碍病畜表现反应动作的保定方法。

[触诊常见的病变]

(1)捏粉样　又称面团样，触压时柔软，局部形成凹陷或留有压痕，移去手指后慢慢变平，如压生面团样。表明皮下组织内有浆液浸润，多见于皮下水肿，常发生于眼睑、胸前、四肢、腹下等部位。临床上常见于心脏疾病、肾脏疾病、血液疾病及营养不良等。胃肠内容物积滞时也会出现捏粉样，如瘤胃积食时瘤胃内容物的性状。

(2)波动感　触压病部时，感觉柔软而有弹性，指压不留痕，进行间歇性压迫或将其一侧固定，从对侧加以冲击时内容物呈波动样改变。为组织间有液体潴留的表现，常见于脓肿、血肿、大面积淋巴外渗等。

(3)气肿感　触压病部时，柔软稍有弹性，并随触压而有气体向邻近组织窜动感，同时可听到捻发音。为组织间有气体积聚的表现，常见于皮下气肿、气肿疽等。

(4)坚实感　触压病区时，感觉坚实致密，如触压肝脏一样，见于蜂窝织炎、组织增生及肿瘤等。

(5)硬固感　触压病部时感觉组织坚硬，如触压骨、石块一样，常见于尿道结石、骨瘤等。

(6)疼痛　触压到病部时，病畜出现皮肌抖动、回顾、躲避或抗拒等动作。

(四)听诊

听诊是以听觉听取动物体内某些器官活动所产生的声音，根据声音的特性判断其机能活动及物理状态的一种检查方法。

[方法]

(1)直接听诊法　先将动物体表放置一块听诊布，然后检查人员用耳紧贴于欲检器官部位的听诊布，进行听诊。其优点是方法简单，声音纯真；缺点是性情暴烈的动物易被其伤害，且听得的声音较弱。此外，直接听诊还可听取动物咳嗽、磨牙、呻吟及气喘等声音。

(2)间接听诊法　即借助听诊器在欲检器官的体表相应部位进行听诊。

[应用范围]

(1)听取心音。

(2)听取喉、气管及胸肺部生理或病理活动的音响。

(3)听取胃肠的蠕动音。

[注意事项]

(1)为了排除外界音响的干扰,应在安静的室内进行。

(2)听诊器两耳塞与外耳道相接要松紧适当,过紧或过松都影响听诊的效果,听诊器的集音头要紧密地贴在动物欲查部位的体表,并避免滑动。听诊器的软管不应交叉,也不要与检查者的手臂、衣服及动物被毛等接触、摩擦,以免发生杂音。

(3)听诊时要聚精会神,并同时要注意观察动物的活动与动作,如听诊呼吸音时要注意呼吸动作,听诊心脏时要注意心搏动等。并注意与传导来的其他器官的声音相鉴别。

(4)听诊胆小易惊或性情暴烈的动物时要由远而近地逐渐将听诊器集音头移至听诊区,以免引起动物反抗。听诊过程中需注意人、畜安全。

(五)叩诊

叩诊是对动物体表某一部位进行叩击,使之振动并产生音响,根据产生音响的性质,判断被叩击部位及其深部器官的物理状态,间接地确定该部位有无异常的检查法。

[方法]

(1)直接叩诊法　用手指或叩诊锤直接向动物体表的一定部位叩击的方法。

(2)间接叩诊法　分指指叩诊法与锤板叩诊法。

①指指叩诊法　通常以左手的中指紧贴在被检查的部位上(用作叩诊板),其他手指稍微抬起,勿与体表接触;右手中指第二指关节处呈 90°屈曲状(作叩诊锤),并以右腕做轴而上、下摆动,用适当的力量垂直地向左手中指的第二指节处进行叩击,听取所产生的叩诊音响。主要用于中、小动物的叩诊。

②锤板叩诊法　即用叩诊锤和叩诊板进行叩诊。一般以左手持叩诊板,将其紧密地放于欲检查部位的体表;用右手持叩诊锤,以腕关节做轴,将锤上、下摆动并垂直地叩击叩板,连续叩击 2～3 次,以听取其音响。通常适用于大家畜胸、腹部检查。

[应用范围]

(1)直接叩诊主要用于检查副鼻窦、喉囊以及检查马属动物的盲肠和反刍动物的瘤胃,以判断其内容物性状、含气量及紧张度。

(2)间接叩诊主用于检查肺脏、心脏及胸腔的病变;也可以检查肝、脾的大小和位置以及靠近腹壁的较大肠管内容物性状。

(3)叩诊可作为一种刺激,判断其被叩击部位的敏感性;叩诊时除注意叩诊音的变化外,还应注意锤下抵抗。

[注意事项]

(1)叩诊时用力的强度,不仅可影响声音的强弱和性质,同时也可决定振动向周围与深部的传播速度。因此,用力的大小应根据检查的目的和被检器官的解剖特点来决定。对深在的器官、部位及较大的病灶宜用强叩诊,反之宜用轻叩诊。

(2)为便于集音,叩诊最好在适当的室内进行;为有利于音响的积累,每一叩诊部位应进行 2～3 次间隔均等的同样叩击。

(3)叩诊板应紧密地贴于动物体壁的相应部位上,对瘦弱动物应该注意勿将其横放于两条肋骨上;对毛用羊只应将其被毛拨开。

(4)叩诊板不能用强力压于体壁,除叩诊板(或用作叩诊板的手指)外,其余材料或手指不应接触动物的体壁,以免影响振动和音响效果。

(5)叩诊锤应垂直地叩在叩诊板上;叩诊锤或用作锤的手指在叩击后应迅速离开。

(6)为了均等地掌握叩诊的用力强度,叩诊的手应以腕关节做轴,轻松地上、下摆动进行叩击,不应强加臂力。

(7)在相应部位进行对比叩诊时,应尽量做到叩击的力量、叩诊板的压力以及动物的体位等都相同。

(8)叩诊时易发生锤板的特殊碰击声,因此叩诊锤的胶皮头要注意及时更换。

[叩诊音]

叩诊音的高低、强弱、持续时间的长短,受被叩击部位及其深部脏器的致密度、弹性、含气量、邻近器官的含气量和距离、叩击力量的轻重及脏器与体表的距离等因素的影响。动物体表叩诊时通常能产生五种叩诊音,即清音、浊音、鼓音、半浊音和过清音。其中清音、浊音和鼓音三种是基本叩诊音,其余两种为过渡音响。过清音是清音与鼓音之间的过渡音,半浊音是清音与浊音之间的过渡音响。

(1)清音　是一种振动时间较长、比较强大而清晰的叩诊音,表明被叩击部位的组织或器官有较大弹性,并含有一定量的气体。叩诊健康动物正常肺部呈清音。

(2)浊音　是一种音调高、声音弱、持续时间短的叩诊音,表明被叩击部位的组织或器官柔软、致密、不含空气且弹性不良。叩诊健康动物厚层肌肉部位(如臀部)以及不含气体的心脏、肝脏等实质脏器与体表直接接触部位呈浊音。

(3)鼓音　是一种音调比较高朗、振动比较有规则,比清音强、持续时间亦较长,类似敲击小鼓时的叩诊音。叩击健康牛瘤胃上 1/3 部或马盲肠基部呈鼓音。

(4)半浊音　是介于清音与浊音之间的过渡音响,表明被叩击部位的组织或器官柔软、致密、有一定的弹性，含有少量气体。叩击健康动物肺区边缘、心脏相对浊音区呈半浊音。

(5)过清音　是一种介于清音与鼓音之间的过渡音响，音调较清音低，音响较清音强。表明被叩击部位的组织或器官内含有多量气体，但弹性较弱。叩击健康动物额窦、上额窦呈过清音。

当被叩击部位及其深部器官的致密度、弹性与含气量等物理状态发生病理性改变时，其叩诊音也会发生相应的病理性变化。如当肺部发生炎性渗出、实变、肿瘤等病变，使肺组织变得致密、丧失弹性，不含气体时，则叩诊音转为浊音；当动物患肺气肿时，肺组织含气量增多，弹性减弱时，叩诊呈过清音；当额窦内有炎性渗出物或脓液积聚，则叩诊时呈浊音。

(六)嗅诊

嗅诊是借助于检查者的嗅觉检查动物的分泌物、排泄物、呼出气、皮肤及病理性分泌物的气味等的一种方法。

[方法]检查者用手将动物散发的气味扇向自己鼻部，通过闻嗅判定气味的特点与性质。

[诊断意义]呼出气、皮肤、乳汁及尿液带有似烂苹果散发出的丙酮味，常提示牛、羊酮病。呼出气和流出的鼻液有腐败臭味，可怀疑支气管或肺脏发生坏疽性病变。皮肤、汗液有尿臭味，常提示尿毒症。呕吐物出现粪臭味，可提示长期剧烈呕吐或肠梗阻。

二、临床检查的程序与病历记录

(一)临床检查的程序

为了全面而系统地搜集病畜的症状，并通过科学的分析以做出正确的诊断，临床检查工作应该有计划、有步骤地按一定程序进行，避免遗漏主要症状，从而获得完整的病史及症状资料。临床检查病畜一般可按下述程序：病畜登记、病史调查、流行病学调查，以获得对患病动物的一般了解，在此基础上再进行现症检查以及必要的补充性的实验室检查和特殊检查，最后完成病历记录。

1. 病畜登记

病畜登记就是系统地记录就诊动物的标志和特征。登记的目的主要用于明确病畜的个体特征，以便于识别，同时也可为诊疗工作提供参考。

(1)动物种类(畜别)　如马、牛、水牛、羊、猪、鸡、犬等。不同种类动物有其固有的传染病(如猪瘟仅发生于猪,牛瘟不侵害马等),也各有其不同的常见病、多发病(如牛前胃病、马的腹痛病等),对毒物、药物的敏感性亦有所不同。

(2)动物品种　不同品种动物有不同的生产性能,对疾病的抵抗力、耐受性、患病后的严重性亦不同。不同品种动物也有不同的常发病,如高产乳牛易患某些代谢扰乱性疾病,本地品种的猪较耐粗饲料等。

(3)性别　不同性别动物的解剖、生理特点,在临诊过程中尤应给予注意。母畜在妊娠及分娩前、后的特定生理阶段,常有特定的多发病及诊疗中的特别注意事项,因此登记时对妊娠动物应加以标明。

(4)年龄　动物不同年龄阶段,常有其固有的、多发的疾病(如驹腺疫、仔猪大肠杆菌及鸡白痢等),幼龄动物对疾病较成年动物敏感。此外,年龄因素与发育状态在确定药量、判断预后上也值得参考。

(5)体重　主要与用药量有关。

(6)过敏药物　询问并登记动物是否有药物过敏史及可能过敏的药物名称,以便临床用药时参考。这一点对宠物门诊尤为重要。

此外,作为动物个体特征的标志,还应注明畜名、号码、毛色、特征或烙印。为便于联系应登记所属单位及管理员的姓名、住址或电话。通常应注明就诊的日期及时间。

2. 问诊及发病情况调查

一般通过问诊调查发病情况,必要时还需深入现场了解病畜的全部情况。

(1)发病时间　询问病畜发病时间及发病当时的具体环境(如饲前或饲后、使役中或休息时等)。

(2)病后表现　主要了解病畜饮食、粪、尿、咳嗽、起卧、反刍、跛行及其他症状表现等。

(3)病因调查　对病畜平时的饲养制度、饲料种类及调配方法、使役情况以及环境卫生、气候及畜舍通风情况等进行了解,以探索发病的原因。

(4)诊治情况　病后是否治疗过,治疗时用药情况及效果,供诊断和治疗时参考。

(5)病畜以往的健康状况　是否患过病,情况如何,对分析现症常常有帮助。

3. 流行病学调查

对病畜怀疑为传染病、寄生虫病、代谢病和中毒病时,除了询问上述内容外尚应对病畜所在的畜群及周围的发病情况或流行病学情况进行调查。条件允许的情况下进行严格的群体观察和现场调查。

(1)畜群中同种或其他动物有无类似疾病发生,发病率多少;有无死亡,死亡率如何；邻居及附近养殖场（厂）最近有什么疾病流行；过去的检疫及预防接种情况；动物流向及调拨等情况，对传染病和地方病的分析都有重要意义。

（2）畜群的饲料配合、饲喂方法和制度、饲料的质量、加工调制方法、放置场所、附近有无排出有毒气体及废水的工矿等。对放牧动物，则应了解牧场及牧草的组织情况。此外，对饮水水源、饮水情况、气候条件及生产、使役情况等也加以了解。这些对推断病因，分析中毒、代谢病、地方病等均有实际意义。

（3）了解动物当地既往发病情况，必要时尚需查阅该单位、地区各种有关兽医文件，如疫情资料、发病和死亡统计材料、病志、剖检记录及各种检验报告单等。必要时尚需查阅公共卫生方面的有关资料。

4. 现症的临床检查

对病畜进行客观的临床检查，是发现、判断症状及病变的主要阶段，而症状、病变更是提示诊断的基础和出发点。所以，临床检查必须仔细、认真。一般可按下列步骤进行：

（1）一般检查　主要包括观察整体状态，如精神、营养、体格、姿势、运动、行为等；被毛、皮肤检查；可视黏膜的检查；浅在淋巴结的检查；体温、脉搏及呼吸次数的测定。

（2）各器官、系统检查　包括心血管系统检查、呼吸系统检查、消化系统检查、泌尿生殖器官检查、神经系统检查等。

（3）辅助或特殊的检查　根据需要可配合进行必要的实验室检验，X线检查、心电图以及超声检查等。

在兽医临床实际工作中，并非对每个病例都需全部实施上述临床检查项目，兽医人员应根据不同疾病的特点确定需要检查的内容和次序。检查顺序可融会贯通各器官系统顺序的检查，面对具体的病例从头到尾井然有序地进行全面检查，即一般检查和系统检查的综合应用。临床检查的程序也并不是固定不变的，可根据具体情况而灵活运用。但在临床上主要的系统和器官都必须详细和全面地检查，以防遗漏一些伴随症状或并发症。

（二）病历记录

病历是临床诊疗工作过程的全面记录，是兽医根据问诊和病史调查、临床检查所见、实验室检验和特殊检查获得的资料经归纳、分析整理而成的诊断和治疗等方面的客观书面记载。病历能反映疾病的发生、发展、转归和诊疗情况，有时病历也是涉及医疗纠纷及饲料、兽药质量或人为中毒事件认定的重要依据。完整的病历既是医疗统计的基础数据，又是科学研究的原始资料。对科学资料的积累、实际经验的总结，都具有重要意义。因此，对临床检查的所有结果，都应详细地记录于病历（病志）中。病历应妥善保存，同时附上该病历的附件（如体温曲线表、临床检验和特殊卡片等）。

1. 病历填写的原则

病历记录一般应遵循如下几个原则：

(1)真实而详细　必须客观地、真实地记录病情或诊疗经过，不能臆想和虚构。应详尽地记录问诊、临床检查及某些辅助(特殊)检查所见与结果，对某些检查的阴性结果也应记入，因其可作为排除诊断的依据。

(2)系统而科学　为了便于归纳整理，所有记录内容应按系统有序地记载，所见的各种症状应以通用的规范汉语、汉字和兽医学术语书写病历。

(3)具体而肯定　各种征候、表现应尽可能地具体和肯定，避免用可能、好像、似乎等不确定的词句（当然，如果不能确切肯定某种变化时，可在所见的后面加上问号，以便通过进一步的观察和检查再行确定）。字迹要清晰，不可潦草，避免涂改。

(4)通俗易懂　语句应通顺，比喻和形象的描绘应简要明了，便于理解。

2. 病历记录的内容

(1)病畜登记　其中分别列举病畜登记的项目，可按病历表的格式或要求进行填写。

(2)主诉及问诊材料　包括病史、详细的发病情况或流行病学调查的结果、饲养管理情况、就诊前的经过及处理方式等。

(3)临床检查所见　这是病历的主要内容，初诊病历记录应更详细。内容为：①记录体温、脉搏及呼吸数。②整体状态的检查记录，包括精神状态、体格、发育、营养状态、姿势、结构的变化及表在病变。③各器官系统的检查所见，依次记录心血管系统、呼吸系统、消化系统、泌尿生殖系统、神经系统等症状变化。

(4)辅助检查(特殊检查)的结果　一般以附件的形式记录之，如实验室检查（血、尿、粪便）结果、心电图、X 线及超声检查所见等。

(5)病历日志记录内容　①每日体温、脉搏、呼吸数（一般可绘制曲线表以表示之）。②各器官、系统的新变化（一般重点记录与前日不同的所见）。③各种辅助检查的结果。④会诊的意见及决定等。⑤所采取的治疗措施、方法、处方及饲养管理上的改进等。

(6)病历的总结　当治疗结束时以总结方式，对诊断及治疗结果加以评定，并指出今后在饲养、管理上应注意的事项。如以死亡为转归时，应进行剖检并将其剖检所见加以记录，最后应总结全部诊疗过程中的经验及教训。

附：病历记录（病志）格式表

病历记录（病志）表（正页）

病历号： 第1页

<table>
<tr><td>畜主姓名</td><td colspan="2"></td><td>住 址</td><td colspan="4"></td></tr>
<tr><td>电 话</td><td colspan="3"></td><td>E-mail</td><td colspan="3"></td></tr>
<tr><td>畜 别</td><td></td><td>年 龄</td><td></td><td>性 别</td><td></td><td>特 征</td><td></td></tr>
<tr><td>体 重</td><td></td><td>毛 色</td><td></td><td>用 途</td><td></td><td>过敏药物</td><td></td></tr>
<tr><td rowspan="2">诊 断</td><td>月 日</td><td colspan="3"></td><td>入院日期</td><td colspan="2">年 月 日</td></tr>
<tr><td>月 日</td><td colspan="3"></td><td>出院日期</td><td colspan="2">年 月 日</td></tr>
<tr><td colspan="8">主诉及病史：</td></tr>
<tr><td colspan="8">临床检查： 体温(℃) 脉搏(次/分) 呼吸(次/分)</td></tr>
<tr><td colspan="8"></td></tr>
</table>

兽医师（签名）__________

病历记录表（副页）

（第 页）

日 期	临床检查及处置（治疗）	兽医师签名

第三节　一般检查

在对就诊动物进行登记和问诊后,通常要进行直接的检查。一般检查是对动物进行临床检查的初步阶段。通过一般检查可以了解动物全貌,并可发现疾病的某些重点症状,为进一步系统检查提供线索。

一般检查以视诊和触诊为主要检查方法。检查的内容包括全身状态的观察、被毛及皮肤的检查、眼结膜的检查、体表浅在淋巴结的检查以及体温、脉搏、呼吸数的测定等。

一、全身状态的观察

(一)精神状态

[方法]主要观察动物的神态,根据动物面部表情、眼和耳的活动及其对外界刺激的各种反应、举动而判定。

[正常状态]健康动物表现为头耳灵活,眼睛明亮,反应迅速,动作敏捷,毛、羽平顺有光泽。幼龄动物则显得活泼好动。

[病理状态]精神异常可表现为抑制或兴奋。

(1)抑制状态　一般动物表现为双耳耷拉,头低下,眼半闭,行动迟缓或呆然站立,对周围淡薄而反应迟钝,重则可见嗜睡甚至昏迷。而禽类则表现为羽毛蓬松,垂头缩颈,两翅下垂,闭目呆立。可见于各种发热性疾病、消耗性疾病和衰竭性疾病等。

(2)兴奋状态　轻者左顾右盼,惊恐不安,竖耳刨地;重则不顾障碍前冲后退,狂躁不驯或挣扎脱缰。牛可哞叫或摇头乱跑;猪则有时伴有痉挛与癫痫样动作,严重时可见攀登饲槽,跳越障碍,甚至攻击人畜。可见于脑及脑膜炎症、中暑及某些中毒病。

(二)营养、发育与体格结构

1. 营养

[方法]主要根据肌肉的丰满度、皮下脂肪的蓄积量及被毛情况而判定。确切

测定应称量体重。

[正常状态]营养良好:健康动物表现肌肉丰满、皮下脂肪充盈、骨骼棱角不显露、被毛光顺。

[病理状态]

(1)营养不良 动物表现消瘦,骨骼表露明显,被毛粗乱无光,皮肤松弛缺乏弹性。常见于消化不良、长期腹泻、代谢障碍、慢性传染病和寄生虫病等。

(2)营养过剩 即肥胖,表现体内中性脂肪积聚过多,体重增加。多因饲养水平过高、运动不足或内分泌紊乱而引起,如肥胖母牛综合征、肾上腺皮质功能亢进、甲状腺功能减退等。

2. 发育

[方法]主要根据骨骼的发育程度及躯体的大小而确定。必要时应测量体长、体高、胸围等体尺。

[正常状态]健康动物发育良好,体躯发育与年龄相称,符合品种特征,肌肉结实,体格健壮。

[病理状态]发育不良的病畜,多表现为躯体矮小,发育程度与年龄不相称,在幼畜多呈发育迟缓甚至发育停滞。

3. 躯体结构

[方法]主要注意病畜的头、颈、躯干及四肢、关节各部的发育情况及其形态比例关系。

[正常状态]健康动物的躯体结构紧凑而匀称,各部的比例适当。

[病理状态]

(1)单侧耳、眼睑、鼻唇松弛、下垂而致头面歪斜,是面部神经麻痹的表现。

(2)头大颈短、面骨膨隆、胸廓扁平、腰背凹凸、四肢弯曲、关节粗大多为骨软症或幼畜佝偻病的特征。

(3)腹围极度膨大、肋部胀满提示反刍兽的瘤胃臌气或马骡的肠臌气。

(4)马因鼻唇部浮肿而引起类似河马头样病变形态,常为出血性紫癜(血斑病)的特征。

(5)猪的鼻面部歪曲、变形,提示传染性萎缩性鼻炎等。

(三)姿势与步态

[方法]主要观察病畜表现的姿态特征。

[正常状态]健康动物姿态自然,且不同种类动物通常各有特点。马多站立,常轮流歇其后蹄,偶尔卧下,但闻吆喝声而起;牛站立时常低头,食后喜四肢集腹下而

卧，起立时先起后肢，动作缓慢；羊、猪于食后好躺卧，生人接近时迅即起立、逃避。

[病理状态]典型的异常姿态常见的有：

(1)全身僵直　表现为头颈挺伸，肢体僵硬，四肢关节不能屈曲，尾根挺起，典型的木马样姿势。可见于破伤风。

(2)异常站立姿势　①病马两前肢交叉站立而长时间不改换，提示脑室积水；鸡呈两腿前后叉开，常为鸡马立克氏病的特征。②病畜单肢悬空或不敢负重，提示肢蹄疼痛；两前肢后踏、两后肢前伸或四肢集向腹下均为多肢疼痛的表现，典型病例应注意于蹄叶炎。

(3)站立不稳　①躯体歪斜或四肢叉开、依墙靠壁而站立，常为共济失调与躯体失去平衡的表现。可见于脑病或中毒。②鸡呈扭头曲颈，甚至躯体滚转，应注意鸡新城疫、复合维生素B缺乏症或呋喃类药物中毒。

(4)骚动不安　马骡可表现为前肢刨地、后肢踢腹、回视腹部、伸腰摇摆、时起时卧、起卧滚转呈犬坐姿势或呈腹朝天等；牛、羊可见以后肢蹴腹动作。骚动不安姿势是腹痛病的特有表现。

(5)异常躺卧姿势　①病畜躺卧而不能起立，常见于多肢的瘫痪或疼痛性疾病以及重度软骨症；如伴有痉挛与昏迷常提示为脑及脑膜的重度疾病(包括侵害中枢神经系统的传染病)或中毒病的后期，也可见于某些代谢紊乱性疾病(如乳牛的产后瘫痪及醋酮血病、新生仔猪的低血糖症等)。②时呈犬坐姿势而后躯轻瘫，主要提示脊髓损伤性疾病，在马尚应注意肌红蛋白尿症。

(6)步态异常　①跛行，是动物躯干或肢蹄发生结构性或功能性障碍引起的姿势或步态的异常。可见于骨折、四肢局部创伤、口蹄疫、腐蹄病、乳房炎、钙磷等矿物质缺乏等。②步态不稳，四肢运动不协调或呈蹒跚、踉跄、摇摆、跌晃而似醉酒状。多为中枢神经系统疾病或中毒，也可见于重病后期的垂危病畜。

二、被毛和皮肤的检查

(一)鼻盘、鼻镜及鸡冠的检查

[方法]检查牛、猪、犬时，要特别注意鼻镜、鼻盘及鼻尖的观察；而检查鸡时则应注意冠及肉髯的观察。主要注意检查其颜色、温度、湿度等。

[正常状态]健康牛、猪的鼻镜或鼻盘均湿润，并附有少许小而密集的水珠，触之有凉感。鸡的冠及肉髯的颜色要符合品种特征，质地柔软，触之有温感。

[病理状态]牛鼻镜干燥、增温时多为热性病或前胃弛缓的表现，严重者可出现龟裂；猪鼻盘干燥、热感一般为病态，多见于热性病时。在治疗过程中，鼻镜或鼻盘

由干变湿，常为病情好转的象征。在观察白猪的鼻盘时，尚应注意其颜色，可反应血液循环状态及血液运输氧的能力，缺氧或亚硝酸盐中毒时，常可见到鼻盘发绀的现象。

鸡冠和肉髯正常为鲜红色，当患高致病性禽流感、鸡新城疫等疾病时可呈蓝紫色；颜色变淡多为营养不良和贫血的表现；如出现疱疹，常提示鸡痘。

（二）被毛的检查

[方法]检查时应注意观察被毛的清洁度、光泽、分布状态、完整性及与皮肤结合的牢固性等。

[正常状态]健康动物的被毛整洁、平顺而富有光泽、生长牢固，动物多于每年春、秋两季脱换新毛，而家禽多于每年秋末换羽。

[病理状态]被毛蓬松粗乱、失去光泽、易脱落或换毛季节推迟，多是长期消化紊乱、营养不良和慢性消耗性疾病的表现。局部被毛脱落，多见于湿疹、真菌感染、外寄生虫感染（如螨、虱、蚤等）及营养代谢性疾病。禽类肛门周围甚至头颈部羽毛脱落并伴有出血现象多提示患有啄肛或啄羽癖。

检查被毛时，还要注意被毛的污染情况。当病畜腹泻时，肛门附近、尾部及后肢等可被粪便污染。马骡腹痛病时，可由于起卧、滚转被毛也会为泥土污染。

（三）皮肤的检查

皮肤的检查主要通过视诊和触诊进行，宜注意其颜色、温度、湿度、弹性及疱疹等病变。

1. 颜色

[方法]主要观察白色或浅色皮肤的动物的口唇部、禽类的冠和肉髯，其他有颜色的皮肤因有色素而不易观察，可参照可视黏膜的颜色变化。

[病理状态]猪皮肤上出现的小点状出血（指压不退色）多见于败血性疾病，如猪瘟；而出现较大的红色充血性疹块（指压退色），常提示为猪丹毒。猪亚硝酸盐中毒时，皮肤可呈青白或蓝紫色。皮肤发绀，多见于心脏衰弱、呼吸困难及某些中毒；仔猪耳尖、鼻盘发绀又常见于慢性副伤寒。雏鸡胸腹、腿侧、翼部皮下呈淡绿色（渗出性素质）及其周边呈红紫蓝色，见于雏鸡硒及维生素 E 缺乏症。

2. 温度

[方法]检查皮温，用手背触诊为宜。牛、羊可检查鼻镜（正常时发凉）、角根（正常时有温感）、胸侧及四肢；马可触摸耳根、颈部、腹侧及四肢；猪可检查耳及鼻端；禽类可检查肉髯。

[病理状态]全身皮温增高，常见于发热性病；局限性皮温增高是局部发炎的结果。全身皮温降低，常为体温过低的标志，可见于衰竭症、大失血及牛的生产瘫痪等；局限于一定部位的冷感，可见于该部的水肿或外周神经麻醉。皮温分布不均而耳根、鼻端及四肢末梢冷厥，主要提示为末梢循环障碍。

3. 湿度

皮肤湿度与汗腺的分布及分泌状态有关。马属动物汗腺最发达，其次为羊、牛、猪、犬和猫，禽类无汗腺。

[方法]主要通过视诊及触诊进行。

[病理状态]

(1)出汗　少量出汗多表现在耳根、肘后及鼠蹊部，轻者触之有湿润感；较重者可见这些部位的被毛漉湿并呈卷束状；大量出汗则可见汗液滴流，甚至汗如雨下。出汗可见于发热病、剧痛性疾病、有机磷中毒、内分泌失调(如甲状腺功能亢进、糖尿病)以及伴有高度呼吸困难的疾病等。另外，动物大剂量注射拟胆碱类药物、肾上腺素或水杨酸等均可引起全身出汗。当动物虚脱、胃肠或其他内脏破裂及濒死期时，则多出大量冷汗且黏腻如油，提示循环衰竭，多预后不良。

(2)皮肤干燥　又称少汗或无汗。表现被毛粗乱无光，缺乏黏滞感，牛鼻镜、猪鼻盘及肉食动物的鼻端干燥。多见于发热性疾病及各种原因引起的机体脱水。

4. 弹性

[方法]检查皮肤弹性的部位，马在颈侧，牛在最后肋骨后部，小动物可在背部。检查方法是将该处皮肤作一皱襞提起后再放开，观察其恢复原态的情况。

[正常状态]健康动物放手后立即恢复原状，老龄动物的皮肤弹性略差。

[病理状态]皮肤弹性降低，表现为放手后恢复很慢，可见于营养不良、脱水及皮肤病等。

5. 疹疱

[方法]注意观察体表被毛稀疏部位，检查时要特别注意眼、唇周围及蹄部、趾间等处。

[病理状态]牛、羊、猪的皮肤疱疹性病变，应特别注意于口蹄疫、猪传染性水泡病及痘病，犬发生犬瘟热时皮肤出现小脓疱。疱疹还见于痘病、脓疱性皮炎等。出现皮疹，多见于传染病、寄生虫病、皮肤病、药物及其他物质所致的过敏性反应。

(四)皮下组织的检查

[方法]以触诊和视诊进行检查，发现皮下或体表有肿胀时，应注意观察肿胀部位的大小、形态，并通过触诊判定其温度、敏感性、硬度、移动性及内容物性状等。

[病理状态]常见的肿胀有炎性肿胀、水肿、气肿、血肿、淋巴外渗、疝及肿瘤等。

(1)皮下水肿　表面扁平，与周围组织界限明显，压之如生面团状，留有指压痕，且较长时间不易恢复，触之无热，无痛感；而炎性肿胀则有热、痛，无指压痕。

水肿可因重度营养不良、心脏疾病、局部静脉或淋巴液回流受阻及微血管损伤等原因引起。马骡的心性、营养性及肾性浮肿，其常发部位为胸下、腹下、阴囊、阴筒及四肢下部或少见于眼睑；牛、羊则多发生在下颌间隙及颈下、胸垂，除以上原因外，常见于牛的创伤性心包炎及寄生虫病，特别是肝片吸虫病时；猪可见于眼睑或面部，常见于猪水肿病；雏鸡皮下淡绿色水肿见于硒及维生素 E 缺乏症。

(2)皮下气肿　边缘轮廓不清，触诊时发捻发音(沙沙声)，压之有向周围皮下组织窜动的感觉。颈侧、胸侧、肘后的皮下气肿，多为窜入性且局部无热、痛反应；当气肿疽(牛、羊)、恶性水肿(马)等厌氧菌感染时，气肿局部有热痛反应且局部切开后可流出混有泡沫的腐臭液体。

(3)脓肿、血肿及淋巴外渗　外形多呈圆形突起，触之有波动感，多因局部创伤或感染而引起，可行穿刺鉴别之。

(4)疝　触之也有波动感，可通过查到疝环及整复试验而与其他肿胀相鉴别。猪常发生阴囊疝及脐疝；大动物多发腹壁疝，常因创伤而继发。

三、眼结膜的检查

[方法]首先观察眼睑有无肿胀、外伤及眼分泌物的数量、性状，然后再打开眼睑进行检查(图 1-30)，主要注意观察眼结膜的颜色变化。

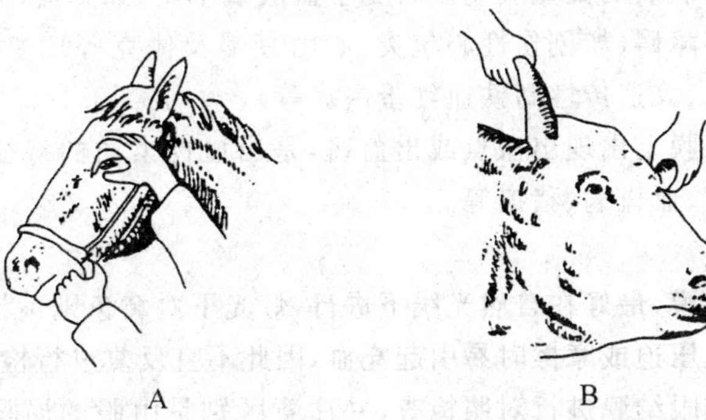

A. 马结膜　B. 牛巩膜

图 1-30　眼结膜的检查

检查马的眼结膜时，通常检查者立于马头一侧，一只手持缰，另一只手食指第一指节置于上眼睑中央的边缘处，拇指放于下眼睑上缘，其余三指屈曲并入于眼眶上面作为支点，食指和拇指向眼窝略加压力，同时分别拨开上、下眼睑，即可使眼睑结膜及瞬膜露出而检视之。

检查牛时，主要观察其巩膜的颜色及其血管情况，检查时可一只手握牛角，另一只手握住其鼻中膈并用力扭转其头部，即可使巩膜露出；也可用两手握牛角并向一侧扭转，使牛头偏向侧方。欲检查牛眼睑结膜时，可用一手握住缰绳基部或鼻中膈，另一手操作与检查马的方法相同。

检查羊、猪、犬等中小动物的眼结膜时，可对头部稍加固定，以两手拇指分别打其开上、下眼睑进行观察。

[正常状态]健康马眼结膜呈淡红色；牛的颜色较马稍淡，呈淡粉红色，但水牛则较深呈潮红；猪、羊的眼结膜也呈粉红色；犬的眼结膜为淡红色，但很易因兴奋而变为红色。

[病理状态]

(1)潮红(发红)　是充血的征兆。单眼的潮红，可能系局部的炎症所致；双眼均潮红，多表示全身的循环状态。弥漫性潮红常见于热性病、肺炎、肠臌气等；树枝状充血，多见于伴有血液循环障碍的一些疾病。

(2)苍白　是贫血的象征。可见于各种类型的贫血，如马传染性贫血、仔猪贫血、血孢子虫病、锥虫病、大失血及内出血、牛的血红蛋白尿病等。

(3)黄染　主要是胆色素代谢障碍的结果。可见于肝脏病(如肝炎)、胆道阻塞(如肝片吸虫病)及溶血性病(如新生幼畜溶血病、血孢子虫病等)。

(4)发绀　黏膜呈蓝紫色，主要是血液中还原血红蛋白增多或含有异常血红蛋白的结果，是机体缺氧的典型表现。可见于血液氧不足(如肺炎、肺气肿、支气管痉挛、喉炎等)、循环障碍(如创伤性心包炎、心力衰竭及休克等)、变性血红蛋白增加(如亚硝酸盐中毒、犬遗传性高铁血红蛋白症等)。

(5)出血　结膜上出现出血点或出血斑，是出血性素质的特征，在马多见于传染性贫血、焦虫病、血斑病、猪瘟等。

[注意事项]

(1)检查眼结膜，最好在自然光线下进行，灯光下对黄色则不易识别。

(2)眼结膜受压迫或摩擦时易引起充血，因此不宜反复进行检查。

(3)要对两侧眼结膜进行对照检查，并注意区别是由眼的局限性疾病，还是全身性或其他疾病所引起。

四、体表浅在淋巴结的检查

淋巴结是机体的屏障机构。淋巴结的检查，在诊断疾病特别是传染病上有很大的意义。

[方法]检查体表浅在淋巴结，主要进行触诊。检查时，应注意其大小、形状、硬度、温度、敏感性及皮下的移动性。

牛常检查颌下淋巴结、肩前(颈浅)淋巴结、膝襞(膝上、股前)淋巴结、乳房上淋巴结等(图 1-31)，猪可检查腹股沟浅淋巴结等，马常检查颌下淋巴结。

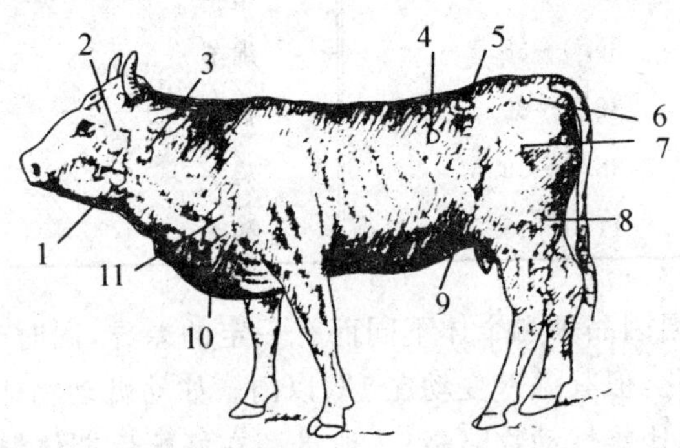

1. 颌下淋巴结　2. 耳下淋巴结　3. 颈上淋巴结　4. 髂上淋巴结　5. 髂内淋巴结　6. 坐骨淋巴结　7. 髂外淋巴结　8. 腘淋巴结　9. 膝襞淋巴结　10. 颈下淋巴结　11. 肩前淋巴结

图 1-31　牛的体表浅在淋巴结位置

[病理状态]

(1)急性肿胀　表现淋巴结体积增大，并有热、痛反应，常较硬，有时可有波动感。多见于驹腺疫；亦可见于炭疽；牛患泰勒氏焦虫病时全身淋巴结可呈急性肿胀。

(2)慢性肿胀　多无热、痛反应，较坚硬，表面不平，且不易向周围移动。常见于马鼻疽、副鼻窦炎、结核病及牛淋巴细胞性白血病等。

五、体温、脉搏及呼吸数的测定

体温、脉搏和呼吸数是动物生命活动的重要生理指标，是临床诊疗工作的重要常规检查内容，对任何病例都是必须检查的项目。正常情况下，除外界气候及运动等环境条件的暂时性影响外，一般均维持在一个较为恒定的范围之内。但在病理过程中，受疾病影响将发生不同程度和形式的变化。

(一)体温的测定

体温测定用特制的兽医用体温表，一般以动物直肠内温度为标准。各种动物的正常体温见表 1-1。

表 1-1 健康动物的正常体温 ℃

动物种类	正常范围	动物种类	正常范围
猪	38.0～39.5	马	37.5～38.5
奶牛	37.5～39.5	骡	38.0～39.0
黄牛	37.5～39.0	山羊	38.0～40.5
水牛	36.0～38.5	绵羊	38.0～40.0
犬	38.5～39.5	猫	38.0～39.5
兔	38.5～39.5	鸡	40.0～42.0
鸭	41.0～43.0	鹅	40.0～41.5

健康动物的体温因品种和个体不同而有一定的差异，同时受一些因素的影响而出现生理性的变化，但其温差变动在1℃以内。如幼龄动物体温偏高，老龄动物偏低；雌性动物体温比雄性动物略高；一般母畜在妊娠后期体温稍高；高产乳牛比低产乳牛稍高；动物在兴奋、运动与使役以及采食、咀嚼活动后，体温会暂时性升高。此外，早晨的体温稍低，午后稍高；动物在炎热的烈日下暴晒或圈舍内动物密度过高、通风不良等，体温可上升；而冬季放牧露营时，体温可稍低。

[方法]测温时，先将被检动物适当地保定，再将体温表水银柱甩至35℃以下，用酒精棉球擦拭消毒，并涂以润滑剂(石蜡油)后，再徐徐插入肛门至直肠内，并将附有的尾毛夹夹于尾根部的被毛上，小动物可用手持体温表测量。经3～5 min后取出，用酒精棉球拭净粪便或黏液后读取度数。用后甩下水银柱并放于消毒瓶内备用。

给马属动物测温时，检查者通常位于动物的左侧后方；给牛测温时检查者应站在其正后方。

[注意事项]

(1)体温表于用前应统一进行检查、验定，以防有过大的误差。

(2)对门诊病畜，应使其适当休息并安静后再测定。

(3)对病畜应每日定时(早晚各一次)进行测温，并逐日记录绘成体温曲线表。

(4)测温时应注意人、畜安全。如通常对病畜进行必要的保定，体温表的玻璃棒插入的深度要适宜(一般大动物可插入其全长的2/3，小动物则不宜过深)。

(5)注意因测温的方法不当而发生的误差。如用前应甩下体温表的水银柱；测温时间不可短于温度计所要求的时间(如3 min计，则不少于3 min)；须进行灌肠、直肠检的病畜应在处置前测温；直肠有多量宿粪的病畜，勿将体温表插入宿粪中，而应排除积粪后再测定等。

(6)遇有直肠发炎、频繁下痢或肛门松弛的病畜,为较准确地测量体温,对母畜宜测阴道的温度,但应注意,通常阴道的温度较直肠稍低(低 0.2～0.5℃)。

[病理状态]

1. 体温升高

体温升高又称发热,是指体温高于正常范围。常见于许多传染病和某些炎症的病程中。

(1)发热程度 根据体温升高的程度,将发热分为微热、中热、高热和极高热 4 个等级。体温升高 0.5～1.0℃叫微热,仅见于感冒等局限性炎症;体温升高 1～2℃叫中热,见于支气管肺炎、支气管炎、急性胃肠炎及某些亚急性传染病过程中;体温升高 2～3℃叫高热,多见于急性感染性疾病与广泛性的炎症,如猪瘟、巴氏杆菌病、败血性链球菌病、流行性感冒、急性胸膜炎与腹膜炎等;体温升高 3℃以上,叫极高热,可见于某些严重的急性传染病,如猪丹毒、炭疽、脓毒败血症及中暑等。

(2)热型 在发热过程中,将每天早晚测得的体温在特制的表格里记录下来,然后连成的曲线,叫体温曲线。当动物患发热性疾病时,体温曲线可出现各种有规律的形状变化称为热型。兽医临床上常见的热型有下列几种:

①稽留热 是指体温升高到一定程度,并持续数天或更长时期,且每日昼夜的温差很小(一般在 1.0℃以内)而不降至常温者(图 1-32)。可见于猪瘟、炭疽、大叶性肺炎、流行性感冒等。

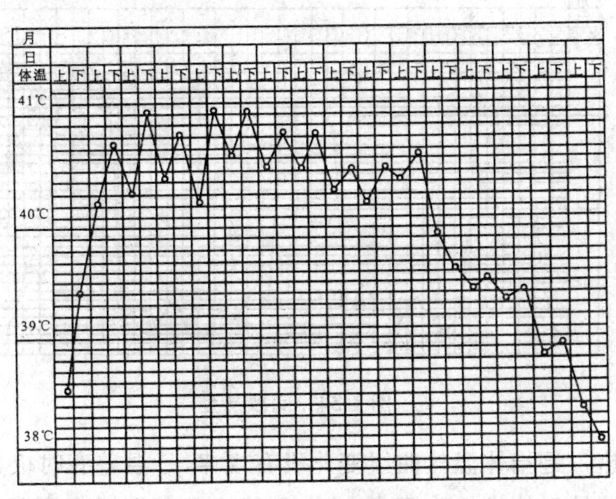

图 1-32 稽留热型

②弛张热 是指体温升高,昼夜间有较大的升降变动(常在 1.0℃以上),而不

降至常温者(图 1-33)。可见于败血症、小叶性肺炎等。

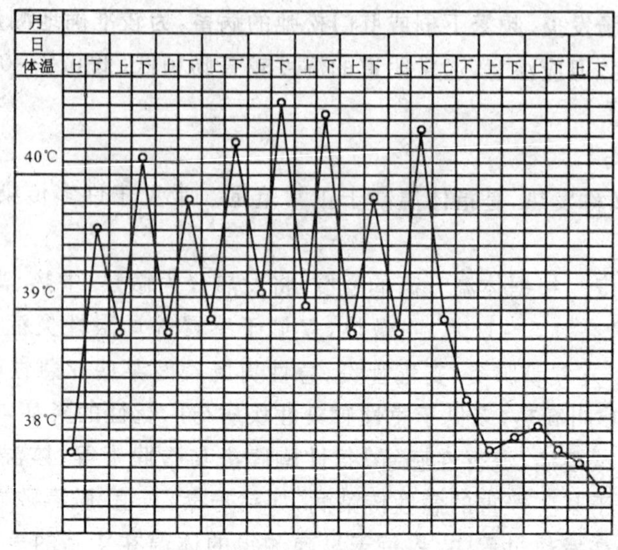

图 1-33 弛张热型

③间歇热　在持续数天的发热后,经过一段时间后体温下降至正常温度,再过一段时间又重新升高,如此以一定间隔时间而反复交替出现发热的现象,称间歇热(图 1-34)。可见于慢性结核病、血孢子虫病及马传染性贫血等。

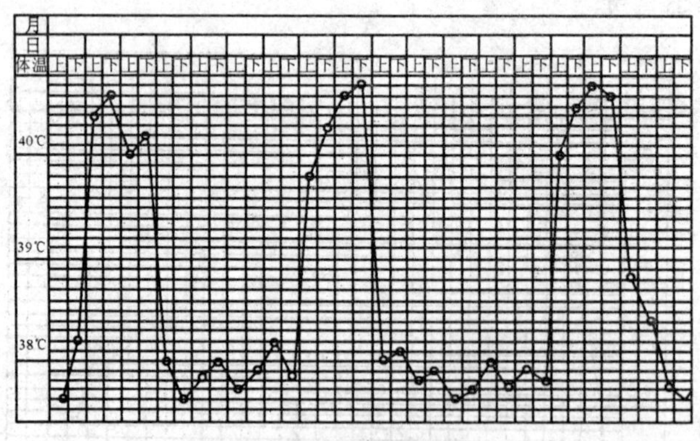

图 1-34 间歇热型

④不定型热　是指体温热曲线变化没有规律,日温差有时极其有限,有时波动很大的热型。可见于传染性胸膜炎、非典型腺疫及布氏杆菌病等。

2. 体温降低

体温降低即体温低于正常范围。临床上多见于贫血、休克、大失血、严重营养不良及濒死期的动物等。体温长时间低于36℃,同时伴有发绀、末梢发凉、高度沉郁或昏迷等,多提示预后不良。

(二)脉搏数的测定

[方法]测定每分钟脉搏的次数,以次/min表示。

牛通常检查尾动脉,检查者站在牛的正后方,一只手(左手)握住尾梢部抬起牛尾,右手拇指放于尾根部的背面,用食指、中指在距尾根10 cm左右处尾的腹面正中尾动脉处,用手指轻压即可感知。马属动物检查颌外动脉,检查者站在马头一侧,一只手握住笼头,另一只手拇指置于下颌骨外侧,食指、中指伸入下颌骨内侧,在下颌骨的血管切迹处,前后滑动,发现动脉血管后,用手指轻压即可感知。猪、羊、犬和猫可在后肢股内侧的股动脉处检查,检查者用一只手(左手)握住动物的一侧后肢的下部,检手(右手)的食指及中指放于股内侧的股动脉上,拇指放于股外侧。

[正常状态]健康动物每分钟的脉搏数较为恒定,其参考范围见表1-2。正常脉搏的频率受许多因素影响,如品种、性别、年龄、饲养管理、外界温度、生产性能、紧张和兴奋状态等。

表1-2 健康动物脉搏频率 次/min

动物种类	脉搏频率	动物种类	脉搏频率
奶牛	60～70	猪	60～80
水牛	30～50	犬	70～120
黄牛、肉牛	50～80	猫	110～130
鹿	40～80	兔	120～140
绵羊、山羊	70～80	马	35～45
鸡(心率)	120～200	驴	40～50

[注意事项]

(1)脉搏检查应待动物安静后再行测定。

(2)一般应检测1 min,如动物不安静宜测2～3 min再取其平均值。

(3)当动脉脉搏过于微弱不感于手时,可依心跳次数代替。

[病理状态]

(1)脉搏次数增多 是心脏活动加快的结果。可见于多数的发热性病、心脏病

(如心衰、心肌炎、心包炎)、呼吸器官疾病、各型贫血、伴有剧烈疼痛的疾病(如马腹痛症、四肢疼痛性疾病)、严重贫血性疾病以及某些中毒病等。

(2)脉搏次数减少　是心动徐缓的指征。主要见于某些脑病(如脑肿瘤、脑脊髓炎等)及中毒(如洋地黄),也可见于胆血症(胆道阻塞性疾病)以及垂危病畜等。

(三)呼吸数的测定

呼吸数是指呼吸频率,测定动物每分钟的呼吸次数,以次/min 表示。健康动物的呼吸数,受某些生理性因素和外界条件的影响,可引起一定的变动。如幼畜比成年动物稍多;妊娠的母畜可增多;运动、使役、兴奋时可增多;品种、营养情况也有影响;当外界温度过高时,某些运动(特别水牛、绵羊、肥猪等)可引起显著的增多;在海拔3 000 m,气温 20℃以上时,马、骡的呼吸数可增加 2～3 倍。此外,尚应注意动物的体位,如乳牛当饱食后取卧位时,可见呼吸次数的明显增多。

[方法]一般可根据胸腹部的起伏动作而测定,检查者立于动物的侧方,注意观察其胸廓和腹面壁的起伏,一起一伏为一次呼吸。亦可依据鼻翼的开张动作进行计数,或通过听诊呼吸音来计数,在寒冷季节还可观察呼出气流来测数。鸡的呼吸数,可观察肛门下部的羽毛起伏动作来测定。

表 1-3　健康动物呼吸频率　　次/min

动物种类	呼吸频率	动物种类	呼吸频率
奶牛、黄牛、肉牛	10～30	猪	18～30
水牛	10～50	犬	10～30
鹿	15～25	猫	10～30
绵羊、山羊	12～30	兔	50～60
鸡	15～30	马	8～16

[注意事项]

(1)检查呼吸频率时宜于动物休息、安静时检测。一般宜测 1 min 的次数或测 2 min 再平均。

(2)观察动物鼻翼的活动或以手放于其鼻前感知气流的测定方法不够准确,应注意。必要时可以听取肺部呼吸音或喉、气管呼吸音的次数代替。

[病理状态]

(1)呼吸次数增多　凡是能引起动脉脉搏次数增多的疾病,多数也能引起呼吸数增多。可见于呼吸器官特别是支气管、肺、胸膜的疾病(如肺炎、肺水肿),多数的热性病,心脏衰弱及贫血、失血性疾病,膈的运动受阻(如膈麻痹、膈破裂)、腹压显著升高(如胃肠臌气、腹水)或胸壁疼痛(如胸膜炎、肋骨骨折)的病理过程,脑及膜充血、炎症的初期等。

(2)呼吸次数减少 主要由于呼吸中枢高度抑制而引起。见于颅内压的显著升高(如脑炎、脑肿瘤、慢性脑积水),某些中毒(如麻醉药中毒)与代谢紊乱,当上呼吸道高度狭窄时由于每次吸气的持续时间过长也可引起呼吸次数的减少。

第四节 系统检查

一、心血管系统的临床检查

(一)心脏的检查

1. 心搏动检查

[方法]主要应用视诊与触诊进行。检查者位于动物左侧方,视诊时仔细观察左侧肘后心区被毛及胸壁的振动情况;触诊时,一般在左侧进行,检查者一只手(通常是右手)放于动物的鬐甲部,用另一只手(通常是左手)的手掌紧贴于动物的左侧肘后心区,感知心搏动的状态。必要时可在右侧进行检查。主要判定心搏动的位置、频率及强度变化。

[正常状态]健康动物,随每次心室的收缩而引起左侧心区附近胸壁的轻微振动。牛、羊心搏动在肩端线下 1/2 部的第 3～5 肋间,以第 4 肋间最明显;马的心搏动在左侧胸廓下 1/3 部的第 3～6 肋间,以第 5 肋间最明显;犬的心搏动在左侧第 4～6 肋间的胸廓下 1/3 处,以第 5 肋间最明显。

由于胸壁震动的强度受动物的营养状态和胸壁厚度的影响,所以营养过剩、胸壁较厚的动物,其心搏动较弱;相反,消瘦的个体胸壁较薄其心搏动较强。动物在运动过后、兴奋或恐慌时,亦可见有心理性的搏动增强。

[病理状态]

(1)心搏动减弱 触诊时感到心搏动力量减弱,并且区域缩小,甚至难以感知。多因胸壁浮肿、气肿、脂肪过多沉积及心功能衰竭。也可见于胸腔积液、肺气肿及创伤性心包炎。

(2)心搏动增强 触诊时感到心搏动强而有力,并且区域扩大,甚至引起动物全身的震动,有时沿脊柱亦可感到心搏动。当心搏动过强,伴随每次心动而引起的动物的体壁发生振动时称为心悸。主要见于热性病初期、心脏病代偿期、贫血性疾病及伴有剧烈疼痛的疾病。

(3)心搏动移位　向前移位，见于胃扩张、腹水、膈疝；向右移位，见于左侧胸腔积液；向后移位，见于气胸或肺气肿。

(4)心区压痛　触压心区时，动物表现敏感、躲闪、呻吟等疼痛症状等，可见于心包炎、胸膜炎等。

2. 心脏叩诊

[方法]被检动物取站立姿势，使其左前肢略向前举起或拉向前半步，以充分显露心区。对大动物宜用锤板叩诊法，小动物可用手指叩诊法。

按常规叩诊法，沿肩胛骨后角向下的垂线进行叩诊，直至心区，同时标记由清音转变为浊音的一点；再沿与前一垂线成 45°左右的斜线，由心区向后上方叩诊，并标记由浊音变为清音的一点；连接两点所成的弧线，即为心脏浊音区的后上界。

[正常状态]马的心脏叩诊区，在左侧呈近似的不等边三角形，其顶点相当于第 3 肋间距肩关节水平向下 3～4 cm 处；由该点向后下方引一弧线并止于第 6 肋骨下端，为其后上界(图 1-35)。

心浊音区包括相对浊音区和绝对浊音区两部分。心脏被肺脏所遮盖的部分叩诊呈半浊音为相对浊音区，而不被肺脏遮盖的部分叩诊呈浊音为绝对浊音区。在心区反复地用较强的和较弱的叩诊进行检查，依据产生浊音及半浊音的区域，可判定马的心脏绝对浊音区及相对浊音区。相对浊音区在绝对浊音区的后上方，呈带状，宽 3～4 cm(图 1-36)。

牛则仅在第 3～4 肋间称相对浊音区，且其范围较小。

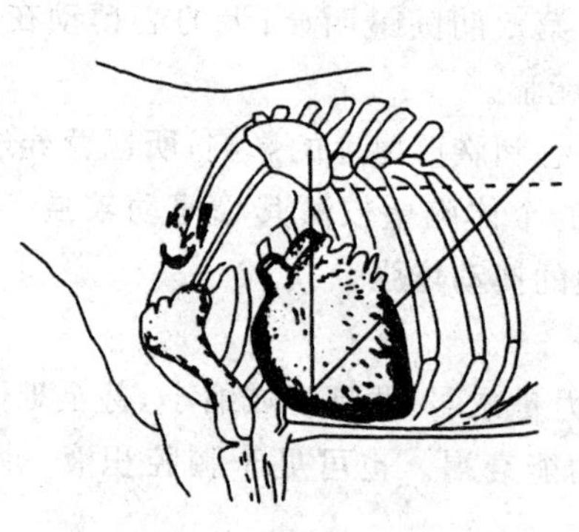

图 1-35　马心区叩诊示意图

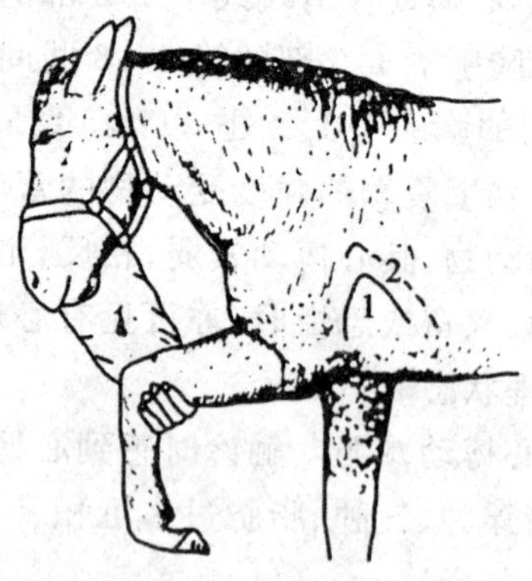

1. 绝对浊音区　2. 相对浊音区

图 1-36　马的心脏叩诊浊音区

［病理状态］

(1)心脏叩诊浊音区缩小　主要提示肺气肿、肺水肿。

(2)心脏叩诊浊音区扩大　可见于心肥大、心扩张以及渗出性心包炎、心包积水。

(3)心脏叩诊敏感　当叩诊心区时,动物表现回视、躲闪或反抗而呈疼痛不安,表示心区敏感,常是心包炎或胸膜炎等。

当牛患创伤性心包炎时除可见浊音区扩大、呈敏感反应外,有时可呈鼓音或浊鼓音。

3. 心脏听诊

［方法］被检动物取站立姿势,使其左前肢向前伸出半步,以充分显露心区。

通常以软质听诊器进行间接听诊,将集音头放于心区部位即可。应遵循一般听诊的常规注意事项。当需要辨认各瓣膜口心音的变化时,可按表 1-4 和图 1-37 的部位确定其最佳听取点。

当心音过于微弱而听取不清时,可使动物做暂短的运动,并在运动之后立即听诊,可使心音加强而便于辨认。

听诊心音时,主要应注意心音的频率、强度、性质及是否有分裂、杂音或节律不齐。

［正常状态］

(1)马　第一心音的音调较低,持续时间较长且音尾拖长;第二心音短促、清脆且音尾突然停止。

表 1-4　常见动物心音最佳听取点

动物种类	第一心音		第二心音	
	二尖瓣口	三尖瓣口	主动脉口	肺动脉口
牛、羊	左侧第 4 肋间,主动脉口的远下方	右侧第 3 肋间,胸廓下 1/3 的中央水平线上	左侧第 4 肋间,肩端线下 1～2 指处	左侧第 3 肋间,胸廓下 1/3 的中央水平线上
马	左侧第 5 肋间,胸廓下 1/3 的中央水平线上	右侧第 4 肋间,胸廓下 1/3 的中央水平线上	左侧第 4 肋间,肩端线下 1～2 指处	左侧第 3 肋间,胸廓下 1/3 的中央水平线上
猪	左侧第 5 肋间,胸廓下 1/3 的中央水平线上	右侧第 4 肋间,肋骨和肋软骨结合部稍下方	左侧第 4 肋间,肩端线下 1～2 指处	左侧第 3 肋间,接近胸骨处
犬	左侧第 5 肋间,胸壁下 1/3 中央	右侧第 4 肋间,肋骨与肋软骨结合部一横指上方	左侧第 4 肋间,肩端线下方	左侧第 3 肋间,接近胸骨处或肋骨与肋软骨结合处

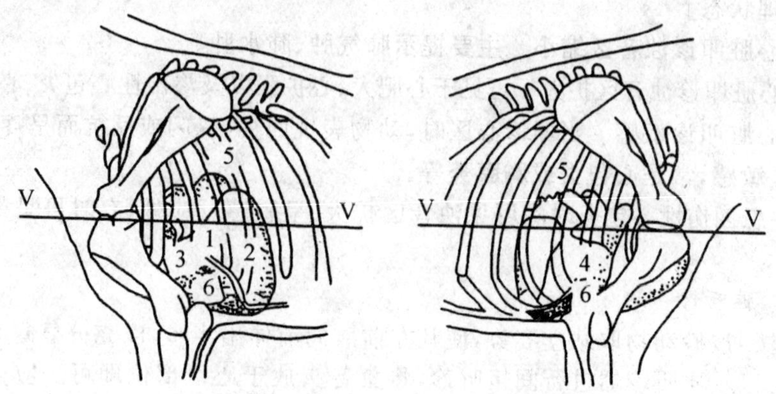

V—V. 肩关节水平线 1. 主动脉口 2. 左房室口
3. 肺动脉口 4. 右房室口 5. 第 5 肋间 6. 心浊音区

图 1-37 马的各瓣膜口心音最佳听取点

(2)牛 黄牛一般较马的心音清晰，尤其第一心音明显，但持续时间较短；水牛及骆驼的心音则不如马和黄牛清晰；山羊心音较清晰，但第二心音较弱。

(3)猪 心音较钝浊，且两个心音的间隔大致相等。

(4)犬 心音清亮，且第一与第二心音的音调、强度、间隔及持续时间均大致相同。

区别第一与第二心音时，除可根据上述心音的特点外，第一心音产生于心室收缩期中，与心搏动、动脉搏动同时出现，于心尖部听诊清晰，第一心音至第二心音间隔的时间短；而第二心音则产生于心室舒张期中，与心搏动、动脉脉搏出现时间不一致，在心基部听诊清晰，第二心音至下次心动间隔的时间稍长。

[病理状态]

(1)心音频率改变 心音频率是指每分钟的心音次数。高于正常值时，称心率过速；低于正常值时，称心率徐缓。其引起的原因和诊断意义与心搏动及动脉脉搏频率的异常变化基本相同。

(2)心音的强度变化 第一、二心音均增强，可见于热性病的初期，心机能亢进以及兴奋或伴有剧痛性的疾病及贫血等。第一、二心音均减弱，可见于心机能障碍的后期、濒死期、严重的贫血及渗出性胸膜炎、心包炎等。第一心音增强，在第一心音显著增强的同时，常伴有明显的心悸，而第二心音微弱甚至听取不清，主要见于心脏衰弱或大失血、失水以及其他引起动脉血压显著下降的各种病理过程。第一心音减弱，主要见于二尖瓣闭锁不全、心肌炎及心脏扩张等，常可能伴有心杂音。第二心音增强，主要由于肺动脉及主动脉血压升高所致，可见于肺气肿或肾炎。第二心音减弱，可见于各种原因引起的心动过速、贫血和休克等。

(3)心音性质的改变　常表现为心音浑浊，音调低沉且含混不清，听诊时无法区分第一心音和第二心音。主要见于热性病及其他导致心肌损害的多种病理过程。

(4)心音分裂　表现为某个心音分成两个相连的音响，以致每一心动周期中出现近似 3 个心音。第一心音分裂，主要是二尖瓣和三尖瓣不同步关闭所致，可见于心肌损害及其传导机能的障碍；第二心音分裂，主要由于主动脉瓣与肺动脉瓣的不同时关闭所致，可见于重度的肺充血或肾炎。

(5)心杂音　伴随心脏的收缩、舒张活动而产生的正常心音以外的附加音响，称为心杂音。依病变存在的部位而分为心外性杂音与心内性杂音。

①心外性杂音　主要是发生于心腔以外的心外膜或其他部位的杂音。如心包杂音，其特点是听之距耳较近，用听诊器的集音头压于心区则杂音可增强。若杂音的性质类似液体的振荡声，称心包击水音；若杂音的性质呈断续性的、粗糙的擦过音，则称心包摩擦音。心包杂音是心包炎的特征，当牛创伤性心包炎时尤为典型而明显。

②心内性杂音　是指发生于心腔或血管内的杂音。依心内膜是否有器质性病变而分为器质性杂音与非器质性杂音，依杂音出现的时间又分为缩期性杂音及舒期性杂音。

心内性非器质性杂音，其声音的性质较柔和，如吹风样，多出现于心缩期，且随病情的好转、恢复或用强心剂后，杂音可减弱或消失，马常出现贫血性杂音，尤其当马患慢性传染性贫血时更为明显。

心内性器质性杂音是慢性心内膜炎的特征。其杂音的性质较粗糙，随动物运动或用强心剂后而增强。因瓣膜发生形态的改变，如出现房室瓣闭锁不全(杂音出现于心缩期)或动脉瓣闭锁不全(杂音出现于心舒期)，杂音多是持续性(永久性)的，应用强心剂会使杂音更加明显。当房室口狭窄或动脉口狭窄时也会出现心内杂音。见于心内膜炎、风湿病、心肌炎及慢性猪丹毒等。

为确定心内膜的病变部位及性质，应注意明确杂音的分期性与心杂音最明显的部位，以判定发生部位与引起的原因。

(6)心律不齐　正常心脏收缩频率和节律遭到破坏，表现为心脏活动的快慢不均及心音的间隔不等或强弱不一。主要提示心脏的兴奋性与传导机能的障碍或心肌损害，常见于心肌的炎症、心肌营养不良或变性、心肌硬化等。

为进一步分析心律不齐的特点和意义，必要时应进行心电图描记，依心电图的变化特征而使之明确。

(二)脉管的检查

1. 动脉脉搏检查

[方法]大动物(马属动物、牛等)多检查颌外动脉或尾动脉,中、小动物(猪、羊、犬等)则以股动脉为宜(见本章第三节)。

检查时,除注意计数脉搏的频率外,还应判定其脉搏的性质(主要是搏动的大小、强度、软硬及充盈状态等)及有无节律的变化等。

[正常状态]健康动物的脉搏性质表现为:脉管有一定的弹性,搏动的强度中等,脉管内的血量充盈适度。正常的脉搏节律,其强弱一致、间隔均等。

[病理状态]除脉搏频率出现增多与减少外,主要有以下几种。

(1)脉搏的振幅较大且力量较强称大脉(强脉),见于发热性疾病、动脉瓣闭锁不全及慢性肾炎等;振幅过小且力量微弱称小脉(弱脉),见于心力衰竭、休克及濒死期的动物。触压血管时,抵抗力小,管壁较为松弛称软脉,见于心力衰竭及严重贫血;触压血管管壁过于紧张而硬感,呈绳索状称为硬脉,见于急性肾炎、破伤风及伴有剧烈疼痛的疾病。较强的、大的、充实的、较软的脉搏,表示心机能的良好;较强的、小的脉搏,多提示心脏机能的衰弱。脉搏的极度微弱甚至不感于手,多反应心机能的重度衰竭。

(2)脉搏节律不齐(脉律不齐)是心律不齐的反应。

2. 表在静脉检查

[方法]主要观察表在静脉(如颈静脉、胸外静脉等)的充盈状态及颈静脉的波动。

[正常状态]一般营养良好的动物,表在静脉管不明显;较瘦或皮薄毛稀的动物则较为明显。

正常情况下,某些动物(如马、牛等)于颈静脉处可见有随心脏活动而出现的自颈基部向颈上部反流的波动,通常其反流波不超过颈下部的1/3,称颈静脉生理性(阴性)波动。波动出现于心房收缩、心室舒张的过程中,并于颈中部的静脉上用手指加压之后,近心端及远心端的波动均自行消失。

[病理状态]

(1)表在静脉的过度充盈(如颈静脉、胸外静脉、股内静脉等),乃体循环淤滞之症。当牛患创伤性心包炎时,可见颈静脉的高度充盈、隆起并呈绳索状。

(2)颈静脉的波动高度超过颈下部的1/3处,达颈中部以上时,即为病态,此乃心房性(阴性)静脉波动过度增强的特征,是右心衰竭或淤滞的标志。

如波动出现于心室收缩过程中(与心搏动及动脉脉搏同时出现),并以手指于颈中部的静脉处加压后,其近心端的波动仍存在,甚至增强,此乃心室性(阳性)静脉波动的特点,颈静脉的心室性波动是三尖瓣闭锁不全的特征。

有时由于颈动脉的过强搏动可引起颈静脉处发生类似的波动,称伪性颈静脉波动。用手指按压其中部时,近心与远心端的波动均不消失并可感知颈动脉的过强搏动是其特征。

二、呼吸系统的临床检查

(一)呼吸运动的检查

呼吸运动是指动物呼吸肌收缩和舒张所造成的胸廓扩张和缩小的过程,从而带动肺脏的扩张和收缩,为一过程主要由膈肌和肋间肌的收缩和松弛来完成的。检查呼吸运动,应计数呼吸频率,注意呼吸类型及呼吸节律的改变,判定呼吸类型及有无呼吸困难。

1. 计测呼吸次数

详见一般检查。

2. 观察呼吸类型

[方法]注意观察呼吸过程中胸廓、腹壁的起伏活动强度及对称性,以判定呼吸类型。

[正常状态]呼吸类型又称呼吸方式(简称呼吸式)。健康动物(除犬外)均为胸腹式呼吸,即在呼吸时,胸壁和腹壁的起伏动作协调,呼吸肌的收缩强度亦大致相等。健康犬则以胸式呼吸占优势。

[病理状态]

(1)胸式呼吸　表现为呼吸活动中胸壁的起伏动作占优势,腹部的肌肉活动微弱或消失,表现胸壁的起伏明显大于腹壁,表明病变在腹腔器官和腹壁。主要见于膈肌的活动受阻及引起腹压显著升高的疾病,如牛创伤性网胃膈肌炎、马的急性胃扩张、重度肠臌气、急性腹膜炎及腹壁外伤等。

(2)腹式呼吸　呼吸过程中腹壁的活动特别明显,而胸壁起伏活动很微弱,提示病变在胸部。可见于肺气肿及伴有胸壁疼痛的疾病(如胸膜炎、肋骨骨折等),猪气喘病时也多呈明显的腹式呼吸。

3. 观察呼吸节律

[方法]注意观察呼吸过程,根据每次呼吸的深度及间隔时间的均匀性,以判定呼吸节律。

[正常状态]健康动物呼吸运动呈一定的节律性,即每次呼吸之间间隔的时间

相等，并且具有一定的深度和长度，如此周而复始的呼吸称为节律呼吸。生理情况下，吸气与呼气时间之比因动物种类不同而有一定差异，牛为1∶1.26，绵羊和猪为1∶1，山羊为1∶2.7，马为1∶1.8，犬为1∶1.64。呼吸节律随运动、兴奋、尖叫、嗅闻及惊恐等因素而发生暂时性的改变。

［病理状态］

(1)吸气延长　吸入气体发生障碍，表现吸气时间明显延长，吸气费力。提示上呼吸道发生狭窄或阻塞，见于鼻炎、喉水肿等。

(2)呼气延长　肺内气体排出受阻，表现呼气时间明显延长。提示肺泡弹性下降及细支气管狭窄，见于细支气管炎、肺气肿等。

(3)间断性呼吸　吸气或呼气过程分成二段或若干段，表现断续性的浅而快的呼吸。可见于胸膜炎、细支气管炎、慢性肺气肿以及伴有疼痛的胸腹部疾病，也见于呼吸中枢兴奋性降低时，如脑炎、脑膜炎、中毒性疾病等。

(4)陈-施二氏呼吸　表现为呼吸活动由微弱开始并逐渐加深、加强、加快，达到一定高度后又逐渐变浅、减弱、变慢，最后经短暂停息(数秒至数十秒钟)，然后再重复上述呼吸，而呈周期性，这种波浪式呼吸节律又称为潮式呼吸。可见于呼吸中枢的供氧不足及其兴奋性减退，如脑病、重度的肾脏疾病及某些中毒性疾病等。

(5)毕欧特氏呼吸　表现连续的数次深度大致相等的深呼吸与呼吸暂停交替出现的呼吸节律，又称间停式呼吸。主要提示呼吸中枢兴奋性极度降低，病情较潮式呼吸严重，如各型脑膜炎、中毒性疾病及濒死期，多预后不良。

(6)库斯茂尔氏呼吸　呼吸明显加深并延长，同时呼吸次数减少，但不中断，并伴有如鼻鼾声或狭窄音的呼吸杂音。提示呼吸中枢衰竭的晚期，是病危的征兆，可见于脑脊髓炎、脑水肿、大失血、尿毒症及濒死期状态。

4. 呼吸困难的判定

呼吸频率增加，呼吸深度和呼吸节律异常，并有辅助呼吸肌参与呼吸活动，呈现一种复杂的呼吸障碍，称为呼吸困难。高度的呼吸困难称为气喘。

［方法］观察动物的姿态及呼吸类型、节律是否发生改变，同时注意辅助呼吸肌是否参与呼吸活动。

［病理状态］

(1)吸气性呼吸困难　指呼吸时吸气动作困难。表现为动物头颈平伸、鼻翼开张、胸廓极度扩展、肋间凹陷、吸气时间延长并常伴有吸气时的狭窄音，此时呼气并不发生困难，同时多伴呼吸次数减少，严重者甚至可呈张口吸气。见于上呼吸道狭窄或阻塞性疾病。

(2)呼气性呼吸困难　指肺泡内的气体呼出困难。表现辅助呼气肌(主要是腹肌)参与活动,呼气时间显著延长,多呈两段呼出,沿肋弓形成凹陷(称喘线),脊背弓起,肷窝变平,甚至肛门外突。多见于慢性肺气肿、细支气管炎、细支气管痉挛,也可见于弥漫性支气管炎。

(3)混合性呼吸困难　指吸气及呼气均发生困难,同时多伴有呼吸次数的增多。混合性呼吸困难可见于支气管炎、肺和胸膜的各种疾病、心机能障碍、重度贫血及急性感染性疾病等。

(二)呼出气、鼻液、咳嗽的检查

1. 呼出气检查

[方法]将手置于鼻孔前,感觉两侧鼻孔呼出气流的强度、温度,嗅诊呼出气体的气味。

[正常状态]健康动物两侧鼻孔呼出气流的强度相等,呼出的气流稍有温感,没有特殊气味。

[病理状态]

(1)两侧鼻孔呼出的气流强度不一或变弱　提示单侧或两侧鼻腔或咽喉部狭窄,可见于鼻腔内有肿瘤,也可见于鼻黏膜、鼻旁窦、喉囊存在炎性肿胀或大量蓄脓。

(2)呼出气流温度变化　呼出气流温度增高,可见于发热性疾病;温度显著降低,可见于虚脱、重症脑病及严重的中毒等。

(3)呼出气有异味　有难闻的腐败臭味,表示上呼吸道或肺脏的化脓或腐败性炎症,有肺坏疽时更为典型,也可见于霉菌性肺炎及副鼻窦炎;当牛患醋酮血病时,呼出气体有酮臭味。

2. 鼻液检查

鼻液(除正常状态的水牛外)常是呼吸道异常分泌而从鼻腔排出的病理性产物。

[方法]观察鼻液的量、颜色、性状、稠度及混有物,同时注意鼻液有无特殊臭味。

[正常状态]健康动物鼻黏膜均分泌少量浆液和黏液,不同动物都有其特殊的排鼻液的方式,如马、猪和羊等动物均以喷鼻或咽下的方式排出鼻液,牛、犬和猫等动物则用舌舐去鼻液,故从外表看不见或仅能看到少量鼻液。

[病理状态]

(1)鼻液数量改变　鼻液量可反映炎症渗出的范围、程度及病期。单侧性鼻液,提示鼻腔、喉囊和副鼻窦的单侧性病变;双侧性鼻液则多来源于喉以下的气管、支气管及肺。一般炎症的初期、局灶性病变及慢性呼吸道疾病鼻液少，如慢性卡他性鼻炎、轻度感冒、气管炎初期等。上呼吸道疾病的急性期和肺部严重疾病时，常出现大量的鼻液，如犬瘟热、流行性感冒、牛肺结核、急性咽喉炎、肺脓肿、大叶性肺炎的溶解期、马腺疫、开放性鼻疽等。

(2)鼻液性状改变　由于炎症性质和病理过程的不同，鼻液性状可分为浆液性、黏液性、黏脓性、腐败性和出血性等。

①浆液性鼻液　流出的鼻液稀薄如水，无色透明，不粘在鼻孔的周围，可见于急性鼻卡他、流行性感冒马腺疫初期等。

②黏液性鼻液　鼻液呈蛋清样或粥状，黏稠，白色或灰白色，常混有脱落的上皮细胞和炎性细胞等，有腥臭味。常见于呼吸道卡他性炎症中期或恢复期以及慢性呼吸道炎症的过程。

③脓性鼻液　鼻液黏稠浑浊，呈糊状、凝乳状或凝集成块，黄色或淡黄色，具有脓味或恶臭味，为化脓性炎症的特征。常见于化脓性鼻炎、鼻旁窦蓄脓、肺脓肿破裂、犬瘟热、马腺疫、鼻疽等。

④腐败性鼻液　鼻液污秽不洁，呈灰色或暗褐色，具有腐败性的恶臭。常见于坏疽性鼻炎、腐败性支气管炎、肺坏疽。

⑤出血性鼻液　鼻液中混有血液，如混有的血液为淡红色，其中混有泡沫或小气泡，则为肺充血、肺水肿和肺出血的征兆。有较多的血液流出，主要见于鼻黏膜外伤、鼻出血、猪的传染性萎缩性鼻炎等。

⑥铁锈色鼻液　鼻液为均匀的铁锈色，是大叶性肺炎和传染性胸膜肺炎的特征。

(3)鼻液中出现混杂物　鼻液中混有多量小气泡，反映病理产物来源于细支气管或肺泡；混有红褐色组织块可见于肺坏疽；混有饲料或其残渣，提示伴有吞咽障碍或呕吐。

3. 咳嗽检查

咳嗽是动物的一种反射性保护动作，同时也是呼吸器官疾病过程中最常见的一种症状。当喉、气管、支气管、肺、胸膜等部位发生炎症或受到刺激时，使呼吸中枢兴奋，在深吸气后声门关闭，继而以突然剧烈呼气，则气流猛烈冲开声门，形成一种爆发的声音，并将呼吸道中的异物或分泌物咳出，即为咳嗽。

[方法]听取咳嗽的声音，注意咳嗽的性质、强度及疼痛反应等，必要时做人工诱咳试验。

人工诱咳法：马属动物取站立姿势，检查者位于动物胸前的侧方；一只手放于动物的鬐甲部，用另一只手的拇指、食指和中指分别握住动物的喉头及一、二节气管轮，轻轻加压的同时向上提举，同时观察动物的反应(图 1-38)。牛可用暂时捂鼻的方法诱发咳嗽，即用多层湿润的毛巾遮盖或闭塞鼻孔一定时间后迅速放开；或用一特制的橡皮(或塑料)套鼻袋，紧紧地套于牛的口鼻部，使牛中断呼吸片刻，再迅速去掉套鼻袋，使牛出现深吸气，则可出现咳嗽。小动物可经过短时间闭塞鼻孔或捏压喉部、叩击胸壁均可引起咳嗽。

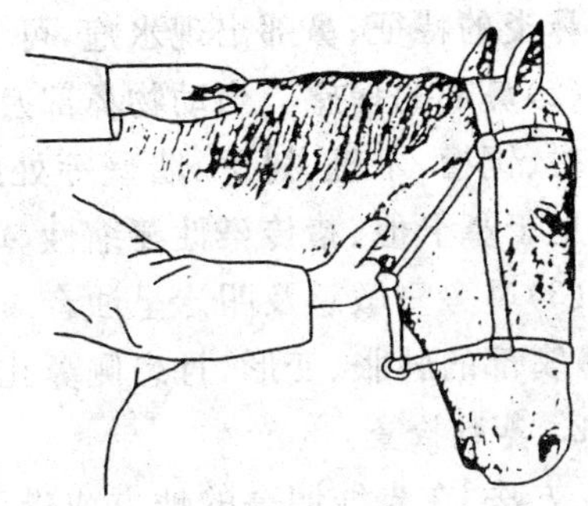

图 1-38 马的人工诱咳法

[正常状态]健康动物通常不发生咳嗽，或仅发生一、两声咳嗽。在人工诱咳时可引起一、两声的咳嗽反应；如呈连续性的频繁咳嗽，常为喉、气管的敏感反应。

[病理状态]

(1)湿咳　咳嗽声音低而长伴有湿啰音，称为湿咳，反映炎症产物较稀薄，可见于咽喉炎、支气管炎、支气管肺炎和肺坏疽的中期。

(2)干咳　若咳声高而短，是干咳的特征，表示病理产物较黏稠或管腔发炎肿胀，可见于急性喉炎初期、慢性支气管炎等。

(3)稀咳　稀咳常发生在清晨，饲喂或运动之后，常是呼吸器官慢性疾病的启示，应特别注意于牛结核、马鼻疽、轻度的猪气喘病。

(4)痉挛性咳嗽　频繁、剧烈而连续性的咳嗽，常为喉、气管炎的特征。马的传染性上呼吸道卡他更为典型；猪的频繁而剧烈甚至呈痉挛性的咳嗽，多见于重症的气喘病、慢性猪肺疫，当猪后圆线虫病时常见阵发性咳嗽。

(5)痛咳　咳嗽的同时动物表现疼痛、不安、尽力抑制，则为疼痛性的表现，可见于呼吸道异物、喉炎、胸膜炎、异物性肺炎等。

(三)上呼吸道的检查

1. 鼻部及鼻旁窦检查

[方法]观察鼻部及鼻旁窦有无表在病变及形态改变，注意有无水疱，触诊或叩诊鼻旁窦有无敏感反应及叩诊音的改变。

[病理状态]

(1)鼻部的肿胀、膨隆和变形　马的鼻面部、唇周围皮下浮肿，外观呈河马头状特征，可见于血斑病；鼻面部膨隆，常见于骨软症，而以幼驹更为典型；窦炎或蓄脓症时可见局部隆突、肿胀，甚至骨质变软；猪的鼻面部短缩、歪曲、变形，是传染性萎缩性鼻炎的特征;鼻部出现水疱,可见于口蹄疫、猪传染性水疱病等。

(2)鼻部的痒感　当动物鼻部及其邻近组织发痒时,病畜常用爪(蹄)搔痒,或在栅栏、饲槽、木桩、树干、墙壁等处蹭之,长期蹭痒会使鼻部脱毛、出血和皮肤损伤。见于鼻卡他、猪传染性萎缩性鼻炎、鼻腔寄生虫病、异物刺激等。

(3)鼻旁窦敏感及叩诊呈浊音　提示鼻窦炎、鼻窦积液或蓄脓,重者多伴有颜面、鼻窦部的肿胀、变形,且患侧鼻孔常流脓性分泌物,低头时流出量增多。

2. 鼻腔检查

[方法]在光线明亮的地方或借助人工光源检查。用单手法时,一只手握笼头,另一只手(右手)的拇指和中指夹住其外鼻翼并向外拉开,食指将其内鼻翼挑起;用双手法时,由助手保定并抬起动物的头部,检查者分别用两手拉开动物的两侧鼻翼即可(图 1-39)。

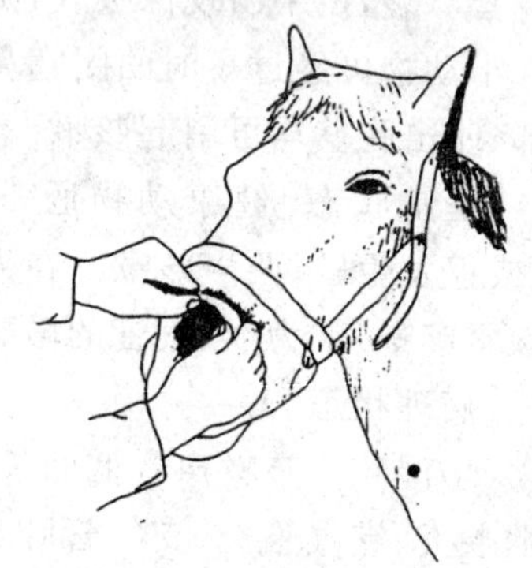

图 1-39　马的鼻腔检查法

检查时,应注意鼻黏膜的颜色、有无肿胀、结节、溃疡或瘢痕。

[正常状态]健康动物的鼻黏膜稍湿润、有光泽、呈淡红色。牛的鼻黏膜前部多有色素附着所以诊断价值不大。

[病理状态]鼻黏膜的潮红、肿胀主要见于鼻卡他及流行性感冒。马鼻黏膜出现的结节、溃疡或瘢痕(冰花样或星芒状),常提示为鼻腔鼻疽。

3. 喉及气管检查

[方法]主要采用视诊、触诊和听诊的方法进行。检查大动物及羊时,检查者可站于动物的头颈部侧方,分别以两手自喉部两侧同时轻轻加压并向周围滑动,以感知喉部的温度、硬度和敏感度,注意观察局部有无肿胀。用听诊器分别听取喉和气管的呼吸音,注意呼吸音有无改变。猪和禽类、肉食兽,可打开口腔直接对喉腔及其黏膜进行视诊。

[正常状态]健康动物的触诊和视诊多无异常表现,听诊喉呼吸音为类似"赫"、"赫"的声音,而气管呼吸音则较为柔和。

[病理状态]

(1)喉部周围组织和附近淋巴结有热感、肿胀、敏感性增高　主要见于喉炎、咽喉炎、马腺疫、急性猪肺疫或猪、牛的炭疽等。禽类喉腔若出现黏膜肿胀、潮红或附有黄白色伪膜,是各型喉炎的特征。

(2)喉和气管呼吸音异常

①呼吸音增强　即喉和气管呼吸音强大粗厉,见于各种出现呼吸困难的病畜。

②喉狭窄音　其性质类似口哨声、呼噜声以至似拉锯声,有时声音相当强大,以致在数十步之外都可听到。常见于喉水肿、咽喉炎、喉和气管炎、喉肿瘤、放线菌病及马腺疫等。

③啰音　当喉和气管内有分泌物存在时,可听到啰音。若分泌物黏稠,类似吹哨音或咝咝音,称干啰音;若分泌物稀薄,则出现湿啰音,呈呼噜声。多见于喉炎、气管炎和气管内异物等。

(四)胸廓及胸壁的视诊和触诊

[方法]观察动物胸廓的外形,并由正前方或后方对比观察两侧的对称性。触诊胸壁的目的在于判断其温度、敏感性、胸壁或胸下有无浮肿、气肿和胸壁震颤,并注意肋骨有无变形或骨折。检查时要注意左右对照。

[病理状态]

(1)胸廓改变　狭胸,表现为胸廓的左右横径短小,见于发育不良或骨软病;圆筒状胸,表现为左右横径增大,主要见于慢性肺气肿;单侧气胸时,可见胸廓左右不对称。

(2)胸壁敏感　触诊胸壁时动物回视、躲闪、反抗,是胸壁敏感反应,主要见于胸膜炎及肋骨骨折;纤维素性胸膜炎时,可感知胸壁震颤。

(3)胸壁温度增高　局部温度增高,见于局部炎症;胸侧壁温度增高,见于胸膜炎。

(4)胸骨与肋骨变形　幼畜的各条肋骨与肋软骨结合处呈串珠状肿胀,是佝偻病的特征;鸡的胸骨脊弯曲、变形,提示钙缺乏。肋骨变形、有折断痕迹或有骨折、骨瘤,可提示骨软症及氟骨病。

(五)胸、肺部的叩诊

[方法]大动物宜用锤板叩诊法,中小动物可用指指叩诊法。

在两侧肺区均应由前到后(沿水平线)或自上而下(沿肋每个间隙)每隔 3～4 cm 做一叩诊点,每个叩诊点叩击 2～3 次,依次进行普遍的叩诊检查(图 1-40)。叩诊时除应遵循叩诊的一般注意事项外,对消瘦

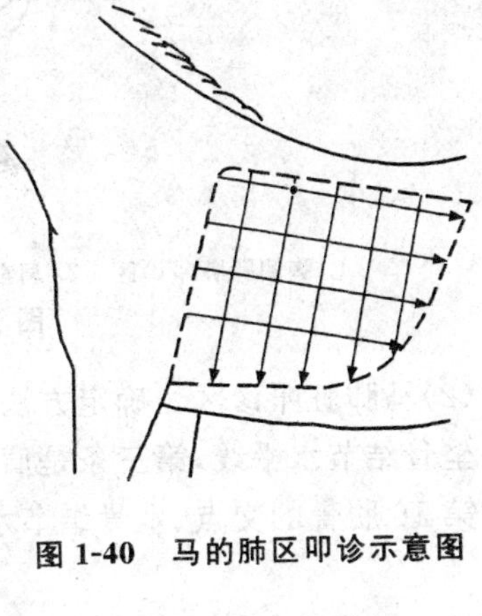

图 1-40　马的肺区叩诊示意图

的动物，叩诊板（或用做叩诊板的手指）宜沿肋间放置。叩诊的强度应依不同区域的胸壁厚度及叩诊的不同目的为转移，肺区的前上方宜行强叩诊，后下方应轻叩诊，发现深部病变应行强叩诊。

对病区与周围健区，在左右两侧的相应区域，应进行比较叩诊，以确切地判定其病理变化。

叩诊的目的，主要在于发现叩诊音的改变，并明确叩诊区域的变化，同时注意对叩诊的敏感反应。

[正常状态]健康动物的肺区，叩诊呈清音，以肺的中 1/3 最为清楚，而上 1/3 与下 1/3 声音逐渐变弱，而肺的边缘则近似半浊音。由于肺的前部被发达的肌肉和骨骼所掩盖，使得叩诊无法检查，因此健康动物的肺叩诊区只相当于肺的体表投影区的 2/3。肺叩诊区因动物种类不同而有很大差异。

(1)牛、羊肺脏叩诊区　叩诊区的上界为一条距背中线约一掌宽（10 cm 左右）、与脊柱相平行的直线；前界为自肩胛骨后角并沿肘肌群后缘向下划出的一条近似“S”形的曲线，止于第 4 肋间；后下界是一条由第 12 肋骨与背界的交点处起，向下、向前的弧线（经髋结节水平线与第 11 肋间的交点及肩关节水平线与第 8 肋间交点），其下端终于第 4 肋间。此外，在瘦牛的肩前 1～3 肋间，尚有一狭小的肩前叩诊区（图 1-41），上部宽 6～8 cm，下部宽 2～3 cm。羊的叩诊区与牛略同，但无肩前叩诊区。

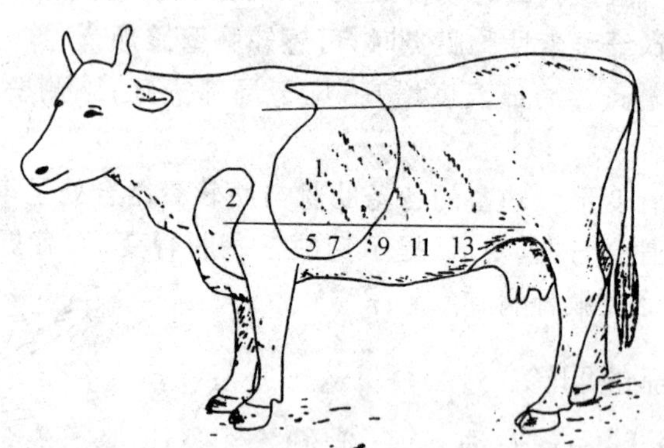

1. 胸侧肺脏叩诊区　2. 肩前肺脏叩诊区　5、7、9、11、13 分别为相应肋骨数

图 1-41　牛肺脏叩诊区

(2)马肺脏叩诊区　确定方法是引 3 条水平线，第一条是髋结节水平线，第二条是坐骨结节水平线，第三条是肩关节水平线。叩诊区的后下界为由髋结节水平线与第 16 肋骨的交点、坐骨结节水平线与第 14 肋骨的交点及肩关节水平线与第

10肋骨交点的连接所成的弧线，其下端终于第5肋骨；叩诊区的前界，为肩胛骨后角向下引的垂线，其下端终于肘头上方；叩诊区的上界，为肩胛骨后角引向髋结节内角的直线(图1-42)。

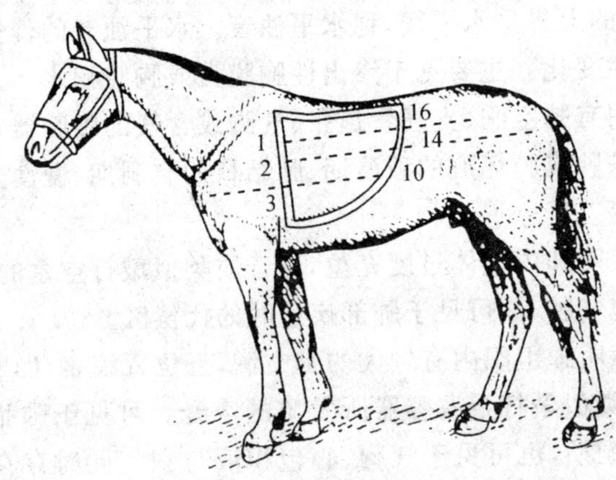

1. 髋结节水平线　2. 坐骨结节水平线　3. 肩关节水平线　10、14、16分别为肋骨数

图1-42　马肺脏叩诊区

(3)猪肺脏叩诊区　上界距背中线4～5指宽，后界由第11肋骨开始，向下、向前经坐骨结节线与第9肋间之交点，肩关节水平线与第7肋间之交点而止于第4肋间。肥猪的肺叩诊区不明显，且其上界下移，前界后移，叩诊音也不如其他动物明显。

(4)犬肺脏叩诊区　前界自肩胛骨后角并沿其后缘所引垂线，下止于第6肋间之下部；上界自肩胛骨后角所画之水平线，距背中线2～3指宽；后界自第12肋骨与上界交点开始，向下、向前经髋结节水平线与第11肋间之交点，坐骨结节线与第10肋间之交点，肩关节线与第8肋间之交点而达第6肋间之下部与前界相交。

[病理状态]

(1)胸壁敏感　叩诊胸部时，动物表现回视、躲闪、反抗等疼痛不安现象，是胸膜炎的重要特征。

(2)叩诊区扩大或缩小　叩诊区变动范围与正常肺肺脏区相差2～3 cm以上时，才认为是病理现象。肺叩诊区扩大(主要表现为后下界后移)，提示肺体积增大(肺气肿)或胸腔积气。叩诊区缩小(主要表现后界前移)，主要是腹压增高性疾病，常见于急性胃扩张、急性肠臌气、急性瘤胃臌气、急性瘤胃积食、腹腔积液等。

(3)叩诊音的变化

①浊音或半浊音　表明所叩击的肺组织不含空气或含气极少。见于肺充血、

肺水肿、肺结核、胸腔积液等。散在性浊音区，提示小叶性肺炎；成片性浊音区，是大叶性肺炎肝变期的特征。

②水平浊音　当胸腔积液达一定量时，叩诊积液部位呈浊音，由于液体上界呈水平面，故浊音区的上界呈水平线，称水平浊音。水平浊音的位置可随动物体位及姿势的改变而发生变化。主要见于渗出性胸膜炎或胸腔积水。

③鼓音　表明有肺空洞、支气管扩张、气胸或含气的腹腔器官进入胸腔等现象存在。可见于肺脓肿或肺坏疽的破溃期、肺结核的空洞期、慢性支气管炎、牛肺疫、胸腔积气及膈疝等。

④过清音　表明肺内气体过度充盈，其音质类似敲打空盒的声音，故又称空盒音。主要见于肺泡气肿，亦可见于肺部疾患时的代偿区。

⑤金属音　表明肺组织内有较大的肺空洞，且位置浅表、四壁光滑而紧张。其音调比鼓音高朗，类似敲打金属容器所发出的声音。可见于肺脓肿或肺坏疽的破溃期、肺结核的空洞期，也可见于气胸、心包积液与积气同时存在使心包达一定紧张度等情况下亦可发生。

⑥破壶音　表明有与支气管相通的较大肺空洞存在，其音类似叩击破壶所发出的声音。见于肺脓肿、肺坏疽和肺结核等形成大空洞时。

(六)胸、肺部的听诊

[方法]一般多用听诊器进行间接听诊，肺听诊区和叩诊区基本一致。听诊时，首先从肺叩诊区的中 1/3 开始，由前向后逐渐听取，其次为上 1/3，最后听诊下 1/3，每一听诊点的距离为 3～4 cm，每一听诊点应连续听诊 3～4 次呼吸周期，对动物的两侧肺区应普遍地进行听诊。

听诊时，应密切注视动物胸壁的起伏活动，以便辨别吸气与呼气阶段。如呼吸活动微弱、呼吸音响不清时，可人为地使动物的呼吸活动加强，以便于辨认。为此，可短时地捂住动物的鼻孔并于放开之后立即听诊，或使动物做短暂的运动后听诊。

胸、肺部听诊时，应注意呼吸音的强度、性质及病理性呼吸音的出现。对病变区域应与周围健区以及对侧的相应区域进行比较听诊，以确切地判断病理变化。

[正常状态]健康动物可听到微弱的肺泡呼吸音，于吸气阶段较清楚，尤其是吸气末尾时最强，音调较高，时相较长；而呼气时音响较弱，音调较低，时相较短，呼气末尾时听不清楚，其音质状如柔和的吹风样或类似轻读“夫、夫”的声音。整个肺区均可听到肺泡呼吸音，但以肺区的中部为最明显。各种动物中，犬和猫的肺泡呼吸音最强，其次是绵羊、山羊和牛，而马的肺泡音最弱；幼畜比成年动物肺泡音强。

支气管呼吸音实为喉呼吸音和气管呼吸音的延续，但较气管呼吸音弱，比肺泡呼吸音强，其性质类似舌尖抵住上腭呼气所发出的“赫、赫”音。特征为吸气时弱而短，呼气时强而长，声音粗糙而高。马的肺区通常听不到支气管呼吸音，其他动物仅在肩后 3～4 肋间、靠近肩关节水平线附近区能听到，但常与肺泡呼吸音形成支气管肺泡呼吸音(混合性呼吸音)，其声音特征为吸气时主要是肺泡呼吸音，声音较为柔和，而呼气时则主要为支气管呼吸，声音较粗厉，近似于“夫-赫”的声音。犬在整个肺区都能听到明显的支气管呼吸音。

[病理状态]

(1)病理性肺泡呼吸音

①肺泡音增强　普遍地增强，为两侧整个肺区肺泡呼吸音均增强，表明呼吸中枢兴奋、呼吸运动和肺换气功能增强的结果，见于发热性疾病、贫血、代谢性酸中毒及支气管炎、肺炎或肺充血的初期。局限性增强，又称代偿性增强，是由于一部分或一侧肺组织有病变而使其呼吸机能减弱或消失，健康或无病变肺组织呼吸机能代偿性增强，见于大叶性肺炎、小叶性肺炎、肺结核、渗出性胸膜炎等疾病时的健康肺区。

②肺泡呼吸音减弱或消失　表现为肺泡呼吸音变弱或完全听不到。表明进入肺泡的空气量减少或空气完全不能进入肺泡，见于上呼吸道狭窄、胸部疼痛性疾病、全身极度衰弱(脑炎后期、中毒性疾病后期以及濒死期等)、呼吸麻痹及膈肌运动障碍等。或肺组织的弹性减弱或消失，见于各型肺炎、肺结核、引起肺部分泌物增加的疾病及肺气肿等。或呼吸音传导障碍，见于渗出性胸膜炎、胸壁肥厚和气胸等。

(2)病理性支气管呼吸音　在马的肺区内听到支气管呼吸音，其他动物的肺区听到单纯的支气管呼吸音，均为病理性支气管呼吸音。可见于大叶性肺炎的实变期、广泛的肺结核、牛肺疫、猪肺疫及渗出性胸膜炎、胸水等压迫肺组织所致。

(3)病理性混合呼吸音　在正常肺泡音的区域内听到混合性呼吸音，系病理性的，表明较深的肺组织发生实变，而周围被正常的肺组织所覆盖，或较小的肺部实变组织与正常含气的肺组织混合存在。可见于大叶性肺炎或胸膜肺炎的初期、小叶性肺炎和散在性肺结核等。

(4)呼吸音杂音　伴随呼吸活动产生肺泡呼吸音和支气管呼吸音以外的附加音响。

①啰音　主要出现于吸气的末期，呈尖锐或断续性，可因咳嗽而消失，是呼吸道内积有病理性产物的标志。啰音分干啰音与湿啰音。

干啰音：声音尖锐，似蜂鸣、飞箭、类鼾声，表明支气管肿胀、狭窄或分泌物较为黏稠。主要见于弥漫性支气管炎、支气管肺炎、慢性肺气肿、牛结核和间质性肺炎等。

湿啰音:又称水泡音,似水泡破裂声。水泡音是支气管炎与肺炎的重要症状,反映气道内有较稀薄的病理产物。主要见于支气管炎、各型肺炎、肺水肿、肺淤血及异物性肺炎等。

②捻发音 捻发音是肺泡内有少量黏稠分泌物,使肺泡壁或毛细支气管壁互相黏合在一起,当吸气时气流可使黏合的肺泡壁或毛细支气管壁被突然冲开所发出的一种爆裂音。类似在耳边揉捻毛发所发出的极细碎而均匀的"噼啪"音,其特征是仅在吸气时可听到,在吸气之末最为清楚。捻发音比较稳定,不因咳嗽而消失。可见于毛细支气管炎、肺水肿、肺充血的初期等。

③胸膜摩擦音 当发生胸膜炎时,特别是有纤维蛋白沉着,使胸膜的脏层与壁层面变得粗糙不平,呼吸时两层粗糙的胸膜面互相摩擦所发生的声音,即为胸膜摩擦音。胸膜摩擦音的特点是干而粗糙,声音接近体表,出现于吸气末期及呼气初期,且呈断续性,摩擦音常发生于肺移动最大的部位,即肘后、肺叩诊区下 1/3、肋弓的倾斜部。有明显摩擦音的部位,触诊可感到有胸膜摩擦感和疼痛表现。胸膜摩擦音是纤维素性胸膜炎的特征。可见于大叶性肺炎、各型传染性胸膜肺炎及猪肺疫等。

三、消化系统的临床检查

(一)饮食与吞咽状态的检查

[方法]首先通过问诊了解动物采食与饮水状态,然后现场对动物仔细观察采食和饮水活动与表现,必要时可进行试验性的饲喂或饮水。主要根据采食和饮水的方式、食量多少、采食持续时间的长短、咀嚼状态(力量和速度)、吞咽活动判定动物的食欲和饮欲状态,还可参考腹围大小等综合条件进行判断。检查时应注意饲料的种类及质量、饲料配制、饲养制度、饲喂方式、环境条件及动物的劳役和饥饿程度等因素对饮食的影响。

[正常状态]健康动物其采食、饮水的方式各异:马用唇和切齿摄取饲料,牛用舌卷食饲草,羊大致与马相同,猪主要靠上、下颌动作而采食。

[病理状态]

(1)饮欲和食欲改变

①食欲减少甚至废绝 表现为对优质适口的饲料采食无力、食量显著减少甚至完全拒食。食欲减少主要见于消化器官的各种疾病以及热性病、全身衰竭、消化及代谢功能扰乱,完全拒食提示疾病严重。

②食欲亢进 表现为食欲旺盛,采食量多。主要见于重病恢复期、糖尿病、甲

状腺机能亢进及某些代谢病和寄生虫病等。

③异嗜　表现为啃食泥土、煤渣、墙灰，舐食污水、粪尿，羊有时表现互相舐毛。异嗜多为矿物质、微量元素代谢扰乱及某些氨基酸缺乏的征兆，多见于幼畜；也可见于慢性胃卡他。母猪食仔、吞食胎衣，鸡的啄羽、啄肛，也常是异嗜的一种表现，后者在鸡群中常有相互模仿的倾向。

④饮欲增加　表现为贪饮甚至狂饮，常见于某些热性病、大出汗、严重的腹泻以及食盐中毒。

⑤饮欲减少　表现为不饮水或饮水量少，可见于马的重度疝痛及伴有昏迷的脑病等。

(2)饮食方式异常　马以门齿衔草，多见于面神经麻痹或中枢神经的疾病。饮水时将鼻孔伸入水中，后因呼吸困难而急剧抬头，口衔草而忘却咀嚼，为马慢性脑室积水的特有症状。重度破伤风、某些舌病、颌骨疾病时，可表现采食障碍。

(3)咀嚼障碍　表现为采食不灵活，咀嚼小心、缓慢、无力，并因疼痛而中断，有时将口中食物吐出。咀嚼障碍多提示口腔黏膜、舌、牙齿的疾病，骨软症、慢性氟中毒时亦可引起。空嚼和磨牙，可见于狂犬病、某些脑病及胃肠道阻塞和高度疼痛性疾病。

(4)吞咽障碍　表现为吞咽时动物伸颈、摇头，屡次企图吞咽而被迫中止，或吞咽同时引起咳嗽，有些动物可见有唾液、食物、饮水等经鼻返流。吞咽障碍主要提示咽与食管的疾病，如咽炎、咽麻痹、食管阻塞等。

(二)反刍、嗳气及呕吐的检查

[方法]对反刍动物注意观察其反刍的开始出现时间、每次持续时间、昼夜间反刍的次数、每次食团的再咀嚼情况和嗳气的情况等。检查呕吐时应注意呕吐发生的时间、频率及呕吐物的数量、性质、气味及混杂物。

[正常状态]健康反刍动物，一般于采食后经 0.5～1 h 即开始反刍；每次反刍持续时间在15～60 min不等；每昼夜进行反刍4～8 次；每次返回的食团再咀嚼40～60 次(水牛40～45 次)。高产乳牛的反刍次数较多，且每次的持续时间长。

健康牛一般每小时有 15～30 次的嗳气，羊 9～11 次，采食后增多，空腹时减少。除反刍动物外的其他动物不表现嗳气。

[病理状态]

(1)反刍障碍　可表现为反刍开始出现的时间晚，每次反刍的持续时间短，昼夜间反刍的次数少以及每个食团的再咀嚼次数减少，严重时甚至反刍完全停止。反刍障碍是前胃机能障碍的结果，可见于多种疾病，如前胃弛缓、瘤胃积食、瘤胃臌气、瓣胃及真胃阻塞、高热性疾病、中毒、多种传染病等。

(2)嗳气改变　嗳气频繁和增多，是瘤胃内容物异常发酵，产生大量的游离气体，可见于瘤胃臌气的初期。嗳气减少也是前胃机能扰乱的一种表现，由于嗳气显著减少而使瘤胃积气并可继发瘤胃臌气，可见于前胃弛缓、瘤胃积食、瓣胃阻塞、真胃疾病及发热性疾病等。偶见有马的嗳气，常提示胃扩张。

(3)呕吐　呕吐是动物将胃内容物或部分小肠内容物不自主地经口腔或鼻腔排出体的一种病理性的反射活动。肉食动物最易发生呕吐，其次是猪，牛、羊等反刍动物较少发生，马则极难发生，一般仅出现呕吐动作，当疾病严重时才能有胃内容物经鼻孔返流的现象。

反刍兽呕吐时，表现不安、呻吟，同时腹肌强烈收缩，呕吐物多为瘤胃内容物，可见于前胃、肠的疾病，中毒以及中枢神经系统疾病。马呕吐时多呈恐怖而极度不安，腹肌强烈收缩，常见战栗与出汗，多提示为急性胃扩张，且常继发胃破裂而致死。犬、猫和猪常出现过食性呕吐，多在采食后不久一次性呕吐大量胃内容物；采食后立即发生持续而频繁的呕吐，且呕吐物混有黏液，常见于胃、十二指肠、胰腺和中枢神经系统的严重疾病。呕吐物中混有血液，常见于胃溃疡、猪瘟、犬瘟热、猫泛白细胞减少症等；混有胆汁而呈黄绿色，见于十二指肠阻塞；呕吐物呈粪便样气味，主要见于大肠阻塞、猪肠嵌闭等。

(三)口腔、咽及食管的检查

1. 口腔检查

[方法] 一般多用视诊、触诊和嗅诊等方法进行。注意观察口唇状态和流涎情况，检查口腔气味、温度与湿度，观察口腔黏膜的颜色及完整性、舌及牙齿有无变化等。另外，尚须注意舌苔的变化。口腔内部检查时，常采用徒手开口法或借助特制的开口器辅助打开口腔进行。

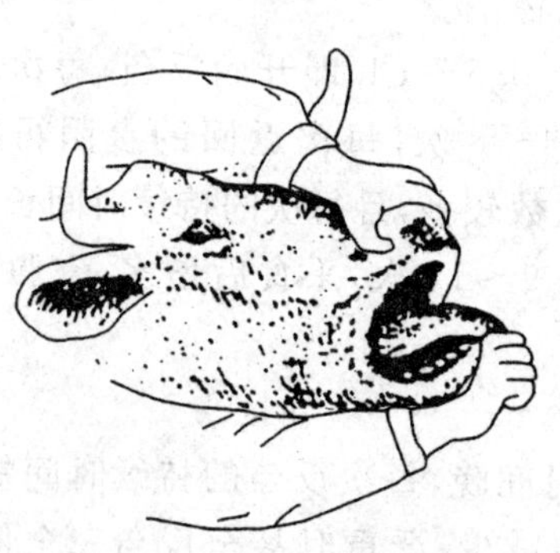

图 1-43　牛的徒手开口法

(1)牛的开口法　检查者位于牛头侧方，一只手握住牛鼻环或捏住鼻中隔并向上提举，另一只手从口角处伸入并握住舌体向侧方拉出，即可使口腔打开(图 1-43)。

(2)马的开口法　徒手开口时，检查者站于马头的侧方，一只手把住笼头，另一只手食指和中指从一侧口角伸入并横向对侧口角，手指下压并握住舌体，将舌拉出的同时用另一只手的拇指从它侧口角伸入并顶住上腭，使口张开(图 1-44)。

图 1-44　马的徒手开口法

开口器开口时，一般可使用单手开口器，一只手把住笼头，另一只手持开口器自口角处伸入，随动物张口而逐渐将开口器的螺旋形部分伸入上、下臼齿之间，而使口腔张开；检查完一侧后，再以同样方法检查另一侧(图 1-45)。必要时可应用重型开口器，首先应妥善地进行动物的头部保定，检查者取开口器并将其齿嵌入上、下门齿之间，同时保持固定；由另一只手迅速转动螺旋柄，渐渐随上、下齿板的离开而打开口腔(图 1-46)。

图 1-45　马的单手开口器及其应用

图 1-46　马的重型开口器及其应用

(3)猪的开口法　由助手握住猪的两耳进行保定；检查者持猪开口器，将其平直伸入口内，达口角后，将把柄用力下压，即可打开口腔进行检查或处置(图 1-47)。

(4)犬的开口法　性情温顺的犬可用徒手开口法，检查者一只手拇指与中指由颊部捏住上颌，另一手的拇指与中指由左、右口角处握住下颌，分别将其上下唇向内压迫在臼齿面上，以食指抵住犬齿，同时用力上下稍拉开，即可开口，但应注意防止被咬伤手指。也可在确实保定后，用布带或绷带两段分别横置于上、下犬齿之后，用两手同时将口向上下拉开即可。烈性犬须用特制的开口器进

图 1-47　猪的开口器及其应用

行，方法同猪。

(5)猫的开口法　徒手开口时，以一只手的小指抵在颈部作支点，用拇指和食指捏紧上颌，并将猫的头部向上抬起，即可开口。

[注意事项]

(1)徒手开口时，应注意防止咬伤手指。

(2)拉出舌时，不要用力过大，以免造成舌系带的损伤。

(3)使用开口器时应注意动物的头部保定；对患骨软症的动物应注意防止开口过大而造成颌骨骨折。

[正常状态]健康动物上下口唇闭合良好，老龄和瘦弱动物的下唇常松弛下垂；老龄动物偶有流涎；口腔稍湿润，口腔温度与体温一致；口腔黏膜呈淡红色而有光泽；牙齿排列整齐。

[病理状态]

(1)口唇异常　口唇下垂，可见于面神经麻痹、狂犬病、唇舌损伤和炎症、下颌骨骨折等；双唇紧闭，见于脑膜炎和破伤风等；唇部肿胀，见于口黏膜深层炎症、牛瘟、马血斑病等；唇部疱疹，常见于牛和猪的口蹄疫等。

(2)流涎　口腔分泌物或唾液流出口外，称为流涎。表示唾液腺在病理因素刺激下分泌增多，或咽及食管疾病导致唾液咽下发生障碍。可见于各型口炎、恶性卡他热、猪水泡病、犬瘟热、鸡新城疫、唾液腺炎、咽麻痹、食道梗塞、有机磷中毒、面神经麻痹等。牛的大量牵缕性流涎，应注意口蹄疫。

(3)口腔温度与湿度异常　口腔温度增高、热感，可见于口炎或热性病；口腔温度低下，见于重度贫血、虚脱及动物濒死期。口腔分泌物减少或干燥，可见于一切热性病、失水性疾病、阿托品中毒及严重的胃肠疾病，口腔过湿，则引起流涎。

(4)口腔黏膜颜色改变　口腔黏膜颜色可表现为苍白、潮红、发绀和黄染等变化，其诊断意义除局部炎症可引起潮红、肿胀提示口炎外，其余与其他部位的可视黏膜颜色变化意义相同。

(5)口腔黏膜破损　表现为疱疹、溃疡。马的溃疡性口炎，其病变常在舌下。反刍兽及猪的口黏膜疱疹、溃疡性病变，特别应注意口蹄疫。鸡白喉、牛坏死杆菌病及犬念珠菌病时，口腔黏膜上常附有伪膜状物。雏禽口腔黏膜有炎症或白色针尖大小的结节，见于维生素 A 缺乏症。

(6)舌与舌苔异常　舌的颜色变化与口腔黏膜颜色变化诊断意义大致相同。舌的外伤常由于受异物的刺伤或受磨灭不整的牙齿损伤所引起。舌面的溃疡多并发于口炎。舌硬如木、体积增大，甚至垂于口外，可见于放线菌病、舌麻痹，也可见于各种类型脑炎后期、霉玉米中毒和肉毒梭菌中毒等。猪舌下和舌系带两侧有水泡样结节，是囊尾蚴病的特征。

舌苔是一层脱落不全的舌上皮细胞沉淀物，并混有唾液、饲料残渣等，表现为舌面上附有一层灰白、灰黄、灰绿色附着物，是胃肠消化不良时所引起的一种保护性反应。主要见于热性病及慢性消化障碍等。舌苔薄而色淡，一般表示病情轻或病程短；舌苔厚而色深，一般表示病情重或病程长。

(7)牙齿不整或松动　常发生于骨软病或慢性氟中毒，后者在门齿表面多见有特征性的氟斑，即切齿的釉质失去正常光泽，出现黄褐色的条纹，并形成凹痕。

2. 咽检查

[方法]咽检查主要通过外部视诊和触诊进行。视诊注意头颈的姿势及咽周围有否肿胀；触诊时，可用两手同时自咽喉部左右两侧加压并向周围滑动，以感知其温度、敏感反应及肿胀情况等(图 1-48)。小动物及禽类的咽内部视诊比较容易，大动物须借助于喉镜检查。

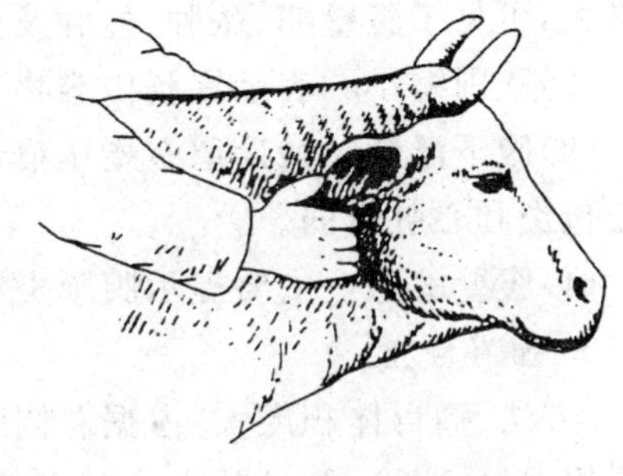

图 1-48　牛咽外部触诊

[病理状态]咽喉部及其周围组织的肿胀、热感，并呈疼痛反应，提示咽炎或咽喉炎；幼驹的咽喉及其附近的淋巴结的肿胀、发炎，应注意于腺疫；牛的咽喉周围的硬性肿物，应注意于结核、腮腺炎及放线菌病；猪则应注意于咽炭疽及急性猪肺疫。

3. 食管及嗉囊检查

[方法]大动物的颈部食管可进行视、触诊检查，必要时可应用食管探诊(探诊方法详见胃管投药部分)。

视诊时，注意吞咽过程食物沿食管通过的情况及局部有无肿胀。触诊时检查者站于动物左侧用两手分别沿颈部食管沟自上而下加压滑动检查，注意感知有无肿胀、异物，以及内容物硬度，有无波动感及敏感反应。

检查禽类的嗉囊，主要用视诊和触诊，注意内容物的多少、软硬度等情况。

[病理状态]

(1)牛马的食道阻塞时，如阻塞物在颈部食道，视诊能发现该部肿大，触诊时动物常呈疼痛反应，其上部食管常因贮积饲料、分泌物而扩张，如内容物为液体，则触压有波动感。食管痉挛则可感知呈一条较硬的索状物，并同时呈敏感反应。

(2)鸡嗉囊积食，可见容积扩大并可感知内容物量多或食物坚硬；减、拒食则嗉囊内空虚。如嗉囊存有多量气体则膨胀并有弹性；嗉囊积液可见于鸡新城疫及有机磷中毒等。

(四)反刍兽(牛)的腹部及胃肠检查

1. 腹部检查

[方法]主要用视诊和触诊进行,注意观察腹围的大小、形状,尤其是肷窝充盈程度;触诊腹壁的敏感性及紧张度。

[病理状态]

(1)腹围增大　广泛性增大,主要提示瘤胃臌气、瘤胃积食、皱胃变位等。局限性增大,可见于腹壁疝、脓肿、血肿及淋巴外渗等。

(2)腹围缩小　表示胃肠内容物显著减少,可见于长期饥饿或破伤风等。

(3)腹下浮肿　触诊留有指压痕,可见于腹膜炎、肝片吸虫病、肝硬化以及创伤性心包炎和心脏衰弱。

(4)腹壁敏感　主要提示腹膜炎和腹壁损伤。

2. 瘤胃检查

[方法]瘤胃体积庞大,占据左侧腹腔的绝大部分位置,与腹壁紧贴(图 1-49)。主要用视诊、叩诊、触诊及听诊检查,其中临床上以触诊和听诊为主。

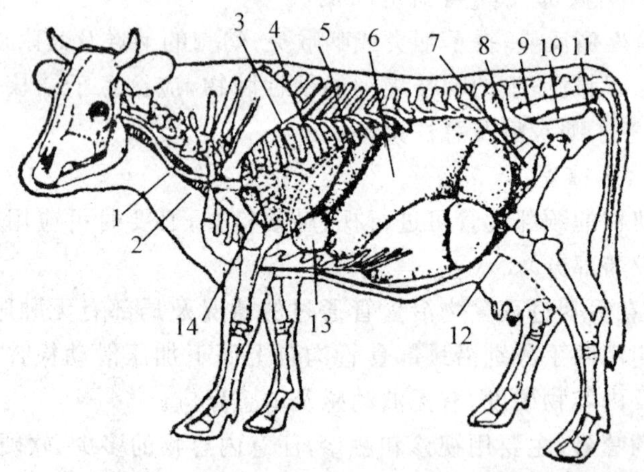

1. 食道　2. 气管　3. 肺　4. 横膈圆顶轮廓　5. 脾(其前缘以虚线表示)
6. 瘤胃　7. 膀胱　8. 左子宫角　9. 直肠　10. 阴道
11. 阴道前庭　12. 空肠　13. 网胃　14. 心脏

图 1-49　母牛内脏器官(左侧)

视诊时,注意观察瘤胃的充盈度;触诊时,检查者位于动物的左腹侧,左手放于动物背部,检手(右手)可握拳、屈曲手指或以手掌放于左肷部,先用力反复触压瘤胃,以感知内容物性状,后静静放置以感知其蠕动力量并计算蠕动强度、频率;听诊时，多以听诊器行间接听诊，以判定瘤胃蠕动音的频率、强度、性质及持续时间；叩诊是用手指或叩诊器在肷部进行直接叩诊，以判定其内容物性状。

[正常状态]正常时瘤胃触诊时，饲喂前左肷部松软而有弹性，上 1/3 积有少量气体，中部和下部触诊坚实；饲喂后瘤胃充满，左肷部平坦，触诊感知内容物似面团状，轻压后可留压痕，随胃壁缩动而将检手抬起，蠕动力量较强。听诊瘤胃随每次蠕动波可出现逐渐减弱的沙沙声，似吹风样或远雷声，健康牛每 2 min 蠕动 2～3 次。上部叩诊呈鼓音，中、下部依次呈半浊音或浊音。

[病理状态]

(1)左肷部膨隆，触诊柔软有弹性，叩诊鼓音区下移，是瘤胃臌胀的特征。

(2)触诊内容物坚实，可见于瘤胃积食；内容物稀软可见于前胃弛缓。

(3)瘤胃蠕动频繁及蠕动音增强，可见于瘤胃臌气和瘤胃积食的初期；蠕动稀少、微弱、蠕动音短促，可见于前胃弛缓、瘤胃积食以及其他原因引起的前胃功能障碍；瘤胃蠕动音消失，是瘤胃运动机能高度障碍的结果，临床上多见于急性瘤胃臌气、瘤胃积食等前胃疾病的后期以及其他严重的全身性疾病。

3. 网胃(蜂窝胃)检查

[方法]网胃位于胸骨后缘、腹腔的左前下方剑状软骨突起的后方，相当于第 6～8 肋间，前缘紧贴膈肌(图 1-49)。

(1)叩诊　可于左侧心区后方的网胃区内，进行强叩诊或用拳轻击，以观察动物反应。

(2)触诊　检查者面向动物蹲于其左胸侧，屈曲右膝于动物腹下，右手握拳并抵在动物的剑状突起部，将右肘支于右膝上，然后用力抬腿并以拳顶压网胃区；或由二人分别站于动物胸部两侧，面向前，各伸一只手于剑突下相互握紧，并将其另一只手放于动物的鬐甲部作支点，二人同时用力上抬紧握的手，并用放于鬐甲部的手紧捏其背部皮肤，以观察动物的反应；或先用一木棒横放于动物的剑突下，由二人分别自两侧同时用力上抬，迅速下放并逐渐后移压迫网胃区；或由助手握住牛鼻中膈并向上提举，使牛的额线与背线相平，检查者用手强力捏压鬐甲部等方法进行检查，以观察动物反应。

(3)视诊　牵引牛在陡峭的坡路向下行走，或急转弯等运动，观察其反应。

[病理变化]当进行上述检查试验时，动物表现不安、痛苦、呻吟或抗拒，企图卧下；或下坡时运步小心，步态紧张，不敢前进，甚至横着下坡；或急转弯时表现痛苦等，均为网胃的疼痛敏感反应。试验呈敏感反应，主要提示创伤性网胃炎或网胃炎、膈肌炎、心包炎。

4. 瓣胃检查

[方法]主要采用听诊和触诊的方法进行。牛的瓣胃检查部位在右侧第 7～9 肋间沿肩关节水平线上下 3～5 cm 的范围内(图 1-50)。

进行听诊时,是听取瓣胃蠕动音。在右侧瓣胃区进行强力触诊或以拳轻击,以观察动物是否有疼痛反应。

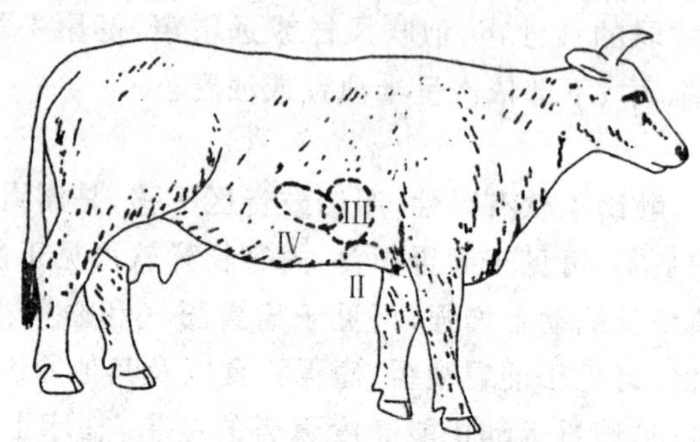

图 1-50　牛的网胃(Ⅱ)、瓣胃(Ⅲ)、真胃(Ⅳ)位置

[病理变化]瓣胃的蠕动音呈断续的细小捻发音,于采食后较为明显。瓣胃蠕动音消失,可见于瓣胃阻塞;触诊敏感表现为动物疼痛不安、呻吟、抗拒,主要提示瓣胃创伤性炎症,亦可见于瓣胃阻塞或瓣胃炎。

5. 真胃及肠检查

[方法]真胃及肠管在体表的投影位置如图 1-51 所示。

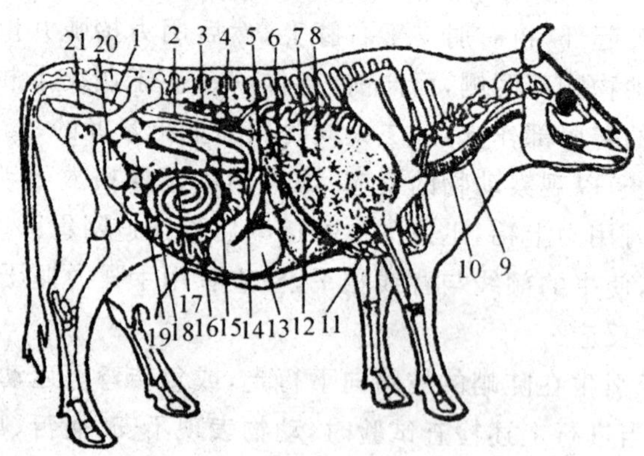

1. 直肠　2. 腹主动脉　3. 左肾　4. 右肾　5. 肝脏　6. 胆囊　7. 横膈圆顶轮廓线　8. 肺
9. 食管　10. 气管　11. 心脏　12. 横膈膜沿肋骨附着线　13. 真胃　14. 十二指肠
15. 胰腺　16. 空肠　17. 结肠　18. 回肠　19. 盲肠　20. 膀胱　21. 阴道

图 1-51　母牛内脏器官(右侧)

(1)真胃的视诊与触诊　于牛右侧第 9～11 肋间、沿肋弓下，进行视诊和深触诊；对羊、犊牛则使呈左侧卧姿势，检手插入右肋下行深触诊。

(2)真胃的听诊　在真胃区可听到蠕动音，类似肠音，呈流水声或轻度的含漱音。

(3)肠蠕动音的听诊　于右腹侧后部可听诊短而稀少的肠蠕动音，小肠蠕动音类似含漱音、流水音，大肠蠕动音类似鸠鸣音。

[病理状态]

(1)右侧腹壁肋弓下向侧方隆起，可提示真胃阻塞或扩张；右腹壁膨大或肋弓突起，可提示真胃扭转；真胃触诊敏感，提示真胃炎或真胃溃疡；真胃区坚实或坚硬，则提示真胃阻塞；冲击触诊有波动感，并听到击水音，提示真胃扭转或幽门阻塞、十二指肠阻塞。

(2)真胃蠕动音亢进，见于真胃炎；真胃蠕动音稀少、微弱，则提示胃内容物干涸或机能减弱，见于真胃阻塞。

(3)肠音增强，见于急性肠炎、肠痉挛、有机磷农药中毒或服用泻剂等；肠音减弱，见于发热性疾病及消化机能障碍等；肠音消失，见于肠套叠及肠便秘等。

(五)猪的腹部及胃肠检查

1. 腹部检查

[方法]主要通过视诊观察腹围大小及外形有无变化。

[病理状态]

(1)腹围扩大　除见于母猪妊娠后期及饱食后不久等生理情况外，可见于过食或肠臌气、肠变位、肠阻塞等。

(2)腹围缩小　见于长期饲喂不足、顽固性腹泻及某些慢性消耗性疾病等。

2. 胃肠检查

猪的胃肠检查常因猪皮下脂肪太厚以及检查时的尖叫抗拒，所以效果不佳。猪胃的容积较大，位于剑状软骨上方的左季肋部，其大弯可达剑状软骨后方的腹底部。肠的小肠位于腹腔右侧及左侧下部，结肠呈圆锥状位于腹腔左侧，盲肠大部分在右侧(图 1-52)。

[方法]主要用触诊和听诊进行检查。

(1)触诊　使动物取站立姿势，检查者位于后方，两手同时自两侧肋弓后开始，另在压触摸的同时逐渐向上后方滑动进行检查；或使动物侧卧，然后用手掌或并拢、屈曲的手指，进行深部触诊。

(2)听诊　用听诊器进行胃肠蠕动音的检查。

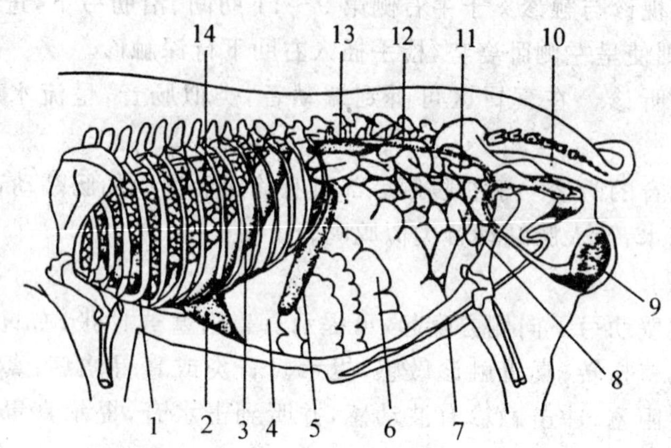

1. 心脏 2. 肝脏 3. 膈的肋线 4. 胃 5. 脾脏 6. 结肠 7. 阴茎 8. 膀胱 9. 睾丸 10. 直肠 11. 小肠 12. 输尿管 13. 肾脏 14. 肺脏

图 1-52 猪的左侧内脏位置

[病理状态]

(1)触诊胃区有疼痛反应(不安、呻吟),可见于胃炎、胃食滞,当胃扩张、胃食滞时行强压触诊或可引起呕吐;肠便秘时深触诊可感知较硬的粪块。

(2)胃肠蠕动音增强或减弱:胃肠炎时蠕动音可增强,重度便秘时肠蠕动音减弱甚至消失。

(六)马的腹部及胃肠检查

1. 腹部视诊、触诊

[方法]观察腹部的轮廓、外形、容积及肷部的充满程度,应做左右侧对比观察。触诊时,检查者位于腹侧,一只手放于马的背部,检手以手掌平放于腹侧壁或下侧方,用腕力作间断性冲击动作,或以手指垂直向腹壁行突击式触诊,以感知腹肌的紧张度、腹内容物的性状并观察动物的反应。

[病理状态]

(1)腹围膨大,除可见于妊娠外,常见于肠臌气、胃肠积食、腹水及腹壁疝等。肠臌气时肷窝(尤以右侧)常隆起;当有腹水时,腹围膨大、下垂并多呈向两侧对称地扩展的特征。

(2)腹围卷缩,可见于长期饥饿、剧烈的腹泻以及腹肌的紧张,当马患重度的骨软症时,常表现得甚为明显。

(3)腹壁敏感,触诊时表现疼痛反应,动物回顾、躲闪、反抗,主要提示腹膜炎。

(4)腹肌高度紧张,主要见于破伤风。

(5)有腹水时,触诊的手掌可有波动感并有回击波与震荡声。

(6)腹壁疝时对呈现局部性膨大部分进行触诊,常可发现疝环,并经此可将部分脱出的肠管进行还纳。

2. 胃、肠检查

[方法]由于解剖位置关系,马的胃临床检查比较困难。

肠管的检查主要进行听诊,以判定肠蠕动音的频率、性质、强度和持续时间。听诊时,应对两侧各部进行普遍检查,并于每一听诊点听诊不少于半分钟。小肠主要在左肷部,盲肠在右肷部,右大结肠沿右侧肋弓下方,左侧大结肠则在左腹部下1/3处听诊。

必要时可配合进行叩诊或直肠检查。

[正常状态]小肠蠕动音如流水声或含漱音,正常时8～12次/min;大肠音如雷鸣音或远炮声,4～6次/min。

对靠近腹壁的肠管进行叩诊时,依其内容物性状变化而音响不同,正常时盲肠基部(右肷部)呈鼓音,盲肠体、大结肠则可呈浊音或鼓音。

[病理状态]

(1)肠蠕动音亢进 表现肠音高朗甚至似雷鸣,蠕动音频繁甚至持续不断等,主要见于各型肠炎的初期或胃肠炎,如伴有剧烈腹痛现象时则主要提示为痉挛疝。

(2)肠蠕动音减弱甚至消失 表现为肠音微弱、稀少并持续时间短促,严重时则完全消失,主要见于肠弛缓、便秘,亦可见于胃肠炎的后期;伴有腹痛现象时则常见于肠便秘或肠阻塞。

(3)肠音性质的改变 可表现为频繁的流水音,主要提示为肠炎;频繁的金属音(如叮当声或滴嗒声),主要提示肠臌气。

(4)叩诊的成片性鼓音区 提示肠臌气;与靠近腹壁的大结肠、盲肠的位置相一致的成片性浊音区,可提示相应肠段的积粪及便秘。

(七)犬、猫的胃肠检查

1. 腹围及胃检查

[方法]主要用视诊、触诊、叩诊等方法进行检查,还可以根据需要作胃镜检查、胃液检查、X线检查等。视诊时,主要注意观察腹围变化。因犬、猫的腹壁薄软,腹腔浅显,便于触诊。触诊时,如将犬、猫前后躯轮流抬高,几乎可触知全部腹腔脏器。通常将犬、猫放在桌子上令其自然站立,也可横卧或分别提举前、后肢,两手置于两侧肋骨弓的后方,用拇指于肋骨内侧向前上方触压,以感知胃内容物的性状及胃壁的敏感性。叩诊时,一般将犬、猫取仰卧姿势,对胃部进行指指叩诊,当空腹时

从剑状软骨后直到脐部呈鼓音，当采食后则呈浊音。

［病理状态］

(1)腹围异常　腹围扩大，可见于胃扭转、胃扩张、胃肿瘤及腹腔积液等。腹围缩小，见于急剧性腹泻、长期营养不良及慢性消耗性疾病等。

(2)触诊异常　在两侧肋下部摸到胀满、坚实的胃，提示急性胃扩张；胃部触诊有疼痛反应，提示胃内异物或急性胃卡他、胃炎、胃溃疡、腹膜炎；腹部触诊摸到一个紧张的球状囊袋，提示胃扭转等；肠套叠时，可触摸到质地如鲜香肠样有弹性、弯曲的圆柱形肠段。

(3)胃浊音区扩大　提示食滞性胃扩张；出现大面积鼓音区，提示气胀性胃扩张；胃扭转时，腹部臌胀，叩诊呈鼓音或金属音。

2. 肠管检查

［方法］主要用触诊及听诊等方法进行检查。

(1)触诊　将两手置于两侧肋弓后方，逐渐向后上方移动，让肠管等内脏器官滑过各指端进行触诊；也可将两拇指置于腰部，其余指头伸直放于腹壁两侧，逐渐用力压迫，直至两手指端相互接触为止，以感知腹壁、肠管及可触摸的内脏器官的状态。

(2)听诊　用听诊器在左右两侧腹壁进行听诊。犬正常的肠音 4～6 次/min，猫为 3～5 次/min，其声音似一种断续的"咕噜"音，其声响和音调变异较大，如小型犬的音响比大、中型犬弱。

(3)直肠检查　检查肛门、肛门腺及会阴部时，检查者戴手套并涂以润滑剂。如出现里急后重，排粪困难，多为直肠和肛门疾病的症状。直肠内检查多行直肠指诊，即以手指伸入肛门检查直肠或经直肠腔检查腹腔和盆腔的器官，主要检查直肠的宽窄、骨盆大小、肛门腺、膀胱、子宫及雄性动物前列腺的情况。

［病理状态］

(1)触压腹壁有疼痛反应，同时腹壁紧张度增高，提示腹膜炎；在腹壁触摸到一坚实或坚硬的腊肠状肠段，提示肠便秘；腹壁局部触痛，并触及臌气的肠段，提示肠缠结、肠扭转；触压腹内有坚实而有弹性、弯曲的圆柱形肠段，触压该部，动物表现剧痛，可见于肠套叠；对腹壁行冲击式触诊感到回击波，并有振水音，提示腹腔积液。

(2)肠音增强，可见于急性肠卡他、胃肠炎、肠便秘及引起腹泻的各种传染病和寄生虫病的初期。肠音减弱或消失，见于肠炎和肠便秘的中后期、肠变位以及发热性疾病而伴有消化机能紊乱时。

(八)排粪动作及粪便的感官检查

1. 排粪动作检查

[方法]观察动物排粪的动作和姿势,了解动物排粪次数。正常时,各种动物均采取固有的排粪姿势和相对稳定的排粪次数。

[病理状态]

(1)腹泻(或下痢) 排粪的次数频繁并且粪便稀薄。见于肠卡他、肠炎、猪大肠杆菌病、猪传染性胃肠炎、羔羊痢疾、犬细小病毒病等。

(2)便秘 排粪次数减少,排粪费力并且粪便干、硬、色深。见于严重的发热性疾病、大肠便秘、反刍动物前胃弛缓、瘤胃积食等疾病。

(3)排粪失禁 动物不经采取固有的排粪姿势,腹肌不收缩而粪便自行经肛门流出,提示肛门括约肌松弛或麻痹。常见于急性胃肠炎、荐部脊髓损伤。

(4)排粪疼痛 动物排粪时,表现疼痛不安或伴有呻吟,可见于腹膜炎、直肠损伤、创伤性网胃炎等。

(5)里急后重 动物长时间采取排粪姿势或反复、频作排粪动作,用力努责,而仅有少量粪便或黏液排出。可见于直肠炎或牛的子宫、阴道的炎症。

2. 粪便的感官检查

[方法]注意检查粪便的臭味、数量、形状、颜色及混有物。

[正常状态]各种动物的排粪量和粪便性状,受饲料的数量特别是质量的影响极大。

马:每昼夜排粪为 8～11 次,粪量 15～20 kg;呈球形,落地后部分碎开;多为黄绿色。

牛:每昼夜排粪便 12～18 次,粪量 15～35 kg;较软,落地形成叠层状粪盘,但水牛的粪便多较稀,乳牛采食大量青饲料时则粪便亦甚稀薄。

羊:其粪多呈极小的干球状。

猪:依饲料的性质、组成不同而异。

[病理状态]

(1)粪便有特殊腐败或酸臭味,多见于各型肠炎或消化不良。

(2)粪便坚硬、色深,见于肠弛缓、便秘、热性病;牛在稀粪中混有片状硬粪块提示瓣胃阻塞;粪便稀软、水样,常是下痢之症;水牛粪便呈柏油样可见于胃肠阻塞。

(3)粪便呈黑色,提示胃或前部肠道的出血性疾病。粪球外部附有红色血液,是后部肠管出血的特征。粪便呈灰色黏土状而缺乏粪胆素,可见于某些动物的阻塞性黄疸。

(4)粪便混有未消化饲料残渣,提示消化不良,混有多量黏液,可见于肠卡他;混有血液或排血样便,是出血性肠炎的特征;混有灰白色、成片状的脱落黏膜,提示伪膜性肠炎,亦可见于猪瘟等。

(九)肝脏及脾脏的检查

1. 肝脏检查

[方法]

(1)触诊　触诊肝区以观察动物反应,或有时可感知肿大的肝脏边缘。检查牛时在右侧肋弓下进行深部触诊(图 1-53);检查猪时,将猪左侧卧保定,检查者用手掌或并拢屈曲的手指沿右季肋下部进行深触诊;马在右侧肋弓下行强压诊或以并拢且呈屈曲的手指进行深触诊(对消瘦的马);行犬、猫肝脏触诊时,首先可行站立位置,从左右侧用两手的手指于肋弓下向前上方进行触压,可触及肝脏,为了避免腹肌的收缩,应逐渐加压触诊,然后再以侧卧或背位进行触诊,当右侧卧时,由于肝脏紧靠腹壁,则容易在肋下感知肝脏的右缘。

10、11、12 示肋数

图 1-53　牛的正常肝浊音区(Ⅰ)及肝浊音区扩大(Ⅱ)

(2)叩诊　大动物用锤板叩诊法,中、小动物可用指指叩诊法,于右侧肝区行强叩诊,以确定肝浊音区。

[正常状态]健康牛的肝脏位于右季肋部、最前方达第 6 肋间,其长轴向后向上倾斜,达最后肋间的背侧端,其肝浊音区在第 10～11 肋间的上部,浊音区呈长方形。健康羊的肝脏位于右季肋部,其浊音区在右侧第 8～12 肋间。犬、猫的肝脏位于左、右季肋部,浊音区右侧在第 7～12 肋间、左侧第 7～10 肋间。被肺脏掩盖部分呈半浊音,未被肺掩盖部分呈浊音。生理情况下,由于动物的营养和胃肠内含气

的情况，肝脏浊音区可以有变动。

［病理状态］

(1)肝区触诊呈敏感反应，提示急性肝炎。于肋弓下深触诊感知肝脏的边缘，提示肝的高度肿大。

(2)叩诊肝浊音区扩大，提示肝肿大，可见于急性实质性肝炎、肝片吸虫病等。

2. 脾脏检查

［方法］马的脾脏位于左侧腹部紧接肺叩诊区的后方，其后缘大致接近左侧最后肋骨。可依叩诊法，确定其浊音区；在该区触诊或可感知其肿大边缘。必要时，可通过直肠检查，进行马的脾脏触诊。

犬的脾脏位于左季肋部，主要行外部触诊，使犬右侧卧，左手托右腹部，右手在左侧肋下向深部压迫，借以触知脾脏的大小、形状、硬度和疼痛反应。

［病理状态］马的脾脏叩诊浊音区扩大及触诊结果脾的后缘超出肋骨弓，提示脾脏肿大。犬的脾脏肿大，见于白血病、急性脾炎、炭疽、巴贝斯虫病等。

(十)直肠检查

直肠检查主要应用于大家畜(马、骡、牛等)。将手伸入直肠内，隔着肠壁间接地对后部腹腔器官(胃、肠、肾、脾等)及盆腔器官(子宫、卵巢、腹股沟环、骨盆骨骼、大血管等)进行触诊。中、小家畜在必要时可用手指检查。直肠检查不仅对这些部位的疾病诊断具有一定的价值，而且对某些疾病具有重要的治疗作用(如隔肠破结等)。

［准备工作］

(1)确实保定，以六柱栏保定，为方便去掉臀革并将被检马左、右后肢分别进行保定，以防后踢；为防卧下及跳跃，要加腹带及肩部的压绳，还应吊起尾巴。若在野外，可于车辕内(使病马倒向，臀部向外)保定；根据情况和需要，也可横卧保定。牛的保定可钳住鼻中膈，或用绳套住两后肢。

(2)术者剪短、磨光指甲，露出手臂并涂以润滑油类，必要时宜用乳胶手套或一次性长臂塑料手套。

(3)对腹压增大的病畜应先行盲肠穿刺术或瘤胃穿刺术排气，否则腹压过高，不宜检查，特别是横卧保定时，甚至有造成窒息的危险。

(4)对心脏衰弱的病畜，可先给予强心剂；对腹痛剧烈的病马应先行镇静(可静脉注射5%水合氯醛酒精液100～300 mL)等，以便于检查。

(5)一般先用温水或温肥皂水进行灌肠，以缓解直肠的紧张并排出直肠内蓄积的粪便,然后再行直肠检查。

［操作方法］

(1)术者将拇指放于掌心,其余四指并拢集聚呈圆锥状,稍旋转前伸即可通过肛门进入直肠,当肠内蓄积粪便时应将其取出,如膀胱内贮有大量尿液,应按摩、压迫膀胱排空之。

(2)术者的手沿肠腔方向徐徐伸入,当被检动物频频努责时,术者的手可暂停前进或随之稍后退;肠壁极度收缩时,则暂时停止前进,并让部分肠管套于手臂上;待肠壁弛缓时再徐徐伸入,一般术者的手伸到直肠狭窄部后,即可进行各部及器官的触诊。若被检动物努责过甚,可用1%普鲁卡因10～30 mL进行尾骶穴封闭,使直肠及肛门括约肌弛缓而便于直肠检查。

(3)术者的手在肠管内应手指并拢,不能随意搔抓或以手指锥刺;前进、后退时宜徐缓小心,切忌粗暴。并应按一定顺序进行检查。

［检查顺序］

(1)肛门及直肠状态　检查肛门的紧张程度及其附近有无寄生虫、黏液、血液、肿瘤等,并要注意直肠内容物的多少与性状以及黏膜的温度和状态等。

(2)骨盆腔内部检查　术者的手稍向前下方检查可摸到膀胱、子宫等。膀胱位于骨盆腔底部。膀胱无尿时,可感触到如梨子状大的物体,当膀胱有尿液过度充满时,感觉似一球形囊状物、有弹性波动感。并可触诊骨盆壁是否光滑,有无脏器充塞或粘连现象。如被检马、牛有后肢运动障碍时,须检查有无盆骨骨折。

(3)腹腔内部检查　术者手指到达直肠狭窄部时常遇到肠管收缩,找不到肠腔孔,有的初学者就忙于向前去触摸腹腔脏器,往往易牵引、撕裂直肠狭窄部肠管(尤其老龄瘦弱及幼龄马)。因此,术者手在肠管收缩时,要暂停前进,待部分肠管套于手上,肠管弛缓时,再细心地用指腹沿肠管壁上下左右寻找肠腔孔,把并拢的手指慢慢地通过直肠狭窄部(在多数情况下,手掌是不能通过直肠狭窄部的)以便于检查。

①牛的腹腔内部检查　牛的直肠内部检查顺序:肛门→直肠→骨盆→耻骨前缘→膀胱→子宫→卵巢→瘤胃→盲肠→结肠袢→左肾→输尿管→腹主动脉→子宫中动脉→骨盆部尿道。

a. 瘤胃　其上半部完全占据腹腔左半部,下部一部分延及腹腔右半部。触诊瘤胃时,感知呈捏粉样硬度。瘤胃积食时,触摸瘤胃内容物较坚硬。

b. 肠　全位于腹腔右半部。盲肠在骨盆口前方偏右侧,其尖端的一部分达骨盆腔内,内有少量气体或软的内容物;结肠袢在右肷部,可触到其肠袢排列。结肠袢的周围是空肠及回肠，正常时各部肠管不易区别。

c. 肾 左肾悬垂于腹腔内，其位置决定于瘤胃的充满程度，可左可右，可由第2～3腰椎延伸到第5～6腰椎。可以用手托起来，或使之移动，检查较为方便。右肾因位置较前，其后缘在第2～3腰椎横突腹侧，较难触摸。检查肾脏时应注意其大小、形状、表面性状、硬度等。当患急、慢性肾盂肾炎时，肾脏体积增大，肾小叶外部界线不明显，靠近肾门部位有波动感。

d. 腹壁 触诊右肷部的腹壁，注意检查有无结节。

母畜还可触诊子宫及卵巢的大小、形状和形态的变化。公畜触诊副性腺及骨盆部尿路的变化等。

②马的腹腔内部检查 马的直肠内部检查顺序：肛门→直肠→骨盆→膀胱→小结肠→左侧大结肠及骨盆曲→腹主动脉→左肾→脾脏→肠系膜根→十二指肠→胃→盲肠→胃状膨大部。

a. 小结肠 术者手再向前伸套入直肠狭窄部后，由于小结肠游离性较大，便于检查。

b. 腹膜及腹股沟管内口 先触摸腹壁内面（按上方、侧方、下方的顺序）状态，正常时，表面光滑。然后再检查腹股沟管内口（位于耻骨前下方3～4 cm，于体中线左右两侧，距白线11～14 cm处），正常时可插入1～2指。检查时宜注意腹股沟管内口内径大小，有无疼痛，有无软体物阻塞等。

c. 左侧结肠 左侧结肠位于腹腔的左侧，耻骨水平面的下方。其骨盆弯曲部在骨盆前口的直前方。其下层结肠内外各具有一条纵带和许多囊状隆起，以上各点在左侧结肠便秘或蓄满积粪时方容易摸到。

d. 左肾 术者手掌向上在脊柱下，可感知腹主动脉的搏动，沿腹主动脉前伸，到第2～3腰椎左侧横突下，可感到一半圆形较硬的器官，即是左肾的后半部。

e. 脾 检手由左肾下面向左腹壁滑动，到最后肋骨部可触知脾脏的后缘，脾脏后缘呈镰刀状。脾后缘一般不超过最后肋骨；但有些马，尤其骡，有时可超过最后肋骨。

f. 胃 检手从左肾的前下方前伸，小体型马患急性胃扩张时，在此处可触知膨大的胃后壁，并伴随呼吸而前后移动。

g. 盲肠 在右肷部，触诊盲肠底及盲肠体，呈膨大的囊状，并可摸到由后上方走向前下方的盲肠后纵带。

h. 胃状膨大部 在盲肠底的前下方，当该部便秘时，可感到有坚实内容物的半球形物体，随呼吸而前后移动。

i. 前肠系膜根　沿腹主动脉向前探索，指尖可感到呈扇形的柔软而有弹力的条索状物，并可感知搏动的脉管。

j. 十二指肠　沿前肠系膜根后方，向下距腹主动脉 10～15 cm 下方，当十二指肠便秘时，可触到由右而左呈弯形横走的圆柱状体，移动性较小，即是十二指肠阻塞。

［病理状态］

(1)脾位的后移及胃囊的膨大，主要提示马胃扩张。

(2)小结肠、大结肠的骨盆曲、胃状膨大部或左侧上、下大结肠，盲肠，十二指肠等部位发现较硬的积粪，主要提示各该部位的肠便秘。

(3)大结肠及盲肠内充满大量的气体，腹内压过高，检手移动困难，主要提示肠臌气。

(4)肠系膜动脉根部有明显的动脉瘤，提示肠系膜动脉栓塞。

［注意事项］必须将直肠检查结果和临床检查的结果加以综合分析，才能提出合理的诊断意见。

四、泌尿生殖系统的临床检查

(一)排尿动作及尿液的感官检查

1. 排尿动作检查

［方法］观察动物在排尿过程中的行动与姿势。

［病理状态］正常时，各种动物依其性别的不同而采取固有的排尿姿势。排尿活动的异常可表现为：

(1)多尿与频尿　多尿表现为排尿次数增多，同时每次均有大量尿液排出，可见于慢性肾病或渗出性胸膜炎的吸收期。频尿则表现为时呈排尿动作，而每次仅有少量尿液排出，主要见于膀胱炎及尿道炎。

(2)少尿与无尿　少尿表现为排尿次数减少而且尿量也减少，可见于热性病、急性肾炎。无尿即没有尿液排出。真性无尿是动物没有排尿动作，也无尿排出，是泌尿机能的严重障碍的表现，可见于急性肾炎；假性无尿是动物肾脏仍能生成尿液，但尿液滞留在膀胱内无尿液排出(又称尿闭或尿潴留)，或因膀胱破裂，尿液进入腹腔，动物亦不见排尿的现象。可见于尿道结石或阻塞(主要见于公牛和公猪)，亦可见于膀胱括约肌痉挛、膀胱破裂。

(3)尿失禁与尿淋漓　动物不自主地或未采取固有的排尿姿势与动作，而尿液自行流出，称尿失禁；动物腹压增高或姿势改变时，经常有少量尿液呈滴状流出，称尿淋漓。此时，母畜的后肢常被尿液淋湿，主要见于膀胱及其括约肌的麻痹或中枢神经系统疾病。

(4)排尿疼痛　动物于排尿时表现疼痛、不安、呻吟，或屡取排尿姿势而排尿谨慎、痛苦，可见于膀胱炎、尿道炎或尿道结石与阻塞。

2. 尿液的感官检查

[方法]动物排尿时或导尿时搜集尿液，注意检查尿的气味、透明度、颜色及混有物，并估计其数量。

[正常性状]

尿量：依饮水及饲料的质和量以及外界温度、使役、运动情况而不同，通常马每昼夜3～6 L，牛6～12 L，猪2～4 L。

尿色：马尿呈淡黄色，牛尿色淡，猪尿几乎无色，犬的尿液呈鲜黄色。

透明度：马尿因含有大量的碳酸钙而浑浊，其他动物尿均透明。

[病理状态]

(1)尿呈强烈的氨臭味，可见于膀胱炎；牛酮尿病时，尿呈醋酮(近似氯仿或烂苹果)味；猪尿有腐败臭味，应注意于猪瘟。

(2)马尿变为透明，多呈酸性，是病态反应，可见于发热病、饥饿及骨软症。

(3)尿色变深，可见于热性病或尿量减少；尿呈深黄色且其泡沫亦被染成黄色，可提示肝病及胆道阻塞性黄疸。

红尿在排除因药物影响的因素外，是血尿或血红蛋白尿的特征。血红蛋白尿多透明，放置后无红细胞沉淀，血红蛋白尿是溶血性病的特征，可见于新生仔畜溶血病、牛血红蛋白尿症或梨形虫病及成年动物(马、牛、猪)硒缺乏症等，马则还应注意肌红蛋白尿病。血尿则浑浊，放置后可出现红细胞沉淀，血尿是肾或尿路、膀胱出血的结果，如为鲜血，多系尿道损伤；如混有大量凝血块，则多为膀胱出血，亦可见于肾或膀胱肿瘤。

白尿可见于乳糜尿及饲喂钙质过多；脓尿见于肾、膀胱和尿道的化脓性炎症及猪的肾虫病等。

(二)肾、膀胱及尿道的检查

1. 肾脏检查

[方法]动物的肾脏一般用视诊、触诊和叩诊的方法进行，必要时应配合尿液的实验室检查。

(1)视诊 注意观察动物背腰肾区状态、运步状态。此外,应特别注意眼睑、腹下、阴囊及四肢下部是否水肿。

(2)触诊和叩诊 大动物可行外部触诊、叩诊和直肠触诊。外部触诊或叩诊时,检查者先将左手掌平放于腰背肾区部,然后用右手握拳,轻轻在左手背上叩击,同时观察动物的反应。直肠检查肾脏时,体格小的大动物可触及左肾的全部、右肾的后半部,检查时应注意肾脏的大小、形状、硬度、敏感性、活动性、表面是不光滑等;小动物则只能进行外部触诊,动物取站立姿势,检查者用两手拇指压于腰区,其余手指向下压于髋结节之前、最后肋骨之后的腹壁上,然后两手手指由左右挤压并前后移动,即可触及肾脏。

[正常状态]

(1)牛肾 呈椭圆形,具有分叶结构。右肾呈长椭圆形,位于第12肋间及第2～3腰椎横突的下面。左肾位于第3～5腰椎横突的下面,不紧靠腰下部,略垂于腹腔中,当瘤胃充满时,可完全移向右侧。

(2)羊肾 表面光滑,不分叶。右肾位于第1～3腰椎横突的下面,左肾位于第4～6腰椎横突下。

(3)马肾 右肾类似心形,位于最后2～3胸椎及第1腰椎横突的下面;左肾呈蚕豆形,位于最后胸椎及第2、3腰椎横突的下方。

(4)猪肾 左右两肾几乎在相对位置,均位于第1～4腰椎横突的下面。

(5)肉食动物的肾 右肾位于第1～3腰椎横突的下面;左肾位于第2～4腰椎横突的下面。

[病理状态]肾区的捶击试验或触诊时动物呈疼痛不安,视诊动物表现背腰僵硬、拱起、运步小心、后肢运动迟缓,可见于肾炎、肾脏及周围组织发生化脓性感染、肾脓肿等;肾脏质地坚硬、体积增大、表面粗糙不平,可提示肾硬变、肾肿瘤、肾结核、肾结石等;肾萎缩时,其体积显著缩小,常提示为先天性肾发育不全、萎缩性肾盂肾炎及慢性间质性肾炎。

2. 膀胱检查

[方法]大动物只能进行直肠触诊;中、小动物可将手指伸入直肠内进行触诊,或在腹腔入口前沿下方或侧方进行触诊。主要注意检查膀胱的位置、大小、充盈度、膀胱壁的厚度以及有无压痛等。

[病理状态]触诊膀胱区呈波动感,提示膀胱内尿液潴留;如随触压而被动地流出尿液,则提示膀胱麻痹;动物对触诊呈敏感的反应,可见于膀胱炎。

3. 尿道探诊及导尿

尿道探诊主要用于怀疑尿道阻塞，以探查尿路是否畅通；或当膀胱充满而又不能排尿时，以导出尿液排空膀胱，必要时可用消毒药进行膀胱冲洗以做治疗；也可用于采集尿液以供检验。

通常应用于动物尿道内径相适应的橡皮导尿管，对母畜也可用特制的金属导尿管进行。

[方法]首先做好准备工作，将所用导尿管应先用消毒药液浸泡消毒；术者的手臂及被检动物的外生殖器亦应清洗、消毒。通常应使动物站立保定，特别应保定其后肢，以防踢人。

(1)公马的探诊及导尿　动物保定、清洗其包皮囊的污垢后，一般先用右手抓住其阴茎的龟头并慢慢拉出，再用左手固定其阴茎，以右手用消毒药液(2%硼酸液或0.1%高锰酸钾液等)清洗其龟头及尿道口，之后取消毒的导尿管，自尿道口处徐徐插入，当导尿管尖端达坐骨弓处时，则有一定阻力而难于继续插入，此时，可由助手在该部稍加压迫，以使导管前端弯向前方，术者再稍稍用力插入，即可进入骨盆腔而达膀胱，尿液则自行流出(图1-54)。

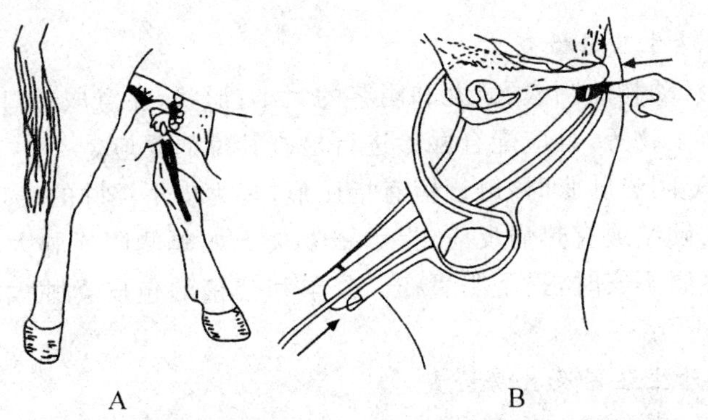

A. 插入导尿管　B. 当导尿管前端达坐骨弓时，由助手在外部稍加压迫

图1-54　公马的尿道探诊及导尿

如以采集尿样为目的，应以清洁、无菌、干燥的容器采集并送往实验室供检。

公牛及公猪因尿道有“S”状弯曲，一般尿道探查及导尿较为困难。

(2)母马的导尿　先将外阴部用0.1%高锰酸钾液洗净；术者右手清洗、消毒后伸入阴道内，在前庭处下方触摸外尿道开口，以左手送入导尿管直至尿道开口部，用右手食指将导管头引入尿道口，再继续送入10 cm左右深度，即达膀胱。必要时，可用阴道扩开器打开阴道而进行(图1-55)。

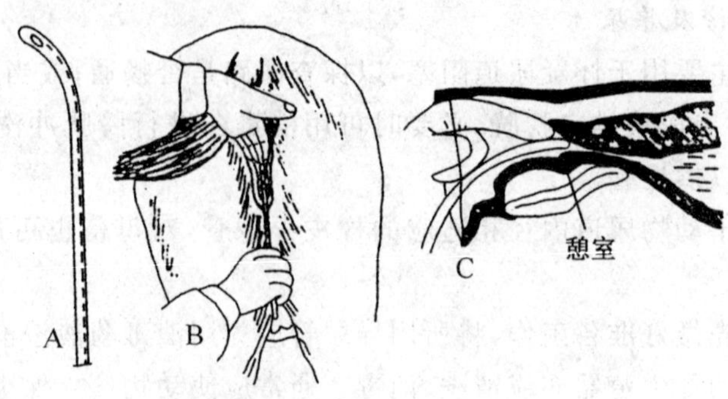

A. 金属导尿管　B. 母马的导尿管插入法
C. 母牛导尿(用左手食指尖端将导尿管引入尿道口)
图 1-55　母畜的导尿

母牛及母猪的导尿法基本同上。

[注意事项]所用导尿管应事先消毒并涂以润滑油,且在导尿管插入或拉出时,动作应轻柔,防止粗暴,以免损伤尿道黏膜。

(三)外生殖器及乳房的检查

1. 公畜的外生殖器检查

[方法]观察动物的阴囊、睾丸和阴茎的大小、形状,注意尿道口是否有炎症、肿胀、分泌物或新生物等,且应配合触诊进行检查其疼痛反应。

[病理状态]阴囊肿胀时,触诊留有指压痕,多为皮下浮肿的表现;阴囊肿大时,触诊睾丸肿胀、硬结或有热痛反应,提示睾丸炎。如单侧阴囊肿大,触诊其内容物柔软,如伴有疼痛不安时,提示阴囊疝。公羊和公猪的包皮囊肿大时,常提示包皮囊积尿或包皮炎。

2. 母畜的外生殖器及乳房检查

[方法]

(1)外生殖器检查　注意观察外阴部的分泌物及其外部有无病变;借助阴道开张器扩张阴道检视阴道黏膜的颜色及有无疱疹、溃疡等病变;必要时可进行深部检查,并注意子宫颈口的状态。

(2)乳房的检查　观察乳房、乳头的外部状态,注意有无疱疹;触诊判定其温热度、敏感度及乳腺的肿胀和硬结等;同时触诊乳房淋巴结,注意有无异常变化;必要时可挤取少量乳汁,进行乳汁的感官检查。

[病理状态]

(1)阴道分泌物增多,流出脓性或腐败物,可提示阴道炎、子宫炎。

(2)马外阴部皮肤有圆形或椭圆形褪色斑疹块，应提示媾疫；猪、牛的阴户肿胀应注意于镰刀菌、赤霉菌中毒病。

(3)阴道黏膜潮红、肿胀、溃疡，提示阴道炎；阴道黏膜黄染，可见于各型黄疸；黏膜有斑点状出血点，提示出血性素质。

(4)乳房肿胀、有热痛反应，乳腺硬结、乳汁成絮状、凝结或混有血液、脓汁，是乳房炎的症状。

乳牛的乳房淋巴结肿胀、硬结，无热痛反应，多应注意乳腺结核。

牛、绵羊、山羊乳房皮肤上的疱疹、脓疱及结痂，应注意痘疹。

五、神经系统的临床检查

(一)精神状态的检查

[方法]除通过问诊外，需要注意观察和检查动物的面部表情、姿势、神态、面部表情，耳、尾及四肢的活动有无异常行为，以及对呼唤、刺激或强迫其运动时的反应。健康动物姿态自然，动作敏捷而协调，反应灵活。

[病理状态]

(1)精神兴奋　是动物中枢神经机能亢进的结果。动物常表现为不安、惊恐，重则直向前冲，不顾障碍，挣扎脱缰、狂奔乱走，甚至攻击人畜。见于脑及脑膜充血、炎症以及毒物中毒等。狂犬病则是具特征性精神兴奋症状的疾病。

(2)精神抑制　是大脑皮层抑制的表现，是中枢机能障碍的另一种表现形式。中枢神经系统轻度抑制现象称精神沉郁，动物表现为低头垂耳，眼半闭，尾不摆而呆立不动，不注意周围事物，反应迟钝。多见于脑组织受毒素作用，或一定程度的缺氧和血糖过低所致。中枢神经系统中度抑制的现象称为昏睡(或嗜眠)，动物表现处于不自然的熟睡状态，如将鼻、唇抵在饲槽上或倚墙或躺卧而沉睡，只有在给以强烈刺激的情况下才产生迟钝的反应和暂时性反应，但很快又陷入沉睡状态。见于脑炎、颅内压增高等疾病。中枢高度抑制的现象称昏迷，动物表现卧地不起、昏迷不醒、呼唤不应、意识完全丧失、反射消失，甚至瞳孔散大、粪尿失禁等，常为预后不良的征兆。可见于脑炎、脑创伤、代谢性脑病以及由于感染、中毒引起的脑缺血、缺氧、低血糖等，另外也是各种疾病引起的动物濒死期的表现。

(二)头颅和脊柱的检查

[方法]观察头颅大小及脊柱的外形，配合进行触诊及叩诊。

［病理状态］

(1)头颅

①局部膨大变形　见于外伤、肿瘤、额窦炎,触诊头颅,可见动物呈敏感反应。若用力按压,局部有向内陷入时,常因患多头蚴病致使骨质菲薄所致。

②增温　除局部外伤、炎症外,常为脑、脑膜充血及炎症、热射病及日射病等疾患的一个特征。

③叩诊浊音　见于脑瘤、额窦炎、脑多头蚴病。叩诊时应两侧对照检查。

(2)脊柱

①变形　脊柱上凸(脊柱向上弯曲)、下凹(脊柱向下弯曲),脊柱侧凸(向侧方弯曲)可见于骨软症或佝偻病。

②局部肿胀、疼痛　常为外伤,如挫伤或骨折。

③脊柱僵硬　表现快速运动或转圈运动时不灵活,常见于破伤风、腰肌风湿、猪肾虫病等;慢性骨质增生或老龄役马也可见之。

(三)感觉器官的检查

1. 视觉器官

［方法］观察眼睑、眼球、角膜、瞳孔的状态,着重检查眼的视觉能力及瞳孔对光的反应。

检查视力时,可牵引病畜前进,使其通过障碍物,还可用手在动物眼前晃动,或做欲行击打的动作,观察其是否躲闪或有无闭眼反应。然后,用手遮盖动物的眼睛,并立即放开以观察光线射入后瞳孔的缩小反应;也可在较暗的条件下,突然用手电筒从侧方照射动物的眼睛,同时观察瞳孔的大小变化。

［病理状态］

(1)眼睑变化　上眼睑下垂,多由眼睑举肌麻痹所致,见于面神经麻痹、脑炎、脑肿瘤及某些中毒病;眼睑肿胀,见于流行性感冒、牛恶性卡他热、猪瘟;眼睑水肿,常是仔猪水肿病的特征。

(2)眼球变化　眼球下陷,见于严重失水、眼球萎缩;慢性消耗性疾病及老龄消瘦动物的眼球下陷,是眼眶内脂肪减少的结果。眼球呈有节律性的搐搦,两眼短速地来回转动,称为眼球震颤,见于急性脑炎、癫痫等。

(3)角膜变化　角膜浑浊,见于马流感、牛恶性卡他热及泰勒氏焦虫症,亦可见于创伤、维生素 A 缺乏症、马周期性眼炎和其他眼病。

(4)瞳孔变化　瞳孔的变化除见于眼本身的疾病外,尚可反映全身的疾病,其中尤以对中枢神经系统病变的判断有重要价值，故在检查时应列为常规内容。瞳孔散大，主要见于脑膜炎、脑肿瘤或脓肿、多头蚴病、阿托品中毒。若两侧瞳孔呈迟发性散大，对光反应消失，眼球固定前视，表示脑干功能严重障碍，病畜已进入垂危期。当病畜高度兴奋和剧痛性疾病时，亦可出现瞳孔散大，但仍保持有对光反应。瞳孔缩小，若伴发对光反应迟缓或消失，提示颅内压升高或交感神经、传导神经受损害，见于慢性脑室积水、脑膜炎、有机磷中毒及多头蚴病等；若瞳孔缩小、眼睑下垂、眼球凹陷三者同时出现，乃交感神经及其中枢受损的指征。

(5)视力改变　病畜视物不清，甚至失明，可见于犊牛和猪的维生素 A 缺乏症、猪食盐中毒、马周期性眼炎以及其他重度眼病的后期。

2. 听觉器官

[方法]一般在安静的环境下，利用人的吆唤声或给以其他音响(如鼓掌)的刺激，以观察动物的反应。

[病理状态]

(1)听觉增强(听觉过敏)　对轻微声音，病畜即将耳廓转向发音的方向或一耳向前，一耳向后，迅速来回转动，同时惊恐不安，肌肉痉挛等，可见于破伤风、马传染性脑脊髓炎、牛酮血症、狂犬病等。

(2)听觉减弱　对较强的声音刺激，无任何反应，主要提示脑中枢疾病，临床可见于延脑和大脑皮质颞叶受损害等。

3. 嗅觉器官

[方法]将动物眼睛遮盖，把有芳香味的物质或优质饲草、饲料置于动物鼻前，给动物闻嗅，以观察其反应。对警犬可先令其闻嗅某人用过的物品(如手帕或鞋袜)，然后令其寻找物品的主人等。

[正常状态]健康动物闻及饲料的芳香味，往往唾液分泌增加，出现咀嚼动作，向饲料处寻食。嗅觉灵敏的警犬，则可正确无误地找出主人。

[病理状态]嗅觉障碍时，则嗅觉减低或丧失，多是鼻黏膜发炎的结果，但应结合其他症状与食欲废绝者相区别。

4. 皮肤感觉检查

[方法]可检查动物皮肤的触觉、痛觉、温热觉。一般在检查前应先遮盖动物的眼睛。触觉检查：可用细草秆、手指尖等轻轻接触其鬐甲部被毛，观察所接触的被毛、皮肤有无反应，并比较身体的对称部位感觉的差异，如唇、鼻尖、股内、蹄间隙、外生殖器、肛门周围及尾的下面最为灵敏；臀部、大腿外侧、胸壁等部位比较迟钝。

[正常状态]健康动物触觉检查可表现出被毛颤动及皮肤收缩；当进行痛觉检查时，除被毛及皮肤反应外，甚至出现回头、竖耳、躲闪、鸣叫、四肢骚动等现象。

[病理状态]感觉减弱表现为对强烈刺激无明显反应,常由于中枢机能抑制的结果;患脊髓及脑干的疾病则痛觉可消失。感觉增强可见于局部炎症、脊髓炎等。感觉异常表现为动物集中注意于某一局部,或经常反复啃咬、搔抓同一部位。皮肤病、外寄生虫剧烈的痒感见于痒螨;会阴区的瘙痒可能是直肠积有蝇蛆、绦虫节片和蛲虫;鼻孔周围痒除羊鼻蝇蚴病引起的痒感外,亦可见于伪狂犬病。

(四)反射机能的检查

[方法]

(1)浅反射

鬐甲反射:轻轻触及鬐甲部被毛或皮肤,则皮肤收缩抖动。

腹壁反射:轻触腹壁时,腹肌收缩。

肛门反射:触及肛门皮肤时,肛门外括约肌收缩。

提睾反射:刺激股内侧皮肤时,可见同侧睾丸上提。

蹄冠反射:用针刺或用脚踩踏动物的蹄冠,正常动物则立即提肢或回缩,此反射用于检查颈部脊髓功能。

喷嚏反射:刺激鼻黏膜则引起喷嚏或振鼻。

角膜反射:轻轻刺激角膜,引起眼睑闭合。

(2)深部反射

膝反射:检查时应使动物横卧,并使其上侧的后肢肌肉保持松弛状态,方可进行检查。当叩击髌骨韧带时,肢体与关节伸展。

腱反射:动物横卧,叩击跟腱,则引起跗关节伸展与球关节屈曲。

[病理状态]

(1)反射减弱、消失　是反射弧的传导径路受损所致。常提示为脊髓背根(感觉根)、腹根(运动根)或脑、脊髓灰质的病变,见于脑积水、多头蚴病等。极度衰弱的病畜反射减弱,昏迷时则消失,这是由于高级神经中枢兴奋性降低的结果。

(2)反射亢进　可因反射弧或反射中枢兴奋性增高或刺激过强所致。见于脊髓背根、腹根或外周神经的炎症,以及脊髓膜炎、破伤风、有机磷中毒、士的宁中毒等。此外,当中枢运动神经元(锥体束)损伤时,也可以呈现反射亢进。

(五)运动机能的检查

[方法]检查时,首先观察动物静止时肢体的位置、姿势;然后将动物的缰绳、鼻绳松开,任其自由活动,观察有无不自主运动、共济失调等现象。此外,用触诊的方法检查肌腱的硬度及机能状况,并用对肢体做他动运动以感觉其抵抗力。

［病理状态］

(1)盲目运动　动物表现为无目的地徘徊，不注意周围事物，对外界刺激缺乏反应，有时表现直冲、后退，呈转圈或时针样运动等。主要见于脑及脑膜的局灶性刺激，如脑炎或脑膜炎以及某些中毒病时；若呈慢性经过，反复出现上述运动，可见于颅内占位性病变，如多头蚴病、猪的脑囊虫病。

(2)共济失调　动物肌肉收缩力正常，在运动时肌群动作相互不协调，导致动物体位和各种运动的异常的表现，称共济失调。表现为静止时站立不稳，四肢叉开、倚墙靠壁；运动时的步态失调、后躯摇摆、行走如醉、高抬肢体似涉水状等。前者常见于小脑、小脑脚、前庭神经和迷路受损；后者见于大脑皮层、小脑、前庭、脊髓受害。临床上一般多见于小脑性失调，动物不仅呈现静止性失调，而且呈现运动性失调，可见于脑炎、脑脊髓炎以及侵害脑中枢的某些传染病、中毒病；某些寄生虫病(如脑脊髓丝虫病)时亦可见之。

(3)痉挛(运动过强)　是指肌肉的不随意收缩的一种病理现象。可表现阵发性痉挛和强直性痉挛两种。阵发性痉挛的特征为单个肌群发起短暂、迅速，一个接着一个重复地收缩，收缩与收缩之间间隔以肌肉松弛。其痉挛经常突然发作，并迅速停止。强直性痉挛是指肌肉长时间均等的持续收缩。大多由大脑皮层受刺激、脑干或基底神经节受损伤所致。主要见于破伤风、某些中毒、脑炎与脑膜炎、侵害脑与脑膜的传染病；也可见于矿物质、维生素代谢紊乱；牛的创伤性网胃心包炎时，可见有肘后肌群的震颤。发热、伴发剧痛性的疾病、内中毒时，常见肌肉的纤维性痉挛或称为颤栗。

(4)麻痹(瘫痪)　是指动物骨骼肌的随意运动减弱或消失。

①根据病变部位不同，可出现中枢性麻痹和外周性麻痹两种类型。

中枢性麻痹：表现的特征是腱反射增加，皮肤反射减弱和肌肉紧张性增强，并迅速使肌肉僵硬。常见于狂犬病、马的流行性脑脊髓炎，某些重度中毒病等。中枢性麻痹时，多伴有中枢神经过敏机能障碍(如昏迷)。

外周性麻痹：临床特点为受害区域的肌肉显著萎缩，其紧张性减弱，皮肤和腱反射减弱。常见有面神经麻痹、三叉神经麻痹、坐骨神经麻痹、桡神经麻痹等。

②按其发生的肢体部位，可分为单瘫、偏瘫和截瘫3种形式。

单瘫：表现为某一肌群或一肢的麻痹，多由于末梢脑神经损伤，如三叉神经或颜面神经受害，影响咀嚼、开口和采食。

偏瘫：即一侧肢体的麻痹，见于脑病，常表现为上位对侧肢体瘫痪。

截瘫：为身体两侧对称部位发生麻痹，多由脊髓横断性损伤所致。

第五节 禽病的临床检查要点

一、病史调查

[方法]采用问诊的方法，向家禽的饲养管理人员了解调查家禽有关发病的情况。

[内容及病理变化]

(1)家禽的来源及病史　询问病禽是本场自繁自养，还是从外地购入。进一步了解本场过去疫情发生的情况，输出地区有无疫情等。全面了解禽群病史，发生过哪些疾病，是否有鸡新城疫、禽霍乱、马立克氏病、白痢、球虫病等流行以及检疫结果。

(2)现病及其经过　重点调查本次疾病发生和发展的规律及临床表现。注意发生季节，发病的区域、范围，病禽年龄，单发或群发，传播速度，发病率与死亡率，突然死亡还是慢慢死亡，是否有相似的临床症状，病程长短，是否经过治疗，效果怎样等。

(3)环境卫生和防疫情况　注意了解禽舍周围环境，禽舍位置和地势，距离交通线和居民的远近，水源和水质，禽舍的建筑特点，舍内温度、湿度、通风及光照条件，卫生状况和防疫制度贯彻如何，有无消毒设施。

了解预防接种情况和免疫程序及免疫实施办法等，以估计接种的实际效果。要重点了解鸡新城疫、马立克氏病、传染性法氏囊病、禽霍乱、禽痘等病的预防接种情况。

(4)饲养管理和生产性能　询问饲料的种类、品质、组成、加工贮存方法，饲养方式，饲喂制度，供水情况。生产性能方面应考虑蛋禽的产蛋率是否下降，是否出现畸形蛋，如蛋呈长形、扁形、葫芦形，蛋壳是否有皱纹、砂壳等。肉禽则应注意增重情况。

二、一般检查

[方法]在禽场应首先进行禽群的整体观察，以便获得初步印象。观察宜由大群至小群以至个别禽只，并尽可能于不加惊扰的情况下进行，如在饲喂时观察，更能掌握确切情况。

[内容及病理变化]

(1)运动和姿势检查 在某种疾病过程中常表现运动障碍和姿势异常,如有无运动障碍、运动失调、劈叉姿势、两翅下垂、头部向后极度弯曲、两肢瘫痪等症状。

(2)表被状态检查 羽毛状态的病理改变是疾病的重要标志。病禽羽毛逆立蓬松,缺乏光泽,易于污染,提前或延迟换毛。检查禽类表被状态时,还应观察没有羽毛覆盖处的皮肤伤口、眼、冠及肉髯等处。发绀,见于传染性法氏囊病、鸡新城疫、禽霍乱、中毒性疾病等。黄染,见于溶血性疾病等。病鸡眼下窝的眼睑部和肉髯肿胀,常发生于传染性鼻炎等。

(3)营养及体格状况检查 家禽的营养状况以其生长发育速度、羽毛色泽、体重情况和肌肉的丰满程度加以判断。如达不到规定的饲养标准和饲养条件,或在某些致病因素的作用下,病禽的发育增重显著落后。羽毛粗乱而无光泽,胸骨突出或弯曲,脊柱及骨盆外露以及冠或肉髯苍白,常见于营养缺乏症,或慢性消耗性疾病,如结核病、马立克氏病、白血病,其他肿瘤病以及内、外寄生虫病等。体格状况检查,应注意家禽体躯结构的匀称性以及有无局部病理等,如两腿变形、关节肿大。胸骨呈“S”状,胸骨左右不对称等,常与钙磷不足或比例失调、缺乏维生素D有关。

(4)体温检查 给家禽测定体温时,可测翼下温度或泄殖腔温度。测泄殖腔温度时将体温表插入泄殖腔内约1/3,手持体温表测定,停留3 min以上再取出来观察结果。

三、消化系统检查

[方法]主要采用视诊和触诊相结合的方法。

[内容和病理变化]

(1)食欲及饮欲检查 在病理状态下,表现出食欲减少或食欲废绝,食欲不定,异嗜癖;饮欲增加、减少或废绝。

(2)口腔检查 包括口腔的温度和湿度、口腔黏膜检查。

(3)嗉囊检查 嗉囊的病变主要表现有软嗉、硬嗉、悬嗉及空嗉。

(4)腹部检查 在病理状态下,如腹部异常膨大并且下垂,常见于雏鸡白痢、鸡伤寒、淋巴性白血病等能引起腹水或肝脏肿大的疾病。如肝脏肿大,可触知肝脏固有位置大大超出胸骨后缘之处;如触摸腹部感觉很厚,触感不到肌胃,这是由于鸡体过肥,腹部脂肪过多的缘故;触摸腹部感觉有软硬不均匀的物体,增温并有痛觉,常提示卵黄性腹膜炎。

(5)泄殖腔检查 抓住鸡的两腿把鸡倒悬起来,使肛门朝上,首先注意观察看肛门周围的羽毛是否清洁或被稀粪污染。然后用右手拇指和食指翻开肛门,观察肛门黏膜的色泽、完整性、紧张度、湿度和异物等。

(6)粪便检查　从粪便的形状、色泽、湿度、气味和有无混杂物及饲料消化状态等方面鉴别粪便是否正常。

家禽粪便分为小肠粪便和盲肠粪便,有时混同排出,有时分别排出。正常鸡的小肠粪便常为圆柱形,细而弯曲,不软不硬,多为棕绿色,粪的表面附有白色的尿酸盐;盲肠粪便一般在早晨单独排出,常为黄棕色或褐色糊状,有时也混有尿酸盐。尿酸盐是禽类尿中的正常排泄物,常与粪便同时排出。刚出壳尚未采食的雏鸡,排出的胎粪为白色和深绿色稀薄液体,主要成分是肠液、胆汁和尿液,有时也混有少量从卵黄囊吸收的蛋黄。

在病理状态下,白色糊状稀粪,常见于雏鸡白痢,主要发生于3周龄以内的雏鸡;绿色水样粪便,常见于鸡新城疫、禽流感、鸡伤寒等急性传染病;带水软粪便,常见于饲料配合不当引起的消化不良,如饲料中豆饼、麸皮、水分含量过多;棕红色或黑褐色稀粪,提示粪便中含有血液,常见于球虫病、出血性肠炎及某些急性传染病;泡沫状稀粪,多见于感冒或核黄素缺乏等;蛋清蛋黄样粪便,常见于母鸡前殖吸虫病、输卵管炎或鸡新城疫等。

四、呼吸系统检查

[方法]通过视诊触诊和听诊方法进行检查。

[内容及病理变化]

(1)呼吸运动检查　主要注意呼吸频率和呼吸方式有无变化。

(2)鼻、喉及气管检查　检查鼻孔时,检查者用左手固定禽的头部,先看两鼻孔周围是否清洁,然后用右手拇指和食指稍用力挤压两侧鼻孔,观察鼻孔有无鼻液或异物。

健康家禽鼻孔和鼻腔无鼻液可见,鼻液量较多时常见于鸡传染性鼻炎、禽霍乱、禽流感、鸡败血霉形体病、鸭瘟等,有少量鼻液可见于鸡新城疫、传染性支气管炎等。如喉部有水肿,黏膜有出血点并有黏稠分泌物是新城疫的病变。如喉部出现重剧的炎性充血、水肿,甚至形成干酪样栓塞,是传染性喉气管炎的病变。气管触诊注意有无咳嗽等。

(3)呼吸音检查　一是检查者靠近禽群仔细听,二是将患禽紧贴在检查者耳边直接听诊,或采用听诊器听诊。如出现类似咳嗽音和喘鸣音,常见于传染性喉气管炎、慢性支气管炎、霉形体肺炎、鸡白喉及雏鸡感冒等。

五、神经系统检查

[方法]主要通过视诊和触诊进行检查。

[内容]

(1)精神状态检查　有无精神抑制和兴奋。

(2)运动机能检查　有无麻痹、痉挛和共济失调。

(3)感觉机能检查　有无皮肤感觉、视觉器官和听觉异常。

【复习思考题】

1. 阐述临床检查基本方法的操作要点和注意事项。
2. 临床检查的程序有哪些?
3. 一般检查包括哪些内容? 如何操作?
4. 简述心音频率、心音强度、心音性质及心音节律的诊断意义。
5. 简述心杂音的分类及心杂音的诊断意义。
6. 表在静脉检查的诊断意义是什么?
7. 如何进行呼吸运动检查?
8. 上呼吸道检查的项目和方法有哪些?
9. 各种动物胸部叩诊区的确定及胸部叩诊的诊断方法及病理变化有哪些?
10. 简述胸部听诊的诊断方法及病理变化。
11. 简述肺泡呼吸音增强、支气管呼吸音增强、啰音、胸膜摩擦音产生的原因。
12. 试述引起肺泡呼吸音减弱的原因。
13. 采食和饮水检查的方法有哪些?
14. 如何打开动物的口腔? 口腔检查应注意哪些问题?
15. 怎么进行咽部检查?
16. 马、牛、猪腹部和胃肠检查各有什么特点?
17. 动物排粪动作改变有何临床意义?
18. 马、牛直肠检查的方法及注意事项有哪些?
19. 粪便的感官检查有何诊断意义?
20. 排尿障碍有哪些异常表现? 各有什么临床意义?
21. 肾、膀胱及尿道检查方法是什么?
22. 公、母畜生殖器检查及乳房检查的方法有哪些?
23. 简述中枢性麻痹与外周性麻痹临床鉴别方法。

24. 简述运动机能的检查内容与方法。
25. 简述反射检查的方法和临床意义。
26. 简述家禽的临床检查要点。

第二章　实验室检验技术

知识目标

- 掌握临床实验室检查各种病料采取、保存与送检的方法。
- 熟练应用实验室检验数据为临床诊断提供依据。
- 了解血液生化检验、肝功能检查的方法和临床意义。
- 熟悉临床肾脏功能检查的指标和临床诊疗意义。
- 了解心肌损伤的临床检查指标。

技能目标

- 能够根据临床需要选择适宜的实验室检验项目。
- 会依据临床诊断需要进行病料的采集、保存与送检。
- 熟练掌握血液常规检验、尿液检验、粪便检验的操作技术。

实验室检验是指采取患病动物的血液、尿液、粪便或其他体液及病理性产物等，在实验室条件下测定其物理性状，分析其化学成分，或借助显微镜观察其形态的方法。

第一节　血液常规检验

血液在机体的新陈代谢过程中具有非常重要的作用，它保证机体生命机能的正常活动。任何对机体有害的刺激，必然会影响血液成分的变化，因此血液的检查在疾病的诊断中是十分重要的。

血液检查按其方法和内容，可分为 3 个方面：①用物理方法，测定其物理特性，如出血时间、红细胞沉降速率测定等；②以化学方法分析其化学成分的含量，如血红蛋白的测定等；③用显微镜方法检查其形态及数量的变化，如红细胞计数、白细

胞计数、白细胞分类计数等。

一、血液样品的采集和抗凝

血液样本分全血、血浆和血清。全血由血细胞和血浆组成，主要用于临床血液学检查，如血细胞计数、分类和形态学检查。因受血细胞数量增减的影响，全血样本较少用于化学物质检验。血浆为全血除去血细胞部分，用于血浆生理、病理性化学成分的测定，适用于临床生化检验，特别是各类离子、酶和激素的测定。血清是血液自然凝固后析出的液体部分，除纤维蛋白原等凝血因子在凝血时消耗外，其他成分与血浆基本相同，适用于多数临床生化和免疫学检查。

（一）血样的采集

根据检验项目的需要决定采血的部位、方法和采血量。采血时可选用静脉采血或心脏采血。少量采血时可在耳、唇等处针刺取数滴血液；如果动物体型过小，还可采用剪尾、耳缘剪口采血等。

1. 静脉采血

需血液量较多时，应从静脉穿刺采血。

(1)牛、羊、马的采血　以颈静脉穿刺最为方便，常在颈静脉中 1/3 与下 1/3 交界处剪毛、消毒，紧压颈静脉近心端，待血管怒张(助手尽量将动物头部向穿刺的对侧牵拉，使颈静脉充分显露出来)，用静脉注射针头对准血管刺入，即可获得血液样品。此外，奶牛可在腹壁皮下静脉(乳前静脉)采血，注意针头不能太粗，以免造成血肿。牛的尾中静脉采血也很方便，助手尽量向上举尾，术者用针头在第 2、3 尾椎间垂直刺入采血。

(2)猪的采血　成年猪可从耳静脉采血，由助手将耳根捏紧，稍等片刻静脉即可显露出来。局部常规消毒后，术者用较细的针头刺入耳静脉即可抽出血来。必要时，用前腔静脉穿刺法采血：仔猪和中等大小的猪，仰卧保定，将两前肢向后拉直或使两前肢与体中线垂直，注意将头部拉直。肥育猪可站立保定，用绳环套在上颌，拴于柱栏即可。在玻璃注射器内先吸入适量的抗凝剂，右手持针管，使针头斜向对侧或向后内方与地面呈 60°角，刺入右侧(或左侧)胸前窝(即由胸骨柄、胸头肌和胸骨舌骨肌的起始部构成的陷窝)2～3 cm 即可抽出血液，术前、术后均按常规消毒。

(3)犬、猫的采血　犬、猫采血常在后肢外侧小隐静脉和前臂皮下静脉即前臂头静脉采血。后肢外侧小隐静脉在后肢胫部下 1/3 的外侧浅表皮下，由前侧方向后行走。抽血前将犬猫保定，碘酒皮肤消毒。采血者左手拇指握紧血管区近心端或用乳胶管适度扎紧，使静脉充盈，右手用接有6号或7号针头的采血器或注射器迅速穿刺入静脉，左手放松将针头固定，以适当速度抽血。采集前臂皮下静脉(也称前臂头静脉)血的操作方法与后肢外侧小隐静脉的操作基本相同。

如果需要采集颈静脉血，取侧卧位，局部剪毛消毒。将颈部拉直，头尽量后仰。用左手拇指压住近心端颈静脉入胸部位的皮肤，使颈静脉怒张，右手持接有6号或7号针头的采血器或注射器，针头沿血管平行方向远心端刺入血管。颈静脉在皮下易滑动，针刺时除用手固定好血管外，刺入要准确，取血后注意压迫止血。

(4)鸡的采血　常在翅内静脉采血。用细针头刺入静脉，让血液自由流入集血瓶中，不可用注射器抽取，以防引起静脉塌陷和出现气泡。

2. 末梢采血

适用于需血量少、采血后立即进行检验的项目，如涂制血片、血细胞计数、血红蛋白测定、出血时间和凝血时间测定等。牛马在耳尖部，猪、羊在耳边缘。剪毛、消毒，待乙醇挥发干燥后，用针头刺入0.5～1 cm，血液即可流出。用灭菌干棉球擦去第一滴血液，用第二滴血液做血样。犬、猫等小动物耳缘采血时可在局部剪毛、消毒后，涂布一层凡士林，使局部刺入流出的血液易成滴状，便于吸取。利用末梢血管血液时，取血动作要迅速，可做多项测定，如果操作不熟练，动作缓慢往往引起血液凝固。

3. 心脏采血

多用于家禽及某些小动物需要多量血液对，可行心脏穿刺采血。通常右侧卧保定，在左侧胸部触摸心搏动最明显的地方进行穿刺，连接注射器吸取血液。采血前、后应严格清毒。

成年鸡心脏穿刺部位：从胸骨嵴前端至背部下凹处连接线的1/2点即为穿刺部位。用细针头在穿刺部位与皮肤垂直刺入2～3 cm即可。

4. 注意事项

采血方法的选择，主要决定于检验目的、所需血液量及动物种类。凡用血量较少的检验，如血细胞计数、血红蛋白测定、血液涂片以及酶活性分析，可刺破组织取毛细血管的血。当需血量较多时，可做静脉采血。静脉采血时若需反复多次，应自远心脏端开始，以免发生栓塞而影响整条静脉。

另外，采血场所应有充足的光线，室温夏季最好保持25～28℃，冬季15～20℃。采血用具和采血部位一定要事先消毒，采血用注射器和试管必须清洁干燥。若需抗凝全血，则应于注射器或试管内预先加入抗凝剂。

(二)血样的抗凝

用全血和血浆检验时,需要使用抗凝剂。抗凝是用物理或化学方法除去或抑制血液中的某些凝血因子的活性,阻止血液凝固。能够阻止血液凝固的物质称抗凝剂或抗凝物质。自静脉或心脏采出的血液,一般可装在小试管中或带橡皮塞的抗生素小瓶中。如果不需要进行血清检验,应事先加入一定比例的抗凝剂。几种常用的抗凝剂的配方、用量及应用注意事项如表 2-1 所示。

表 2-1　常用的抗凝剂及选用注意事项

抗凝剂	配　方	每 1 mL 血样所需量	注意事项
草酸盐	草酸铵 1.2 g、草酸钾 0.8 g,加蒸馏水到 100 mL	0.10 mL	不能用作血小板计数和非蛋白氮、尿素、血氨等含氮物质的检测。
柠檬酸钠	柠檬酸三钠 3.8 g,加蒸馏水到 100 mL	0.15 mL	作血沉测定和凝结试验用。
ACD 溶液	柠檬酸三钠 2.2 g、柠檬酸 0.80 g、己糖 2.45 g,加蒸馏水到 100 mL	0.15 mL	用作血小板计数、血库的血液保存和同位素研究。
EDTA	EDTA 钾盐或钠盐配成 10% 水溶液 100 mL	0.10 mL	能保持血细胞形态和特征适宜血液有形成分的检查。
肝　素	肝素钠 0.5 g,加蒸馏水到 100 mL	0.1 ～ 0.2 mL(用溶液湿润注射器壁即可)	适用于血液离子测定,常用于血液 pH 及血液气体分压测定和红细胞脆性试验,不适用于血像检查,抗凝时间只有 10～12 h。
氟化钠		2.5 mg	抑制血糖分解,作为血糖测定的保存剂。
玻璃珠(直径为 3～4 mm)		25 mL 血放入 20 颗	制备血清,脱纤作用。

二、红细胞沉降速率(ESR)的测定

血液加入抗凝剂后,一定时间内红细胞向下沉降的毫米数,叫做红细胞沉降速度,简称血沉(ESP)。

(一)原理

一般认为,红细胞表面带负电荷,血浆中的白蛋白也带负电荷;而血浆中的球蛋白、纤维蛋白原则带正电荷。动物体内发生异常变化时,血细胞的数量及血中的化学成分也会有所改变,直接影响正、负电荷相对的稳定性。如正电荷增多,红细胞表面带负电荷而相互吸附,形成串钱状,其重力原因使红细胞沉降的速度加快;反之,红细胞相互排斥,其沉降速度变慢。

(二)方法

1. 魏氏法

魏氏血沉管全长 30 cm,内径为 2.5 mm,管壁有 0～200 个刻度,每一刻度距离为 1 mm,容量 1.0 mL 左右,附有特制的血沉架。测定时先取一小试管,依要加入血量的多少按比例加抗凝剂,自动物颈静脉采血,轻轻混合,随后用魏氏血沉管吸取抗凝全血至刻度 0 处,于室温下垂直固定在血沉架上,经 15、30、45、60 min 分别记录红细胞沉降数值。

2. 涅氏法

涅氏血沉管有两种,一种有 100 个刻度,称"六五"型血沉管;另一种也是 100 个刻度,此外还标有换算红细胞数及血红蛋白百分数的刻度,称为三用血沉管。测定时先向血沉管中加入 10% EDTA 液 4 滴(或草酸钾粉末 0.02～0.04 g)由颈静脉采血至刻度 0 处,堵塞管口,轻轻颠倒混合数次,使血液与抗凝剂充分混合,然后于室温中,垂直立于试管架上,经 15、30、45、60 min 各观察一次,分别记录红细胞柱高度的刻度数值。

记录时,常用分数形式表示,即分母代表时间,分子代表沉降数值,如 30/15,70/30,95/45,115/60。

黄牛及羊的血沉极为缓慢,为加速测出结果,可将血沉管架倾斜 60°角放置,以使血沉加快并便于识别其微小的变化。近年来,已将魏氏血沉器制成倾斜 73°角的"魏氏斜置血沉器"使用,它的优点是不需再调整角度,并可在 15 min 时一次观察即可。

各种方法测得的血沉值不同,故在报告结果时应注明采用的是哪一种方法。

(三)注意事项

血沉管必须垂直放置,管子稍有倾斜会使血沉加快;测时要在 20℃左右的温度下进行,外界温度过高,可使血沉加快,外界温度过低,可以减缓血沉;血液柱面上不应带有气泡，它可使血沉变慢；采血后应在 3 h 内测定；冷藏的血液，应先把血液温度回升到室温后再做；抗凝剂要加得适量，少了会使血液产生小凝血块，多了会使血液中的盐分过多，血沉变慢。

(四)正常值

各种动物的血沉正常值如表 2-2 所示。

表 2-2　健康动物的血沉正常值

畜别	血沉值				测定方法	资料来源
	15 min	30 min	45 min	60 min		
奶牛	0.3	0.7	0.75	1.2	魏氏法	西北农学院（倾斜 60°）
山羊	—	0.5	1.6	4.2	魏氏法	西北农业大学（倾斜 60°）
猪	1.35	8.4	20.0	30.0	魏氏法	Sturkie 和 Textol
马	29.70	70.00	95.3	115.60	魏氏法	中国农科院中兽医研究所
犬	0.2	0.9	1.2	4.0	魏氏法	实验动物学
猫	—	—	1.1	4.0	魏氏法	实验动物学
鸡(成年)	0.19	0.29	0.55	0.81	魏氏法	Dobsinska

(五)临床诊断价值

检查血沉可以发现贫血和脱水性疾病，发现体内潜在的病理过程，在疾病过程中，定期检查血沉的变化，可了解疾病的进程。

1. 血沉加快

多见于贫血、溶血性疾病、急性炎症、恶性肿瘤、风湿症、结核、急性肾炎、急性传染病、创伤、手术、烧伤、骨折以及某些毒物中毒等。

2. 血沉减慢

见于大量脱水（腹泻、呕吐、肠阻塞、大量出汗、多尿等）、肝脏疾病及心力衰竭等。

3. 血沉测定与疾病预后

(1)推断潜在的病理过程。血沉增快而无明显症状，表示体内的病理过程依然存在，或者尚在发展中。

(2)了解疾病的进展程度。炎症处于发展期,血沉增快;炎症处于稳定期,血沉趋于正常;炎症处于消退期,血沉恢复正常。

(3)用于疾病的鉴别诊断。如良性肿瘤,血沉基本正常;恶性肿瘤,则血沉增快。

三、红细胞压积容量(PCV)测定

红细胞压积容量(PCV)又称红细胞压积或比容,是指压紧的红细胞在全血中所占的百分率,目前多用 L/L 为单位(如 36%就是 0.36 L/L)。红细胞压积容量是鉴别各种贫血不可缺少的一项指标。

(一)温氏(Wintrobe)法

将一定量的抗凝全血,经规定速度和时间离心沉淀,沉下的红细胞体积与全血体积之比,即为红细胞压积。

1. 原理

血液中加入可以保持红细胞体积大小不变的抗凝剂,混合均匀,用特制吸管取抗凝全血随即注入温氏测定管中,电动离心,使红细胞压缩到最小体积,然后读取红细胞在单位体积内所占的百分比。

2. 器材

红细胞压积管,即温氏(Wintrobe)试管,为 100 mm×2.5 mm 的平底厚壁玻璃管。管上刻有 100 mm 刻度,其读数一边由下而上,供测红细胞比容用;另一边由上而下,供测血沉用,容积约 0.7 mL。

3. 方法

静脉采血 2 mL,将肝素或草酸等抗凝剂注入试管内,充分摇匀,注入温氏管内至 10 刻度处,不得有气泡。以 3 000 r/min 离心 30 min,直至红细胞不再下沉为止。观察下沉的红细胞的体积刻度。

4. 注意事项

血浆与红细胞之间的灰白色层,为白细胞与血小板层,不计算在内;所有器材必须清洁干燥,防止溶血;抗凝血在注入比容管前,一定要充分混匀;尽可能用水平式离心机,如用斜角离心机,细胞沉淀为斜面,可读取斜面中间刻度;应保证离心的速度和时间,以达到压实红细胞;于离心 30 min 后,取出观察红细胞比容,并做记录,再放入离心机离心 5 min,如与前次记录相同,则证明红细胞已压实;以红细胞层所占的百分率报告。

(二)微量法

1. 器材

国产磁极牌 SH120 型微量血液离心机(上海手术器械厂产品)或同类产品;毛细玻璃管长 75 mm,内径 1.0 mm,玻璃管使用前经肝素化,以肝素(100 U/mL)通过玻璃管后在 37℃左右干燥箱内烘干备用;封口剂用可塑性胶泥(橡皮泥);微量红细胞压积读数器。

2. 方法

将经过肝素处理的毛细管口接触血滴,血液通过毛细吸管作用,流进管内,让血液达到管的长度 60～65 mm 处,充分混匀后,将一端管口插入一载有封口泥的板上泥中以封口。高速离心(12 000 r/min)7 min,然后用微量红细胞比积读数器测量红细胞比积的读数。微量红细胞比积的读数需在一块特制的读数器上测量。将毛细玻璃管对准标尺,使红细胞柱底部对齐。血液最高点达到标准尺的 100%水平,然后移动标尺测量红细胞比积的百分数。

3. 正常值

各种动物红细胞压积容量的正常值在 30%～40%,各地报道的数值如表 2-3 所示。

表 2-3 健康动物红细胞压积容量 %

动物种类	压 积	资料来源
黄牛	24.0～46.0	中国人民解放军兽医大学
水牛	33.0～42.4	家畜及实验动物生化参数(卢宗藩主编)
奶牛	32.0～55.0	家畜及实验动物生化参数(卢宗藩主编)
绵羊	29.0～38.5	家畜及实验动物生化参数(卢宗藩主编)
山羊	23.0～38.6	家畜及实验动物生化参数(卢宗藩主编)
猪	36.0～47.0	家畜及实验动物生化参数(卢宗藩主编)
马	28.0～42.0	医学实验杂志网
鸡	23.0～55.0	家畜及实验动物生化参数(卢宗藩主编)
犬	38.0～58.0	宠物世界网
猫	39.0～55.0	宠物世界网

(三)临床诊断价值

(1)红细胞压积容量增高 见于各种原因引起的脱水，造成血液黏稠，红细胞相对增加的结果。如急性胃肠炎、液胀性胃扩张、肠阻塞、胃肠破裂、渗出性腹膜炎等，通常可从 PCV 增高的程度估计患病动物的脱水程度并粗略地估计输液量的多少。

(2)红细胞压积容量降低 见于各种原因引起的贫血。

(3)血浆颜色改变 血浆颜色的改变有助于判断某些疾病。如颜色深黄，为血浆中直接胆红素或间接胆红素增加，见于肝脏疾病、胆道阻塞、溶血性疾病等；颜色呈淡红或暗红色，为溶血性疾病的特征。

四、血红蛋白(Hb)含量测定

血红蛋白(HGB 或 Hb)的测定，指测定血液中各种血红蛋白的总质量浓度，用 g/L 表示。其方法较多，常规方法为沙利(Sahli)氏目视比色法、光电比色法、测铁法、相对体积质量(密度)法、血氧法及试纸法。国际推荐氰化高铁血红蛋白法(HiCN 法)。

(一)沙利氏比色法(Sahli 氏法)或酸化血红蛋白法

1. 原理

血液与盐酸作用后，变为褐色的盐酸高铁血红蛋白，与标准色柱相比，即求得每 100 mL 血液中血红蛋白的克数或求出百分数。

2. 器材与试剂

(1)沙利氏血红蛋白计 包括比色架、血红蛋白测定管和血红蛋白吸管。血红蛋白测定管两侧各有刻度，一侧表示每 100 mL 血液内所含血红蛋白克数，另一侧则表示所含血红蛋白百分数。国产沙利氏血红蛋白计以 100 mL 血液内含血红蛋白含量 14.5 g 为 100%。沙利氏血红蛋白吸管有 10 μL 与 20 μL 两个刻度。新购的吸管要经过检验，必要时应以水银称量法或微量吸管校正仪进行校正。在室温 18～20℃时，20 μL 的汞重量在(27±2.5)mg，属允许误差范围，误差>2%应弃去不用。

(2)0.1 mol/L 盐酸或 1%盐酸。

3. 方法

在沙利氏比色管内加入 0.1 mol/L 盐酸至刻度“2”或“20”处。用沙利氏吸血管吸供检血 20 μL 刻度处，用纱布拭去管外及管尖黏附的血液，立即将吸血管中的血液吹入比色管中的盐酸中，并轻轻吸吹混合数次，轻轻振动比色管数次，使血液与盐酸充分混合，静置 10 min，待血液变成类咖啡色后，慢慢沿测定管壁滴加蒸馏水，并用细玻璃棒搅动，直到颜色与标准色柱完全相同为止。液体凹面所表示的刻度数，即为 100 mL 血液中血红蛋白克数或百分数。

4. 注意事项

沙利氏吸血管吸取血液应准确；在吸血时可适当多于要求数量，待用纱布或棉球擦管外血时，可吸出少量，使血量正好至要求刻度处；吸管中的血柱不应混有气泡；管外黏附的血液应擦去；酸化血红素是逐渐转化的，加盐酸后应放置一定时间，以使血红蛋白完全变为棕色的高铁血红蛋白，放置时间应在 10～30 min；比色时宜将比色架朝向光线而视检。为使测定结果更加准确，在读数后再加盐酸 1 滴，混匀比色再读数。若色不变，以后 1 次读数为准；变淡者，以前次读数为准。

(二)氰化高铁血红蛋白法(HiCN 法)

1. 试剂

(1)显色剂(氰化高铁血红蛋白稀释液)　高铁氰化钾 200 mg，氰化钾 50 mg，磷酸二氢钾 140 mg，用蒸馏水溶解并稀释至 1 000 mL。置棕色瓶于冷暗处保存(不可冰冻)，至少可稳定数月至 1 年。如果试剂发生浑浊即应废弃。

(2)高铁血红蛋白标准液　有市售，也可自行配制(分别用显色剂作 1：1 000、1：400、1：800、1：1 600 倍稀释，计算出各管光密度，以光密度为纵座标，血红蛋白的含量为横座标，在方格纸上绘制标准曲线)。

2. 方法

在小试管中加入显色剂 5 mL，再准确加全血 20 μL，至少洗吸 3 次混匀。静置 5 min 后，用光径 1 cm 的比色杯，在 540 nm 或绿色滤光板下，用蒸馏水或显色剂调零点，进行光电比色，读取光密度。

3. 计算

$$\text{Hb 含量(g/L)} = K \text{ 值} \times \text{测定管光密度}$$

K 值计算：取 3 种不同浓度的标准溶液，分别测定其光密度数。

$$K \text{ 值} = \sum \text{ODs} / \sum \text{ODu} \times 368$$

式中，$\sum$ODs 为标准液中理论值光密度总和，$\sum$ODu 为标准液中校正值光密度总和。

4. 正常值

健康动物血红蛋白值在 9～12 g/100 mL，各地报道的数值如表 2-4 所示。

表 2-4　健康动物的血红蛋白含量　g/100 mL

动物	正常值	资料来源
乳牛	12.9±2.28	家畜及实验动物生理生化(卢宗藩主编)
山羊	7～11	西北农学院
绵羊	11.0±0.62	家畜及实验动物生理生化(卢宗藩主编)
哈白猪	13.1	东北农业大学
仔猪	7.24～14.52	山西忻县地区牧医研究所
马	11.0±1.18	实验动物学(南方医学院)
鸡	9.80±1.20	家畜及实验动物生理生化(卢宗藩主编)
鸭	9.00～21.00	家畜及实验动物生理生化(卢宗藩主编)
鹅	14.9	农业出版社,禽病
犬	11.0～18.0	实验动物学
猫	7.0～15.5	实验动物学

(三)临床诊断价值

(1)血红蛋白增加　一般为相对性地增加,见于各种原因引起的脱水,如腹泻、大汗、肠阻塞、肠变位、胸腹腔的渗出炎症等。此外,真性红细胞增多症及继发性红细胞增多症(如肺的慢性疾病、充血性心力衰竭等)均可使血红蛋白含量增加。

(2)血红蛋白减少　血红蛋白减少比较常见,多见于出血性贫血、溶血性贫血、营养不良性贫血、梨形虫病、营养衰竭症、钩端螺旋体病、胃肠道寄生虫病、溶血性毒物中毒等。

(3)血色指数　一般可按下列公式求得。

$$\text{血色指数}=\frac{\text{被检动物血红蛋白量}(\%)\div\text{健康动物平均血红蛋白量}(\%)}{\text{被检动物红细胞数}\div\text{健康动物平均红细胞数}}$$

正常时血色指数为1或接近于1(0.8～1.2);依其指数大于1或小于1而分为高色素性贫血与低色素性贫血。一般来说,出血后贫血多为低色素性贫血,而某些溶血性贫血、恶性贫血、猫传染性贫血时,常呈高色素性贫血。

五、红细胞计数(RBC)

将血液适当稀释后,计数单位体积血液内所含红细胞的数目,求得单位体积血液中红细胞数。临床上用作诊断有无贫血及观察红细胞形态以对贫血进行分类。计数方法有显微镜计数法、光电比浊法、电子计数仪计数法等。

(一)原理

将血液经一定量的等渗稀释稀释后,充填于特制的计数室内,置显微镜下计数,然后换算出 1 μL(mm^3)血液内的红细胞数。现多以每升血液中所含红细胞个数表示。

(二)器材与试剂

(1)稀释液　常用的有 3 种,可任选 1 种。枸橼酸钠稀释液(枸橼酸钠 1.0 g,36%甲醛溶液 1.0 mL,氯化钠 0.6 g,蒸馏水加至 100 mL 混合溶解后,过滤两次备用。其中枸橼酸钠为抗凝剂,甲醛为防腐剂,并能使细胞固定,氯化钠是调节渗透压);赫姆氏(Hayem)稀释液(氯化钠 1.0 g,结晶硫酸钠 5.0 g 或无水硫酸钠2.5 g,氯化高汞 0.5 g,蒸馏水加至 200 mL。亦可加 20 g/L 伊红溶液少许,使之成淡红色以识别。其中硫酸钠可防细胞粘连,氯化高汞防腐);0.9%氯化钠溶液。

(2)血细胞计数板　常用改良纽巴氏读数板。由一厚玻璃制成,中央部分有两个低于水平面的计数室。每室分刻为 9 个大方格,每格长宽各 1 mm(面积为 1 mm^2)。四角的每个大方格又划为 16 个中方格,为计数白细胞用;中间的一个大方格用双线分为 25 个中方格,每个中方格又用单线划分为 16 个小方格,共计 400 个小方格,为计数红细胞用。如将盖玻片平置于计数室两侧支柱上,盖玻片下计数室的深度为 0.1 mm,故每大方格的容积为 0.1 mm^3。

(3)血盖片　为血细胞计数专用盖片,应平整光洁,厚度 0.4～0.7 mm。

(4)沙利氏血红蛋白吸管。

(三)方法

于小试管中加红细胞稀释液 3.99(或 4.0) mL。用吸管吸血 10 μL,擦去管尖外周的血液,轻轻吹入红细胞稀释液底部,再吸上层稀释液洗吸管数次,立即充分混匀。将此混悬液摇匀,用滴管或玻棒蘸取少许,冲入计数室内,不得外溢,亦不得产生气泡。静置 2～3 min,待细胞下沉后用高倍镜计数。计数中央大方格内四角和正中 5 个中方格(80 个小方格)内的红细胞。计数时,如红细胞压在划边线上采用“计上不计下、计左不计右”的读数法则,以避免重复或漏数(图 2-1)。

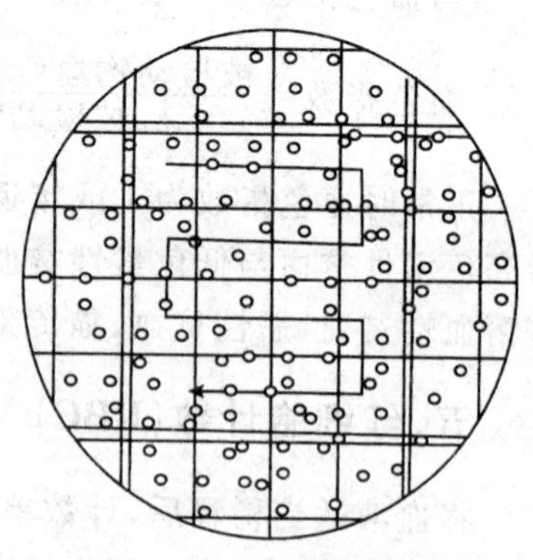

图 2-1　红细胞计数

(四)计算

$$红细胞数(万个/\mu L)=R\times 5\times 10\times 稀释倍数$$

或:红细胞数(个/L)$=R\times 5\times 10\times$血液稀释倍数(400 或 200)$\times 10^6$

其中,R 为计数的 5 个中方格(80 个小方格)内红细胞数;所计数 5 个中方格的面积为 1/5 mm^2,要换算为 1 mm^2 时,应乘以 5;计数室深度为 0.1 mm,要换算为 1 mm 时,应乘以 10;10^6 为 1 L$=1\times 10^6$ μL。

(五)注意事项

计数板、吸管、盖玻片应符合要求;试管、吸管应清洁干燥,稀释液要防止酸碱和细菌污染;红细胞在计数室内分布要均匀,各方格内红细胞相差不得超过均值10%,如遇有冷凝集现象,应将标本置于37℃恒温箱内数分钟,再摇匀计数。遇有白细胞过高者,应在高倍镜下注意识别,勿将白细胞计入;白细胞较大,中央无凹陷,无黄绿色折光。

(六)正常值

健康动物红细胞正常值见表 2-5。

表 2-5 健康动物红细胞正常值 万个/μL

动物种类	平均值	范 围	资料来源
奶牛	720	550～800	牛病防治(陈振旅编)
绵羊	837	800～950	内蒙古农牧学院
山羊	1 613	1 060～2 043	西北农学院
哈白猪	800	750～820	东北农学院
马	650	600～700	东北农业大学
鸡	307	242～373	西北农学院
鸭	280	180～382	实验动物生理生化参数(卢宗藩编)
鹅	271	250～320	家禽生理学
犬	680	550～850	实验动物学
猫	800	650～950	实验动物学

(七)临床诊断价值

(1)红细胞增多　相对性红细胞增多：指血浆量减少，血液浓缩引起的。常见于下痢、呕吐、饮水不足等。

绝对性红细胞增多：是骨髓增生性疾病或红细胞生成素增多所致，见于充血性心力衰竭、慢性肺部疾病等。

(2)红细胞减少　多见于各种类型贫血。

(3)红细胞形态异常　红细胞大小不均，中央区苍白，大的红细胞增多，见于营养不良性贫血。中央淡染区扩大，小的红细胞特别多，见于缺铁性贫血。红细胞呈梨形、星状，见于重症贫血。呈串线状，见于炎症和肿瘤性疾病。体积变小、着色暗，缺乏中央凹陷，见于自身免疫性和同族免疫性溶血性贫血。红细胞内含有蓝黑色大小不一的颗粒，是铅中毒的特征性表现。

六、白细胞计数(WBC)

将全血稀释(并破坏其中的红细胞)，计算单位体积(μL 或 L)血液内白细胞的数目称为白细胞计数。健康动物血液中的白细胞数比较稳定，而在炎症、感染、组织损伤和白血病等情况下，常引起白细胞数的变化。本检验与白细胞分类计数配合，有很大的临床诊断价值。白细胞计数有显微镜计数法和电子血细胞计数仪法两种，此处仅介绍试管稀释显微镜计数法，其原理与红细胞计数大致相同，仅稀释液与稀释倍数不同。

(一)原理

用稀醋酸溶去红细胞，留下白细胞，计数此稀释血液一定容积的白细胞，求得单位体积血液内的白细胞数。现多以每升血液中所含红细胞个数表示。

(二)器材与试剂

(1)血细胞计数板　同红细胞计数。

(2)沙利氏吸血管、1 mL 吸管、小试管等。

(3)1%～3%冰醋酸溶液　为与红细胞稀释液相区别可在每 100 mL 冰醋酸溶液中加入 1%美蓝溶液或 1%结晶紫液 1～2 滴。

(三)方法

用 0.5 mL 吸管吸取白细胞稀释液 0.38 mL(也可吸 0.4 mL)置于小试管中。用沙利氏吸血管吸取被检血至 20 μL 处，擦去管外黏附的血液，吹入小试管中，反复吸吹数次，以洗净管内所黏附的白细胞，充分振荡混合，再用毛细吸管吸取被稀释的血液，充入已盖好盖玻片的计数室内，静置 1～2 min 后，低倍镜检、计数。

将计数室四角 4 个大方格内的全部白细胞依次数完，注意"数左不数右，数上不数下"。然后将白细胞数乘以 50 即为每 1 mm^3 血液内的白细胞总数。如四大格内的白细胞总数为"W"，其计算原理如下式：

$$白细胞数(个/\mu L)=W/4\times10\times20=W\times50$$

$$或白细胞数(个/L)=W/4\times10\times20\times10^6$$

式中，W 为 4 个大方格（白细胞计数室）内白细胞总数；$W/4$ 为因 4 个大方格的面积为 4 mm^2，$W/4$ 为 1 mm^2 内的白细胞数；10 为计数室的深度为 0.1 mm，换算为 1 mm，应乘以 10；20 为血液的稀释倍数。

（四）注意事项

计数室内细胞分布要均匀，每大方格白细胞数差异不得超过 10%。如发现较多的有核红细胞，就要减去有核红细胞数。其它同红细胞计数。

（五）正常值

各种健康动物白细胞数正常值见表 2-6。

表 2-6　健康动物白细胞数正常值　个/μL

动物种类	平均值	范　围	资料来源
奶牛	7 500	7 000～8 000	临床诊疗基础
绵羊	9 000	8 000～9 500	北京农业大学
山羊	11 998	6 500～16 650	西北农学院
哈白猪	15 000	9 000～20 000	东北农学院
后备小猪	26 200	24 090～30 410	山西忻县地区畜牧兽医所
哺育仔猪	12 100	9 160～15 040	山西忻县地区畜牧兽医所
马	8 000	7 000～9 000	东北农业大学
鸡	32 500	17 500～43 200	西北农学院
鸭	23 400	—	中国人民解放军兽医大学
鹅	30 800	—	中国人民解放军兽医大学
犬	11 500	6 000～17 000	实验动物学
猫	16 000	9 000～24 000	实验动物学

(六)临床诊断价值

1. 白细胞数增多

(1)感染　感染某些球菌如葡萄球菌、链球菌、肺炎双球菌、脑膜炎双球菌等，可使白细胞显著增多；某些杆菌如大肠杆菌、绿脓杆菌、炭疽杆菌的感染，也可使白细胞增多；此外，真菌感染时白细胞数也有所增加。

(2)炎症　大叶性肺炎、小叶性肺炎、重剧性胃肠炎、腹膜炎、肾炎、创伤性心包炎、子宫炎等疾病时，白细胞数可大量增加。

(3)肿瘤、急性出血性疾病、中毒性疾病(如酸中毒、尿毒症等)以及注射异性蛋白之后，白细胞数均可增加。

(4)白血病时白细胞数极显著地增加是一个重要特征。

2. 白细胞数减少

(1)某些病毒性传染病，如猪瘟、流行性感冒等，由于造血器官受到抑制而使白细胞数下降。

(2)长期使用某些药物或一时用量过大，如磺胺类药物、氯霉素等，白细胞总数会下降。

(3)各种疾病的濒死期，白细胞总数会迅速下降，有时可在一天之内由 7 000～8 000 个/μL下降到2 000～3 000 个/μL，表示预后不良。

(4)某些血孢子虫病、休克、营养衰竭症以及骨髓再生功能不全时，白细胞总数均可减少。

七、白细胞分类计数(DBC)

将被检血涂片、染色、求出各种白细胞所占的百分率称为白细胞分类计数法。

外周血液中主要有 5 种白细胞，各有其特定的生理机能。其中任何一种白细胞的数量发生变化，均可使白细胞数发生变化。在病理情况下，白细胞不但会发生数量上的变化，而且还会发生质量方面的改变。白细胞分类计数能反映白细胞在质量方面的变化，结合白细胞计数，对于疾病诊断、预后判断和治疗效果观察都有重要意义。

(一)器材

载玻片、显微镜、染色架、染色缸、吸水纸及特种铅笔。

(二)染色液

(1)瑞氏染液　瑞氏染料 1 g、甲醇(分析纯)600 mL。准确称取瑞氏染料 1 g

于洁净研钵中，加少许甲醇研磨，将已溶有染料的上部甲醇通过加有滤纸的漏斗倾入棕色瓶中，再加甲醇研磨，如此继续操作，直至全部染料溶解后，以甲醇冲洗研钵数次，全部滤入瓶中。滤纸上的残渣可用剩余的甲醇将其冲洗入另一瓶中。加塞在室温中放置 1 周，放置期间需振荡 3 次/d，最后将含残渣的染液滤过，两瓶染液混合一起，即可应用。

(2)姬姆萨氏染液　姬姆萨染粉 0.5 g、纯甘油 33.0 mL、纯甲醇 33.0 mL。先将染粉置于研钵中，加入少量甘油充分研磨，然后加入其余的甘油，水浴加温(60℃)1～2 h，经常用玻璃棒搅拌使染色粉溶解，最后加入甲醇混合，装棕色瓶中保存 1 周后过滤即成原液。临用时取原液 1 mL，加 pH 6.8 的缓冲液或新鲜蒸馏水 9 mL，即成应用液。

(3)缓冲液(pH 6.8)　1%磷酸二氢钾 30.0 mL、1%磷酸氢二钠 30.0 mL，蒸馏水加至 1 000.0 mL。所有染料对氢离子浓度均较敏感，染色时由于酸碱度的改变，蛋白质与染料所形成的化合物可重新离解，故染色时染液的 pH 能够影响染色的效果。染色的适宜酸碱度为 pH 6.8。当染液偏于碱性时，可与缓冲液中酸基中和，染液偏酸性时，可与缓冲液中碱基中和，维持染色时的一定酸碱度，以获得满意的染色效果。

(三)涂片

取无油脂的洁净载玻片数张，选择边缘光滑的载玻片作为推片(推片一端的两角应磨去，也可用血细胞计数板的盖片作为推片)，用左手拇指及中指夹持载片，右手持推片，先取被检血 1 小滴，放于载片的右端，将推片倾斜30°～40°角，使其一端与载片接触并放于血滴之前，向后拉动推片与血滴接触，待血液扩散形成一条线之后，以均等的速度轻轻向前推动推片，则血液均匀的被涂于载片上而形成一薄膜(图 2-2)。迅速自然风干，待染。

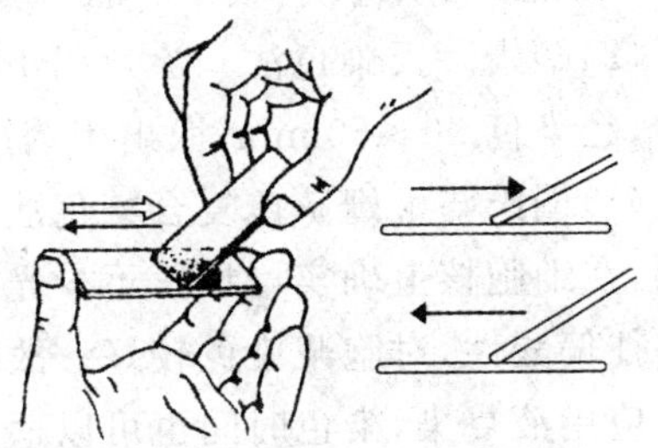

图 2-2　涂制血片的方法

良好的血片，血液应分布均匀，厚度适当。对光观察时呈霓虹色，血膜应位于玻片中央，两端留有空隙，以便注明畜别、编号及日期(图 2-3)。

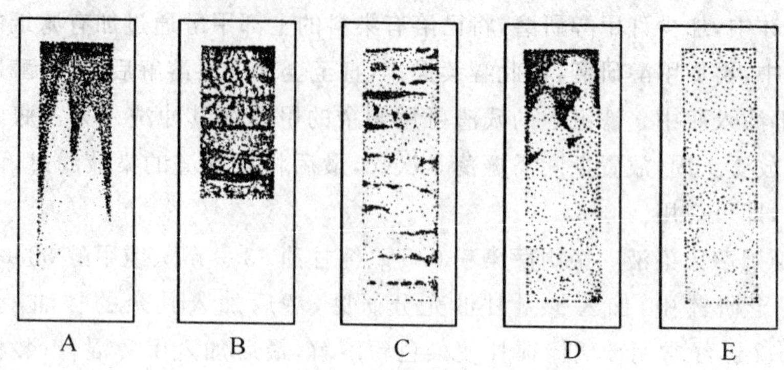

A～D. 不良的血液涂片　E. 良好的血液涂片

图 2-3　血液涂片

(四)固定

将干燥血片置甲醇中 3～5 min,取出后自然干燥,亦可用乙醚与酒精等量混合液(10 min)或纯酒精(20 min)、丙酮液(5 min)固定。用瑞氏法染色时,无须固定,因瑞氏染液中含有甲醇,在染色的同时即起固定作用。

(五)染色

(1)瑞氏染色法　将自然干燥的血片用蜡笔于血膜两端各划一道横线,以防染色液外溢。置血片于水平支架上,滴瑞氏染液于血片上并计其滴数,直至将血膜浸盖为止,持平染 1～2 min 后,滴加等量缓冲液或蒸馏水,轻轻吹动使混匀,再染 4～10 min,用蒸馏水冲洗,吸干,油镜观察。

(2)姬姆萨氏染色法　涂片用甲醇固定后,将血片直立于已稀释的姬姆萨染液缸中,经染色 30～60 min,取出用蒸馏水冲洗,干燥后镜检。

(3)瑞氏与姬姆萨氏复合染色法　单纯姬姆萨氏染色,因系多色性美蓝的天青配制,在细胞核上确实增加了不少光彩,但细胞浆与中性颗粒着色较淡;而瑞氏染液往往偏酸性,对胞浆染色较好。故以瑞氏甲醇溶液作固定剂先染 30 s,再用姬姆萨氏应用液复染,染色时间也可以适当缩短(约 10 min)。兼取二者之长处,所染的血片常较单一的染色法为佳。

(六)注意事项

瑞氏染液保存时,切勿混入水滴,避免使用时影响着色;滴加染液勿过多或过少,防止染色不良;冲洗血片时应与染液一并冲洗,否则染料颗粒会沉淀于血膜上;

染色时间的长短，随染料性质和室温的不同而改变，室温高时，染色时间应较短，室温低时，染色时间应适当长些，中性环境染出的血片效果最佳，因此，要特别注意缓冲液和冲洗血片用水的酸碱度；染色过浅，可按原步骤复染，如染色太深，可重新滴加缓冲液脱色，或用甲醇脱色后，重新复染。

(七)计数方法

(1)先用低倍镜全面观察血片上细胞分布的情况和染色的好坏。然后选择染色良好、细胞分布均匀的部分进行分类。一般颗粒白细胞和单核细胞及体积较大的细胞易集聚在涂片的边缘和尾部，而淋巴细胞易集聚在头部和中心部，而血膜体部的细胞分布比例比较适当，同时血膜厚薄也比较均匀。因此，通常选定涂片体部进行分类。

(2)选好涂片部位后，用油镜逐个查数各类白细胞数。查数时可利用显微镜推进器，按前后或左右顺序移动血片，以免视野重复。移动视野方法很多，其目的都是为了尽量减少由于细胞分布不均所引起的误差。一般采用四区计数法、三区计数法或中央计数法(图 2-4)。

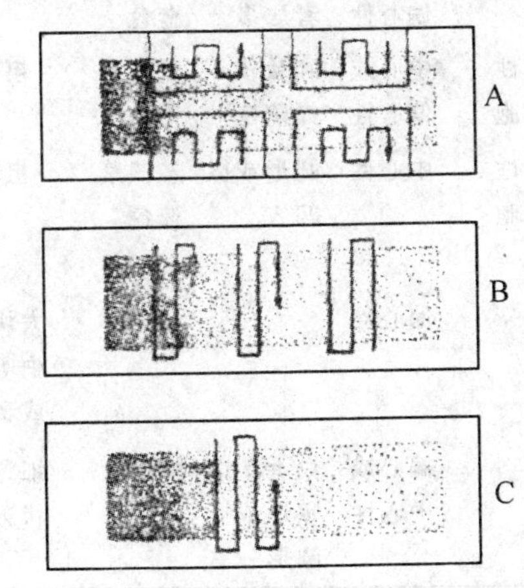

A. 四区计数法　B. 三区计数法　C. 中央计数法

图 2-4　白细胞分类计数

(3)白细胞分类计数的数目，应根据白细胞总数的多少而定。白细胞总数不到 1 万者，分类计数 100 个；1 万～2 万者，分类计数 200 个；2 万～3 万者，分类计数 300 个为宜。

(4)记录时，有条件者可用“白细胞分类计数器”，也可事先设计一表格，用画“正”字的方式记录。最后，计算出各种白细胞的百分比。

(八)各种白细胞的形态和染色特征

为准确进行分类计数，在识别各种白细胞时，应特别注意细胞的大小、形态，胞浆中染色颗粒的有无，染色及形态特征；核的染色、形态等特点。

根据胞浆中有无染色颗粒，而将白细胞区分为颗粒细胞和非颗粒细胞。前者又根据其胞浆中染色颗粒的着色特征分为嗜碱性、嗜酸性及嗜中性白细胞；后者则包括淋巴细胞及单核细胞。各种白细胞的形态特征见表 2-7，家禽细胞染色的特征见表 2-8。

表 2-7 各种白细胞的形态特征(瑞氏染色法)

白细胞种类	细胞核					细胞浆			
	位置	形状	颜色	核染色质	细胞核膜	多少	颜色	透明带	颗粒
嗜中性									
幼年型	偏心性	椭圆	红紫色	细致	不清楚	中等	蓝粉红色	无	红或蓝、细致或粗糙
杆状核	中心或偏心性	马蹄形或腊肠形	浅紫蓝色	细致	存在	多	粉红色	无	嗜中、嗜酸或嗜碱
分叶核	中心或偏心性	2～3 叶者居多	深紫蓝色	粗糙	存在	多	浅粉红色	无	粉红色或紫红色
嗜酸性白细胞	中心或偏心性	叶状核不太清楚	较淡紫蓝色	粗糙	存在	多	蓝粉红色	无	深红，分布均匀
嗜碱性白细胞	中心性	圆形或微凹入	较淡紫蓝色	粗糙	存在	多	浅粉红色	无	蓝黑色，分布不均，多在细胞边缘
淋巴细胞	偏心性		深紫	大块或中等块或致密	浓密	少	天蓝深蓝或淡红色	如胞浆深染时存在	无或有少数嗜亚尼林的蓝色颗粒
单核细胞	偏心或中心性	豆形、山字形或椭圆形	淡蓝紫色	细致网状边缘不齐	存在	很多	灰蓝或云蓝色	无	很多，非常细小，淡紫色

表 2-8 家禽细胞染色的特征

细胞	细胞形状	胞浆	胞核形状	核染色质
异嗜性白细胞	略呈圆形	黄色至红褐色	2～5 节段	淡紫色
淋巴细胞	略呈圆形	蓝色颗粒	圆形或豆形	紫红色
单核细胞	略呈圆形	淡蓝色颗粒	常偏于一侧	紫色
嗜酸性白细胞	略呈圆形	黄色至粉红色	核大	
嗜碱性白细胞	略呈圆形	深紫色颗粒	圆形	
红细胞	椭圆形	黄色至粉红色	大而圆	紫色
凝血细胞		灰蓝色	圆形，位于中央	紫色

(九)正常值

健康动物白细胞分类正常值见表 2-9。

表 2-9　健康动物白细胞分类正常值　　%

动物种类	嗜碱性白细胞	嗜酸性白细胞	嗜中(异嗜)性白细胞			淋巴细胞	单核细胞	资料来源
			幼年型	杆状型	分叶型			
奶牛	0.5	4.0	0.5	4.0	33.0	57.0	2.0	牛病防治
绵羊	0.5	5.0	0.5	1.5	32.5	59.0	2.0	北京农业大学
山羊	0.2	0.7			41.8	54.5	2.3	西北农学院
猪	0.5	2.5	1.0	5.5	31.5	55.5	3.5	北京农业大学
哺乳仔猪	0.2	5.8		1.0	36.2	49.9	6.9	山西忻县地区畜牧兽医所
马	0.5	4.5	0.0	4.0	53.0	35.0	3.0	东北农业大学
鸡	1.0	4.2		3.8	28.0	57.0	6.0	西北农学院
鸭	1.5	2.1			24.3	61.7	10.8	中国人民解放军兽医大学
鹅	2.0	5.5			35.8	53.0	4.2	中国人民解放军兽医大学
犬	0.2	4.0	3.0	0.8	67.0	20.0	5.0	南方医学院
猫	0.1	5.4	0.0	0.0	59.5	31.0	4.0	血液研究所

(十)临床诊断价值

(1)白细胞绝对值　各种白细胞的百分比只反映其相对比值,不能说明其绝对值。例如,在白细胞总数增加的情况下,若中性白细胞百分比增加,淋巴细胞的百分比可相对减少,但这不等于淋巴细胞的绝对值减少。为了准确地分析各种白细胞的增减,应计算其绝对值。

白细胞绝对值计算:某种白细胞绝对值=白细胞总数×该种白细胞的百分数

如白细胞总数为 8 000 个/mm^3,淋巴细胞占 50%,则淋巴细胞绝对值=8 000×50%=4 000 个/mm^3。

(2)核指数　未完全成熟的嗜中性白细胞与完全成熟的嗜中性白细胞之比。根据核指数可以判断核的左移和右移,以及白细胞的再生性和变质性变化。

$$核指数计算：核指数=\frac{髓细胞+幼年型白细胞+杆状型白细胞}{分叶型中性白细胞}$$

血液中年轻的或衰老的白细胞增加时，核指数即将发生变化。核指数增大，表示未成熟的嗜中性白细胞比例增多称为核左移。反之，核指数减小，则表示成熟的嗜中性白细胞比例增多称为核右移。核指数一般为0.1左右。

(3)嗜中性白细胞的增减及核像变化　嗜中性白细胞增多，见于某些急性传染病（如炭疽、出血性败血病、猪丹毒等）、某些化脓性疾病（化脓性胸膜炎、腹膜炎、创伤性心包炎、肺脓肿等）、某些急性炎症（胃肠炎、肺炎、子宫炎、乳房炎等），某些慢性传染病（结核）、大手术后（1周之内）、外伤、烫伤、酸中毒的前期等。嗜中性粒细胞减少，通常表示机体反应性降低，常见于疾病的垂危期及某些病毒性疾病，严重全身感染及再生障碍性贫血等。

在分析中性白细胞数量变化的同时，应注意其核像的变化。

如白细胞总数增多的同时核左移，表示骨髓造血机能加强，机体处于积极防御阶段；而白细胞总数减少时见有核左移，则标志着骨髓造血机能减退，机体的抗病力降低。

分叶核的百分比增大或核的分叶增多（细胞核分为4～5叶甚至多叶者）称为核右移，可见于重度贫血或严重的化脓性疾病。

(4)嗜酸性白细胞的增减变化　嗜酸性白细胞增多，见于某些内寄生虫病（如肝片吸虫、球虫、旋毛虫等）、某些过敏性疾病（荨麻疹、注射血清之后）、湿疹、疥癣等皮肤病。嗜酸性白细胞减少，见于毒血症、尿毒症、严重创伤、中毒、饥饿及过劳等。

大手术5～8 h以后，嗜酸性白细胞常消失，2～4 d后，又常常急剧增多，临床症状也见好转。

(5)嗜碱性白细胞的增减变化　嗜碱性白细胞的颗粒中含有肝素和组织胺，当抗原与IgE在其表面产生复合物时，可使其释放颗粒。肝素可抗血凝和使血脂分散，组织胺则可以改变毛细血管通透性。

嗜碱性白细胞增多，常与高脂血症同时发生。在伴有IgE长期刺激的疾病如慢性恶丝虫病时，嗜碱性白细胞增多常与嗜酸性白细胞增多同时存在。

(6)淋巴细胞的增减变化　淋巴细胞增多，见于某些慢性传染病（如结核、布氏杆菌病等）、急性传染病的恢复期，某些病毒性疾病（如猪瘟、流行性感冒等）及淋巴细胞性白血病等。淋巴细胞减少，多为相对性，常见于急性感染或炎性疾病的初期，以及淋巴组织受损害和严重营养不良等。

(7)单核细胞的增减变化　单核细胞具有强大的吞噬能力，其数量的明显增多通常表示单核巨噬细胞系统机能活跃，常见于某些急性传染病、血孢子虫病、败血性疾病、单核细胞性白血病。单核细胞减少见于急性传染病的初期及各种疾病的垂危期。

白细胞分类计数对观察疾病的发展过程和判定预后也有重要的临床参考意义和价值。

白细胞像出现下列情况时，表示预后慎重：①白细胞总数与嗜中性白细胞的百分比显著升高者；②白细胞总数未能随着病情的发展而适时增加者，嗜中性幼年型及杆状型显著增多者；③嗜酸性白细胞完全消失者。

白细胞像出现下列情况者，表示病情好转：①白细胞总数与嗜中性白细胞百分比随着病情的好转而逐渐下降者；②嗜中性幼年型与杆状型渐次减少而分叶型渐次相应恢复者；③单核细胞暂时增多者，嗜酸性白细胞重新出现或暂时增多者；④淋巴细胞的百分比渐次恢复者。

八、凝血时间(CT)测定

(一)原理

凝血时间指离体静脉血与体外异物表面接触后，体内内源性凝血系统被激活，最后生成纤维蛋白而使血液凝固的时间。

(二)器材

载玻片、针头、计时器(秒表)等。

(三)方法

(1)末梢剪毛、消毒、干燥。

(2)针刺采血 1 滴，置于清洁载玻片上。

(3)每隔 30 s 用针尖挑动血滴 1 次，直至针尖挑起纤维丝为止，记录针刺出血至血滴在载玻片上出现纤维丝的时间。

(四)临床诊断价值

常温条件下，健康动物的凝血时间分别为：马 8～10 min，牛 6.5～10 min，犬 10 min，猪 3.5～5 min，羊 4～8 min，禽 1～2 min。

(1)凝血时间延长　见于重度贫血、肝脏严重损伤(凝血酶原、纤维蛋白原缺乏)、血斑病、某些出血性疾病等。在炭疽、血斑病时，几乎不凝血。

(2)凝血时间缩短　见于马的肌红蛋白尿、纤维素性肺炎等。

九、出血时间(BT)测定

(一)原理

毛细血管的自行止血功能，主要取决于毛细血管的收缩、血管内皮细胞的黏合能力，血小板黏着积聚和白色血栓的形成功能，血清素物质的释放以及血浆中抗出血因子等因素。BT 是鉴别出血性疾病及施行外科手术或肝、脾穿刺等为防止大量出血而必须检验的项目之一。

(二)器材

滤纸、针头、计时器。

(三)方法

(1)末梢(耳尖、唇边)剪毛、消毒、干燥。

(2)用注射针头穿刺皮肤，深 3～4 mm。

(3)拔出针头，待血液自行流出。

(4)每隔 0.5 min，用干净滤纸吸末梢血 1 次(吸血时滤纸勿触及皮肤)。

(5)待滤纸上不再染上血迹为止，记录自血液流出至血迹消失时的时间。

(四)临床诊断价值

马属动物正常出血时间为 2～3 min，其他动物为 1～5 min。动物出血时间延长，见于血小板减少性疾病、肝脏受损、维生素 K 缺乏、血斑病、贫血及某些中毒等。

十、血小板计数(BPC)

血小板计数有直接计数法和间接计数法，本节介绍直接计数法。

(一)试剂

兽医临床上有以下 2 种稀释液可供选择。

(1)尿素稀释液　尿素 10.0 g，枸橼酸钠 0.5 g，甲醛 0.1 mL，蒸馏水加至 100.0 mL。冰箱保存，可用 1～2 周。

(2)1%草酸铵溶液　此稀释液简单易配，血小板易于辨认，但血小板大小不太一致，也不太圆，溶液易浑浊。

(二)操作

(1)取稀释液 0.38 mL(或 0.4 mL),置于小试管中。

(2)取耳尖血或加 EDTA 二钠抗凝的静脉血,以沙利氏吸血管吸血至 20 μL 处,擦去管外黏附的血液,轻轻吹入稀释液中,再吸吹数次,洗出吸血管内的血液,混匀,放置 15～20 min,使红细胞完全溶解。

(3)充分混匀后,取一小滴充入计数室,静置 15 min,使血小板完全下沉。为防止水分蒸发,可用培养皿将计数板盖住,并在计数板旁放置湿棉球。

(4)用高倍镜计数,视野下血小板呈圆形、椭圆形或不规则的折光小体。计数一个大方格,即 1 mm^2 内的血小板总数乘以 20(稀释倍数),再乘以 10(计数室至盖玻片间为 1/10 mm)即为 1 μL 中血小板的个数。即 BPC(个/μL)＝x×稀释倍数×10。

(三)注意事项

(1)吸血管先用稀释液湿润后再吸血。

(2)滴入计数室后一定要放置 15～20 min 血小板才完全下沉。

(3)血液稀释后,最好在 2 h 内计数。

(4)如溶血不完全,可加大稀释倍数。

(四)临床诊断意义

健康动物血小板正常值(万/μL)为:马 20～50,牛 26～70,山羊 30～90,猪 13～30,鸡 2～4。

(1)血小板增多　见于组织损伤、溶血性贫血、出血性贫血、流感、传染性胸膜肺炎、肺炎、恶性肿瘤、骨髓性白血病、骨折及大手术后等。

(2)血小板减少　见于马传染性贫血、再生障碍性贫血、某些中毒性疾病及败血性疾病等。

附:血细胞分析仪在血液检验的应用

血细胞分析仪,它通过电阻抗原理可在很短时间内计数细胞,克服了手工法计数的固有误差,有测定参数多、分析速度快、结果准确、重复性好、性能相对稳定等特点,为疾病的诊断、治疗及预后分析提供了重要依据。

1. 血细胞分析仪分类

(1)按自动化程度分　半自动血细胞分析仪、全自动血细胞分析仪和血细胞分析工作站、血细胞分析流水线。

(2)按检测原理分　电容型、电阻抗型、激光型、光电型、联合检测型、干式离心分层型和无创型。

(3)按仪器分类白细胞的水平分　二分类、三分类、五分类、五分类+网织红血细胞分析仪。

2. 血细胞分析仪的基本结构

各类型血细胞分析仪结构各不同。但大都由机械系统、电学系统、血细胞检测系统、血红蛋白测定系统、计算机和键盘控制系统等以不同的形式组成。

(1)机械系统　各类型的血细胞分析仪虽结构各有差异,但均有机械装置(如全自动进样针、分血器、稀释器、混匀器、定量装置等)和真空泵,以完成样品的吸取、稀释、传送、混匀,以及将样品移入各种参数的检测区。此外,机械系统还发挥清洗管道和排除废液的功能。

(2)电学系统　电路中主电源、电压元器件、控温装置、自动真空泵电子控制系统以及仪器的自动监控、故障报警和排除等。

(3)血细胞检测系统　国内常用的血细胞分析仪,使用的检测技术可分为电阻抗检测和光散射检测两大类。

电阻抗检测技术:由信号发生器、放大器、甄别器、阈值调节器、检测计数系统和自动补偿装置组成。这类主要用在二分类或三分类仪器中。

光散射检测技术:主要由激光光源、检测区域装置和检测器组成。

激光源　多采用氩离子激光器,以提供单色光。

检测区域装置主要由鞘流形式的装置构成,以保证细胞混悬液在检测液流中形成单个排列的细胞流。检测器有一种散射光检测器系光电二极管,用以收集激光照射细胞后产生的散射光信号;另一种荧光检测器系光电倍增管,用以接受激光照射荧光染色后细胞产生的荧光信号。这类检测技术主要应用于五分类、五分类+网织红的仪器中。

(4)血红蛋白测定系统　由光源、透镜、滤光片、流动比色池和光电传感器组成。

(5)计算机和键盘控制系统。

3. 使用注意事项

(1)掌握基本理论知识,了解白细胞、红细胞、血小板以及血液内的其他成分的比例和特点,会分析判断结果与临床的一致性,严格按照检验的质量控制、标准程序、工作制度等去做日常工作。

(2)根据标准操作规程、实验室的规定以及仪器的状况,适时做好保养很重要,如"反冲"、"自动清洗",如果发现仪器的声音不顺畅,变响、变钝,常常提示管路留有污物,需要及时清洗。保证仪器使用的合适环境、位置、接地、温度、湿度、电磁干扰等基本情况。

(3)血细胞仪器分析应与手工镜检相结合。血细胞分析仪不能完全取代显微镜检查,应避免出现单纯依赖仪器检测而忽略手工镜检的现象。因此,平时必须重视显微镜检查的基本技术训练,不断提高检验人员识别判断各种细胞的能力,其次要学会分析细胞分布图,了解各种报警的含义,能结合临床和各检测参数情况进行综合分析。

(4)做好化验单的发放及实验室记录和保存工作。实验室工作人员应正确规范地填写检验结果报告单,审核报告中有无明显不合理的情况,做好检验结果的确认,解释报告及提出建议。在某项检测完成后,应检查质量控制结果是否在允许误差范围内,核实有无漏项,结果与临床有无矛盾和不符,一旦发现问题,及时复查标本,把差错消灭在报告发出之前。对与临床诊断有出入的结果,最好建议临床重新采血复查,以确保结果的准确性。

第二节　血液生化检验

血液生化检验主要用血浆和血清。目前,在临床检验中多采用检验试条或试剂盒,或干式、湿式生化仪。根据仪器的自动化程度分为全自动生化仪和半自动生化仪。血液生化检验绝大部分都是使用仪器、试剂盒或试条检验。这里主要介绍部分检验项目的自配试剂和试验步骤。

一、血糖测定

血糖指血液中的葡萄糖,正常情况下糖的分解代谢与合成代谢保持动态平衡,血糖的浓度相对稳定,病理状态下血糖浓度的改变对于判断糖代谢的异常及相关疾病的诊断有重要意义。目前常用邻甲苯胺法测定血糖。

(一)原理

己醛糖溶液在酸性与加热情况下脱水生成5-羟甲基-2-呋喃甲醛,再与邻甲苯胺缩合成芳香族第一级蓝色席夫氏碱,其颜色深浅与葡萄糖含量成正比。

(二)试剂

(1)邻甲苯胺硼酸溶液　称取硫脲1.5 g溶于冰醋酸883.2 mL,再加邻甲苯胺76.8 mL,混合后加入6%饱和硼酸溶液40 mL,充分混匀,置于棕色瓶备用,可保存数月。

饱和硼酸溶液:称取硼酸6 g,溶于100 mL蒸馏水中,放置一夜过滤即可应用。

(2)葡萄糖标准贮存液(10 mg/mL)　精确称取葡萄糖1.0 g,加0.25%苯甲酸(安息香酸)溶液至100 mL。

(3)葡萄糖标准应用液(1 mg/mL)　用0.25%苯甲酸溶液将贮存液作10倍稀释。

(三)方法

按表2-10操作。

表2-10　血糖测定操作方法　　mL

	标准管	测定管
血清	—	0.1
葡萄糖标准应用液	0.1	—
邻甲苯胺硼酸试剂	5.0	5.0

置100℃水浴加温5～8 min,冷水冷却,在30 min内用520～620 nm滤光板比色,用蒸馏水做空白。

(四)计算

血糖值(mg/100 mL)=测定管光密度/标准管光密度×100

(五)正常值

健康家畜血糖正常值见表2-11。

表 2-11 健康家畜血糖正常值 mg/100 mL

动物	平均值	变动范围	资料来源
牛	67.46	52.76～84.89	成都市乳品公司等
犊牛	60.68	60.8～108.52	成都市乳品公司等
水牛	58.02	51.0～85.0	江苏农科院
绵羊		35～60	Kaneko
仔猪(断奶)	90.90	48.50～133.80	山西忻县地区牧医所
马	93.00	68.00～118.00	军需大学
犬		70～100	Bloom
猫		77～118	Bloom

(六)临床诊断价值

(1)血糖升高 ①生理性或一时性升高,如单胃动物饲后 2～4 h、精神紧张、兴奋、对动物的强制保定、疼痛以及注射可的松类药物等。②病理性升高,见于糖尿病(犬、猫)、胰腺炎、酸中毒、癫痫、抽搐、脑内损伤、肾上腺皮质功能亢进、甲状腺功能亢进及濒死期等。

(2)血糖降低 见于胰岛素分泌增多、肾上腺皮质功能不全、甲状腺功能减退、坏死性肝炎、肝炎后期、消化吸收不良性的胃肠炎、饥饿、衰竭症、慢性贫血、牛酮血症、母羊妊娠病、仔猪低血糖症、功能性低血糖症及毒物中毒等。

二、血清钾测定(四苯硼钠比浊法)

(一)原理

血清中钾离子与四苯硼钠作用,形成不溶于水的四苯硼钾,它的浊度与钾离子的浓度成正比,根据浊度可测得血清钾的含量。

(二)试剂

缓冲液;1% 四苯硼钠溶液;钾标准贮存液(2 mg 钾/mL);钾标准应用液(0.02 mg 钾/mL)。

(三)方法

血清 0.2 mL 加入重蒸馏水 1.4 mL,10% 钨酸钠溶液 0.2 mL 及 0.33 mol/L

硫酸溶液 0.2 mL，混匀。离心沉淀，取上清液按表 2-12 操作。

表 2-12 血清钾测定操作步骤 mL

	标准管	测定管	空白管
无蛋白上清液	—	1.0	—
钾应用标准液	1.0	—	—
重蒸馏水	—	—	1.0
1%四苯硼钠	4.0	4.0	4.0

混匀，5 min 后用 520 nm 滤光板进行光电比色，以空白管调零，分别读取各管读数。

(四)计算

$$钾(mg/100\ mL)=\frac{测定管光密度}{标准管光密度}\times 0.02\times 100/0.1=\frac{测定管光密度}{标准管光密度}\times 20$$

血清钾(mmol/L)＝钾(mg/100 mL)×10/39.1

钾(mg/100 mL)＝钾(mmol/L)×3.91

(五)正常值

健康动物血清钾正常值见表 2-13。

表 2-13 健康动物血清钾正常值 mg/100 mL

动物	平均值	变动范围	资料来源
乳牛	19.71	16.0～27.1	西安市兽医院
水牛	20.02	13.28～24.74	扬州大学农学院
绵羊	21.07	15.24～21.11	Pugh
猪	18.88	17.20～26.19	Bertho 等
马		12.91～25.11	广州部队军马防治所
犬		17.08～22.09	Robinson
猫		15.64～17.59	Albritton

(六)临床诊断价值

动物体内绝大部分钾存在于细胞内,是维持细胞活动的主要阳离子。细胞外液中一定浓度的钾盐含量,是维持肌肉神经的功能所必需。钾盐由肠道吸收,约90%由尿液排出体外。某些疾病可因钾摄取量过少或排出量过多,或排泄障碍使钾盐潴积,或在体内分布失常而形成钾增高或减低。

(1)血清钾增高　主要见于肾上腺皮质功能减退;临床上补钾超量;肾脏疾病(排钾能力下降);组织遭受损害;酸中毒;休克;循环障碍;输血不当(引起血管内溶血,红细胞内的钾进入血液);大量输注高渗盐水或甘露醇;脱水。

(2)血清钾降低　主要见于给予利尿剂(钾排出增多);长期使用较大剂量的肾上腺皮质激素,同时未能及时补钾;大量反复地输入不含钾盐的生理盐水等液体;代谢性酸中毒;严重腹泻或呕吐;肾上腺皮质机能亢进;脱水之后,大量饮水。

三、血清钠测定(醋酸铀镁试剂法)

(一)原理

血清钠离子与乙酸铀镁试剂作用,生成乙酸铀镁钠沉淀,以亚铁氰化钾与试剂中剩余的乙酸铀作用,生成棕红色的亚铁氰化铀。血清中的钠含量愈高,则剩余的乙酸铀愈少,显色愈淡,反之则显色愈深。由剩余的乙酸铀量,可以间接计算出血清钠的含量。

(二)试剂

醋酸铀镁试剂;1%冰醋酸溶液;10%亚铁氰化钾溶液;钠贮存标准液;钠应用稀标准液;钠应用浓标准液。

(三)方法

按表2-14操作。

表2-14　血清钠测定操作步骤 mL

	标准管	测定管	空白管
血清	—	0.1	—
钠应用稀标准液	0.1	—	—
钠应用浓标准液	—	—	0.1

续表 2-14

	标准管	测定管	空白管
醋酸铀镁试剂	5.0	5.0	5.0
充分混匀，放冰箱内 10 min，2 500 r/min 离心 10 min。			
取上清液，分别注入另外 3 只试管	0.1	0.1	0.1
1%冰醋酸溶液	5.0	5.0	5.0
10%亚铁氰化钾溶液	0.2	0.2	0.2

混匀，5～30 min 内，以空白管调零，用 520 nm 滤光板或绿色滤光板比色，读取各管光密度。

（四）计算

$$钠(mmol/L)=250-(测定管光密度/标准管光密度\times100)$$
$$钠(mg/100\ mL)=钠(mmol/L)\times2.3$$

（五）正常值

各种动物血清钠正常值见表 2-15。

表 2-15 各种动物血清钠的正常值 mg/100 mL

动物	平均值	变动范围	资料来源
乳牛	350.98	338.1～373.98	西安市兽医院
水牛		262.79±58.65	扬州大学农学院
牛	319.7	310.5～328.9	Payne 等
绵羊		319.7～349.6	Pugh
猪		328.69±58.39	扬州大学农学院
马	229.23	242.53～355.93	中国人民解放军军需大学
犬	335.8	319.7～351.9	Lane 等
猫	351.9	345～358.8	Spector

（六）临床诊断价值

（1）血清钠增高　主要见于输入过量的高渗盐水；食盐中毒（常见于猪）；严重脱水；长期使用肾上腺皮质激素药物；某些慢性疾病（如充血性心力衰竭、肝硬化及肾病等,常同时伴有水肿)。

(2)血清钠降低 主要见于持续性腹泻或呕吐(胃液丢失,失钠大于失水);肾脏疾病;大出汗;胸、腹腔大量产生渗出液(反复穿刺放液,钠盐从渗出液中大量丢失);使用利尿剂;水中毒(见于犊牛)等。

四、血清氯化物测定(硝酸汞法)

(一)原理

以标准硝酸汞溶液滴定血清中的氯化物,用二苯卡巴腙作指示剂,硝酸汞与氯化物作用生成溶解而不离解的氯化汞。当滴定到达终点时,过量硝酸汞中的汞离子与二苯卡巴腙作用,生成紫红色的络合物。根据硝酸汞的用量,可求得样本中氯化物的含量。

(二)试剂

1 mol/L 氯化钠溶液;氯化钠应用标准液(10 mmol/L);0.1%二苯卡巴腙乙醇溶液;0.05 mol/L 硝酸溶液;2.5 mmol/L 硝酸汞溶液。

(三)方法

(1)取小试管1只,准确加入血清0.1 mL,加重蒸馏水1 mL,混匀,再加0.1%二苯卡巴腙乙醇溶液1滴,此时混合液呈"肉红色"。加0.05 mol/L 硝酸溶液1～2滴,颜色随即消退。用装有硝酸汞溶液的微量滴定管进行滴定,待液体呈现紫红色时即为终点,记录用量。

(2)另取小试管1只,准确加入氯化钠应用标准液1 mL,也用硝酸汞溶液滴定,待液体呈现与测定管相同的或近似的紫红色即为终点,记录用量。

(四)计算

$$\text{血清氯化钠(mmol/L)}=\frac{\text{滴定测定管消耗的硝酸汞溶液(mL)}}{\text{滴定氯化钠标准管消耗的硝酸汞溶液(mL)}}\times 0.01\times 1\,000/0.1$$

(五)正常值

各种动物血清氯化物正常值见表2-16。

表 2-16 各种动物血清氯化物正常值 mg/100 mL

动物	平均值	变动范围	资料来源
黄牛	595.6	487.64～704.28	甘肃农业大学
绵羊		555.75～602.55	Pugh
猪	602.55	585.0～614.25	Spector
马	622.80	580.50～665.22	中国人民解放军军需大学
犬	620.1	579.15～643.5	Spector
猫	702.0	684.45～719.55	Spector
鸡	171.34	106.42～236.26	甘肃农业大学

(六)临床诊断价值

(1)血清氯化物增高　主要见于代谢性酸中毒;猪的食盐中毒;肾脏疾病;咽炎、食道梗塞(饮水障碍,血液浓稠,氯化物相对性升高);肾上腺皮质机能亢进;循环障碍(肾血流量减少,氯化物自尿中排出量下降)。

(2)血清氯化物降低　主要见于严重的腹泻;大出汗;长期饥饿、拒食;胃肠道大手术之后(胃肠液大量损失);肾上腺皮质机能减退;肝硬变(化)。

五、血清钙测定

(一)高锰酸钾滴定法

1. 原理

血清加草酸铵使钙沉淀为草酸钙,以氨液洗去多余的草酸铵,再加硫酸使草酸游离,用标准高锰酸钾液滴定,计算钙的含量。

2. 试剂

4%草酸铵溶液;2%氢氧化铵溶液;1 mol/L 硫酸溶液;0.01 mol/L 草酸钠溶液;0.01 mol/L 高锰酸钾溶液(0.2 mg/mL)。

3. 方法

(1)取血清 1 mL 置于离心管,加蒸馏水 3.0 mL、4%草酸铵液 1 mL,混匀,静置 30 min,以 3 000 r/min 的速度离心 10 min。倾去上清液,将离心管倒置于滤纸上吸去管内残液。

(2)加 2%氢氧化铵溶液 4 mL 于离心管内。以玻璃棒充分搅匀后,再离心沉淀 5～10 min，倾去上清液。用同样方法再洗涤一次，倒置离心管于滤纸上 5 min。

(3)加 0.5 mol/L 硫酸溶液 2 mL，使管内沉淀物完全溶解。置于水浴锅中，使管内温度维持在 75℃左右。

(4)以 1 mL 刻度吸管(最好用微量滴定管)吸取 0.01 mol/L 高锰酸钾溶液进行滴定，直至呈现微红色为止，记录高锰酸钾溶液体积。

4. 计算

钙(mg/100 mL)＝测定管滴定用去体积(mL)×校正系数×0.2×100/1

(二)EDTA 滴定法

1. 原理

血清钙离子在碱性溶液中与钙红指示剂(calcon)结合成可溶性的络合物，使溶液显红色。乙二胺四乙酸二钠对钙离子的亲和力大，能与该络合物中的钙离子结合，使指示剂重新游离在碱性溶液中显蓝色。故以 EDTA 滴定时，溶液由红色变蓝色时，即表示终点的到达。以同样方法滴定已知钙含量的标准液，从而计算出血清钙的含量。其反应式可简写为：

$$\text{EDTA-Na}_2 + \text{Ca}^{2+} \rightarrow \text{EDTA-Ca} + 2\text{Na}^+ \rightarrow 2\text{Na}^+$$

2. 试剂

(1)钙标准液(0.1 mg 钙/mL)　取碳酸钙少量，置蒸发皿中，于 110～120℃干燥 2～4 h，移入硫酸干燥器中冷却。精确称取干燥碳酸钙 250 mg 于烧杯中，加蒸馏水 40 mL 及 1 mol/L 盐酸 5 mL 溶解，移入 1 000 mL 容量瓶，以蒸馏水洗烧杯数次，洗液一并倾入容量瓶，加蒸馏水稀释至 1 000 mL。

(2)EDTA 溶液　乙二胺四乙酸二钠 150.0 mg，1 mol/L 氢氧化钠溶液 2.0 mL，蒸馏水加至 1 000 mL。

(3)钙红指示剂　称取钙红(2-萘酚-4-磺酸-1-偶氮-2-羟基-3-萘甲酸)0.1 g，溶于甲醇 20 mL 中。

(4)0.2 mol/L 氢氧化钠溶液。

3. 方法

按表 2-17 操作。

表 2-17 EDTA 滴定血清钙操作步骤* mL

	标准管	测定管	空白管
血清	—	0.2	—
钙标准液	0.2	—	—
蒸馏水	—	—	0.2
0.2 mol/L 氢氧化钠液	1.0	1.0	1.0

注：* 分别加钙红指示剂 1 滴，立即用 EDTA 溶液滴定，至溶液呈浅蓝色为止，记录各管所消耗的 EDTA的用量。

4. 计算

$$钙(mg/100\ mL)=\frac{测定管用量-空白管用量}{标准管用量-空白管用量}\times 0.1\times 0.2\times 100/0.2$$

(三)正常值

各种动物血清钙正常值见表 2-18。

表 2-18 各种动物血清钙正常值 mg/100 mL

动物	平均值	变动范围	测定方法	资料来源
牛(公)	11.61	11.42～11.85	EDTA 法	西南民族学院牧医系
犊	11.45	11.14～11.71	EDTA 法	西南民族学院牧医系
乳牛	11.57	9.71～12.14	EDTA 法	西南民族学院牧医系
牦牛(泌乳)	8.91	7.30～11.30	EDTA 法	西南民族学院牧医系
牦毛(母,育成)	9.03	7.70～10.50	EDTA 法	西南民族学院牧医系
牦牛(犊)	9.58	8.10～11.80	EDTA 法	西南民族学院牧医系
绵羊		12.16± 0.28		Hackett 等
山羊		10.30± 0.70		Murty 等
猪(母,妊)		10.11± 1.08		Simesen
小猪(断奶)	10.47	8.33～12.61	EDTA 法	马"急性肠炎"研究组
仔猪(哺乳)	10.84	8.36～13.32	EDTA 法	马"急性肠炎"研究组
马	12.09	11.11～13.07	高锰酸钾法	中国人民解放军军需大学
犬		10.16± 2.04		Eichelberger 等
猫		8.22± 0.97		Bloom

(四)临床诊断价值

(1)血清钙增高 少见于原发性甲状腺机能亢进;假性甲状旁腺机能亢进(见于淋巴肉瘤);维生素D中毒;骨内肿瘤转移;某些慢性疾病(如慢性肺气肿、慢性心脏病等)。

(2)血清钙降低 兽医临床比较多见于甲状旁腺机能降低;骨软症;牛、羊青草搐搦症;佝偻病;马纤维性骨营养不良。

六、血清无机磷测定(磷钼酸法)

1.原理

以三氯醋酸沉淀血清中蛋白质,血清无机磷仍保留在酸性滤液中。加钼酸试剂于滤液,则与滤液中的磷结合成磷钼酸,再以氯化亚锡把它还原成蓝色的化合物钼蓝。与同样处理的标准液比色,求得无机磷的含量。

2.试剂

10%三氯醋酸溶液;磷酸盐贮存标准液(0.1 mg 磷/mL);磷酸盐应用标准液(0.01 mg 磷/mL);钼硫酸试剂(称取 5 g 钼酸铵,溶于 10 mL 蒸馏水内,再加 15 mL 浓硫酸,待冷却后,加蒸馏水至 100 mL);氯化亚锡贮存液(取氯化亚锡 2 g 溶于 5 mL 浓盐中,保存于棕色瓶内,贮于冰箱,此液称氯化亚锡贮存液);氯化亚锡应用液(每次用前取贮存液 0.5 mL 用蒸馏水稀释到 100 mL,该液贮于冰箱,但只能应用 2～3 天)。

3.方法

采血后尽快分离血清,取血清 1 mL,加 10%三氯醋酸 4 mL,混匀。静置 1～2 min 后,过滤。每 2 mL 滤液中含血清 0.4 mL。按表 2-19 操作。

表 2-19 血清无机磷测定操作步骤 mL

	标准管	测定管	空白管
无蛋白血滤液	2.0	—	—
磷酸盐应用标准液	—	2.0	—
蒸馏水	5.0	5.0	7.0
钼硫酸试剂	2.0	2.0	2.0
混匀后立即加入氯化亚锡应用液	1.0	1.0	1.0

立即混匀,静置 1 min,用 640～700 nm 滤光片,以空白管调零,分别测定各管

之光密度。

4. 计算

$$磷(mg/100\ mL)=\frac{测定管光密度}{标准管光密度}\times 0.02\times 100/0.4=\frac{测定管光密度}{标准管光密度}\times 5$$

5. 正常值

各种动物血清无机磷正常值见表 2-20。

表 2-20　各种动物血清无机磷正常值　　mg/100 mL

动物	平均值	变动范围	资料来源
黄牛	6.96±3.37		甘肃农业大学
乳牛(公)	6.50	4.23～9.0	甘肃农业大学
乳牛(母)	5.96	3.33～10.5	西南民族学院
水牛	5.38±1.27		西南民族学院
牦牛	6.36	4.8～8.0	扬州大学农学院
绵羊	3.78±0.78		西南民族学院
猪	6.30±1.43		内蒙古农牧大学
仔猪(哺乳)	7.91	5.21～10.64	扬州大学农学院
马	4.45	2.85～6.05	中国人民解放军军需大学
犬	3.1	2.2～4.0	
猫	6.40±1.17		

6. 临床诊断价值

(1)血清无机磷增高　主要见于正在发育生长的健康幼龄动物；牛骨质疏松症；过量补给维生素 D；肾功能不全或衰竭；骨折愈合期；纤维性骨营养不良；肠道阻塞及胃肠道疾病所致的酸中毒；甲状旁腺机能减退。

(2)血清无机磷降低　主要见于饲料低磷性骨软症；饲料低磷性佝偻病；肾小管变性的病变；注射大量葡萄糖之后；原发性甲状旁腺机能亢进。

七、血清镁测定(钛黄比色法)

(一)原理

血清中的镁在氢氧化钠介质中形成氢氧化镁胶体粒子，它与钛黄的结合物呈现橘红色。显色强度与血清中镁的浓度成正比。加入聚乙烯醇使颜色处于稳定状态。

(二)试剂

镁贮存标准液(20 mmol/L);镁应用标准液(0.2 mmol/L);0.1%聚乙烯醇溶液;0.5%钛黄(titan yellow)溶液;0.02%钛黄溶液;7.5%氢氧化钠溶液。

(三)方法

操作按表 2-21 进行。

表 2-21 血清镁测定操作步骤 mL

	低标准管	标准管	测定管	空白管
镁应用标准液	1.0	2.0	—	—
血清	—	—	0.2	—
重蒸馏水	2.0	1.0	2.8	3.0
		充分混匀		
0.1%聚乙烯醇溶液	0.5	0.5	0.5	0.5
		充分混匀		
0.02%钛黄溶液	0.5	0.5	0.5	0.5
		充分混匀		
7.5%氢氧化钠溶液	1.0	1.0	1.0	1.0

充分混匀,以空白管调零,5～30 min 内用 540 nm 滤光板比色,读取各管光密度。

(四)计算

测定管光密度与哪个标准管(低或高)光密度接近,就用哪个标准管光密度计算结果。

低标准管:镁(mmol/L)= 测定管光密度/标准管光密度×0.2×1.0/0.2

高标准管:镁(mmol/L)= 测定管光密度/标准管光密度×0.2×2.0/0.2

镁(mg/100 mL)=镁(mmol)×1.2

(五)正常值

各种动物血清镁正常值见表 2-22。

表 2-22 各种动物血清镁正常值 mg/100 mL

动物	平均值	变动范围	资料来源
牛	2.31	1.8～3.2	Hunt 等
绵羊	2.62	1.9～3.9	Hunt 等
山羊		1.69±0.51	Louw 等
猪	1.90	1.55～2.16	Birkeland
马	2.62	1.69～3.55	中国人民解放军军需大学
犬	2.28	1.68～2.88	Bloom
猫	2.64		Bloom

(六)临床诊断价值

(1)血清镁增高　主要见于乳牛产后瘫痪(可达 4～5 mg/100 mL);急性或慢性肾功能衰竭;治疗低血镁症时,镁制剂用量过大或静脉注射速度过快。

(2)血清镁降低　主要见于牛、羊青草搐搦(当血清镁降至 1～2 mg/100 mL 时,病畜常不显临床症状;而血清镁降至 1 mg/100 mL 以下后,病畜多呈现搐搦症状);犊牛低血镁搐搦;长期使用肾上腺皮质激素类药物。

八、血清碱性磷酸酶测定(金氏法)

(一)原理

碱性磷酸酶(ALP)分解磷酸苯二钠产生游离酚和磷酸,酚在碱性溶液中与 4-氨基安替匹林作用,经铁氰化钾氧化生成红色醌的衍生物,根据红色深浅测出酶活力的高低。

(二)试剂

(1)碳酸盐缓冲液(pH 10)　称取无水碳酸钠 15.8 g,碳酸氢钠 8.4 g,结晶硫酸镁 1.24 g。先用适量蒸馏水溶解,最后加水到 1 000 mL。

(2)3% 4-氨基安替匹林溶液　称取 4-氨基安替匹林 3.0 g,加蒸馏水至 100 mL。

(3)0.005 mol/L 基质缓冲液　磷酸苯二钠(无水)0.218 g,3% 4-氨基安替匹林溶液 10 mL,碳酸盐缓冲液 10 mL,加蒸馏水到 200 mL,置冰箱内保存 1 周。

(4)0.5%高铁氰化钾溶液　称取高铁氰化钾 0.5 g,加蒸馏水到 100 mL。

(5)酚标准液(0.1 mg 酚/mL)　称取酚 10 mg,加蒸馏水至 100 mL。

(三)操作

按表 2-23 进行操作。

表 2-23　血清碱性磷酸酶测定操作步骤　mL

	空白管	标准管	测定管
血清	0	0	0.05
酚标准液	0	0.05	0
基质缓冲液	2.0	2.0	2.0

立即混匀,置 37℃水浴箱中,保温 7.5 min,自水浴箱中取出,各管中立即分别加入 0.5%高铁氰化钾溶液 2.0 mL,充分摇匀,待 5 min 后用 500～510 nm 波长滤色板比色,以空白管调零,读取各管光密度。

(四)计算

$$碱性磷酸酶(金氏单位/100\ mL)=\frac{测定管光密度}{标准管光密度}\times 0.005\times 100/0.05$$

$$=\frac{测定管光密度}{标准管光密度}\times 10$$

单位定义:100 mL 血清中碱性磷酸酶的活力能产生 1 mg 酚者为 1 个金氏单位。

(五)正常值

各种动物血清碱性磷酸酶的正常值见表 2-24。

表 2-24　各种动物血清碱性磷酸酶正常值

金氏单位/100 mL

动物种类	平均值	范围	资料来源
马	8.79	3.83～13.75	中国人民解放军兽医大学
水牛	10.29	0.83～19.57	江苏农学院
猪	8.23	7.91～8.51	江苏农学院
来航鸡	41.58		江苏农学院

(六)临床诊断价值

血液中碱性磷酸酶主要来自骨骼、牙齿和肝脏(经胆道排出),因此正常情况下,幼畜血清中含量较高,随年龄的增长逐次下降。母畜在妊娠期也有轻度增高。

(1)病理性活性升高　肝脏阻塞性黄疸,肝实质性损害时仅见轻度升高。骨骼疾病,如纤维素性骨炎、骨瘤、佝偻病、骨软症、骨折等。

(2)病理性活性下降　贫血,恶病质。此外,出现低镁血症抽搐时也可见降低。

九、血浆二氧化碳结合力的测定(微量滴定法)

(一)原理

血浆中加入一定量的盐酸,则血浆中的碳酸氢钠被中和,放出二氧化碳,再用氢氧化钠滴定剩余的盐酸,以求出二氧化碳的含量。

(二)试剂

(1)0.05%酚红氯化钠溶液　称取酚红 0.5 g 于烧杯中,加 0.1 mol/L 氢氧化钠 14.1 mL 及蒸馏水约 300 mL,加热煮沸溶解。冷却后加氯化钠 8.5 g,并加蒸馏水至 1 000 mL,过滤,贮棕色瓶中备用,本试剂应呈微黄红色。

(2)0.01 mol/L 盐酸氯化钠溶液　氯化钠 8.5 g,1 mol/L 盐酸 10 mL,蒸馏水加至 1 000 mL,此液应予标定。

(3)0.01 mol/L 氢氧化钠氯化钠溶液　氯化钠 8.5 g,1 mol/L 氢氧化钠 10 mL,蒸馏水加至 1 000 mL,此液应予标定。

(4)生理盐水(中性)液。

(5)乙醚。

(三)操作

(1)于草酸钾抗凝管中加中性液体石蜡 0.5 mL,采取静脉血 2～3 mL,注入上述试管中,混匀。

(2)离心沉淀,分离血浆。

(3)另取口径、厚度相同的试管,按表 2-25 操作。

表 2-25 血浆二氧化碳滴定法操作步骤 mL

	测定管	测定管	对照管
0.05%酚红	0.1	0.1	0.1
三支试管所显颜色应一致，其红色既不加深又不变黄，否则表示试管不清洁，应另换试管重做。			
血浆	0.1	0.1	0.1
0.01 mol/L 盐酸	0.5	0.5	—
	剧烈震荡 1 min	剧烈震荡 1 min	不震荡
0.9%氯化钠	2.0	2.0	2.5
乙醚（于管中央滴入）/滴	1	1	1

用 0.01 mol/L 氢氧化钠溶液滴定两支测定管至色泽与对照管一致，分别记录两测定管消耗氢氧化钠的毫升数，求平均值后计算。

(四)计算

血浆二氧化碳含量（mL/100 mL）=（0.5－氢氧化钠消耗量×校正系数）×100/0.1×0.224

(五)注意事项

所用试管、吸管必须清洁；溶液浓度要准确；采血后应及时进行测定。

(六)正常值

健康家畜血浆二氧化碳正常值（滴定法）见表 2-26。

表 2-26 健康家畜血浆二氧化碳正常值 mL/100 mL

畜别	平均值	范围	资料来源
马	64.70	53.25～73.64	广州部队军马防治研究所
马	53.40	39.80～67.00	昆明部队军马检验所
成年奶牛	56.0	44.76～60.74	西南民族学院畜牧兽医系
种公牛	56.03	51.80～60.57	西南民族学院畜牧兽医系

(七)临床诊断价值

血液中存在碳酸氢根与碳酸一对缓冲体系，当它们的量发生变化时，血液 pH

也就发生变化。当碳酸氢根浓度降低而碳酸浓度增高时，则 pH 降低，产生酸中毒。当碳酸氢根浓度增高而碳酸浓度降低时，则 pH 增高，产生碱中毒。二氧化碳含量的测定，就是测定与钠结合的碳酸氢根内所含有的二氧化碳容量。通过测定二氧化碳含量来计算机体内碱的储备量，以推断酸碱平衡的情况，从而为治疗提供依据。在兽医临诊上，血浆二氧化碳含量可发生如下变化：

(1)二氧化碳含量增加　①代谢性碱中毒，由碳酸氢钠过多所致，如胃酸分泌过多、小肠阻塞、呕吐、摄入碱过多等。②呼吸性酸中毒，由二氧化碳过多所致。当呼吸发生障碍时，二氧化碳不能自由呼出，血液中碳酸浓度增加，见于肺气肿、肺炎、心力衰竭等。

(2)二氧化碳结合力减低　①代谢性酸中毒，由碳酸氢钠不足所致，见于长期饥饿、肾炎后期、严重腹泻、服用氯化铵过多等。②呼吸性碱中毒，由二氧化碳不足所致，如换气过度呼出二氧化碳过多，见于发热性疾病、脑炎等。

第三节　尿液检验

尿液检验包括尿液理化检验及尿沉渣镜检，主要用于泌尿系统疾病诊断与疗效判断，也可用于其他器官系统疾病诊断，如糖尿病、急性胰腺炎、黄疸、重金属中毒；还可用于药物检测，如用庆大霉素、磺胺药、抗肿瘤药等，可能引起肾脏的损伤等检测。

一、尿液的采集、保存与物理性质的检查

(一)尿液的采集和保存

尿液的采集通常用导尿管插入膀胱以采取尿液。也可在清晨趁动物自然排尿时接取尿液。尿液应盛于干净的玻璃瓶中，随即送往实验室进行检验。如果不能马上检查而又值天气炎热时，为防止发酵分解，须保存在冰箱中，或加入防腐剂保存。常用的防腐剂有硼酸(每升尿中加入硼酸 2.5 g)、麝香草酚(每升尿中加入豌豆大一粒)、甲苯(每升尿中加入 5 mL)和福尔马林(每升尿中加入 1～2 mL)等。

(二)尿液密度的测定

尿液物理性质的检查包括尿色、透明度、黏稠度、气味和密度的检查，前 4 项参

阅第一章尿液的感官检查。这里仅介绍尿液密度的测定。

正常尿的密度以溶解于其中的固体物质的量而变化。尿密度的大小，与排尿量的多少成反比，但糖尿病例外，糖尿病时，尿量多，密度也高。

1. 测定方法

选用刻度为1.000～1.060的密度计作为尿密度计。测定时，将尿盛于适当大小的量筒内，然后将尿密度计放入尿内，经1～2 min待密度计稳定后，读取尿液凹面的读数即为尿的密度；如尿量不足时，可用蒸馏水将尿稀释数倍，然后将测得尿密度的小数点后的数字乘以稀释倍数，即得原尿的密度。

测定时应在15℃的室温中进行，因为尿密度计上的刻度是以尿温为15℃时而制定的，故当尿温高于15℃时，则每高3℃应于测定的数值中加0.001；每低3℃，则于测定的数值中减去0.001。如尿密度计标明是以20℃时制定的，亦应用同法修正测定的结果。

2. 正常值

健康动物尿液密度为：牛1.015～1.050，马1.025～1.055，犬1.020～1.050，羊1.015～1.070，猪1.018～1.022，骆驼1.030～1.060，猫1.015～0.065。

3. 临床诊断价值

(1)尿密度增高　动物饮水过少，繁重劳役和气温高而出汗多时，尿量减少，密度增高，此乃生理现象。在病理情况下，凡是伴有少尿的疾病，如发热性疾病、便秘以及一切使机体失水的疾病(如严重胃肠炎、急性液胀性胃扩张、中暑等)则尿量少而浓稠，密度也增高。此外，渗出性胸膜炎及腹膜炎、急性肾炎时，尿密度亦可增加。

(2)尿密度降低　动物大量采食多汁饲料和青饲料、饮入大量水后，尿量增多，密度减低，此乃正常现象。在病理情况下，肾机能不全，不能将原尿浓缩而发生多尿时，尿密度降低(糖尿病例外)。在间质性肾炎、肾盂肾炎、非糖性多尿症及神经性多尿症、牛醋酮血病时，尿的密度亦可降低。

二、尿液化学成分检验

(一)尿液酸碱反应的测定

1. 方法

用广泛pH试纸测定酸碱反应既简便又能测出具体的pH。其方法是取一条广泛pH试纸浸于尿中，几秒钟后取出试纸条，与标准颜色板比色，与此相同的颜色就是该尿液的 pH。另一简便的方法是用石蕊试纸法。用镊子挟取小块试纸浸于被检尿中，取出观察其颜色变化。红色试纸变蓝乃碱性反应，蓝色试纸变红乃酸性反应。

2. 正常值

健康动物尿液的 pH 为：牛 7.7～8.7，犊牛 7～8.3，山羊 8.0～8.5，羔羊6.4～6.8，猪 6.5～7.8，马 7.2～7.8，犬 5.0～7.0，猫 5.0～7.0。

3. 临床诊断价值

正常尿液的酸碱反应与食物性质有关。草料中含钾、钠等碱性元素较多，所以草食动物的尿液是碱性的；肉食中含磷、硫等成酸元素较多，所以肉食兽的尿液是酸性的。杂食兽因混食肉类及谷物饲料，所以它的尿液常常近于中性。草食兽的尿液变为酸性，见于某些热性病、长期食欲不振、长期营养不良、某些原因引起的采食困难（如咽炎）、某些营养代谢疾病（如骨软病、乳牛酮血病）等。肉食兽的尿液变为碱性，见于泌尿系统的炎性疾病（如膀胱炎）。杂食兽的尿液显著的偏酸或偏碱都是不正常的，其临床意义与草食兽或肉食兽的病理情况相同。

（二）尿中蛋白质的检验

1. 原理

蛋白质遇酸类、重金属盐或中性盐作用发生凝固沉淀，或加热而使其凝固，或加酒精使其凝固。

2. 方法

(1)硝酸法　取一支中试管，先加 35%硝酸 1～2 mL，随后沿试管壁缓慢滴加尿液，使两液重叠，静置 5 min，观察结果。两液叠面产生白色环者为阳性反应。白色环愈宽，表示蛋白质含量愈高。按含量的多少，常用＋、＋＋、＋＋＋号表示。

(2)磺柳酸法　置酸化尿液少许于载玻片上，滴加 20%磺柳酸液 1～2 滴，如有蛋白质存在，即产生白色混浊，此法观察极为方便，其灵敏性很高，约为 0.001 5%。

(3)快速离心定量法　取 15 mL 刻度离心管一支，加尿液 15 mL，再加 27%磺柳酸液 2 mL，反复颠倒混合数次，以 1 500 r/min 速度离心 5 min。判断：每 0.1 mL 之蛋白质沉淀物，即表示每 1 000 mL 尿液中含有蛋白质 1 g。如果要计算 24 h 尿液的总蛋白含量之百分数，乘以 24 h 尿量，再除以 100 即可。此法亦可用于胸腹腔穿刺液的蛋白定量检查。

3. 临床诊断价值

健康动物的尿中，仅含有微量的蛋白质，用一般方法难以检出，当喂饲大量蛋白质饲料或怀孕以及新生幼畜等，可呈现一时性的蛋白尿。

病理性蛋白尿主要见于急性及慢性肾炎。此外，膀胱、尿道的炎症时，亦可出现轻微的蛋白尿。多数的急性热性传染病（如猪瘟、猪丹毒、流感、血孢子虫病等）、某些饲料中毒、某些毒物及药物中毒等亦可出现蛋白尿。尿中蛋白含量达到5/1 000而且持续不下降者，表示病情严重，多预后不良。

（三）尿中潜血的检验

健康动物的尿液不含有红细胞或血红蛋白。尿液中不能用肉眼直接观察出来的红细胞或血红蛋白叫做潜血（或叫隐血），可用化学方法加以检查。

1. 原理

尿液中的血红蛋白或红细胞被酸破坏所产生的血红蛋白，有过氧化氢酶的作用（但并非为酶，因为被煮沸后仍有触媒作用），它可以分解过氧化氢而产生新生态的氧，使联苯胺氧化呈蓝色的联苯胺蓝。

2. 方法

（1）联苯胺法　取联苯胺少许（约一刀尖），溶解在 2 mL 冰醋酸中，加双氧水 2～3 mL，混合。混合后加入等量被检尿，如液体变绿色或蓝色，表示尿中有血红蛋白存在。本法简便且比较灵敏，但当尿中含有大量磷酸盐时，可发生乳白色沉淀，使反应无法测出。遇此情况，可用“改良联苯胺法”。

（2）改良联苯胺法　取尿液 10 mL 置于试管中，加热煮沸以破坏可能存在的过氧化氢酶。待冷却后，加入冰醋酸 10～15 滴，使尿呈酸性。再加乙醚约 3 mL，加塞充分振摇。然后静置片刻，使乙醚层分离（如乙醚层成胶状不易分离时，可加入 95%乙醇数滴以促其分离）。血红蛋白在酸性环境下，可溶于乙醚内，取滤纸一小片，滴加联苯胺冰醋酸饱和液数滴，再在此处滴加上述乙醚浸出液数滴，待乙醚蒸发后，再滴加新鲜过氧化氢液 1～2 滴。如尿内含有血液，滤纸上可显蓝色或绿色，其颜色深度与含量成正比。

（3）过氧化钡试粉法　取小试管一支加联钡混合粉（联苯胺 1 份，过氧化钡 3 份，混合研为细末）少许（约一刀尖），加 50%醋酸溶液约 1 mL，充分振荡混合使其溶解，随后加入尿液约 0.5 mL，混合后观察结果。若试管内液体变绿或变蓝，即为阳性反应。

3. 临床诊断价值

尿中出现红细胞，多见于泌尿系统各部位的出血，如急性肾小球肾炎、肾盂肾炎、膀胱炎、尿结石以及某些地方性血尿病等。此外，出血性败血病、出血性紫斑、出血性钩端螺旋体病、炭疽、心衰伴发淤血症状者，尿中也会呈现潜血阳性反应。某些溶血性疾病如新生仔畜的溶血性黄疸、血孢子虫病、中毒等，尿中匀可呈现潜血阳性反应。

(四)尿糖的检验

尿糖一般指尿中含有的葡萄糖。动物正常尿中含葡萄糖极微量，一般方法不能检出。糖尿有生理性糖尿和病理性糖尿两种。动物采含糖量高的饲料或因恐惧而高度兴奋，血糖水平超出肾阈值时，尿中就可能出现葡萄糖，属于生理性糖尿，是暂时性的。病理性糖尿见于糖尿病、狂犬病、神经型犬瘟热、长期痉挛、脑膜脑炎和脑膜出血等。

1. 试纸法

尿糖单项试纸附有标准色板(0～2.0 g/100 mL，分为5种色度)，可供尿糖定性及半定量用。试纸为桃红色，应保存在棕色瓶中。

(1)操作方法　取试纸条浸入被检尿内，5 s后取出，1 min后在自然光或日光灯下将所呈现的颜色与标准板比较，判定结果。

(2)注意事项　尿样应新鲜；服用大量抗坏血酸和汞利尿剂等药物后，可呈假阴性反应，因本试纸起主要作用的是葡萄糖氧化酶和过氧化酶，而抗坏血酸和汞利尿剂可抑制这些酶的作用；试纸在阴暗干燥处保存，不能暴露在阳光下，试纸变黄表示失效，应弃之不用。

2. 碱性法

葡萄糖含有醛基，在热碱溶液中能将硫酸铜还原为氧化亚铜，从而出现棕红色的沉淀。

(1)试剂　碱性铜试剂：先将分析纯柠檬酸钠173 g、无水硫酸铜100 g加入700 mL蒸馏水中加热溶解，再将分析纯硫酸铜17.3 g溶解于100 mL蒸馏水中，然后将其慢慢倒入已经冷却的前液中，不断搅拌并加蒸馏水，使总量致1 000 mL，过滤后储于棕色瓶内备用。

(2)方法　取碱性铜试剂5 mL于试管内，加热煮沸(颜色不改变且冷却后无沉淀方可应用)；加入尿液0.5 mL(切不可过多)，在火焰上煮沸2～3 min，边煮边摇动，保持沸腾状态，但应防止液体喷出试管；冷却后观察结果，判定标准见表2-27。

表 2-27　碱性法判定糖尿的标准

试液变化情况	糖含量/(mg/100 mL)	符号
试剂仍清晰呈蓝色(如有多量尿酸盐存在则有少许蓝灰色沉淀)	无糖	−
仅冷却后有少量浅绿色沉淀	微量,0.5 以下	+
煮沸约 1 min 后,出现少量黄绿色沉淀	少量,0.5~1	++
煮沸 15 s,即出现土黄色沉淀	中等量,1~2	+++
开始煮沸时,即出现多量红棕色沉淀	多量,2 以上	++++

(3)注意事项　如尿内含多量蛋白质,应先加醋酸使尿酸化,煮沸过滤,除去蛋白质进行试验;当给患病动物应用某些药物时,如链霉素、金霉素、四环素、氯霉素、青霉素、头孢霉素,乳糖、半乳糖、果糖、戊糖、麦芽糖或其他还原糖类,抗坏血酸、吗啡、水杨酸盐、水合氯醛、根皮甙以及类固醇等,由于还原反应,可产生假阳性葡萄糖反应;尿内含多量尿酸盐时也有还原作用,可干扰结果的判定,应将尿置冰箱内使尿酸盐沉淀,滤去后再做试验;冷藏尿液会出现假阴性反应,所以应加热到室温再测。

3. 临床诊断价值

(1)病理性糖尿　多数动物血糖高于 180 mg/100 mL,牛高于 100 mg/100 mL 时,就出现糖尿。可见于糖尿病、急性胰腺坏死或炎症、肾上腺皮质功能亢进、垂体前叶机能亢进或丘脑下部损伤、脑内压增加、甲状腺机能亢进、慢性肝脏疾病、肾脏疾病等。

(2)暂时性糖尿　又称生理性糖尿,见于恐惧、兴奋等引起机体肾上腺素分泌增多及肾小管对葡萄糖的重吸收机能暂时性降低,也见于大量饲喂含糖饲料或静脉注射葡萄糖等。

(五)尿酮体检测

1. 检验法

(1)原理　丙酮与亚硝基铁氰化钠作用,呈红紫色反应。

(2)试剂　Roos 氏试剂(亚硝基铁氰化钠 3 g,硫酸铵 100 g,无水碳酸钠 50 g,混合后在乳钵内充分磨细,保存于褐色瓶中),28%浓氨水。

(3)方法　取被检尿 5 mL 于试管中,加 Roos 氏试剂 1 g,振荡溶解,沿管壁加 28%浓氨水 1 mL 重叠其上,静置。如有丙酮和乙酰乙酸时,在两液接触面上形成高锰酸钾样紫红色的环。

(4)结果判定　＋＋＋:20 mg/100 mL以上,立即显色;＋＋:15～20 mg/100 mL,10 min后显色;＋:10～20 mg/100 mL,20 min后显色;±:5 mg/100 mL,紫红色不明显。

2. 试条法

酮体是丙酮、乙酰乙酸和β-羟丁酸的总称,一般尿中不含酮体。用试条法可检验出尿中乙酰乙酸和丙酮。尿酮体通常出现在酮血之前。尿中维生素C和头孢菌素可产生假阳性反应。用试条法检验尿中酮体的敏感性见表2-28。

方法:将市售的酮体检测单联或多联试纸浸入尿中,迅速取出并除去试纸上多余的尿液,按说明书中规定时间与标准比色板比较,并判定结果。

表2-28　试条法酮体判定结果　　mg/100 mL

检验结果	β-羟丁酸	乙酰乙酸	丙酮
阴性	阴性	≤5	≤70
弱阳性	阴性	10～25	100～400
阳性	阴性	25～50	400～800
强阳性	阴性	50～150	800～2 000
特强阳性	阴性	>150	>2 000

3. 临床诊断价值

尿中出现过量酮体时,主要是机体碳水化合物和脂肪代谢障碍,见于奶牛酮病、奶山羊妊娠毒血症、仔猪低糖血症、真胃变位、反复呕吐、发热、甲状腺功能亢进等,也发生于犬和猫的糖尿病。另外,长期饥饿、衰竭症、恶性肿瘤、磷中毒时,尿中也会出现酮体。

三、尿沉渣检查

尿沉渣检验一般在采尿后30 min内完成,在1 000～3 000 r/min的离心机内离心3～5 min,去上清液,取沉渣1滴置于载玻片上,用玻棒轻轻涂布使其分散开。滴加1滴稀碘溶液(也可不加),加盖玻片,低倍镜,稍暗的视野观察标本整体情况,找出需要详细检查的区域后,换用高倍镜仔细辨认。检查时,若遇到尿中有大量结晶妨碍观察时,可微加温或加化学药品除去后再镜检。暂时不能检验时,尿液放入冰箱保存或加防腐剂。

结果报告:细胞成分按各个高倍镜视野内最少至最多的数值报告,如白细胞4～8个/高倍视野;管型及其他结晶成分。按偶见、少量、中等量及多量报告。偶见是这个标本中仅见几个，少量是每个视野见到几个，中等型是每个视野数十个，多量是每个视野大量甚至布满视野。

(一)上皮细胞

1. 类型

(1)鳞状上皮细胞(扁平上皮细胞) 个体最大的细胞，轮廓不规则，像薄盘，单独或几个连在一起出现，含有1个圆而小的核。是尿道前段和阴道上皮细胞，发情时尿中数量增多。有时可以看到成堆类似移行上皮细胞样的癌细胞和横纹肌肉瘤细胞，注意鉴别。

(2)移行上皮细胞(尿路上皮细胞) 由于来源不同，它们有圆形、卵圆形、纺锤形和带尾形细胞。细胞大小介于鳞状上皮细胞和肾小管上皮细胞之间，胞浆常有颗粒结构，有1个小的核。是尿道、膀胱、输尿管和肾盂的上皮细胞。

(3)肾小管上皮细胞(小圆上皮细胞) 小而圆，具有1个较大圆形核的细胞，胞浆内有颗粒，比白细胞稍大。在新鲜尿中，也常因细胞变性，细胞结构不够清楚。它们是肾小管上皮细胞。

2. 临床诊断价值

①尿中出现少量的上皮细胞是正常现象，鳞状上皮细胞可能大量在尿中出现，尤其是母畜的导尿样品，有时移行上皮细胞在尿中也正常存在。②病理情况下，急性肾间质肾炎时，尿中存在大量肾小管上皮细胞，但是常常难以辨认；膀胱炎、肾盂肾炎、导尿损伤和尿石病时，移行上皮细胞在尿中大量存在；阴道炎和膀胱炎时，鳞状上皮细胞可能在尿中大量存在；泌尿系统有肿瘤时，尿沉渣中有大量泌尿系上皮肿瘤细胞存在。

(二)红细胞

1. 形态

尿中红细胞呈淡黄色到橘黄色，一般呈圆形，在浓稠高渗尿中可能皱缩，表面带刺，颜色较深。在稀释低渗尿中，可能只剩下1个无色环，称为影细胞或红细胞淡影。在碱性尿中，红细胞和管型甚至白细胞容易溶解。正常尿中红细胞不超过4个/HPF(高倍视野)。

2. 临床诊断价值

如果尿中有红细胞存在，表示泌尿生殖道某处出血，必须注意区别导尿时引起的出血。

(三)白细胞或脓细胞

尿中白细胞多是中性粒细胞,也可见到少数淋巴细胞和单核细胞。

1. 形态

白细胞比红细胞大,比上皮细胞小。注意区别它们的核,白细胞核一般为多分叶核,但常由于变性而不清楚。

2. 临床诊断价值

(1)正常尿中存在一些白细胞,一般不超过 5 个/HPF。

(2)脓尿说明泌尿生殖道某处有感染或龟头炎、子宫炎。

尿沉渣中上皮细胞形态见图 2-5。

(四)管型

管型是蛋白质在肾小管发生凝固而形成的圆柱状物质。如果尿中出现多量管型,表示肾脏实质受到了严重损害。管型一般形成在肾的髓袢、远曲肾小管和集合管。通常为圆柱状,有时为圆形、方形、无规则形或逐渐变细形。各种管型见图 2-6。

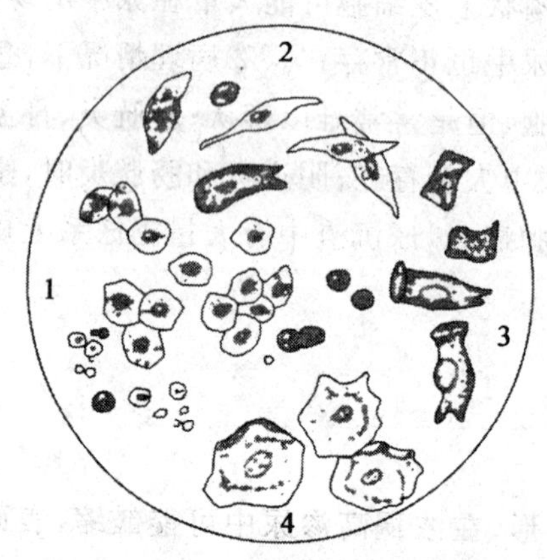

1. 肾上皮 2. 尿路上皮 3. 肾盂上皮 4. 膀胱上皮

图 2-5 尿沉渣中的上皮细胞

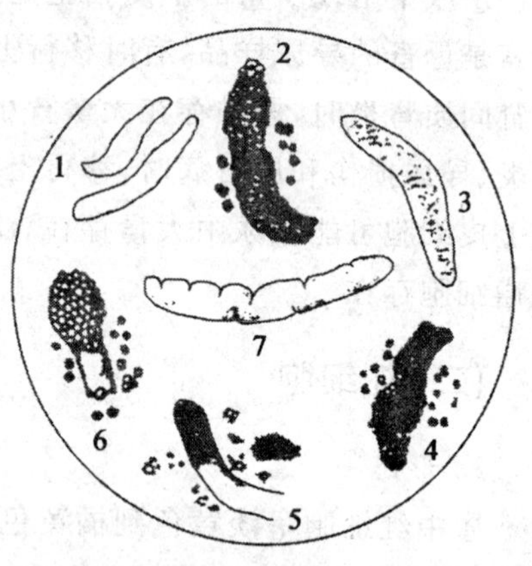

1. 透明管型 2. 上皮管型 3. 颗粒管型 4. 血细胞管型 5. 脂肪管型 6. 混合管型 7. 蜡样管型

图 2-6 尿沉渣中各种管型

(1)透明管型 透明管型由血浆蛋白和或肾小管黏蛋白组成。无色、均质、半透明、两边平行和两端圆形的柱样结构。在碱性或相对密度小于1.003的中性尿中易溶解，所以不常见。高速离心尿液，有时也能破坏管型。透明管型多与肾受到中等程度刺激或损伤、热症、麻醉后、强行训练以后、循环紊乱等有关，犬猫正常尿中也有存在。

(2)颗粒管型　颗粒管型是在透明管型表面含有细的或粗大的颗粒，这些颗粒是白细胞或肾小管上皮细胞破碎后的产物。大量的颗粒管型出现，表示更严重的肾脏疾病，甚至有肾小管坏死，常见于任何原因的慢性肾炎、肾盂肾炎、细菌性心内膜炎。

(3)肾小管上皮细胞管型　是透明管型表面含有肾小管脱落的上皮细胞形成的，常呈两列上皮细胞出现。由脱落的尚没有破碎的肾小管上皮细胞形成。见于急性或慢性肾炎、急性肾小管上皮细胞坏死、间质性肾炎、肾淀粉样变性、肾病综合征、肾盂肾炎、金属(汞、镉、铋等)及其他化学物质中毒。

(4)蜡样管型　蜡样管型呈黄色或灰色，比透明管型宽，高度折光，常发现折断端呈方形。见于慢性肾脏疾病，如进行性严重的肾炎和肾变性、肾淀粉样变性。

(5)脂肪管型　脂肪管型是透明管型表面含有无数反光的脂肪球。呈无色，用苏丹Ⅲ可染成橘黄色到红色。见于变性肾小管病、中毒性肾病和肾病综合征，犬糖尿病时，偶尔可看到此管型。

(6)血液和红细胞管型　血液管型柱状均质，呈深黄色或橘色，见于肾小球疾病，如急性肾小球炎、急性进行性肾炎、慢性肾炎急性发作。红细胞透明管型呈深黄色到橘色，可以看到在管型中的红细胞，见肾单位出血。

(7)白细胞管型　白细胞管型是指白细胞黏在透明管型上。见于肾小管炎、肾化脓、间质性肾炎、肾盂肾炎、肾脓肿。

(五)黏液和黏液线

黏液线是长而细、弯曲而缠绕的细线。在暗视野才能看到，尤其黏液线粘到其他物体上时，比较容易看到。是尿道受到刺激或生殖道分泌物污染尿样所致。

(六)微生物

1. 细菌

细菌在高倍镜或油镜下才能看到。注意区别细菌表现的真运动或其他碎物表现的布朗运动。可以看到细菌的形态，通过染色可以看得更清楚。

正常尿中无细菌，如果为导的尿、接的中期尿或穿刺得的尿含有大量杆状或球状细菌，说明泌尿道有细菌感染，尤其是尿中含有异常白细胞和红细胞时，见膀胱炎和肾盂肾炎。

非离心的尿样品，在显微镜下可以看到细菌，说明每毫升尿中含细菌在100个以上；生殖道感染时，也可以看到尿沉渣中的细菌，如子宫炎、阴道炎和前列腺炎等。

2. 酵母菌

酵母菌在显微镜下无色，圆形到椭圆形，呈布丁样，大小不一。对动物有危害的有白色念珠菌和马拉色菌。

酵母菌比细菌大，比白细胞小，和红细胞大小差不多。一般是由污染引起的尿道感染酵母菌很少见，有时可见白色念珠菌尿道感染。

3. 真菌

真菌最大特点是有菌丝、分节，可能有色。有时可见芽生菌和组织胞浆菌引起的全身多系统（包括尿道）感染。

（七）结晶体

尿中结晶体的形成与尿pH、晶质的溶解性和浓度、温度、胶质和用药等有关。检验应在采尿后立即进行。

正常酸性尿中含有无定形的尿酸盐和尿酸，有时可看到草酸钙和马尿酸；正常碱性尿含有三价磷酸盐、无定形磷酸盐和碳酸钙，有时可看到尿酸铵结晶。尿中发现大量结晶体时，可能有尿结石存在，但有时发现动物有尿结石，尿中却无结晶体；尿酸盐结晶形成结石后，用X线拍片，因可透过X线，很难显示出来。

亮氨酸和酪氨酸结晶，见于肝坏死、肝硬化、急性磷中毒；胱氨酸结晶，见于先天性胱氨酸病，另外有结石可能；胆固醇结晶，见于肾盂肾炎、膀胱炎、肾淀粉样变性、脓尿等；胆红素结晶，见于阻塞性黄疸、急性肝坏死、肝硬化、肝癌、急性磷中毒，但有时公犬尿中出现胆红素结晶时，也可能是正常的；尿酸铵结晶，见于门腔静脉分流、其他肝脏疾病、尿石病，此结晶多见于大麦町犬和英国斗牛犬；磷酸氨镁结晶，见于正常碱性尿和伴有尿结石尿中；草酸盐结晶，见于乙二醇和某些植物中毒，在酸性尿中存在多量时，可能是尿结石；马尿酸结石，见于乙二醇中毒；磺胺结晶，见于应用磺胺药物的治疗时。

尿沉渣中各种结晶体的形态见图2-7，图2-8。

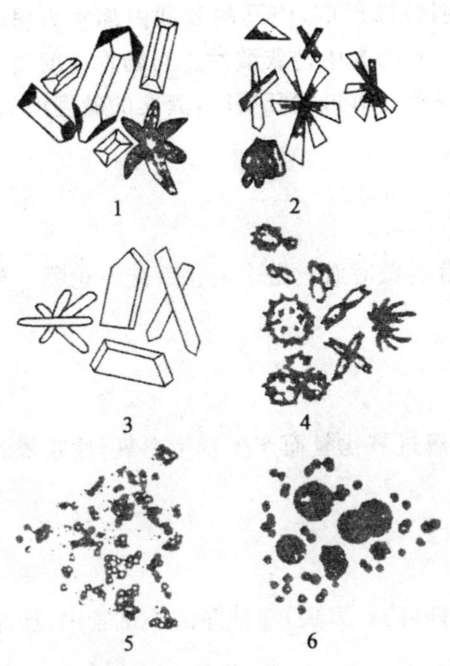

1. 磷酸铵镁 2. 磷酸钙 3. 马尿酸 4. 尿酸铵 5. 磷酸盐 6. 碳酸钙

图 2-7 碱性尿中的无机沉渣

上半(酸性尿):1. 草酸钙 2. 硫酸钙 3. 尿酸
下半(病理性尿):Ⅰ.亮氨酸 Ⅱ.硫酸钙 Ⅲ.胆固醇

图 2-8 尿沉渣

第四节 粪便检验

粪便检验是兽医临床上了解消化系统病理变化的一种辅助方法。除了在消化系统临床检查中所论述的粪便的感官检查之外,还需进行粪便的化学检验及显微镜检查。

一、粪便的酸碱度测定

一般用广泛 pH 试纸(或精密 pH 试纸)测定粪便的 pH。取 pH 试纸一条,用蒸馏水浸湿(若粪便稀软则不必浸湿),贴于粪便表面数秒钟;取下纸条与 pH 标准色板进行比较,即可测得粪便的 pH。粪便酸碱度与饲料成分及肠内容物的发酵或腐败过程有关。草食动物的正常粪便呈弱碱性反应，但马的粪球内部常为弱酸性；肉食动物及杂食动物的粪一般为弱碱性，有的为中性或酸性。当肠管内糖类发酵过程旺盛时，粪便的酸度增加；当蛋白质腐败分解过程旺盛时，粪便的碱度增加，见于胃肠炎等。

二、粪便潜血检验

粪便中不能用肉眼直接观察出来的血液叫做潜血。整个消化系统不论哪一部分出血，都可使粪便含有潜血。

(一)原理

血红蛋白有过氧化氢酶的作用，它可分解过氧化氢而产生新生态氧，使联苯胺氧化为联苯胺蓝而呈蓝色反应。

(二)试剂

(1)联苯胺冰醋酸液　用时取联苯胺少许(约一刀尖)于洁净的小试管中，加冰醋酸约 2 mL，振荡溶解。

(2)过氧化氢溶液。

(三)方法

用干净的竹制镊子在粪便不同部分选取绿豆大小的粪块，于干净载玻片上涂成直径约 1 cm 的范围(干粪可加少量蒸馏水调和涂布)。然后将玻片在酒精灯上缓慢通过数次(破坏粪中的酶类)，待玻片冷后，滴加联苯胺冰醋酸约 1 mL 及新鲜过氧化氢溶液 1 mL，用火柴棒搅动混合。将玻片放在白纸上观察。

(四)判定

正常无潜血的粪便不呈现颜色反应。呈现蓝色反应的为阳性，蓝色出现越早，表明粪便里的潜血越多(表 2-29)。

表 2-29　粪便潜血检验判定　　mL

符号	蓝色开始出现的时间	符号	蓝色开始出现的时间
±	60	＋＋	15
＋	30	＋＋＋	3

(五)注意事项

青草中含有过氧化氢酶,因此草食动物的粪便应加热,以破坏酶的活性。肉食动物应禁食 3 d 肉类食物。所用的玻片、试管应经洗液浸泡,以防器材上所黏附的血液而产生阳性使判断失误。

(六)临床诊断价值

阳性结果,见于出血性胃肠炎、牛创伤性网胃炎、真胃溃疡、犬钩虫病以及其他能引起胃肠道出血的疾病。

三、粪便中寄生虫卵的观察

(一)原理

密度较小的线虫卵、绦虫卵及球虫卵囊等,可悬浮在饱和盐水中;密度较大的吸虫卵,可离心沉淀。用这种方法处理粪便,涂制在载片上观察。

(二)器材与试剂

(1)载玻片、盖玻片、小烧杯、60 目金属铜筛、显微镜等。

(2)饱和食盐水　蒸馏水 100 mL 与氯化钠 30～35 g 混合,煮沸溶解,冷后除去未溶解的氯化钠,即为饱和盐水。

(三)方法

(1)饱和盐水漂浮法　在 50 mL 烧杯内,加少量饱和盐水,用竹签挑取不同部位的粪便 5～10 g,在饱和盐水中调成糊状,再加饱和盐水,搅成稀水样,挑去大块粪渣,加饱和盐水至满,覆以载玻片。静置 30 min,小心翻转载玻片,加盖玻片镜检。

(2)沉淀法　取粪便约 5 g,加 50 mL 水搅拌均匀,用金属筛过滤,滤液静置沉淀 20～40 min,倾去上清液,保留沉渣,再加水混匀,再沉淀,如此反复操作直到上层液体透明后,吸取沉渣涂片镜检。

(四)观察

寄生虫卵大小不一致,观察时注意形状、大小、卵壳及卵盖、卵细胞等,按照寄生虫图谱进行辨认。

第五节 肝功能检验

肝功能检验是诊断肝脏疾病不可缺少的项目。肝脏是维持生命的一个重要器官,但到目前为止,人们对肝脏的有些功能还不十分清楚。同时,由于肝脏拥有极大的储备能力,即使有部分肝组织受到损害,肝功能检验也不一定有较明显的异常变化,所以,测定肝脏功能,必须结合临床检查和其他有关的检验,进行全面的综合分析,方能得出比较客观的诊断。

一、黄疸指数测定

(一)原理

黄疸指数是表示血清中胆红素含量的一个指数,是用配成不同浓度的重铬酸钾的标准溶液与血清颜色相比较而得。未被稀释血清的颜色与1/10 000重铬酸钾颜色一致者,黄疸指数为一个单位。

(二)试剂

(1)0.1%重铬酸钾液　准确称取0.1 g重铬酸钾,置于100 mL量瓶内,加蒸馏水90 mL,再加浓硫酸0.1 mL,待溶解后,再加蒸馏水至刻度(相当于10个单位)。

(2)0.85%氯化钠溶液。

(三)标准管的制作

取18～20支小试管,按表2-30加重铬酸钾溶液与蒸馏水,配成一系列标准比色管。

表2-30 标准比色管的制作

mL

0.1%重铬酸钾	0.1	0.2	0.3	0.4	0.5	0.6	0.7	0.8	0.9	1.0
蒸馏水	9.9	9.8	9.7	9.6	9.5	9.4	9.3	9.2	9.1	9.0
相当于黄疸指数单位	1	2	3	4	5	6	7	8	9	10
0.1%重铬酸钾	1.5	2.0	2.5	3.0	3.5	4.0	4.5	5.0	6.0	7.0
蒸馏水	8.5	8.0	7.5	7.0	6.5	6.0	5.5	5.0	4.0	3.0
相当于黄疸指数单位	15	20	25	30	35	40	45	50	60	70

为便于保存,可将上述各管分别装入口径相同、管壁厚薄一致的试管中,封口,贴上标签,注明相当的指数单位,保存备用。

(四)操作

准确吸取 0.2 mL 血清,加入 0.8 mL 生理盐水于小试管中,混匀后倒入与标准比色管口径相同、壁厚一致的小试管中,目测比色。与稀释血清颜色相同的标准管的单位数乘以 5(因血清已稀释 5 倍),即为测定样品的黄疸指数。

(五)注意事项

(1)各种健康家畜的血清颜色是不同的,如马、奶牛、禽类等动物的血清,明显呈现淡黄色或黄色,而水牛、猪、兔的血清,则为无色透明液体。

(2)同一动物中,个体差异亦比较大。某些马的黄疸指数可高达 10 单位以上,而无任何临诊表现。鸡、鸭的黄疸指数于正常情况下可达 30 单位。

(3)血样最好在清晨采集,尤其是杂食兽和肉食兽,因饱食后血清中含脂质较多,会使血清浑浊不清,影响测定结果。

(4)溶血样品用此法不易判断。如有轻度溶血时,可在 1.0 mL 血清中加入 1.0～3.0 mL 的丙酮,混合静置 5 min,离心沉淀取上清液,与标准管比色。乘以稀释倍数。

(5)不可用蒸馏水代替生理盐水,因血清中球蛋白增高时,可出现絮状沉淀而影响比色。

(6)目测比色时,装有血清样品的试管必须和标准比色管的口径、壁厚一样,否则会影响比色效果。

(六)正常值

各种动物黄疸指数正常值见表 2-31。

表 2-31 健康动物黄疸指数正常值

指数单位

动物种类	头数	范围	资料来源
马	—	1.41～8.47	中国农业科学院
奶牛	—	5.0～25.0	Charles Z. C. 等
猪	360	5.0 以下	江苏农学院
鸡	100	5.0～25.0	江苏农学院
兔	130	5.0 以下	江苏农学院

(七)临床诊断价值

(1)黄疸指数增高　生理状态下,可因吃食含有胡萝卜素的食物而增高。病理性增高见于急性或慢性肝炎、中毒性肝炎、急性黄色肝萎缩、溶血性疾病、妊娠毒血症、阻塞性黄疸、马的胃肠炎及长期拒食。

(2)黄疸指数减少　骨髓再生障碍性贫血及继发性贫血等。

二、血清胆红素定性试验

(一)原理

在某些疾病过程中,血液内可能存在两种胆红素。一种叫直接胆红素或肝胆红素,它是经过肝脏处理又和葡萄糖醛酸结合的水溶性物质,遇到重氮试剂产生红色的或紫红色的重(偶)氮胆红素;另一种叫间接胆红素或血胆红素,它是未经肝脏处理并附有类脂质或蛋白的非水溶性物质,遇到重(偶)氮试剂不产生反应,要经甲醇、乙醇等助溶剂作用后,才可和试剂产生红色或紫红色的重(偶)氮胆红素。

(二)试剂

(1)重(偶)氮试剂

甲液:氨基苯磺酸 1 g,浓盐酸 15 mL,蒸馏水加至 1 000 mL。

乙液:亚硝酸钠 0.5 g,蒸馏水加至 100 mL。

临用前,取甲液 5 mL、乙液 0.15 mL(约 3 滴)混合。

(2)95%乙醇。

(三)方法

吸取血清(或血浆)1 mL 加入小试管内,斜执试管,沿管壁慢慢加入重(偶)氮试剂 0.5 mL,使血清与试剂形成叠面,记录时间,观察反应。30 s 内叠面出现红色或紫红色环的叫做迅速反应;0.5～1 min 内叠面出现红色或紫红色环的叫做双相反应;1 min 后叠面出现红色或紫红色环的叫做迟缓反应;10 min 后叠面仍不见红色或紫红色环的叫做直接反应阴性。

如果直接反应阴性,可将血清与试剂混合,加 95%酒精 5 mL,混合,静置 2～3 min,出现红色的叫做间接反应阳性,否则为间接反应阴性。

三、血清总蛋白、白蛋白及球蛋白的测定

血清蛋白(SP)主要由白蛋白和球蛋白组成,白蛋白占80%,球蛋白通过电泳分为α、β、γ球蛋白三部分。α-球蛋白和β-球蛋白由肝脏生成,γ-球蛋白由淋巴结、脾脏、骨髓生成,IgG主要由脾脏产生。肝脏还能生成脂蛋白、糖蛋白、黏蛋白、纤维蛋白原、凝血酶原(凝血因子Ⅱ)、凝血因子Ⅴ、Ⅶ、Ⅷ(部分)、Ⅸ和Ⅹ。总之,血浆中蛋白90%~95%由肝脏合成。

(一)原理

蛋白质中的肽键与碱性酒石酸钾/钠/铜作用,产生紫色反应,称为双缩脲反应。根据颜色的深浅,与经同样处理的蛋白标准溶液比色,即可求得血液蛋白质的含量。血清总蛋白、白蛋白及球蛋白测定常用双缩脲法进行。

(二)试剂

(1)硫酸钠-亚硫酸钠混合液　硫酸钠(化学纯)208 g,无水亚硫酸钠(化学纯)70 g,浓硫酸2 mL,蒸馏水加至1 000 mL。配制时先将亚硫酸钠稍研碎,与硫酸钠一同置于烧杯中。将硫酸2 mL加入约900 mL蒸馏水中,然后再把含酸蒸馏水倾入烧杯中,随加随搅拌,溶解后全部移至1 000 mL容量瓶中,加蒸馏水至1 000 mL,混匀。取混合液1 mL,加蒸馏水至25 mL,测定pH 7.0或略高,保存备用。

(2)双缩脲试剂　硫酸铜1.5 g,酒石酸钾钠6 g,10%氢氧化钠300 mL,蒸馏水加至1 000 mL。配制时先将硫酸铜与酒石酸钾钠分别溶于250 mL蒸馏水中,将二液混合后倾入1 000 mL量瓶中,加入10%氢氧化钠溶液,边加边摇振,混匀,再加蒸馏水至1 000 mL,保存备用。此试剂可长期保存,但发现有暗色沉淀时则不能使用。

(三)方法

(1)制备标准血清及测定其总蛋白量　可收集多份健康动物血清混合即成标准血清,并用微量定氮法求得其总蛋白含量。微量定氮法所用试剂与测定非蛋白氮所用试剂相同,其操作方法如下:

先取血清1 mL置于50 mL量瓶中,加0.9%氯化钠溶液至50 mL,即50倍稀释,混匀,供测定血清总蛋白用。接着用血清制备无蛋白血滤液,供测定血清非蛋白氮用。

制备无蛋白血滤液:常用钨酸钠法,取小烧杯或大试管1支,先盛蒸馏水7 mL,

再加入新鲜抗凝血 1 mL，充分混匀，使之溶血。然后加入 10％钨酸钠溶液1.0 mL，混匀。最后，徐徐加入 2∶1 硫酸溶液 1 mL，随加随摇，充分混匀。放置 5～10 min 后，用优质滤纸过滤或离心沉淀，即可获得无色清亮无蛋白血滤液。

计算标准血清所含总蛋白量，按表 2-32 进行操作。

表 2-32 制备标准血清及测定其总蛋白量操作步骤

	总蛋白测定管	非蛋白氮测定管	标准管	空白管
(1)硫酸铵标准液/mL	0	0	1.0	0
0.9％氯化钠标准液/mL	0.2	0	0	0
无蛋白血滤液/mL	0	1.0	0	0
5％硫酸溶液/mL	0.2	0.2	0.2	0.2
玻璃珠/粒	1	1	1	0
(2)除空白管外，均需加热消化，至管中充满白烟，管底液体由黑色转变为无色透明为止，冷却。				
(3)蒸馏水加至/mL	7	7	7	7
(4)碘化汞钾试剂应用液/mL	3	3	3	3
(5)混匀后用 440 nm 或蓝色滤光板光电比色，以空白管校正光密度到 0 点，分别读取各管读数，记录。				

计算血清总蛋白量：

血清氮含量(mg/L)＝总蛋白测定管光密度/标准管光密度×0.03×100/0.004

＝总蛋白测定管光密度/标准管光密度×750

血清非蛋白氮含量(mg/L)＝总蛋白测定管光密度/标准管光密度×30

血清总蛋白质含量(g/L)＝(含氮量－非蛋白氮)×6.25/1 000

如果为 15％氯化钠溶液稀释此标准血清(3 份＋1 份)，配成 1∶4 的贮存标准血清，置冰箱内备用，可保存 1 个月。

(2)制备标准血清应用液　取未经稀释标准血清 0.2 mL，加 27.8％硫酸钠-亚硫酸钠混合液 3.8 mL，混匀，备用。

(3)制备被检血清总蛋白混悬液和白蛋白澄清液　取被检血清 0.2 mL 置试管中，加入 27.8％硫酸钠-亚硫酸钠混合液 3.8 mL，塞住管口，倒转混合 10 次(不宜过多或过少)，即得总蛋白混悬液。放置片刻，待气泡上升后，取此混悬液 1 mL，加入已标定总蛋白测定管中做总蛋白测定。向剩余部分内加入乙醚 2.5 mL，摇振约 40 次混匀后，以 2 500 r/min 离心沉淀 5 min。此时试管内液体分为 3 层，上层为乙醚，中层为白色球蛋白，下层为清澈白蛋白液。斜执试管，使球蛋白与管壁分离后，用 1 mL 吸管小心吸取下层澄清的白蛋白液 1 mL，不可触及球蛋白块而使之破碎，加入已标定白蛋白测定管内，供测定白蛋白用。

(4)测定被检血清总蛋白及白蛋白含量　被检血清总蛋白和白蛋白测定操作步骤如表 2-33。

表 2-33　血清总蛋白和白蛋白测定操作步骤　mL

	总蛋白测定管	非蛋白氮测定管	标准管	空白管
被检血清总蛋白混悬液	1.0	0	0	0
被检血清白蛋白澄清液	0	1.0	0	0
标准血清应用液	0	0	1.0	0
硫酸钠-亚硫酸钠混合液	0	0	0	1.0
双缩脲试剂	4.0	4.0	4.0	4.0

充分混合均匀，置 37℃恒温箱或室温暗处 30 min 后，以 540 nm 或绿色滤光板光电比色，以空白管校正光密度到 0 点，读取各管读数，记录。

(四)计算

$$被检血清总蛋白含量(g/L)=\frac{总蛋白测定管光密度}{标准管光密度}\times 标准血清总蛋白量$$

$$被检血清白蛋白含量(g/L)=\frac{白蛋白测定管光密度}{标准管光密度}\times 标准血清总蛋白量$$

被检血清球蛋白含量(g/L)＝被检血清总蛋白量－被检血清白蛋白量

(五)临床诊断价值

1. 血清蛋白的改变

动物血清蛋白(TB)正常参考值：牛 6.91%，绵羊 6.50%，山羊 6.67%，猪 7.36%，马 6.73%，犬 6.4%，猫 7.58%。

(1)血清蛋白增多　①浓血症，见于脱水(腹泻、出汗、呕吐和多尿)、减少水的摄入、休克、淋巴肉瘤、肾上腺皮质功能减退等。②球蛋白生成亢进或增加(见球蛋白部分)。③溶血和脂血症，多见于动物食后采血。

(2)血清蛋白减少　①幼年和青年动物、血液稀薄、营养差、输液。②蛋白生成减少，见于低白蛋白血症(见白蛋白部分)、低球蛋白症(见球蛋白部分)。③蛋白丢失和分解代谢增加，见于低白蛋白血症、低白蛋白和低球蛋白血症。

(3)白蛋白/球蛋白比值　①白蛋白/球蛋白(A/G)比值升高，见于白蛋白增多或球蛋白减少，临床上少见。②白蛋白/球蛋白(A/G)比值减少，见于白蛋白减少或球蛋白增多，详见白蛋白和球蛋白的临床诊断价值。

2. 白蛋白改变

血清白蛋白(ALB)主要功能是维持血浆渗透压、运输激素、离子和药物等，半衰期为 12～18 d。动物血清白蛋白参考值：牛 3.29%，绵羊 2.7%，山羊 3.3%，猪 3.15%，马 3.15%，犬 2.95%，猫 2.7%。

(1)白蛋白增加　①浓血症，见血清蛋白部分的临床诊断价值。②脂血症，多见于动物采食后。

(2)白蛋白减少　①生成减少，见于食物中缺少蛋白、蛋白消化不良、吸收不良、慢性腹泻、营养不良、进行性肝病、慢性肝病、肝硬化(肝病时白蛋白减少，而球蛋白往往增多)、分解代谢增加(妊娠、泌乳、恶性肿瘤)、多发性或延长性心脏代偿失调、贫血和高球蛋白血症。②丢失和分解代谢增加，见于蛋白丢失性肾病、肾小球肾炎和肾淀粉样变性；发热、感染、恶病质、急性或慢性出血、蛋白丢失性肠病、寄生虫、甲状腺机能亢进和恶性肿瘤；严重血清丢失则见于严重渗出性皮肤病、腹水、胸水和水肿、烧伤和外伤。

3. 球蛋白改变

(1)血清球蛋白增多　多见于浓血症(见血清白蛋白浓血症)以及泛发性肝纤维化、急性或慢性肝炎、一些肿瘤、急性或慢性细菌感染、抗原刺激、网状内皮系统疾病和异常免疫球蛋白的合成等。

①α-球蛋白增多，见于炎症、肝脏疾病、热症、外伤、感染、新生瘤、肾淀粉样变、寄生虫和妊娠。α_1-球蛋白包括脂蛋白、结合球蛋白、脂碱脂酶、糖蛋白和血浆铜蓝蛋白，增多见于炎症和妊娠；α_2-球蛋白包括大球蛋白、脂蛋白、红细胞生成素和胎儿球蛋白，增多见于严重肝病、急性感染、急性肾小球肾炎、肾综合征、寄生虫、炎症和妊娠。②β-球蛋白增多，见于肾病综合征、急性肾炎、新生瘤、骨折、急性肝炎、肝硬化、化脓性皮肤炎、严重寄生虫寄生(如蠕形螨病)、淋巴肉瘤和多发性骨髓瘤。β_1-球蛋白包括铁传递蛋白、β_1-脂蛋白、补体(C_3、C_4 和 C_5)，增多见于急性炎症、肿瘤、肾病、寄生虫；β_2-球蛋白包括纤维蛋白原、纤维蛋白溶解酶、铁传递蛋白、β_2-脂蛋白及部分 IgG、IgA，增多见于寄生虫、肝硬化、慢性感染、白蛋白减少。③γ-球蛋白增多，多克隆 γ-球蛋白(1 gG、IgM、IgA 和 IgE)增多，见于慢性炎症性疾病、慢性抗原刺激、免疫介导性疾病和一些淋巴肿瘤，如细菌、病毒、寄生虫感染，慢性皮炎，急性或慢性肝炎，肝硬化，肝脓肿，肾病综合征，蛋

白丢失性肠病，结缔组织病等。免疫介导性疾病有自体免疫性溶血、系统性红斑狼疮、免疫介导血小板减少症及淋巴肉瘤等。单克隆γ-免疫球蛋白增多，见于网状内皮系统肿瘤、淋巴肉瘤、多发性骨髓瘤、犬球蛋白血症和貂阿留申病，也见于白塞特犬和威迪玛犬的免疫缺乏症。

(2)血清球蛋白减少　幼龄动物一般呈生理性减少。

①生成减少，见于肝脏等血液蛋白生成器官的疾病。

②球蛋白和白蛋白增加丢失和分解代谢，见于急性或慢性出血、溶血性贫血；蛋白丢失性肠病和肾病；严重血清丢失，见于烧伤和严重渗出性皮炎。

③单项球蛋白减少，α_1-球蛋白减少，见于肝病、肾炎；α_2-球蛋白减少，见于细菌和病毒感染、肝病、溶血性疾病；β_1-球蛋白减少，见于自身免疫性疾病、肾病、急性感染和肝硬化；β_2-球蛋白减少，见于抗体缺乏性综合征、慢性肝病；γ-球蛋白减少，见于抗体缺乏性综合征、缺乏初乳的新生动物、联合免疫缺乏、免疫功能抑制(长期应用肾上腺皮质激素或免疫抑制药物)。

四、血清丙氨酸氨基转移酶(ALT)活力测定(金氏直接显色法)

(一)原理

血清中丙氨酸氨基转移酶作用于丙氨酸及α-酮戊二酸组成的基质，产生丙酮酸。产生的丙酮酸与2,4-二硝基苯肼作用，形成丙酮酸二硝基苯腙，它在碱性溶液呈现棕红色，与丙酮酸标准液比色，求其含量。

(二)试剂

(1)丙氨酸氨基转移酶基质液　精确称取α-酮戊二酸29.2 mg、丙氨酸1.78 g，放于100 mL量瓶内，加pH为7.4的磷酸盐缓冲液约30 mL，再加1 mol/L氢氧化钠0.5 mL，完全溶解后，再以pH为7.4的磷酸盐缓冲液加至100 mL刻度处，加氯仿数滴防腐，存放冰箱内备用。此基质液的pH应为7.4，可用1周。

(2)2,4-二硝基苯肼溶液　称取2,4-二硝基苯肼19.8 mg，加入1 mol/L盐酸100 mL，混合均匀，待完全溶解后过滤，贮于棕色瓶保存。

(3)0.4 mol/L氢氧化钠溶液　称取氢氧化钠16 g，加水溶解至1 000 mL，用草酸溶液标定后应用。

(4)磷酸盐缓冲液(pH 7.4)

甲液：称取磷酸氢二钠(Na_2HPO_4)9.47 g(或$Na_2HPO_4 \cdot 12H_2O$ 23.87 g)，溶于蒸馏水中，使成1 000 mL。

乙液：称取磷酸二氢钾(KH_2PO_4)9.078 g，溶于蒸馏水中，使成1 000 mL。

取甲液825 mL，乙液175 mL，混合，其pH应为7.4。

(5)丙酮酸标准液(1 mL＝2 μmol)　精确称取丙酮酸钠22 mg，置于100 mL量瓶中，加缓冲液至刻度处。

(三)标准曲线绘制

按表2-34操作。

表2-34　丙氨酸氨基转移酶活力标准曲线绘制操作步骤

	1	2	3	4	5	6
丙酮酸标准液/mL	0	0.05	0.1	0.15	0.2	0.25
丙氨酸氨基转移酶或天门冬氨酸氨基转移酶基质液/mL	0.5	0.45	0.4	0.35	0.3	0.25
磷酸盐缓冲液/mL	0.1	0.1	0.1	0.1	0.1	0.1
	37℃ 10 min					
2,4-二硝基苯肼溶液/mL	0.5	0.5	0.5	0.5	0.5	0.5
	37℃ 20 min					
0.4 mol/L氢氧化钠溶液/mL	5	5	5	5	5	5
相当于丙氨酸氨基转移酶或天门冬氨酸氨基转移酶单位(100 mL)	空白	100	200	300	400	500

混匀，用波长520 nm滤光板比色，以空白管调零，读取各管光密度。以浓度为横坐标，光密度为纵坐标，绘成标准曲线。

(四)操作方法

按表2-35操作。

表2-35　血清丙氨酸氨基转移酶活力测定操作步骤

	空白管	测定管
血清/mL	0.1	0.1
丙氨酸氨基转移酶基质液/mL	—	0.5
	混匀，37℃，水浴60 min	

续表 2-35

	空白管	测定管
丙氨酸氨基转移酶基质液/mL	0.5	—
2,4-二硝基苯肼溶液/mL	0.5	0.5
	混匀,37℃,水浴 20 min	
0.4 mol/L 氢氧化钠溶液/mL	5.0	5.0

混匀,放置 5 min,用波长 520 nm 滤光板比色,以空白管调零,读取光密度。

(五)计算

(1)以空白管调"0"点,可直接查标准曲线。

(2)以蒸馏水调"0"点时,须从测定光密度中减去空白光密度,再查标准曲线。

(六)正常值

动物的丙氨酸氨基转移酶、天门冬氨酸氨基转移酶正常值见表 2-36。

表 2-36 动物的丙氨酸氨基转移酶、天门冬氨酸氨基转移酶正常值

动物种类	丙氨酸氨基转移酶	天门冬氨酸氨基转移酶	资料来源
家兔	20.0～70.0	20.0～70.0	实验动物学
奶牛	3.0～23.0	23.0～46.0	南京农业大学
水牛	9.4～64.1	30.0～61.0	卢宗藩
马	0～101.0	125.7～388.9	长春军需大学
羊	13.0～90.0	100.0～310.0	西北农业大学
猪	10.5～45.0	30.0～61.0	卢宗藩
犬	17.3～28.1	15.6～28.0	实验动物学
猫	10.0～40.0	7.0～40.0	实验动物学
鸡	9.5～37.2	88.0～208.0	实验动物学

(七)临床诊断价值

丙氨酸氨基转移酶存在于机体肝、心肌、脑、骨骼肌、肾及胰腺等组织细胞内,但以肝细胞及心肌细胞含量较多。

丙氨酸氨基转移酶显著增高见于各种肝炎急性期及药物中毒性肝细胞坏死；中等度增高见于肝硬化、慢性肝炎及心肌梗死；轻度增高见于阻塞性黄疸及胆道炎等。

五、血清天门冬氨酸氨基转移酶活力测定(AST)(金氏直接显色法)

(一)原理

血清天门冬氨酸氨基转移酶作用于由天门冬氨酸及α-酮戊二酸组成的基质，产生草酰乙酸。草酰乙酸脱羟后形成丙酮酸。丙酮酸与2,4-二硝基苯肼作用形成丙酮二硝基苯腙，它在碱性溶液中呈现棕红色。与同样处理的丙酮酸标准液进行比色，求其含量。

(二)试剂

(1)天门冬氨酸氨基转移酶基质(pH为7.4)　精确称取*DL*-天门冬氨酸2.66 g及α-酮戊二酸29.2 mg，放于烧杯内，加1 mol/L氢氧化钠溶液20.5 mL，溶解后置入100 mL量瓶中，加pH为7.4缓冲液至刻度处。

(2)其他试剂与丙氨酸氨基转移酶测定相同。

(三)方法

除基质液不同外，其他均与丙氨酸氨基转移酶相同。

(四)正常值

动物的正常参考值见表2-36。

(五)临床诊断价值

天门冬氨酸氨基转移酶显著增高，见于各种急性肝炎、手术之后及药物中毒性肝细胞坏死；中等程度增高，见于肝硬化、慢性肝炎、心肌炎等；轻度增高，见于肌炎、胸膜炎、肾炎及肺炎等。

第六节　肾功能检验

一、尿素氮(BUN)的测定

(一)原理

血清或血浆中的尿素与二乙酰作用生成二嗪衍生物的有色复合物。由于二乙酰本身不稳定,故用二乙酰一肟作为试剂。在显色反应中所产生的有色复合物对光不够稳定,故加入硫氨脲既能提高显色的灵敏度,又能增强显色反应之后的稳定性。

(二)试剂

(1)7.5%硫酸溶液。

(2)硫氨脲贮存液　硫氨脲2.5 g,加蒸馏水至500 mL。

(3)二乙酰一肟贮存液　二乙酰一肟12.5 g,加蒸馏水至500 mL。

(4)二乙酰一肟应用液　二乙酰一肟贮存液67 mL,硫氨脲贮存液67 mL,加蒸馏水至1 000 mL。

(5)氯化铁-磷酸贮存液　三氯化铁1.0 g,溶于85%磷酸20 mL中,用蒸馏水稀释至30 mL。

(6)氯化铁-磷酸应用液　氯化铁-磷酸贮存液1.0 mL,加7.5%硫酸液至1 000 mL。

(7)尿素氮标准贮存液(10.0 mg氮/mL)　尿素(AR)10.714 g,加0.005 mol/L硫酸液至500 mL。

(8)尿素氮标准应用液(0.02 mg氮/mL)　尿素氮标准贮存液0.2 mL,加0.005 mol/L硫酸液至1 000 mL。

(三)操作

取3支试管,按表2-37步骤操作。

表 2-37 血清尿素氮测定步骤 mL

	测定管	标准管	空白管
二乙酰一肟应用液	3.0	3.0	3.0
血清或血浆(1∶10)	0.2	—	—
尿素氮标准应用液	—	0.2	—
氯化铁-磷酸应用液	2.5	2.5	2.5

混合后，在沸水中准确煮沸 10 min，置于冷水中 3 min，用 520 nm 或绿色滤光板，以空白管调零，光电比色，读取各管光密度。

(四)计算

$$血清或血浆中尿素氮(mg/100\ mL)=\frac{测定管光密度}{标准管光密度}\times 0.004\times 100/0.02$$

(五)注意事项

(1)血清或血浆中尿素氮含量超过 40 mg/100 mL 时，应把检样用生理盐水适当稀释后再行测定，所得结果乘以稀释倍数。

(2)本法测定的特异性较强，不受尿酸、肌酐、肌酸及氨基酸等其他非蛋白氮的影响；血清或血浆蛋白在 5～11 g/100 mL，胆红素高达 10 mg/100 mL 时，对测定结果均无影响。

(3)利用本法测定尿素氮时，可将尿液用蒸馏水做 1∶(50～200)的稀释，按相同步骤操作，所测得结果乘以稀释倍数。

(六)正常值

健康动物血清尿素氮正常值见表 2-38。

表 2-38 健康动物血清尿素氮正常值 mg/100 mL

动物	平均值	范围
马	16.9～17.0	12.9～29.5
奶牛	15.9～16.5	6.0～27.0
山羊	17.4～20.5	13.0～44.0
犬	13.9～15.0	5.0～23.9
猫	25.0～27.5	14.0～32.5
鸡	1.8～1.95	1.5～6.3

(七)临床诊断价值

1. 尿素氮升高

(1)肾前性疾病 数值很少超过 100 mg/mL。①肾血流量减少,见于充血性心力衰竭、休克(血压下降,肾供血不足)。②肾小球滤过压下降,见于低血压、休克、肾上腺皮质机能不全、心力衰竭、蛋白质渗透压升高、严重脱水、饲料中蛋白质含量过高(一时性增高)。

(2)肾脏疾病 因肾脏疾病导致的尿素氮升高,提示将近 70%肾单位失去功能。

(3)肾后性尿毒症 如泌尿系统阻塞、泌尿系统穿孔、尿液脱逸。

2. 尿素氮降低

(1)缺乏蛋白质的营养不良。

(2)肝脏功能不全,肝细胞损伤,失去合成尿素的能力。

二、肌酐的测定

(一)原理

血清或血浆的无蛋白血滤液中的肌酐与碱性苦味酸作用,产生雅飞(Jaffe)反应,产生黄红色的苦味酸肌酐。

(二)试剂

(1)饱和苦味酸溶液 苦味酸 15.0 g,置于大烧瓶内,加蒸馏水 1 000 mL,加温助溶,冷却后如有结晶析出,表示已达饱和。

(2)10%氢氧化钠溶液。

(3)碱性苦味酸溶液 饱和苦味酸溶液 5 份,加 10%氢氧化钠溶液 1 份,现用现配。

(4)肌酐标准贮存液(1.0 mg/mL) 准确称取肌酐 0.100 g(肌酐氯化锌为 0.161 g),先用少量 0.1 mol/L 盐酸溶解,置于 100 mL 量瓶中,再用 0.1 mol/L 盐酸稀释至刻度,冰箱冷藏。

(5)肌酐标准应用液(0.006 mg/mL) 准确吸取肌酐标准贮存液 3.0 mL,置于 500 mL 量瓶内,加 0.1 mol/L 盐酸 50.0 mL,再以蒸馏水稀释至刻度,加甲苯或二甲苯数滴防腐。

(三)操作

按表 2-39 操作步骤进行。

表 2-39 血液肌酐测定步骤 mL

	测定管	标准管	空白管
1∶10 血清或血浆	4.0	—	—
肌酐标准应用液	—	1.0	—
蒸馏水	—	3.0	4.0
碱性苦味酸溶液	2.0	2.0	2.0

混合,放置 10 min,用 520 nm 或绿色滤光板,以空白管调零,光电比色,读取各管光密度,应在 5 min 内取得读数。

(四)计算

肌酐(mg/100 mL)=测定管光密度/标准管光密度 × 0.006 × 100/0.4

(五)注意事项

(1)苦味酸为易爆化学药品,应妥善保存,以防发生意外事故。

(2)血中酮体也可与碱性苦味酸溶液发生显色反应,使测定的结果偏高。如怀疑患酮血病的牛、羊,应同时测定患畜尿中酮体,加以鉴别。

(六)正常值

健康动物血清肌酐正常值见表 2-40。

表 2-40 健康动物血清肌酐正常值 mg/100 mL

动物	平均值	范围
马	2.10～2.50	1.60～3.35
奶牛	1.25～1.54	0.20～2.60
山羊	1.15～1.36	0.20～2.21
犬	1.08～1.35	0.80～2.05
猫	1.40～1.50	0.40～2.60

(七)临床诊断价值

(1)肌酐是肌肉肌酸和磷酸肌酸的代谢物,它的数值不受食物中蛋白质含量、蛋白质代谢以及年龄、性别或运动的影响,经肾小球滤出后,直接从尿中排出,因此可作为检查肾小球滤过率是否正常的一种初步诊断指标。因肌酐容易自肾脏排出,故对肾脏损伤的早期诊断不及尿素氮的指标灵敏。

(2)血液肌酐增高,可见于肾脏损伤,肾小球滤过率下降,如急性肾炎;肾前性的肾脏供血障碍;肾后性的泌尿系统阻塞;肾功能衰竭,肌酐指标明显升高,提示预后不良。

(3)血液肌酐降低,可见于进行性肌肉萎缩、贫血及白血病等。

三、血氨测定(钨酸法)

(一)试剂

(1)10%钨酸钠。

(2)1 mol/L 硫酸。

(3)无氨去离子水　可用离子交换去离子水或 2 000 mL 蒸馏水中加 1.2%高锰酸钾 1.2 mL 及 1 mol/L 硫酸 1.0 mL,用全玻璃蒸馏器重蒸馏制得。

(4)硫酸铵标准贮存液(50 μg 氮/mL)　准确称取干燥硫酸铵 0.236 g,置于 100 mL 量瓶中,滴加浓硫酸数滴,加无氨去离子水稀释至刻度。

(5)硫酸铵标准应用液(1.0 μg 氮/mL):取标准贮存液 2.0 mL,置于 100 mL 量瓶内,加无氨去离子水稀释至刻度。

(6)显色液Ⅰ　结晶酚 2.0 g,亚硝基铁氰化钠 10.0 mg,加无氨去离子水 200 mL,溶解后过滤备用。

(7)显色液Ⅱ　氢氧化钠 1.0 g,磷酸氢二钠 32.2 g,7%次氯酸钠 14.0 mL,加无氨去离子水 200 mL,溶解后过滤备用。

(二)操作

取离心管 3 支,按表 2-41 步骤操作。

表 2-41 血氨测定步骤 mL

	测定管	标准管	空白管
10%钨酸钠	1.0	1.0	1.0
无氨去离子水	—	—	1.0
硫酸铵标准应用液	—	1.0	—
全血	1.0	—	—
0.5 mol/L 硫酸	1.0	1.0	1.0
混匀后，离心沉淀 10 min，另取试管 3 支，继续以下的操作。			
上清液	0.5	0.5	0.5
显色液Ⅰ	2.5	2.5	2.5
显色液Ⅱ	2.5	2.5	2.5

混匀后，置 37℃水浴中 30 min，选用 620 nm 或红色滤光板，以空白管调零，比色，读取各管光密度。

(三)计算

血氨氮(μg/100 mL)＝测定管光密度/标准管光密度×100

血氨(μg/100 mL)＝血氨氮(μg/100 mL)×1.22

(四)注意事项

(1)所用玻璃器皿均需清洗干净，妥为保存，防止被氨污染。

(2)显色反应与次氯酸中有效氯的浓度关系很大，故次氯酸钠溶液应经常配置。

(五)临床诊断价值

(1)血氨增高　①肝细胞损伤，肝功能障碍。产自肠道的氨，经门脉进入肝内，受到损伤的肝细胞不能将氨合成尿素排出体外，而致血氨增高。马的肝性昏迷，血氨及脑脊髓液中的氨均见增多。②门静脉血流障碍，同时伴有血液尿素氮的降低。③慢性肝脏疾病，如肝硬变、肝萎缩等，同时伴有低蛋白血及腹水。

(2)血氨降低　无临诊意义。

第七节　心肌损伤检查

一、肌酸磷酸激酶(CPK)的测定(显色法)

(一)原理

原理:血清中 CPK 催化磷酸肌酸和二磷酸腺苷,生成肌酸和三磷酸腺苷。肌酸与双乙酸及 α-萘酚结合生成红色化合物,在一定范围内,红色深浅与肌酸量成正比,进而可求得血清中 CPK 活性。Mg^{2+} 为激活剂,半胱氨酸供给颈基,氢氧化钡和硫酸锌沉淀蛋白质并终止酶反应。

(二)试剂

(1)三羟甲基氨基甲烷-盐酸缓冲液　称取三羟甲基氨基甲烷 2.42 g,加蒸馏水 100 mL(此为 0.2 mol/L 溶液)溶解,然后加入 0.2 mol/L 盐酸 88.8 mL、无水硫酸镁 0.34 g,调整 pH 至 7.4。常温下可保存数月。

(2)0.012 mol/L 磷酸肌酸　称取磷酸肌酸钠盐 0.436 g,加蒸馏水至 100 mL,调节 pH 至 7.4,冷藏保存。

(3)0.004 mol/L 二磷酸腺苷溶液　称取二磷酸腺苷钠盐 0.233 g,加水至 100 mL,调节pH 至 7.4,冷藏保存。

(4)混合基质溶液　取上述(1)、(2)、(3)试液各 10 mL,混匀,再向此 30 mL 溶液中加入盐酸半胱氨酸 0.1054 g,调节 pH 至 7.4。现用现配。

(5)0.15 mol/L 氢氧化钡溶液　称取氢氧化钡 23.6 g,加适量蒸馏水溶液溶解,再加蒸馏水至 250 mL。

(6)5%硫酸锌溶液　称取硫酸锌 21.6 g,加蒸馏水至 250 mL。

上述(5)、(6)试液等量混合时正好中和。

(7)肌酸标准液(1.7 μmol/mL)　精确称取无水肌酸 22.3 mg,加蒸馏水至 100 mL,放冰箱保存。

(8)双乙酰溶液　先配成 1%水溶液,可在冰箱保存数月,临用时加蒸馏水稀释 20 倍。

(9)贮存碱溶液　称取氢氧化钠 30 g、无水碳酸钠 64 g,加蒸馏水至 500 mL。

此溶液在室温低时可析出沉淀,可在37°下溶解后使用。

(10)α-萘酚溶液　称取α-萘酚1 g,加入上述贮存碱溶液至100 mL。

(三)操作

按表2-42操作进行。

表2-42　CPK测定操作步骤　mL

	测定管	标准管	空白管
混合基质液	0.75	0.75	0.75
血清	0.10	0	0
肌酸标准溶液	0	0.1	0
蒸馏水	0	0	0.1
37℃水浴放置30 min			
0.15 mol/L 氢氧化钡溶液	0.5	0.5	0.5
5%硫酸锌	0.5	0.5	0.5
蒸馏水	0.5	0.5	0.5
混匀,离心5~10 min			
取上清液	0.5	0.5	0.5
α-萘酚溶液	1.0	1.0	1.0
双乙酰溶液	0.5	0.5	0.5
37℃水浴放置15 min			
蒸馏水	2.5	2.5	2.5

离心3~6 min,用520 nm或绿色绿光板,以蒸馏水调零,比色,读取各管光密度。

(四)计算

$$\text{肌酸磷酸激酶活力(IU)}=\frac{\text{测定管光密度}-\text{空白管光密度}}{\text{标准管光密度}-\text{空白管光密度}}\times 3.4$$

单位定义:1 mL血清在37℃作用1 h形成1 μmol的肌酸称为一个单位。

(五)正常值

健康动物血清肌酸磷酸激酶的正常值见表2-43。

表 2-43 健康动物血清肌酸磷酸激酶的正常值 mL

动物	平均值±标准差	资料来源
马	58.0±6.0	Blood
奶牛	91.5±11.2	Mitruka
山羊	31.1±4.85	Mitruka
猪	127.0±21.1	Mitruka
兔	1.35±0.56	Mitruka
鸡	4.90±1.10	Mitruka

(六)临床诊断价值

肌酸磷酸激酶主要含在心肌和骨骼肌内。正常时血清中含量很少，犊牛、绵羊羔、仔猪都在 100 IU/L 以内。当心肌和骨骼肌损伤时，血清中此酶的含量急剧上升，因而在诊断上是有特异性的。但此酶的生物半衰期很短，仅 4～6 h。如无进一步损伤，在血清中的含量可在 3～4 d 内恢复正常。反之，在持续发生损伤时则呈稳定性升高，因而对此酶的连续测定对预后也有重要价值。如对此酶和天门冬氨酸氨基转移酶一并测定，尽管天门冬氨酸氨基转移酶在血清中的含量升高对原发性肌肉组织的损伤并非一个可信指标，但它的生物半衰期较长，肌肉损害时在 7 d 以内仍可保持升高；如果血清中肌酸磷酸激酶含量很快下降，天门冬氨酸氨基转移酶含量缓慢下降，则提示肌肉没有进一步的损害发生。

二、乳酸脱氢酶(LDH)的测定

(一)原理

乳酸脱氢酶在辅酶的递氢作用下，使乳酸脱氢而生成丙酮酸。丙酮酸在二硝基苯肼碱性溶液中呈红棕色，显色的深度与丙酮酸的浓度呈正比，当用标准丙酮酸溶液作比色测定，即可定量并进而推算出乳酸脱氢酶的活力。

(二)试剂

(1)0.1 mol/L 甘氨酸缓冲液　称取甘氨酸 7.505 g，氯化钠 5.85 g，先用适量蒸馏水溶解，然后再加蒸馏水至 1 000 mL。

(2)乳酸钠缓冲基质液(pH10)　准确量取 *DL*-乳酸钠(65%～70%)溶液

10 mL放入量瓶中，再加入0.1 mol/L甘氨酸缓冲液125 mL、0.1 mol/L氢氧化钠溶液75 mL，充分混匀。

(3)辅酶Ⅰ溶液　称取辅酶Ⅰ 10 mg，溶于2.0 mL蒸馏水中，置冰箱保存。

(4)2,4-二硝基苯肼溶液　称取2,4-二硝基苯肼200 mg，放在1 000 mL容量瓶内，加入1 mol/L盐酸至刻度。

(5)0.4 mol/L氢氧化钠溶液。

(6)丙酮酸标准液(1 μmol/mL)　精确称取丙酮酸钠11 mg，溶解在100 mL乳酸钠缓冲基质液中。现用现配。

(三)操作

将新鲜血清做5倍稀释，按表2-44步骤操作。

表2-44　LDH测定操作步骤　mL

	测定管	对照管
稀释血清	0.05	0.05
乳酸钠缓冲基质液	0.5	0.5
蒸馏水	0	0.1
	37℃水浴放置3 min	
辅酶Ⅰ溶液	0.1	0
	混匀，37℃水浴放置15 min	
2,4-二硝基苯肼溶液	0.5	0.5
	混匀，37℃水浴继续放置15 min	
0.4 mol/L氢氧化钠溶液	5.0	5.0

混匀，室温中静置5 min，用440 nm或蓝色滤光板比色，以蒸馏水调零，依次读取各管的光密度。

(四)计算

以测定管的光密度减去对照管的光密度，其余数查标准曲线表，可得出酶的活力单位，如再除以5，即换算成每100 mL血清中酶的活力单位。

(五)标准曲线的制作

以光密度做纵坐标、酶单位为横坐标，把1～10管所得光密度在坐标上标点，连接各点便成一标准曲线。

表 2-45　标准曲线制作步骤　mL

	0	1	2	3	4	5	6	7	8	9	10
1 μmol/L 丙酮酸钠标准液	0	0.05	0.10	0.15	0.20	0.25	0.30	0.35	0.40	0.45	0.50
乳酸钠缓冲基质液	1.00	0.95	0.90	0.85	0.80	0.75	0.70	0.65	0.60	0.55	0.50
蒸馏水	0.3	0.3	0.3	0.3	0.3	0.3	0.3	0.3	0.3	0.3	0.3
2,4-二硝基苯肼溶液	1.0	1.0	1.0	1.0	1.0	1.0	1.0	1.0	1.0	1.0	1.0
混匀,37℃水浴放置 15 min											
0.4 mol/L 氢氧化钠溶液	10.0	10.0	10.0	10.0	10.0	10.0	10.0	10.0	10.0	10.0	10.0

混匀,室温中静置 5 min,用 440 nm 或蓝色滤光板比色,以蒸馏水调零,读取各管的光密度。将 1～10 管光密度减去 0 管光密度,所得值的相应酶活力单位,依次为 250、500、750、1 000、1 250、1 500、1 750、2 000、2 250、2 500 单位。

(六)临床诊断价值

乳酸脱氢酶存在于肝、心肌、骨骼肌、肾脏等部位。当肝脏实质损伤、肾脏疾患、白血病等疾患时升高;在急性肝炎和心肌损伤时明显升高;胆道疾患时也有升高。

附:自动生化分析仪及临床应用

自动生化分析仪是一种把生化分析中的取样、加试剂、去干扰、混合、恒温、反应、检测、结果处理以及清洗等过程中的部分或全部步骤进行自动化操作的仪器。它完全模仿并代替了手工操作,实现了临床生化检验中的主要操作机械化、自动化。

自动生化分析仪的结构分为分析部分和操作部分,二者可分为两个独立单元,也可组合为一体机。分析部分主要由检测系统、样品和试剂处理系统、反应系统和清洗系统等组成;操作部分就是计算机系统,贮存所有的系统软件,控制仪器的运行和操作并进行数据处理。

1. 检测系统

检测系统(光度计)由光学系统和信号检测系统组成,是分析部分的核心。它的功能是将化学反应的光学变化转变成电信号。

(1)光学系统　光学系统由光源、光路系统、分光器等组成。作用是提供足够强度的光束、单色光及比色的光路。

①光源　自动生化分析仪的光源一般采用卤素灯，多为 12 W、20 V；提供波长范围为 340～800 nm 的光源，寿命为 800 h 左右。

②光路系统　光路系统包括从发出光源到信号接收的全部路径，由一组透镜、聚光镜、光径(比色杯)和分光元件等组成。有直射式光路和集束式光路系统及前分光和后分光之分。前分光的光路与一般分光光度计相同，即光源—分光元件—样品—检测器。后分光的光路是光源—样品—分光元件—检测器，将一束白光(混合光)先照射到样品杯，然后通过光栅分光，再用检测器检测任何一个波长的吸光度，后分光的优点是不需移动仪器的任何部件，可同时选用双波长或多波长进行测定，降低了噪声，提高了分析的精度和准确度，减少了故障率。目前的全自动生化分析仪多采用后分光的光路，半自动生化分析仪也有少数采用后分光光路原理的。

直射式光路由于光束较宽，难以减少所测试反应液的体积。集束式光路则是通过一个透镜使光束变窄，可检测低至 180 μL 的反应混合体，是生化分析仪的超微量检测成为可能。近年来又出现了点光源技术。它的光束更小，照射到样品杯时仅为一个点，可使反应液的量降至 120 μL。

③分光元件　分光元件有滤片、全息反射式光栅和蚀刻式凹面光栅 3 种形式，均为紫外中的可见光。全息反射式光栅是在玻璃上覆盖一层金属膜后制成，有一定程度的相差，且易被腐蚀；蚀刻式光栅是将所选波长固定刻制在凹面玻璃上(1 mm 内可以蚀刻 4 000～10 000 条线)，有耐磨损、抗腐蚀、无相差等优点。滤光片均为干涉滤光片，有插入式和可旋转式滤光片槽、滤光片盘两种。插入式是将要用的滤光片插入滤片槽中；滤光片盘是将仪器配备的滤光片都安装在此盘中，使用时旋转至所需滤光片处即可。滤光片多在半动生化分析仪中。

④光径比色部分　光径是指比色杯的厚度，比色杯的厚度有 1 cm、0.6 cm 和 0.5 cm 3 种。光径小的可以节省试剂，减少样品用量，是目前较常用的。光径小于 1 cm 时，仪器能自动校正为 1 cm。其比色方式有两种类型。

流动式比色：通过吸液器将试管内的有色溶液吸入固定的比色杯，进行比色后再吸出，此为单通道比色系统。这种比色杯也称流动比色池。半自动生化分析仪的比色系统都采用这种流动比色方式。

反应杯比色：反应杯兼作为比色杯，它以不同形式逐个连接在一起，按一定顺序通过光路，进行连续比色。近年来出现了一种袋式自动生化分析仪，它的反应杯是一种用特殊塑料制成的试验袋，比色方式也属于反应杯连续比色。

(2)信号检测器　信号检测器的功能是接收由光学系统产生的光信号，并将其转换成电信号并放大，再把它们传送至数据处理单元。信号接收器一般为硅(矩阵)二极管，信号传送方式有光电信号传送和光导纤维传送两种，光导纤维传送技术更先进，可消除电磁波对信号的干扰，传送速度更快。

2. 样品、试剂处理系统

该系统包括放置样品和试剂的场所、识别装置、机械臂和加液器。功能是模仿人工操作识别样品和试剂，并把它们加入到反应器中。

(1)样品架(盘) 样品架是放置样品管的试管架，试管架为分散式，通过轨道运输，可有单通路轨道和双通路轨道两种，后者可与样品前处理系统连接，实现实验室的全自动化。样品盘是圆形的，可以放置样品管或样品杯，通过圆周的机械运动传送样品。样品箱供放置样品盘用，一般为室温。有些大型仪器已设计了具有冷藏功能的放置标准物的圆形样品盘，以供随时进行标准和质控的测定。

(2)试剂盘 试剂盘用于放置实验项目所用的试剂。试剂箱供放置试剂盘用，可有1～2个，并多有冷藏装置(4～15℃)。

(3)识别装置 识别样品和试剂的一种方法是根据样品的编号及在样品架或盘上所处位置来识别；另一种则是条形码识别装置。条形码识读器是通过条形码对样品和试剂进行识别。

(4)机械臂 机械臂的功能是控制加液器的移动，根据仪器的指令携带加液器运动至指定位置。自动生化分析仪可有2～4个机械臂。它们分别是样品臂和试剂臂。

(5)加液器 加液器由吸量注射器和加样针组成。吸量注射器用特殊的硬质玻璃或塑料制成，包括阀门注射器和阀门。早期分立式生化分析仪的加液器由采样器和加第一试剂的加液器组合而成，也称稀释器。现代的加液器都是采用各自的管路和加样针进行样品和试剂的添加，加上特殊的冲洗技术，减少了交叉污染。目前较为先进的定量吸取技术是采用脉冲数字同步定位，定位准确，故障率低。如果加脱气装置，又可防止样品和试剂间的交叉污染，提高加样的精度。加样针与静电液面感应器组成一体化探针。它具有自我保护功能，遇到障碍能自动停止并报警，可防止探针损坏。该系统可从特定的地点准确地吸取样品或试剂，并转移到指定的反应杯中。

(6)搅拌器 搅拌器由电机和搅拌棒组成，电机运转带动搅拌棒转动，速度可达每分钟数万转，使反应液被充分混匀。搅拌棒的下端是一个扁金属杆，表面涂有一层不黏性材料(如特力伦)，也有采用特殊的防黏清洗剂，其作用是减少携带率，从而使交叉污染率降至最低水平。

3. 反应系统

反应系统由反应盘和恒温箱两部分组成。反应盘是生化反应的场所，有些兼作比色杯，置于恒温箱中。

自动生化分析仪通过温度控制系统保持温度的恒定，以保证反应的正常进行，其保持恒温的方式有3种。干式恒温加热式，方便，速度快，不需要特殊防护，但稳定性和均匀性不足；水浴式循环加热式，特点是温度准确，可达±0.1℃，但需要特殊的防腐剂才能保证水质洁净；恒温液循环间接加热式，它的结构原理是在比色杯周围流动着一种特殊的恒温液，具有无味、无污染、不变质、不蒸发等特点，在比色杯与恒温液之间又有一个几毫米的空气夹缝，恒温液通过加热夹缝的空气达到恒温，其均匀性、稳定性优于干式，又有升温迅速，不需特殊保养的优点。恒温控制器可以对25℃、30℃和37℃ 3种温度进行恒温，根据需要任意选择，半自动生化分析仪恒温器属于这种。全自动生化分析仪的温度控制器一般只能控制37℃一种温度，少数也有可以控制30℃和37℃两种温度的。

4. 清洗机构

清洗装置一般由吸液针、吐液针和擦拭块组成，可有5～9段清洗不等(段即冲洗的步骤)。清洗的工作流程为吸出反应液—吐入清洗剂—吸干—吐入去离子水—吸干—擦干。

清洗剂可有碱性和酸性两种；吐入的去离子水在一些大型仪器上可以加热成温水，并且可反复清洗2～3次，有些还可以风干。这些功能有效地提高了洗涤效果，减少了交叉污染的程度以及测定的精密度和准确度。

5. 数据处理系统

随着微机技术的进步，全自动生化分析仪的数据处理系统的功能日趋完善，主要表现在具有各种校准方法、测定方法、多种质量监控方式、项目间结果计算、各种统计功能、多种报告打印方式、数据储存和调用。

【复习思考题】

1. 简述血常规检查在临床上的诊断意义。
2. 血常规检验时，在操作上应注意哪些事项才不致发生错误?
3. 各种白细胞的形态有何特点？如何区分?
4. 血沉、血红蛋白含量、红细胞数、白细胞数和白细胞分类计数等检验项目的临床诊断价值是什么?
5. 血液各种化学成分测定有何临床诊断意义?
6. 尿液化学成分测定有何临床诊断意义?

7. 尿中出现大量肾上皮细胞、尿路上皮细胞、膀胱上皮细胞有何诊断价值?
8. 什么叫管型? 尿中出现管型有何意义?
9. 简述粪便检验的临床诊断价值。
10. 如何应用实验室检查方法来鉴别 3 种不同类型的黄疸?
11. 血清转氨酶测定有什么临床意义?
12. 尿素氮含量升高的临床诊疗价值是什么?
13. 肾功能检查临床指标的测定意义是什么?
14. 心肌损伤的检查指标有哪些?
15. 乳酸脱氢酶的临床诊疗意义是什么?

第三章　特殊检查技术

知识目标

- 了解临床上常用诊断仪器的工作原理、使用方法。
- 掌握临床上常用诊断仪器功能、使用方法和在有关临床疾病中的应用。

技能目标

- 了解金属探测仪、内腔镜及心电图的操作程序。
- 熟悉 X 光机与 B 超机的使用方法以及在临床应用。

第一节　金属探测仪及内腔镜的检查

一、金属探测仪的应用

反刍动物采食饲料时一般不加仔细咀嚼即吞咽，如果饲料中有金属异物则易被吞下，甚至造成网胃及心区附近器官的损伤。为探查反刍动物前胃特别是网胃内及心区附近器官、组织内有无金属异物可使用金属探测仪。探测仪主要由搜索器、扩音装置及受声器三部分所组成，各部之间以导线连接。使用前，先连接好各部导线，将受声器装于耳上，再用所附有的检验棒探试。如当检验棒的金属钉之一端接近搜索器(距离 4～6 cm)，受声器内听到尖锐的鸣声，即可使用。一手持搜索器于被检动物腹部下方及剑状软骨附近区域与心区进行移动、检查，如于距离动物体表 6 cm 以内有金属异物存在，则可在受声器内听到尖锐的鸣声。发现后，应将搜索器前、后、左、右反复移动，仔细检查，以期确定金属异物存在的位置及其大小、形状等。

用后闭好开关、分解各部，贮存于容器内。器械应防潮保存，并避免过强振动。

各种形式的金属探测仪，其敏感度稍有差异，且当异物存于深部(距体表 8 cm

以上)或非金属性,则不易探测出来;另外,虽已探查证明有金属异物存在,但未必即已造成创伤性疾病,因而单纯以金属异物探测仪探查结果,并不足以立即确诊或排除疾病,应将探测结果结合临床检查等各项资料综合判定方有意义。但当临床检查结果提示有创伤性网胃炎、创伤性心包炎或其他创伤性疾病(如肺炎、肝脓肿、脾脓肿等)可疑时,金属探测仪的检查结果则有重要参考意义。对慢性、顽固性、反复发作的前胃功能障碍病例,探测结果可帮助明确诊断。

近年来,国内生产的金属探测仪有以指示灯或毫伏指针为标记等类型。金属探测仪不断改进的结果,其灵敏度有很大提高,可探知距动物体表 12～18 cm 深度范围内的金属异物,实际效果很好。

有的研究者提出将金属探测仪与恒磁吸引器配合使用,可在很大程度上提高确诊率。即应用金属探测仪检查结果,判定网胃内存有金属异物时,可投入恒磁吸引器并吸出胃内的游离金属异物(注意:探测检查前应给以短时的饥饿绝食以减少胃内容物),继之再用金属探测仪进行探试,如还证实网胃内存有金属异物时,再用恒磁吸引器将胃内游离金属异物吸出。如此反复进行 3～4 次,则胃内游离的金属异物将能基本上吸出。然后再进行探测,如还有金属异物存在的反应时,即可提示金属异物已刺入网胃或其周围组织内并引起了创伤性炎症。这就在一定程度上克服了单纯使用探测仪,只能反映是否存有金属异物,但不能判断金属异物是否已刺入组织的缺陷与不足。联合应用金属探测仪与恒磁吸引器,在提高诊断因吞食金属异物而造成的网胃及其周围组织、器官的创伤性炎症病例的可靠性上有重要的实际意义。

当然,在最后判定时,还应综合所有临床及辅助检查所得到的全部症状、资料,以做全面的分析。

二、内腔镜的检查

内腔镜或内窥镜,简称内镜或窥镜,是一种先进的医学光学仪器。借助于内窥镜,可以直视体内许多组织器官系统的形态,可以在损伤性很小的情况下完成一些传统手术,还可方便地从活体组织器官上获取少量组织进行疾病的诊断。

目前内腔镜在小动物临床上的应用逐渐增多,不仅在疾病的临床检查、诊断方面发挥了重要作用,而且发展到对许多疾病能够进行有效治疗。临床上内窥镜主要是软性纤维内窥镜。包括胸腔镜、喉镜、胆道镜、膀胱镜、腹腔镜、食管镜、胃镜、结肠镜及关节镜等,其中,以消化道内镜和腹腔镜在宠物疾病检查及治疗中应用最多。

对小动物进行消化道检查或实施手术,须禁食 12～24 h,检查前 30 min 对咽喉部行表面麻醉，皮下注射阿托品类解痉剂以抑制胃肠蠕动，并肌肉注射适宜的麻醉剂进行全身麻醉，动物左侧卧保定。若进行直肠或结肠检查，除禁食外，还须在检查前 1～2 h 用温水灌肠，排空直肠与结肠的积粪。

(一)食管镜检查

1. 检查方法

经口插入食管镜，进入咽腔后，沿咽峡后壁正中到达食管入口，观察管腔走向，调节插入方向，边送气边插入，同时进行观察。颈部食管正常是塌陷的，黏膜光滑、湿润，呈粉红色，有纵行皱襞。胸段食管随呼吸运动而扩张或塌陷，食管与胃的结合部通常关闭。

2. 病理变化

急性食管炎时，黏膜肿胀，呈深红色鹅绒状。慢性食管炎时，黏膜弥漫性潮红、水肿，附有淡白色渗出物，亦可见糜烂、溃疡或肉芽肿。若食管壁长有息肉，可见黏膜向腔内呈局限性隆起，注气后不消失。同时注意观察食管是否狭窄，有无静脉瘤、静脉曲张等病变。

(二)胃镜检查

1. 检查方法

常规插镜，缓慢进镜，镜头过贲门后停止插入，对胃腔进行大体观察。正常胃黏膜湿润、光滑，暗红色，皱襞呈索状隆起。上下移动镜头，可观察到胃体部大部分，依据大弯部的切迹可将体部与窦部区分开，将镜头上弯并沿大弯推进，便可进入窦部。检查贲门部时，将镜头反曲为 J 字形进行观察。

2. 病理变化

常见的病理变化有胃内异物、胃炎、胃内息肉、胃溃疡及胃出血等。

(三)结肠镜检查

1. 检查方法

经肛门插入结肠镜，边插边送入空气，当镜头通过直肠时，顺着肠管自然走向深入，将镜头略向上方弯曲，便可进入降结肠。

2. 病理变化

常见的病理变化有结肠炎、结肠息肉、慢性溃疡性结肠炎、肿瘤及寄生虫等。

(四)腹窥镜检查

应用腹腔镜实施检查，具有对术部创伤小、脏器功能干扰轻，对患病动物痛苦少及术后恢复快的突出优点。临床上主要用于动物腹腔探查(结肠、膀胱、十二指肠、脾、肾、肝、膈、卵巢、子宫、腹股沟环、胃等)、隐睾摘除、卵巢切除、腹股沟阴囊疝修复、膀胱破裂修复、胃固定术、结肠固定术、胚胎移植等方面。

1. 检查方法

根据窥视器官不同,可以选择不同部位进行切口。局部按常规剃毛消毒,将腹部先以无菌手术切开小口,通过切口插进腹腔镜,打开光源,即可进行检查。

2. 病理变化

观察腹腔脏器的位置、大小、颜色、表面性状以及有无粘连。

(五)喉、气管及支气管镜检查

1. 喉镜检查

应用咽喉镜时,动物横卧保定(温驯动物也可站立保定),牢固固定头部。先将器械在水中稍加温,并涂以润滑剂,然后经鼻道插至咽喉部,并用拇指紧紧将其固定于鼻翼上。打开电源开关使前端照明装置将检查部照亮,即可借反射镜作用而通过镜管窥视咽喉内情况,如黏膜变化、异物、软骨陷没等。

2. 支气管镜检查

支气管镜检查适用于临床上具有气管或支气管阻塞症状的动物。检查前30 min进行全身麻醉。取2%利多卡因1 mL鼻内或咽部喷雾。取腹卧姿势,头部尽量向前上方伸展,经鼻或经口腔插入内窥镜(经口腔插入时需装置开口器)。根据个体大小选择不同型号的可屈式光导纤维支气管镜,镜体以直径3～10 mm、长25～60 cm为宜。插入时,先缓慢将镜端插入喉腔,并对声带及其附近的组织进行观察,然后送入气管内。此时边插入边对气管黏膜进行观察。对中、大型犬,镜端可达肺边缘的支气管。对病变部位可用细胞刷或活检钳采取病料,进行组织学检查,还可吸取支气管分泌物或冲洗物进行细胞学检查。

(六)膀胱镜检查

膀胱镜主要用于母畜(公畜须先行尿道切开术,故只有在严重适应症时方许施行),通过阴门、尿道插入之。借助膀胱镜可以窥视膀胱的黏膜,正常时膀胱黏膜富有光泽、湿润,血管隆凸,呈深红色,输尿管口不断有尿滴形成。发生慢性膀胱炎时,黏膜增厚,形如山峡或类似肿瘤样增生。

三、腹腔内窥镜在临床上的应用

(一)腹腔镜技术在绵羊早期妊娠诊断中的应用

1. 诊断方法

将母羊保定在移动式手术架上。手术部位在乳房前 8～10 cm 处进行,用打孔器打入腹腔,并通过打孔器充气孔充入适量 CO_2气体,使腹壁与内脏分离。然后借助腹腔内窥镜的光源和镜头观察母羊子宫发育情况,如观察到两侧子宫大小相差显著,且较大的一侧子宫或两侧子宫(双胎或多胎)有轻微蠕动,子宫表面血管丰富明显,可确定为妊娠。术后对打孔部位用碘酒棉球作消毒处理,同时肌肉注射 320 万单位青霉素,防止伤口感染。同样将妊娠与未妊娠的母羊用颜色打上不同的记号,以便作相应的处理。

2. 腹腔内窥镜诊断的准确性

应用腹腔内窥镜进行绵羊的妊娠诊断,在操作上较之 B 超诊断来说过程较为繁琐,且对母羊有一定的损伤。但由于利用该技术,可通过内窥镜光源及镜头直接观察到卵巢反应及两侧子宫发育的情况,可以很直观地判断出母羊是否妊娠,所以在诊断时间上可适当提前。如妊娠 30 d 左右,子宫角不对称,孕角变得较粗,弯曲减少,空角仍呈弯曲状且较细,可见子宫浆膜下的血管。45 d 后,可见子宫壁变薄,血管变粗,呈树枝状。通过试验可看到腹腔内窥镜诊断的准确率可达到 100%。

(二)应用腹腔镜对母山羊进行腹腔探查

动物的急腹症经常需要进行剖腹探查确诊,但是剖腹探查有高发性术后并发症,包括败血症、肠梗阻和腹腔内粘连等。由于腹腔镜具有微创、术后恢复快和能观察到剖腹探查术很难看到部位的优点,因此是一项很有吸引性的技术。

1. 方法

腹腔探查前山羊分别禁食 24 h,禁水 12 h。鹿眠宝 0.1～0.2 mL/kg 肌肉注射,全身麻醉,分别左侧卧、右侧卧和仰卧保定。右肷部区域剃毛、清洗和常规消毒,垂直刺入 Veress 气腹针,向腹腔内充入 CO_2气体,气腹压力维持在 1.064 kPa。插入内径为 11 mm 套管,在体外将腹腔镜镜头浸入 50～80℃的灭菌生理盐水预热 1～2 min,通过套管进入腹腔。从腹腔前方膈肌到盆腔内的膀胱依次探查,在探查过程中可以调整山羊的体位,同时用摄像机录制。右侧卧和仰卧位探查方法同上。观察完毕后缓慢放气,11 mm 穿刺口缝合一针。

2. 结果

(1)右肷部腹腔镜探查结果　腹腔镜定位于腹腔前部，在这个区域看到的第一个结构是部分肝脏；不能看见胆管或胆囊；也可见到部分十二指肠降段、大网膜；将腹腔镜向前推进则能观察到膈肌中央的腱质部；在腰椎横突的腹侧可见到腹膜后空间突出腹膜的右肾，其由脂肪组织包裹。腹腔镜定位于腹腔后部，可见到部分十二指肠降段和大网膜、部分空肠或回肠、结肠、盲肠、弯曲的子宫体和子宫角、卵巢，在盆腔入口处可见膨大的膀胱。

(2)左肷部腹腔镜探查结果　腹腔镜定位于腹腔前部，看到的最多的结构是瘤胃、脾脏、膈肌中央的腱质部；有时也可以看到网胃和正常变位的皱胃；在腹腔镜通路附近可见类似于右肾外表的左肾。腹腔镜定位于腹腔后部，可见瘤胃背囊、部分空肠或回肠、结肠、左子宫体和子宫角、卵巢和膀胱。

(3)腹中线腹腔镜探查结果　腹腔镜定位于腹腔前部，能见到膈肌中央的腱质部、瘤胃、部分脾脏、网胃，腹中线右侧能看到部分肝左叶。腹腔镜定位于腹腔后部，腹腔后部大部分被大网膜遮盖，调整体位，使其头低尾高与水平呈10°～30°角，之后用腹腔镜将大网膜向前拨动，可以看到部分空肠或回肠、结肠和盲肠、子宫体、子宫角和卵巢、膀胱。

(三)应用腹腔镜对奶牛进行腹腔探查

奶牛的一些腹腔疑难杂症(例如原因不明的急慢性腹痛、腹水、腹腔肿瘤)常常需要通过剖腹探查进行确诊，但是剖腹探查对动物机体损伤较大，影响术后伤口愈合，而且剖腹探查常常伴发术后并发症，例如腹腔感染、腹腔脏器粘连等。由于腹腔镜腹腔探查具有创伤小、出血少、疼痛反应轻微、术后恢复快等优点，而且无论是近期手术切口并发症还是远期腹腔粘连，都比传统的剖腹探查要大为减少，因此腹腔镜腹腔探查是一项优势非常明显的技术。

1. 方法

分别在腹腔探查前禁食 24 h、禁水 12 h，目的是尽可能使牛的胃肠道食物排空，以便于在检查时更清楚地观察腹部各脏器的解剖结构及有无异常。奶牛选择六柱栏内站立保定，腰旁神经传导麻醉配合 0.5%盐酸普鲁卡因于进套管针部位局部浸润麻醉。奶牛在腹腔镜腹腔检查之前先做直肠检查，确保 Veress 气腹针、套管针和腹腔镜头插入的正下方没有粘连或者肿块和其他重要的器官。右肷部局部大面积清洗、剃毛和常规消毒，垂直皮肤刺入 Veress 气腹针，将气腹针与全自动气腹机相连，向腹腔内充入 CO_2 气体，保证腹腔内有一定的压力，从而起到推压腹内脏器和保证术野良好显露的作用。一般来讲，开始充入 CO_2 气体时全自动气腹机的压力值(即奶牛腹腔内压力)不应该超过1.333 kPa(即10 mmHg);如果一开始充气压力值就高于此数值,说明 Veress 气腹针堵塞,可适当调整气腹针位置,或者用止血钳适当提起奶牛肷部的肌肉、皮肤;若腹内压力仍高于此数值说明气腹针进针位置不正确,应立即关闭气腹机,重新刺入。奶牛刚开始腹腔内充气时充气速度不宜太快,建议以低流量即 0.5～1 L/min 为宜,目的是使奶牛逐渐适应腹内压力的变化。待注入 2 L 左右的 CO_2 气体时,奶牛无异常变化可改为高流量充气。在刺入 Veress 气腹针时,一定要注意防止气腹针进入皮下即开始充气。奶牛气腹完成之后,用两把巾钳将肷部皮肤提起,垂直皮肤刺入内径为11 mm 的套管锥/套管,刺入后拔出套管锥,将腹腔镜镜头消毒后从套管中进入腹腔。观察腹腔内脏器有无出血、粘连或其他异常。观察完毕后缓慢放气,11 mm穿刺口缝合一针。

2. 结果

腹腔镜镜头于健康牛右肷部进入,腹腔镜在右腹部前部观察到的第一个结构是部分肝脏,依次可见到真胃、部分十二指肠、大网膜;将腹腔镜向后上方推进在第2、第 3 腰椎横突的腹侧,可见到突出腹膜的右肾,其由脂肪组织包裹;腹腔镜向后方移动即定位于腹腔后部,可见到部分空肠、盲肠、右侧子宫体、子宫角、卵巢。

(四)腹腔镜技术在马疾病诊治中的应用

1. 在疾病诊断中的应用

(1)腹腔探查　利用腹腔镜进行腹腔探查,不仅可以观察马的腹腔镜下的解剖结构,而且也有利于某些腹部疾病的诊断和预后。

(2)活组织检查　腹腔镜可以用来直接进行活组织检查。在腹腔镜的引导下进行活检技术可以直视被检组织器官,并且可以选择要活检组织器官的确切部位,从而准确取得样本。

2. 在疾病治疗中的应用

腹腔镜技术不仅用于疾病的诊断,而且还用于疾病的治疗。马的大多数腹部手术都可以用腹腔镜技术来完成。事实上,对于马驹和成年马的许多腹部手术,腹腔镜技术都优于传统的手术。目前,马的腹腔镜技术主要集中在生殖系统手术、泌尿系统手术、疝修补术、结肠固定术与肾脾间隙闭合术及粘连松解术等手术。

(1)生殖系统手术　马的生殖系统手术包括许多手术,主要用于改变其繁殖能力、助产及控制和治疗生殖器官疾病等。然而,临床报道和试验研究最多的马生殖系统手术是腹腔镜隐睾切除术和卵巢切除术等。

隐睾切除术:腹部隐睾的切除是一种最常见的马腹腔镜手术。通过腹部探查鉴定隐睾的大小和位置,然后再利用腹腔镜手术常规切除隐睾。Hanrat H M 等通过使用单极或双极电凝充分电凝止血睾丸系膜血管，容易且安全地完成了站立马的腹腔镜隐睾切除术。

卵巢切除术：正常和患病的卵巢可以通过腹腔镜手术进行切除。该手术适用于母马的绝育、卵巢肿瘤及行为习性问题。在腹腔镜下，通过使用不同的器械和结扎技术，可以确保卵巢系膜的充分止血。Rodgerson D H 等描述了使用单极或双极电凝充分电凝止血卵巢系膜血管，并完全切断卵巢系膜，从而完成了匹母马的腹腔镜卵巢切除术。

(2)泌尿系统手术　泌尿系统手术可以治疗各种肾脏疾病、膀胱结石及破裂等疾病。目前，腹腔镜技术已经成功地用于马的肾切除术、膀胱切开术和成形术等泌尿系统手术。

肾切除术：肾切除术的适应症主要包括肾积水、肾石病、肾盂肾炎、脓肿、肿瘤、线虫病、异位性输尿管等单侧肾疾患。在马上，不仅实现了腹腔镜肾切除术，而且已经进行了站立马的手辅助腹腔镜肾切除术。

膀胱切开术和成形术：马的膀胱结石通常发生在公马，临床主要表现为血尿、痛性尿淋漓、排尿困难以及偶尔的轻微腹痛。Rêcken M 等报道了在阉马中利用腹腔镜辅助的膀胱切开术移除尿结石，结果表明，腹腔镜辅助的膀胱切开术在阉马中能成功地取出 6～8 cm 直径的尿结石。

(3)疝修补术　一般来说，马通常发生腹股沟疝、腹部切口疝等，利用腹腔镜技术可以有效地对其进行修补，从而达到手术治疗的目的。

腹股沟疝修补术：腹腔镜技术可以用于治疗马驹和成年马的腹股沟疝。利用腹腔镜技术很容易还原和检查脱出的肠管，以及使用 U 形钉或缝线修补体内的疝环。

腹部切口疝修补术：在理想情况下，常规探查性剖腹术后的切口疝发病率仍然维持在 8%～12%的范围内。传统修补方法通常导致显著的并发症，包括血肿、感染和部分或完全修补失败等。马的腹腔镜切口疝修补术比开腹手术的切口疝修补术减少了并发症。

(4)结肠固定术与肾脾间隙闭合术　马的大结肠移位的复发率通常在 5%～8%，尤其母马的发病率较高。目前已经报道有 3 种手术方法可以预防和治疗复发的大结肠移位，包括大结肠切除术、结肠固定术和肾脾间隙闭合术。由于常规手术切除大结肠移位和扭转伴随着许多并发症，因此主要应用腹腔镜结肠固定术和肾脾间隙闭合术预防结肠移位。

(5)粘连松解术　对位于难接近部位的腹内粘连，能利用腹腔镜，在直视的前提下完成止血，安全地切开那些粘连。

3. 在繁殖研究方面的应用

由于腹腔镜技术具有直视和微创的特点，因此最早主要将其应用于马的卵巢观察及生殖道的检查等。

(五)腹腔镜技术在小动物临床上的应用

1. 在诊断中的应用

(1)腹腔探查　使用腹腔镜进行腹腔探查术,通常可对超声检查出的疑似病变进行直视检查然后诊断。对肝外胆管阻塞的疾病,可以通过用钝性探头对胆囊进行触诊,然后确诊。腹腔镜可直接观察到腹腔器官如胃肠表面、肝胆、胰腺、卵巢和子宫等,因此,大多腹腔脏器的疾病可以通过腹腔镜检查来进行确诊。

腹腔镜可以用来进行腹部创伤的检查。主要包括肝脏和脾脏的破裂,以及膈疝、膀胱破裂、肾脏破裂、腹壁疝等。腹腔镜技术也可以用来进行腹腔肿瘤的诊断,通过直视观察、活检,对肿瘤的性状和浸润扩散的范围有直观的认识,更加准确地认识肿瘤,为进行开腹手术治疗提供可靠依据。将犬猫仰卧保定后可以用腹腔镜来进行膀胱和生殖道的检查。观察卵巢表面以判定卵泡的生长发育情况,从而准确地判定排卵时间,为动物配种提供精确的依据,减少空怀的可能。

(2)活体组织取样　在腹腔镜的引导下进行活检,可以直视被检组织器官,并且可以选择要活检组织器官的确切部位,准确取得样本,获取的样本质量远远高于用针吸活检的样本,并且能获得足够的组织。腹腔镜活检可以避免误伤其他器官,也可及时地发现出血并进行有效止血。

2. 在疾病治疗中的应用

(1)腹腔镜生殖系统的手术　腹腔镜技术在犬、猫等小动物临床诊疗中主要用于绝育、卵巢子宫切除和隐睾摘除等。

(2)腹腔镜腹腔器官手术　腹腔镜技术主要应用于犬、猫等小动物的脾脏摘除术、胃切开术、膀胱手术(包括:膀胱憩室切除术、膀胱颈悬吊术、膀胱修补术、膀胱扩大术、膀胱全切及尿流改道术)和肿瘤切除术等。

第二节　心电图检查

心动电流描记法是一项重要的特殊检查方法,它对于心律失常、心脏肥大、心肌梗塞和电解质紊乱的诊断具有重要意义。心脏在机械性收缩前心肌首先发生电激动,产生心脏动作电流,利用心电图机将机体表面的心电变化描记于心电图纸上所得到的曲线图,称为心电图。

一、心电图的导联

导联是心电图机的正、负极导线与动物体表相连而构成描记心电图的电路。按电极与心脏电位的关系来分类，导联大致可分为单极导联（形成电路的负极几乎不受心脏电位的影响）及双极导联（两电极都受心脏电位的影响）；按电极与心脏的关系来分类，可分为直接导联（探查电极与心脏直接接触）、半直接导联（电极靠近心脏，如胸导联）及间接导联（电极远离心脏，如肢体导联）。

电极连接时一般都规定：红色（R）连接右前肢；黄色（L）连接左前肢；蓝或绿色（LF）连接左后肢；黑色（RF）连接右后肢；白色（C）连接胸导联。

在具体操作时，只要按上述颜色的导线连在四肢的电极板上，将心电图机上的导联选择开关拨到相应的导联处，即描出该导联的心电图。下面分别介绍马和牛的心电图导联。

二、正常心电图

学习心电图首先应了解一些有关的心电图正常值，如各导联心电图的波形、时间等。只有熟悉了心电图的正常范围，以及如何对心电图进行测量和分析，才能对所描记的心电图做出是否正常的判断。若不在正常范围内，则再进一步分析其不正常的性质和意义，从而做出有助于临床诊断的心电图报告。

（一）心电图各波的名称

（1）P 波　代表心房肌除极过程的电位变化，也称心房除极波。

（2）QRS 波群　代表心室肌除极过程的电位变化，也称心室除极波。这一波群是由几个部分组成的，每个部分的命名通常采用下列规定。

Q 波：第一个负向波，它前面无正向波。

R 波：第一个正向波，它前面可有可无负向波。

S 波：R 波后的负向波。

R′波：S 波后的正向波。

S′波：R′波后又出现的负向波。

QS 波：波群仅有的负向波。

R 波粗钝（切迹）：R 波上出现负向的小波或错折，但未达到等电线。

QRS 波群有多种不同的形态，通常以英文大、小写的字母分别表示大小。波形不超过波群中最大波的一半者称为小波，用小 q、r、s 表示，见图 3-1。

（3）T 波　反映心室肌复极过程的电位变化，也称心室复极波。

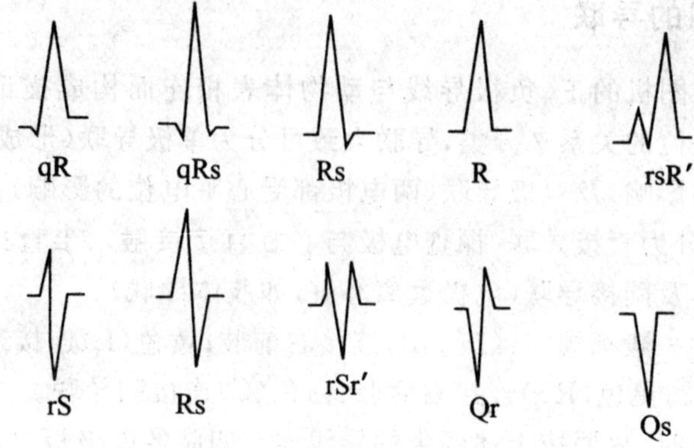

图 3-1 QRS 波群的不同波型

(二)心电图各间期及段的名称(图 3-2)

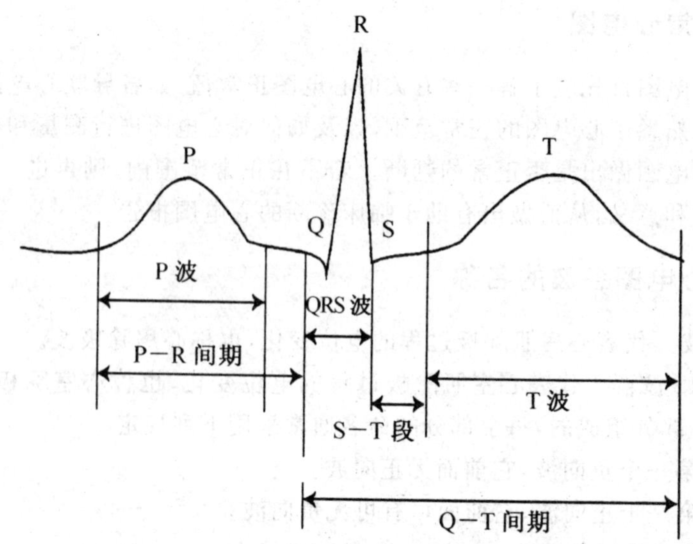

图 3-2 心电图各波、间期及段的名称

(1)P—R 间期　自 P 波开始至 Q 波开始时间。它代表自心房开始除极到心室开始除极的时间。

(2)P—R 段　自 P 波终了到 Q 波开始的时间。代表激动通过房室结及房室束的时间。

(3)QRS 间期　自 Q 波开始到 S 波终了的时间。代表两侧心室肌(包括心室间隔肌)的电激动过程。

(4)S—T段　自S波终了至T波开始。

反映心室除极结束以后到心室复极开始前的一段时间。

(5)J点(结合点)　S波终了与S—T段衔接处。

(6)Q—T间期　自Q波开始至T波终了的时间。代表在一次心动周期中，心室除极和复极过程所需的全部时间。

(三)心电图记录纸

心电图记录纸有粗细两种纵线和横线。横线代表时间，纵线代表电压。细线的间距为1 mm，粗线的间距为5 mm，纵横交错组成许多大小方格。通常记录纸的走纸速度为25 mm/s，故每一小格代表0.04 s，每一大格(5小格)代表0.20 s。一般采用的标准电压是，输入1 mV电压时，描记笔上下摆动10 mm(10小格)，故每一小格代表0.1 mV。如1 mV标准电压，使描记笔摆动8 mm，则每1 mm的电压就等于0.125 mV。见图3-3。

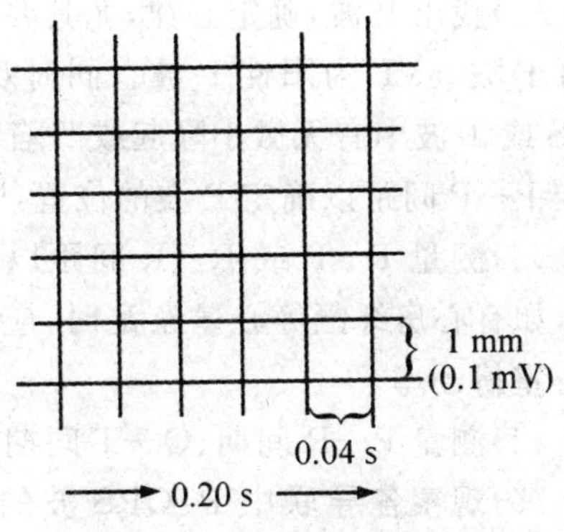

图3-3　心电图记录纸

三、心电图的测量方法

(1)被检动物要绝缘，置放电极部位剪毛并以酒精棉球充分擦拭脱脂，极牢固地夹持。

(2)连接电源、地线，打开电源开关，校正标准电压。

(3)连接肢导线，并将肢导线的总插头连在心电图机上。肢导线按规定连接：红色(R)连接右前肢，黄色(L)连接左前肢，蓝色或绿色(LF)连接左后肢，黑色(RF)连接右后肢，白色(C)连接胸导联。

(4)按下或转动导程选择器，基线稳定，无干扰，即可描记。一般按$L_{Ⅰ}$、$L_{Ⅱ}$、$L_{Ⅲ}$、aVR、aVE、aVF、$V_{Ⅰ}$、$V_{Ⅱ}$……每个导程描记4～6个心动周期，并打一个标准电压。

(5)描记完毕，关闭电源开关，旋回导程选择器，卸下肢导线及地线，并在心电图纸上注明动物号及描记时间。

四、心电图的分析步骤和报告方法

在分析心电图时，应准备一个双脚规和一个放大镜。观察微细的波形变化并准确地测定各波的时间、电压和间期等，通常可采取下列步骤依次测量观察。

(1)将各导联心电图剪好，按 $L_{Ⅰ}$、$L_{Ⅱ}$、$L_{Ⅲ}$、aVR、aVE、aVF、$V_{Ⅰ}$、$V_{Ⅱ}$……的顺序贴好，注意各导联的 P 波要上下对齐。检查心电图导联的标志是否准确，导联有无错误，定标电压是否准确，有无干扰波。

(2)找出 P 波，确定心律，尤其要注意 aVR 和 aVF 导联。窦性心律时，aVR 为阴性 P 波，aVF 为阳性 P 波。同时观察有无额外节律如期前收缩等。仔细观察 QRS 或 T 波中有无微小隆起或凹陷，以发现隐没于其中的 P 波。利用双脚规精确测定 P—P 间距以确定 P 波的位置，以及 P 波与 QRS 波群之间的关系。

(3)测量 P—P 或 R—R 间距以计算心率，一般要测 5 个以上间距求平均数(s)，如有心房纤颤等心律紊乱时，应连续测量 10 个 P—P 间距，取其平均值以计算心室搏动率。

(4)测量 P—R 间期、Q—T 间期、$V_{Ⅰ}$ 及 $V_{Ⅵ}$ QRS 间期等。

(5)观察各导联中 P、QRS 波的形态、时间及电压，注意各波之间的关系和比例。

(6)注意 S—T 段有无移位，移位的程度及形态，T 波的形态及电压。

心电图报告是对所描记的心电图的分析意见和结论。一般可按上列的分析内容或心电图报告单的项目逐项填写。在心电图诊断栏内要写明心律类别、心电图是否正常等。在进行心电图诊断时，必须结合临床检查和血液检查等结果综合分析。心电图是否正常，可分为如下 3 种情况。

正常心电图：心电图的波形、间期等在正常范围内。

大致正常心电图：如个别导联中，有 S—T 段轻微下降，或个别的期前收缩等，而无其他明显改变的，可定为大致正常心电图。

不正常心电图：如多数导联的心电图发生改变，能综合判定为某种心电图诊断，或形成某种特异心律的，都属于不正常心电图。

五、心电图检查法的临床应用

(一)心电图各波、间期的常见变化

1. P 波

(1)P 波电压增高　见于交感神经兴奋、心房肥大和房室瓣口狭窄等。P 波增

高但时间正常，波形呈高尖型，是右心房肥大的特征，多见于肺源性心脏病，故称为“肺型 P 波”。P 波增高且时间延长时，波形有明显切迹呈双峰型，是左心房肥大的特征，多见于二尖瓣狭窄，故称“二尖瓣 P 波”。P 波消失，表示心脏节律上的失常。心房颤动时 P 波消失，代之以许多颤动的小波(f 波)。

(2)P 波倒置　在 P 波本身应为阳性波的 aVF 导联中变为阴性波，表示有异位兴奋灶存在，如激动来自左心房或房室结附近，因激动在心房中的传导方向自上而下，故形成阴性波。

(3)P 波低平　可属正常，但电压过低则属异常。

2. P—R 间期

P—R 间期延长，见于房室传导障碍，迷走神经紧张度增高。P—R 间期缩短，见于交感神经紧张，预激综合征。预激综合征是指房室间激动的传导，除经正常的传导途径外，同时经由另一附加的房室传导途径，此附加的传导径路，由于绕过房室结，故传导速度明显快于正常房室传导系统的速度，使一部分心室肌预先受激。心电图除 P—R 间期缩短外，还有 QRS 波群时间增宽，而且形态有改变，其开始部分多呈明显粗钝，P—R 间期或加 QRS 波群时间的总时间正常，仍在 0.26 s 以内。预激综合征多见于非器质性心脏病，一般预后较良好。

3. QRS 波群

QRS 间期增宽，波形模糊、分裂，见于心肌泛发性损伤并有房室束传导障碍。也有人认为 QRS 间期延长是心室内传导障碍的结果。QRS 波群电压增高主要见于心室肥大、扩张、心脏与胸腔距离缩短。电压降低，在标准导联和加压单极肢导联中，每个导联的 R 及 S 波电压绝对值之和均在 5 mm 以下时，称为 QRS 低电压，见于心肌损害、心肌退行性病变和心包积液时。Q 波增大或加深，多见于 L_{III} 导联，与心肌梗死有关。

4. S—T 段

S—T 段的移位在心电图诊断中常具有重要的参考价值。在 S—T 段偏移的同时，多伴有 T 波改变，二者都说明心肌的异常变化。S—T 段上移，见于心肌梗死。S—T 段下移，见于冠状动脉供血不足、心肌炎和严重贫血。

5. T 波

T 波是心室复极波。它与传导组织没有密切关系，但与心肌代谢有密切关系。一切可以影响心肌代谢的因素，都可能在不同程度上影响 T 波。T 波的正常形态是由基线慢慢上升达顶点，随即迅速下降，故上下两支不对称。T 波形态变化常是病理性的，如高血钾症时，T 波不仅高尖且升支与降支对称，急性心肌缺血常呈现深尖的倒置 T 波。T 波减低或显著增高多属异常变化，尤其是在同时伴有 S—T

段偏移时更具有诊断意义。

6. Q—T 间期

Q—T 间期延长可见于心肌损害、低血钾、低血钙时。Q—T 间期缩短见于洋地黄作用、高血钾、高血钙时。

(二)某些疾病的心电图变化

1. 左心室肥厚

主要变化反映在 V_{VI} 导联中,QRS 波群时间延长,超 0.129 s 甚至 0.16 s,电压增高。有时还可见 S—T 段低垂,T 波倒置的变化。有人把仅有电压增高而没有 S—T 段和 T 波改变者,称为"左室肥厚";仅有 S—T 段和 T 波改变而没有电压增高者,称为"左室劳损";同时具有两者改变者,称为"左室肥厚劳损"。

2. 右心室肥厚

主要变化在 V_I 和 aVR 导联中。V_I 导联的 QRS 时限增宽,可超过 0.11 s,波形呈 R 或 RS 形,电压增高至 0.14 mV 以上;aVR 导联中 R 波电压增高,超过 0.41 mV。

3. 心肌梗塞

心电图的变化对心肌梗塞的诊断具有重要意义。表现在心电图上的主要特征是出现异常 Q 波,S—T 段升高及 T 波倒置。

(1)异常 Q 波　是由于坏死的心肌丧失了除极和复极的能力引起的。正常时整个心室由内层向外层除极,心肌中形成一系列的除极向量由内向外如同星状四处放射。但在心肌梗塞时,由于坏死区缺乏兴奋能力,形成一个缺口,该区没有除极向量和其他各方面的向量相抗衡,因而在该区形成了一个离开该区指向对侧的病理向量,即 Q 向量。该向量与覆盖梗塞部位的导联轴方向相反,故得一负波即 Q 波。如果在梗塞区对侧放置导联进行记录时,由于该向量的方向正与对侧导联轴的方向一致,可得到一个正波,使该导联 R 波反而增高。

(2)S—T 段变化和 T 波倒置　主要由坏死区周围心肌受到严重损伤所引起。在心肌梗塞急性期有明显的 S—T 段升高与起始时为直立的 T 波相连,呈一向上的拱形曲线。随后 S—T 段逐渐回到等电线上,T 波由直立转为倒置,并逐渐加深形成两侧对称的"冠状 T 波"。随着病情的好转,T 波倒置减浅或恢复直立,并趋于稳定。最后遗留永久性的异常 Q 波,称为陈旧性心肌梗塞。

心肌梗塞绝大多数是由于冠状动脉闭塞引起的,但闭塞的时间长短不同,上述的异常 Q 波、S—T 段上升和 T 波倒置的心电图改变情况亦不尽相同,从狗的冠状动脉钳压试验中,可看出上述 3 种改变与闭塞时间的关系。即冠状动脉钳压后几分钟以内，心电图就出现T波倒置。这时如果立即停止钳压，恢复心肌的血液供应，则倒置的T波又能恢复直立。这种心电图改变称为“缺血型”改变。如果钳压时间延长，则心电图继T波倒置之后，出现S—T段逐渐升高，倒置的T波逐渐减小，直至S—T段和T波融合起来，形成一条向上的拱形曲线。此时如果立即停止钳压，则心电图还能逐渐恢复正常。这种心电图改变，称为“损伤型”改变。如果心电图上出现拱形曲线后，仍然继续钳压，则心电图可进一步引起QRS波群的改变，原来的R波变为负向的Q波(QRS波群为QS型)，此后即使停止钳压，心电图也不再恢复原状。这种改变称为“坏死型”改变。

六、心电图在动物麻醉中的应用

动物麻醉和手术前运用心电图监测动物有没有心力衰竭，其发生前或后负荷升高及心排血量降低；休克和低血容量的动物可表现心率增快、血压下降及前后负荷降低。在动物麻醉中运用心电图指导麻醉用药和循环管理，协助麻醉药物的监测，便于发现药物的毒性反应，及时调整麻醉药物剂量；监测麻醉对心血管功能的影响，提高麻醉的安全性。

心电图Q—T间期代表心室肌除极和复极化的全过程，即心室的收缩和舒张，心率的变化可影响Q—T间期，所以需用心率矫正，麻醉药物氟哌利多可使心率矫正延长。Bonel等观察了隆朋(2 mg/kg)-氯胺酮(25 mg/kg)麻醉25只健康雪貂、氯胺酮(25 mg/kg)麻醉7只雪貂心电图的变化。结果发现，氯胺酮麻醉中雪貂大量流涎、睁眼、肌肉震颤、肌肉挛缩、四肢划水状、试图站立、心电图不稳定。因为隆朋一氯胺酮麻醉产生良好肌松，则心电图无肌肉震颤等引起的干扰，心电图稳定。黄忠明报道，羟甲基芬太尼给家兔静脉注射0.2 μg/kg或3-甲基芬太尼1.0 μg/kg后，动脉血压无明显变化，对心率抑制轻微，最多不超过用药前的30%，给予5.0 μg/kg羟甲基芬太尼或25 μg/kg 3-甲基芬太尼，部分家兔心电图出现P波缺失、T波倒置和S—T段压低现象。Freire用0.1～0.2 mg/kg的隆朋(二甲苯胺噻嗪)给绵羊肌肉注射，所得的心率和P—R、Q—T间期数据有些变化，但减慢和延长的差异不显著。李继昌等报道，二甲苯胺噻唑对绵羊心电图的影响表现为心率减慢、房室传导阻滞、窦性心动徐缓，窦性心律不齐和抑制心室复极过程等，但这些变化接近生理范围。张慧灵等报道，小剂量冉乌头碱即可引起大鼠心电图的心率加快，继续增加剂量，分别引起室性早搏、室性心动过速、心室纤颤等快速型心律失常及心搏停止。赵生财用反刍兽平衡麻醉复合制剂MP合剂麻醉山羊时，除心率有所降低外，心电图波形未出现明显的变化。

第三节　超声诊断

兽医超声诊断是一种无放射性、无损伤、无疼痛、操作简便和结论迅速的影像诊断技术。它与传统X线、CT成像、核磁共振和核素成像一起被称为当前医学五大影像诊断技术。兽医超声诊断仪可分为A型(超声示波法)、B型(超声断层显像法)、D型(超声多普勒法)、M型(超声光点扫描)4种。其中,A型是最原始的一种,现已基本不用;D型即妊娠诊断仪;M型主要探查心血管系统疾病及记录胎动、胎心等部位的运动情况;B型俗称B超,其原理是将超声回声信号以光点明暗,由点到面构成一幅被扫描部位或组织的二维断层图像。根据被检动物的超声图像与正常组织的超声图像的差异,可以用来测定实质脏器的体积、形态及物理状态;判断囊性器官的大小、形态、走向;检测心血管的结构、功能与血液动力学状态;检测脏器内占位性病灶的物理性质;检测是否有体腔积液;引导穿刺、活检或导管植入等辅助诊断。

一、B超仪

(一)B超仪的基本构造

B超仪一般包括主机和探头两部分,探头将主机送来的电信号转变为高频震荡的超声信号,又将从组织脏器反射回来的超声信号转变为电信号而显示于主机的显示器上。根据显示方式有彩超和黑白超之分。探头是B超诊断仪的主要部件,在使用中也是最容易损坏的部分,因此使用时首先应注意保护探头,以防损坏。

另外,除了主机和探头以外,许多B超诊断仪还可以配带照相机、录像机、影像打印仪、鼠标、键盘。甚至还可以连接计算机,装入专门的软件,可以将超声图像作彩色显示、图像处理、存储、检索放大及自动分析等,还可以计算图像的周长、面积等。

(二)B超仪的应用

B超诊断仪可用于牛、羊、猪、兔的早孕诊断和胚胎发育监测;牛、熊胆囊定位、牛黄普查和人工牛黄的成形、牛肝肺监测;难产时胎儿死活鉴定;假孕、子宫及腹腔积液、腹腔肿瘤的诊断;胃内容物、肠套叠等的辅助诊断。尤其对小动物,是妊娠和疾病诊断的重要手段。

(三)B超仪的操作

(1)连接主机与探头及其他部件(如照相机、影像打印机等)。

(2)将各部件与电源相连接。

(3)接通电源,将各部件的电源开关打开。

(4)输入操作日期、病例号等其他一些数据。

(5)动物保定后,探查部位体表剪毛、剃毛、涂布超声耦合剂。常用的超声耦合剂有凡士林、甘油、液体石蜡、商品超声胶等。

(6)将探头稍用力紧贴在探查部位,以线形、扇形、弧形、径向等方式探查。

(7)探查到典型的病变,可以用冻结键冻结图像,然后利用主机上的其他键进行测量及标示,以及进行照相、存储、打印、输出等处理。

(8)检查完毕,关闭各部件开关,切断电源,用蘸有肥皂水的软湿布轻擦探头,绝对不能把探头浸于水中。

(9)连接或取下探头必须是在关闭电源的情况下进行,其他部件的连接或取下也应先关闭电源。

二、D型超声诊断仪在兽医临床上的应用

(一)母猪早期妊娠探查

1. 妊娠母猪早期胚胎发育的解剖生理特点

猪为多胎动物之一,妊娠期为114 d,胎儿平均分配于左右子宫角内,但不完全以等间隔的距离占位。胎儿的发育情况,因其在子宫角内分配的位置不同而异,其中某些胎儿发育较大,另一些可能较小,其胎位和胎向不定。随着月龄的增长,一方面胎儿发育增大、胎水增多使子宫体下坠、扩大并前移,一般妊娠30 d左右子宫在倒数1、2对乳头部位,80 d以上可移至第6对乳头前后;另一方面母体子宫血液供给加强,胎儿血循环旺盛,逐渐出现胎心音、胎动、胎儿动脉血流音和脐带血流音。

2. 超声多普勒腹壁探查法

(1)仪器条件 超声多普勒诊断仪。超声强度≤20 mW/cm^2;超声频率5 MHz。

(2)动物保定 母猪一般不需保定,以安静侧卧为最好。趴卧、站立均可进行。

(3)探测部位　在下腹部左右肋部的乳房上,从最后一对乳头后上方开始。随妊娠日龄增长逐渐向前移动,最后可达胸骨后端。两侧乳头中间相当于腹白线处也可探到。

(4)探查方法　除去探查部位上皮肤的污物,涂擦耦合剂,使探头紧贴腹壁,妊娠初期探头向耻骨前缘方向上下前后移动,并不断变换探测方向,以便寻找胎儿心音。妊娠早期由于胚胎很小,一般先探到母体子宫动脉血流音,然后在其周围探测即可探到胎心音。

(5)判定标准　当探到子宫动脉血流音、胎心音、胎儿动脉血流音、胎儿脐带脉管血液音或胎动音时即可判断为妊娠。各种声音信号的特征如下:母体动脉血流音,有节律的"啪嗒"、"啪嗒"声,或蝉鸣声,频率与胎心音相同;胎动音,为有节律的"咚"、"咚"声或"扑通"、"扑通"声,频率在 200 次/min 左右,胎心音一般比母体心音快,高于母体心音 1 倍多。

3. 注意事项

(1)要注意各种信号音的特点并加以区别。一般在配种 30 d 时的诊断准确率最高,可达 90%。

(2)胎动音的出现较胎心音稍晚,一般在妊娠 50 d 以上才能探到,80~90 d 最为频繁,90 d 以上反而减弱。

(3)多胎妊娠母猪较容易探到胎心。怀胎较少时(8 只以下)则效果较差,故多胎可较早地做出诊断。

(4)母体子宫动脉血流音与母体其他动脉血流音有明显区别,并随妊娠状态而改变,出现时间早于心音,易于探测。因此,以子宫血流音判断妊娠可缩短探测时间,提早诊断日期。

(二)母牛早期妊娠探查

1. 妊娠母牛早期胚胎发育的解剖生理特点

牛妊娠一般为单胎,双胎仅占 0.5%~2%,妊娠期为 285 d,母牛怀孕后,随妊娠日期的增加,胎儿的营养需要加强,因此除子宫的位置下垂、容积扩张外,子宫壁的血管分支增加,并逐渐变粗变直,子宫中动脉和子宫后动脉的变化特别明显,妊娠 5 个月的直径为不妊娠时的 4 倍,出现所谓"怀孕脉搏",孕角比空角出现早而显著。胎水的变化与其他动物一样,随妊娠的日期增加数量增多,到怀孕末期则相对减少。

2. 超声多普勒阴道内探查法

(1)仪器条件　超声多普勒诊断仪。由于母牛阴道较长,探柄须改装加长,其尺寸依牛体大小及阴道长度而定，一般加长 50～60 cm 即可。

(2)动物保定 于六柱栏或四柱栏内保定。

(3)探查部位和方法 将阴道穹窿按顺时针方向划分为 12 个区，用开腔器打开阴道，以长柄探头(经加长手柄的换能器)蘸取耦合剂(液体石蜡或石蜡乳剂)然后伸入阴道，距子宫颈口约 2 cm 处按 12 个区顺序进行探查，同时听取或录制多普勒信号音，即妊娠母牛的子宫脉管血流音。

(4)判定标准 主要依据母牛妊娠后不同胎龄子宫脉管血流音出现的部位和特点而定。子宫脉管血流音的特点是：根据声音的强弱可分为有节律的“呼——呼——”声、“啊呼”声和蝉鸣声，其频率与母体的脉搏相同。血流音出现的部位主要集中在阴道 4、5、6、7、8 五个区域，其中尤以 5、7 两区更为集中。母体妊娠 30～40 d，可探到“啊呼”声，且多限于 1、2 区内；40～50 d，除出现“啊呼”声外，部分孕牛同时可探到蝉鸣音；50～70 d，约一半出现蝉鸣声；80～90 d，有 2/3 可探到蝉鸣声。

3. 注意事项

(1)子宫脉管血流音，随妊娠天数增加而增加，可探范围也随之扩大，其特点是妊娠 40 d 内只出现“啊呼”声，40 d 以后才出现蝉鸣声，只听到“呼——呼——”声为未孕或因子宫下垂探头接触不良而造成误诊。

(2)判断标准除依据子宫脉管血流音外，胎儿脐带血流音的出现也是妊娠的一个重要标志，其声音特点是有节律的很快的血流声，集中在 5、6、7 三区内，并多出现在妊娠后 50～70 d。

(3)判定信号音时，要注意区分母体动脉音(有节律的扑通音)和静脉音(类似刮风音)及胃肠蠕动音(有连续的沙沙音)。

三、B 超仪在绵羊早期妊娠诊断中的应用

1. 方法

将母羊放倒，使母羊呈坐姿并且后肢对着操作人员，由保定人员将母羊四肢抓稳保定，操作人员把涂有耦合剂的探头紧贴在母羊鼠蹊部的无毛区，同时手部稍用力，以便使探头与皮肤充分接触。此时操作人员在此区域用探头来回扫描数遍同时观察显示屏上有无胎盘子叶状黑色物质、胎儿骨骼及胎儿蠕动等情况来判断母羊是否妊娠。检查后将妊娠与未妊娠的母羊用颜色打上不同的记号，以便作相应的处理。

2. B 超仪诊断的准确性

采用 B 超仪诊断母羊妊娠情况，通常与母羊妊娠时间长短有很大的关系。如

在移植后 60 d 之前进行 B 超妊娠诊断，由于胎儿在此时期未发育成型，胎动不明显，故很难准确判断出母羊是否妊娠。据陈兆英在对湖羊利用超声断层扫描进行早孕试验中得出，在母羊配种不足 20 d 时很难诊断出。而在移植 60 d 以后，如果母羊妊娠，则胎儿在这以后骨骼及全身各部分器官都已经发育成型，此时则很容易通过胎盘子叶及胎儿的形状和蠕动来进行诊断。

四、B 超仪在水牛繁殖中的应用

(一)监测卵巢状况和卵泡发育

在 B 超仪使用前，对卵巢上的卵泡评价只限于直检和内窥镜的检查。B 超仪的使用，可清晰地监测卵巢上卵泡发育情况、黄体的消长规律。Baruselli 等用 B 超仪监测河流型水牛的卵泡周期，证实水牛的卵泡生长发育是以波形式为特点，也包括卵泡募集、生长和退化过程。其他学者 B 超监测证实水牛卵泡波以典型的 2 波为主，占 66.7%，3 个波峰的占 33.3%，没有 4 波周期。韦英明等(2006)用 B 型超声波观察 9 头沼泽型母水牛的卵泡发育动态，结果也表明沼泽型母水牛的发情周期由 2 个或 3 个卵泡发育波(简称卵泡波)组成，以 2 个卵泡波为主。当卵巢上出现优势卵泡时我们必须检查其是否是排卵卵泡，目前除 B 超外尚无方法鉴定优势卵泡的生理状况，而这对同期发情后进行固定时间输精是关键的。近来也有关于应用 B 超控制卵泡波的选择和研究优势化卵泡的内源性机制的报道。目前在水牛中用 B 超来监测超排中卵泡发育状况的方法引起了极大的重视。认为当超排处理时没有优势卵泡或优势卵泡正退化或平台期，排卵数增加。B 超监测卵泡生成的研究结果表明，在第二个卵泡波开始时变化很大，在发情中期，则很难使超排程序标准化。一些学者用 B 超监测卵泡生长来选择最佳超排处理时机，结果表明在卵泡生长的第 1 天，而不是在第 5 天，进行超排处理可取得更好的超排效果。选择在第 1 个卵泡波进行超排处理，与在第 2 个卵泡波进行超排处理相比，结果没有显著差异。

由于水牛的黄体深深嵌合在卵巢中，直肠检查难以判断，用 B 超对黄体的检查是基于肿块和黄体组织图像不同而判断的，可以更灵敏、直观。在水牛中，成熟发育的黄体在排卵后的第 1 天到第 3 天可被认出，与卵巢组织相比，黄体边缘变得更黑、灰。通常卵巢与黄体的区分主要依靠整个组织块中是否有小卵泡分布，B 超用广泛的灰阶可提高辨别卵泡结构的能力。在水牛胚胎移植时可用 B 超来评价受体牛的黄体状况，如果卵巢上没有功能黄体，仅有小黄体、软黄体或黄体不规则并带有液体时，一般不移植。

(二)早期妊娠诊断

B超实时扫描为诊断妊娠家畜提供了一个有效的工具。在生产实践中，B超可提高早期妊娠(小于40 d)诊断的精确性。在水牛，怀孕20 d左右即可通过子宫变化做出诊断。胚胎有明显的组织反应结构，四周充满液囊。在怀孕3周可通过检查心跳来鉴定胎儿出现和胚胎活力。最初出现的胚胎其B超探测线是短的，呈直回归线，3周之后变成C型，4周(或4.5周)后呈L形。而且最早探测到胚囊、胚斑和胎心搏动的时间分别为配种后17 d、19 d和31 d。而在生产中直肠触诊一般在怀孕60～90 d才能做出确诊。

(三)诊断繁殖疾病

在繁殖疾病诊断方面，可用B超诊断仪诊断卵泡和黄体囊肿、子宫积液、蓄脓、子宫炎症及胚胎吸收、流产、死亡等，以及妊娠母牛的子宫内膜炎、子宫积水、子宫蓄脓、胎儿浸润、死胎等。另外也可用B超对产后子宫复旧进行监测，在子宫复旧完成时，子宫大小及内膜厚度均减小到固定大小。

(四)胚龄和胎儿性别鉴定

根据胎儿的生殖结节或阴囊与乳房进行性别判定。在胎儿分化过程中，生殖结节在雄性中由后腿间起始部位移向脐带，在雌性则移向尾部。鉴别时应仔细探查脐部、后腿及尾区，确认头、搏动的心脏、脐带等标记部位。最佳鉴别时间为妊娠后50～60 d。鉴别可在生产条件下进行，但需要相当丰富的经验。

(五)活体采卵

在荧光屏显示下，用B超诊断仪的探头确定卵泡，将穿刺针沿着穿刺线的方向从穿刺架上推出，刺入卵泡，脚踏低压吸引器，将卵母细胞吸入采卵管，卵母细胞经体外成熟后可受精，也可用于胚胎移植。

五、兽用超声多普勒仪在奶牛早期妊娠诊断中的应用

兽用超声多普勒仪在畜牧业生产中应用较为广泛，特别是应用于奶牛的早期妊娠诊断，具有操作简单方便、准确率高等特点。

(一)方法

先在兽用超声多普勒仪探头上涂抹石蜡油,特别是晶片,以增加耦合系数和润滑度,然后按直肠检查法,掏尽直肠内的粪便,将探棒送入直肠 30～45 cm,将晶片对准所配种的子宫角一侧的子宫中动脉,探测其宫血音。若探不到任何声音,应取出探头洗净后再探,直到听到清晰的宫血音为止。

(二)判定标准

宫血音似"呼——呼——"音为阴性信号,表明未怀孕(－);宫血音似"啊呼——啊呼——"音或蝉鸣声,其频率与母体心音同步,有节律,声音振动并拉长为阳性信号,表明怀孕(＋)。

(三)结果

超声多普勒仪对奶牛早期妊娠诊断的总符合率随着妊娠日龄的增加而不断上升,误诊率和漏诊率随着妊娠日龄的增加而逐渐降低,以至消失。随着妊娠时间不断延长,胎儿也在逐渐增大,母体对胎儿的供血量也在不断增加和加强,表现在子宫中动脉其血流量加大、加强,用兽用多普勒仪检测到的宫血音也越来越清晰,因而误诊率也逐渐下降乃至消失。

第四节 X 线检查及暗室技术

X 线诊断是使用 X 线检查患畜,借助其特殊性能,观察动物体内组织器官的解剖形态、生理功能和病理变化,从而对疾病做出诊断的一种诊断方法。X 线检查是一种特殊视诊,其主要特点是能够克服被毛和体壁的障碍,看到机体内部组织器官的状态和变化,如机体内的骨骼与关节、心、肺、胃、肠、肝、胆、肾、膀胱和子宫等,不仅看到其静止的解剖形态,尚可观察其运动和功能,例如心的搏动、肺的呼吸、胃肠的蠕动、胆汁与尿液的分泌功能等,所以 X 线检查具有其独特的效果。它除了作为一种诊断手段而在临床上广为应用外,还可用于对畜群进行诊断性普查,以便对某些传染性疾病或群发性疾病进行早期诊断和预防控制。此外,X 线可以观察病程经过、防治效果和判断预后,还可对解剖、生理等基础学科进行研究。

一、X线影像形成的原理及几个概念

(一)X线影像形成的原理

X线能使动物体在荧光屏或X线片上形成影像，首先是由于它具有穿透能力、荧光作用和摄影作用等特性，其次是由于动物组织本身存在有密度和厚度的差别，当X线穿透不同组织结构时，它被吸收的程度不同，达到荧光屏或X线片上的X线量也有差异，因此在荧光屏或X线片上就形成黑白对比不同的影像。X线穿透密度不同而厚度相同的组织时，密度高的组织比密度低的组织吸收X线多；穿透厚度不同而密度相等的组织或器官时，厚的部分吸收X线多。

(二)X线影像的密度、对比度与清晰度

一张质量佳良的X线照片，其影像应有适当的密度、良好的对比度和较高的清晰度。

(1)密度　即照片黑色的深浅度，也即光线能透过X线照片的程度，这由被检部物质的密度决定。物质的密度取决于构成该物质的原子序数和单位体积中的原子数目，此二者又构成物质的比重，所以物质的密度与比重是一致的。如在动物体中骨骼的密度大于肌肉。此外，照片的密度又与曝光的程度有密切关系。

(2)对比度　即不同密度的组织在其所形成的X线照片影像中显现出的密度差异，如骨骼和肌肉在照片上就要表现出应有的密度差异。良好的对比度应是黑白分明、境界清楚。

(3)清晰度　即被检部组织在照片上微细结构与外形轮廓的清晰程度。清晰度良好的照片，应能显现精细的骨小梁和锐利的边缘轮廓。

(三)天然对比与人工对比

1. 天然对比

动物体各种组织和器官，彼此的密度与比重不同，吸收X线的程度有差异，所透过的X线在荧光屏上形成的影像有明暗之分，在X线照片上有黑白之别，形成不同的对比。这种差异是动物体本身天然具有的，故称天然对比。动物体中按其组织结构的密度不同，可以大致分为骨骼、软组织(包括体液)、脂肪和气体4类，骨骼在动物体中是密度最高，吸收X线最多，故在X线照片上感光最少，显示为白色阴影，而在光屏上则产生荧光最弱，显示为黑暗的阴影。软组织及体液软组织包括

皮肤、肌肉、结缔组织与软骨、腺体与脏器等，它们彼此之间的密度差异很小，对 X 线的吸收率大致相似，故它们之间不存在明显的对比。但与脂肪组织有一定的对比，对骨骼与气体则呈明显对比。在 X 线照片上呈灰白色，在荧光屏上呈暗灰色。脂肪组织虽然也属软组织，密度较小，故与其他软组织和体液之间仍呈现一定的对比，在对比度好的 X 线照片上显现密度稍低的灰黑色阴影。存在于呼吸器官和胃肠道内的气体密度最低，吸收 X 线最少，与其他组织对比明显，故其阴影恰与骨骼相反，在照片上阴影最黑，在荧光屏上最为明亮。此外，物体的厚度也影响 X 线的吸收而与对比度有关，如很厚的软组织表现的阴影密度也可以大于很薄的骨组织。

2. 人工对比

动物体组织器官虽然具有一定的天然对比，如胸部的胸廓、心、肺之间或四肢的骨骼与肌肉之间最为明显，但其他部位的软组织和器官之间则缺乏天然对比，若使这些组织结构和器官显现出来，就必须用人工方法，在管腔内或器官的周围注入造影剂造成人工的对比差异，故此种方法称为人工对比。造影物质应该无毒无副作用且性质稳定，常用造影剂有气体（空气、氧气、二氧化碳）、碘剂和钡剂。

(1)消化道造影　消化道造影是兽医临床上最常使用的一种造影方法。大动物主要用于食管检查，能显示食管内腔病变及外壁的占位性病变，对食管疾病的诊断提供有价值的根据。患畜无须特殊准备，在保定栏站立保定，于其左侧作透视检查。一般用 40%左右硫酸钡悬浮液 300～500 mL，如同水剂投药法，经鼻孔插管后灌注造影剂。检查颈段食管时，插管不宜过深，约超过咽后 15 cm 即可，在透视下可以看见胶管的位置。然后接上灌药器把钡剂徐徐灌入，边灌边透视，可以看见颈段和胸段食管情况，如发现异常变化，可拍摄局部食管的 X 线照片。在检查过程中，要把导管固定好，避免因动物摇头摆动而使导管倒退，致药液误入气管。亦需注意避免药液溅出，沾着被检部的被毛和皮肤。

小动物的消化道造影，除应用于食管检查外，还可用于胃肠检查和钡剂灌肠。食管检查的患畜无需特殊准备，插管灌入钡剂通常用站立侧位或直立位透视检查。但犬的食管检查以自然吞食钡剂为佳，做站立侧位透视检查。用含钡 80%的浓钡浆约 20 mL（可调入适量砂糖或炼乳）用汤匙喂给。钡浆通过食管较慢，有时可显示黏膜情形。小动物的胃肠造影，使用约 40%的钡悬浮液，可以显示胃、肠的内腔及其蠕动排空情况，用以检查 X 线可透性异物、肿块所引起的消化道狭窄或阻塞，消化道的痉挛和扩张，管壁上的肿瘤或溃疡以及胃肠的移位等。检查时胃、肠应空虚，故须禁饲 24 h，检查前禁水 12 h。随动物的大小不同，需给予钡悬浮液 100～300 mL，可在站立侧位或正、侧卧位透视观察，并对腹部加以推压检查。小动物钡剂灌肠比口服钡剂能更清楚显现大肠的状态，此法主要诊断回、结肠的肠套叠，大肠的狭窄、肿瘤或外在的占位性肿块和先天性畸形等。钡灌前先用肥皂水洗肠，将内容排尽，但肠阻塞可疑病例不应洗肠。通常用25%的钡悬浮液约500 mL，并禁用油质作插管润滑剂。

(2)泌尿道造影　泌尿道造影仅限于对小动物应用，包括肾盂、输尿管及膀胱造影。可作膀胱肿瘤、可透性结石、前列腺炎、先天性畸形、肾盂积水、输尿管阻塞、肾囊肿、肾肿瘤的诊断及肾功能的检查。造影前先作普通平片检查。膀胱造影通常是按导尿方式插管，将尿液排尽后向膀脉内灌注无菌空气 50～100 mL，或灌注10%碘化钠液(同上量)。插管困难者可作静脉注射造影(同肾盂造影)。静脉注射排泄性肾盂造影，患畜应停喂一天，使胃肠空虚，造影前 12 h 禁止饮水。静脉注射前患畜仰卧保定，在后腹处加压迫带和气垫压迫输尿管下段，阻止造影剂进入膀胱而使肾盂充盈良好。缓慢静脉注射 50%泛影钠，剂量按每千克体重 2 mL 计算。注毕 5～15 min 拍摄腹背位的腹部照片，即行冲洗，如肾盂肾盏已显现清楚(否则需要重拍)，可解除压迫带，使造影剂进入膀胱而拍摄膀胱照片。

(3)瘘管造影　瘘管造影可以了解瘘管盲端的方向位置、瘘管分布范围及与邻近组织器官或骨骼是否相通，以辅助手术治疗。根据实际情况，可选用前述的10%～12.5%的碘化钠液、碘油或钡剂等，用玻璃注射器连接细胶管或粗针头，插入瘘管内，加压注入造影剂使其充满瘘管腔。注毕轻轻拔出胶管或针头，以棉花填塞瘘管口，以防造影剂溢出，并把周围沾有造影剂的皮肤被毛用棉花小心揩净。尽可能从两个方向或角度透视和拍片，以了解病变的全貌。

(4)气腹造影　气腹造影在兽医临床上有一定价值，大小动物都可应用。小动物的应用范围更广，可以显示膈后的腹腔各器官，如膈、肝、脾、胃、肾、子宫、卵巢和膀胱等脏器，对观察其外形轮廓及彼此关系、有无其他病变存在都有较大作用。小动物可以随意改变体位，达到较充分的检查。注入的空气应先通到盛有液体的玻瓶过滤，以防止带入细菌。可按一般腹腔穿刺方法程序刺穿腹壁，针头由胶管与玻璃注射器连接。如有三通接头(一叉接注射针头，一叉接空气过滤瓶，一叉接玻璃注射器)最为便利可以连续注射。注射量因动物种类和大小不同而异，小动物 1～8 L、大动物 3～15 L 不等。如发现动物出现呼吸困难或不安，立即停止注射。如欲检查前腹器官，则应使前躯处于高位；检查后腹脏器，要使后躯处于高位。检查完毕，宜再穿刺腹腔，将游离气体尽量吸出，残余空气数天后可逐渐吸收。

(5)四肢关节充气造影　四肢关节充气造影，可用于大动物，以了解关节间隙、关节软骨和关节腔室等情况。前肢通常由肘关节以下，后肢由膝关节以下至系关节都可以进行。穿刺方法同外科关节穿刺术，注气操作与气腹造影相同。但应注意如果随便反复穿刺，以至于造成关节囊气体漏出于邻近组织中，造成气肿而发生干扰。穿刺时如发现出血，不能注入气体，以防止形成气栓。各关节的充气量不尽相同，据在牛体的试验报告得出，腕间关节可注入 40～80 mL，系关节 90～100 mL，肩、肘、跗关节 90～150 mL 不等。膝关节充气量最大，可达 400～600 mL。为充分显现背侧和掌侧的关节囊腔室，各关节应拍摄其侧位照片，但检查膝关节半月状板时，应拍摄其后前位照片。腱鞘及体液囊造影可参照上述关节造影。造影完毕，关节囊内气体应尽量吸出，残余气体数天后可逐渐吸收。

二、X 线机的类型

1. 携带式 X 线机

携带式 X 线机亦称手提式 X 线机，特点是管电流一般为 10～15 mA，管电压为 60～75 kV，体积小，重量轻，装拆容易，机动灵活，便于携至农村、牧区和畜舍；一般照明电源即能进行检查，机器价格低廉，适合于基层兽医单位使用。对大动物四肢、中小动物胸部和小动物全身，都可以进行检查。

2. 移动式 X 线机

移动式 X 线机的管电流为 20～50 mA，管电压为 70～85 kV。有立柱和底座滚轮，在平滑地面上可以移动。这种机器体积及重量较大，性能也较携带式 X 线机高。国产移动式 X 线机多为 30 mA，85 kV，较适宜于兽医院室内使用。但必要时也可以把机头从机架上拆下，连同控制台携带出诊检查。移动式 X 线机除机架外，机头、控制台、电路结构、手闸或脚闸等与携带式 X 线机基本相同，只是机头及控制台的体积和重量较大。

3. 固定式 X 线机

国内生产的中、大型固定式 X 线机，多为 200 mA、300 mA、400 mA 及 500 mA 几种，性能较高，可以对大动物进行检查。这些 X 线机带有电动诊断床、点片装置、活动滤线器，有的还附带简单体层摄影装置。

中型或大型固定式 X 线机分为管头(球)、高压变压器、控制台、电动诊断床及支持管头的立柱和轨道，构造比较复杂。管头为一金属管套，内装 X 线管及绝缘油。高压变压器、灯丝变压器、整流管等装于变压器油箱内，充满绝缘油。管头用一对高压电缆与高压变压器连接。电动诊断床装有活动滤线器及胃肠点片装置，供医学上使用，但诊断床也可作小动物卧位透视和摄影检查。400 mA 以上的大型 X 线机另配备有摄片专用的旋转阳极管头和体层摄影装置，这些 X 线机的控制台电路结构比较复杂，不同型号机器控制台形式虽有差异，但内容和原理大致相同。

三、X线机的使用方法

各种类型的X线机都有一定的性能规格与构造特点,使用之前必须先了解清楚,切勿超性能使用,不同型号机器形式虽有差别,但操作程序大致相同。一般应按下列规程操作。

(1)操纵机器以前,应先看控制台面上各种仪表、调节器、开关等是否处于零位。

(2)接通电源,按下机器电源按钮,调电源电压于标准位,预热机器。特别要注意在冬季室温较低时,如不经预热,突然大容量曝光,易损坏X线管。

(3)根据工作需要,进行技术选择,如焦点及摄影方式、透视或摄影的条件选择。在选择摄影条件时,应注意毫安、千伏和时间的选择顺序,即首先选毫安值,然后选千伏值,切不可先选择千伏值后定毫安值。

(4)曝光时操纵脚闸或手开关的动作要迅速,用力要均衡适当。严格禁止超容量使用,并尽量避免不必要的曝光。摄影曝光过程中,不得调节任何调节旋钮。曝光过程中应注意观察控制台面上的各种指示仪表的工作情况,倾听各电器部件的工作声音,以便及时发现故障。

(5)机器使用完毕,各调节器置最低位,关闭机器电源,最后断开电源闸。

四、透视检查法

透视检查法是X线透过动物体后再照射在荧光屏上显现荧光影像,通过观察荧光影像来进行诊断。

1. 透视前的准备

(1)透视者应有充分的暗适应,如透视前需在暗室中适应10～15 min。戴上红色眼镜或暗色眼镜同样的时间,亦可以达到适应,但在强阳光下需要更长的时间才能适应,而阴天或夜间则能较快适应。

(2)做好被检动物的保定工作,除去体表被检部位的砂泥污物及敷料油膏,尤其要避免沾染含有碘、铋类药物,皮毛尽量刷净擦干。若在X线室内透视,尚需准备盛接粪尿的用具和扫帚,并注意避免引起动物惊扰。

(3)调节好透视照射野,使其小于荧光屏的范围。检查者穿戴好防护的铅橡皮围裙与手套。并要考虑人、畜和设备的安全措施。

2. 透视方法与注意事项

(1)透视检查的软件管电流通常使用2～3 mA,最高时亦不能超过5 mA。管电压按被检动物种类及被检部位厚度而定,小动物50～70 kV,大动物65～85 kV

不等。距离可根据具体情况考虑，一般在50～100 cm之间。曝光时间由脚踏开关控制，通常踏下脚踏开关持续曝光3～5 s，再放松脚踏间歇2～3 s，断续地进行。

(2)透视检查的程序　透视前先了解透视目的及临床初步意见，在被检查动物已切实保定后，把荧光屏贴近动物体，对准被检部位，并与X线中心垂直，然后开始透视检查。先适当开大光门，对被检部位作全面观察，同时留意器官的形态和运动功能情况，注意有无异常发现，再缩小光门，分区进行观察，一旦发现有可疑病变时，再缩小光门做重点深入观察。最后把光门开大复核一次，并与对称部位比较，记录检查结果，如认为需要配合摄影检查，则根据透视结果，确定摄影的部位和投照方法。

(3)透视注意事项　①透视检查前必须经过眼睛的暗适应，透视者在眼睛未充分适应前不应开始透视。②透视者必须穿戴铅橡皮围裙及手套。③透视者必须养成全面系统检查的习惯，以免遗漏。④光门不要开得太大，照射野应小于荧光屏，切勿超过荧光屏范围。⑤在达到准确诊断的基础上，透视时间愈短愈好，不做无谓的不必要的曝光观察。⑥如做大批透视普查或透视时间过长，要注意检查机头或管头温度，避免过热。⑦透视过程中要确保人员、设备及动物的安全。

五、摄影检查法

X线透过动物体后照射到胶片上，使胶片感光成像，经过暗室冲洗获得照片，通过观察照片影像进行诊断的方法就是X线摄影检查法。除普通摄影外，现在医学上已发展了多种特殊X线摄影技术，如体层摄影、记波摄影、放大摄影、荧光缩影、高千伏摄影、电影荧光摄影及电视录像、硒静电X线摄影及各种特殊造影等。目前，除部分造影外，其他特殊摄影在兽医上尚未普及，主要使用普通的常规摄影方法。

X线摄影检查的器材设备有X线胶片、增感屏、片盒(暗盒)、聚光筒、测厚尺、滤线器、铅号码、摄影架等。

X线摄影的步骤及注意事项：X线的摄影步骤，先从确定被检查的部位开始，进行胶片的准备、X线编号登记、被检部测厚。然后选择管电压(kV)、管电流(mA)、曝光时间(s)、遮光筒的大小及焦点胶片距等。再放置暗盒，摆好位置，对准X线中心线，最后进行曝光。对摄影检查的部位，要清洁干燥，去除附着的药物和绷带，并确定投照的方向位置(如前后或后前位、背腹或腹背位、左或右侧位、斜位或切线位等)。胶片的大小要与被检部大小一致，小的胶片装在大的暗盒时，要在盒面标记胶片的大小位置。X线编号与暗盒上的铅号码要核对无误。被检部的厚径不均匀时，可取其平均值或中间的厚度为准，X线管的阳极端应位于厚度较薄的一端。投照条件的选择，应使焦点胶片距保持不变，只根据不同的厚径改变千伏值。投照活动的器官可选择高毫安和短时间，投照骨关节等相对静止的组织器官，可以用较低的毫安和较长的时间；但携带式X线机毫安输出小，可尽量用较高千伏档补救。暗盒的放置要正确，选择的遮光筒或可调的缩光器要使照射野与暗盒大小一致，X线中心线束要对准胶片中心。由于阳极效应的关系，X线量的分布在阴极端较密集而阳极端较稀少，为使胶片曝光均匀，投照狭长的部位，X线管长轴应与胶片长轴垂直，但投照长而宽的部位，X线管的长轴应与胶片长轴平行。曝光时应在动物呼吸间歇或安静的瞬间进行，以免发生移动。

六、X线诊断的原则与程序

(一)X线诊断的原则

在进行X线检查和诊断疾病时，应遵循以下几项原则。

1. 决定X线检查是否必要及其检查的部位与方法

先根据临床检查的结果，考虑X线检查是否必要，并进而确定检查的部位和方法。X线检查目的在于配合临床，协助解决疾病的诊断或提高诊断的准确性。故在进行X线诊断前，应先经临床检查，了解病史，进行一般检查、系统检查或实验室检查。根据临床检查结果的需要，然后提出X线检查的要求或建议，以取得X线检查对临床诊断的证实。或了解病变的范围与程度，观察病变的进展与疗效。或因临床诊断不明，须借X线检查帮助做出诊断。或因临床诊断存在几种可能性，须用X线检查，帮助鉴别，以排除某些可疑的疾病。

X线检查须根据临床检查的目的要求，确定检查的部位，采用何种检查(透视、普通摄影或特殊造影)，选择何种投照方法及其位置与技术条件。有时经过初次检查后，按实际情况的需要，可再提出进一步的X线检查方案。

2. 认识正常、辨别异常

认识正常与辨别异常是X线诊断的一项重要原则。当观察患畜的X线照片或其荧光屏上的影像时，首先要求认识其正常的解剖生理表现。以便通过比较，从而辨别是否发生异常变化。对异常的变化进行研究分析，透过现象看本质，从而推断解剖生理的异常表现所代表的病理性质，联系临床资料和病史、症状及化验结果等，最后提出诊断意见。

为了具有敏锐的识别异常的能力，首先应对正常的X线解剖、生理有所熟悉了解。为了认识异常的X线变化所代表的病理性质，又必须对X线的病理解剖和X线的病理生理熟悉了解。X线诊断要为各临床学科服务，X线检查的对象是病畜而不是病料，故对X线结论要求，是要得出具体诊断意见。X线的结论意见如与患畜的病史、临床化验结果符合一致，则更有实际意义。所以不能把X线孤立地应用，而应视为临床诊断的一个组成部分。故进行X线诊断时还必须熟悉了解各临床学科的有关内容。

3. 正确估价X线的诊断作用

X线具有独特的性能，可以排除某些症状假象而客观反映动物体内的病理变化，对确定诊断常有重要意义，所以X线对有些疾病无需参考临床资料也可直接作出诊断。但X线诊断亦有其一定限度和受到多种条件的限制，不是所有疾病X线都能诊断，有些只可提供辅助意见而供临床参考，有些则毫无诊断价值而不必做X线检查。按诊断的效果估价，有些疾病是无需进行临床检查和调查病史资料，X线则可单独做出诊断，例如外伤性骨折、金属异物、泌尿道的结石和消化道的梗塞等。有些疾病从X线所见分析，可以认识其病理解剖与病理生理的变化，但不能作出病原诊断，例如心脏的普遍性扩大，心搏动减弱、肺血管充血并可能伴有少量胸积液，X线可以断定为心力衰竭，但其原因是心肌疾病抑或瓣膜疾病，则不能决定。还有些疾病X线只能断定其病变性质，当有病史及临床资料参考时，才能做出病原诊断。例如猪肺内絮片状不均匀阴影，边缘模糊，虽可表明为渗出性病变，但一时还不能确定为霉形体性肺炎、吸入性肺炎或结核性浸润。若临床表明患猪有体温升高、白细胞总数增多并有全身症状，病史表明患病时间不长、曾经口灌药引起剧烈咳嗽等，此渗出性阴影可以排除其他原因而确定为吸入性肺炎。

按诊断的效果估价，X线诊断首先受病变密度的限制，只当病变引起了组织器官的密度发生了一定程度的改变，X线才能做出诊断，否则仍无从识别。例如胸腔积液时引起胸部密度的改变，据此X线可做出诊断；但积液的性质属水胸、脓胸或血胸，因其三者在密度上并无明显差异，故X线又受到限制而不能区别。其次是受时间的限制，有些疾病要经过一定的时间才出现X线的变化，过早检查无X线表现，例如早期的骨髓炎和潜伏期的猪气喘病，都缺乏X线表现。第三是受病变部位和动物种类的限制，同一种性质的病变，但所在部位或器官不同，X线能否诊出及诊出率的高低，有很大差异。如小动物体内能诊断的疾病，不一定能在大动物体内进行，大动物有些部位因组织特别肥厚，X线目前尚不能进行检查，这些也是空间上的限制。最后则系物质与技术条件的限制，X线诊断需要X线机、电源及有关设备，动物有些部位因X线机性能不足而不能检查；此外，技术水平的高低对诊断的效果也有一定的影响。这些也是客观存在的人为限制。

(二)X线诊断的程序

做X线诊断时,可按以下3个具体步骤进行。

1. 全面系统观察,寻找发现病变

对X线照片进行全面系统观察,以寻找和发现一切病变,这是X线诊断的第一个步骤。当阅片时应先对全片作一概括性观察,要明了照片的部位和位置,照片技术质量是否符合要求;是否有明显的病变存在,并注意勿将由技术质量造成的阴影误认为病变阴影。经过大致浏览之后,对照片正常与否应有初步的印象。

在概括性观察所得的初步印象基础上,再进一步有系统地细阅照片,按习惯不同,可自上而下或从左到右或由外至内有次序地细看每个区域范围,注意避免遗漏,也可按解剖系统逐项观察。如对小动物的腹部检查,应包括软组织(皮肤、皮下结缔组织、肌肉和脂肪)、骨骼(脊椎、肋骨、骨盆),并注意两侧比较,然后检查内脏器官,如消化系统的小肠、大肠、肝、脾,泌尿系统的肾、膀胱,生殖系统的卵巢、子宫、雄性的前列腺等。要注意其外形、大小、位置、结构和能见度。若检查动物的四肢骨骼,可分为骨骼、关节、周围软组织等部分进行观察,而对骨骼本身又可分别对骨膜、骨皮、髓腔、松质骨等进行详细观察。务求对一切异乎正常的病变,都能通过有系统地寻找而不遗漏地发现出来。

2. 深入分析病变,鉴别其病理性质

发现异常病变后,应对其X线影像进行深入分析,以了解其病理性质,尽可能求得X线诊断初步意见,这是X线诊断的第二个步骤。分析病变阴影时应注意以下要点。

(1)病变的位置与分布　病变的位置和分布与病变的性质常有密切关系,如同样性质的病变阴影,由于所在的位置与分布不同,就可能代表不同的疾病。例如分布于猪的肺野中央区域和心脏外围的渗出性阴影,常为猪气喘病的征象,但同样性质的阴影,若位于肺的膈叶并分布于其后缘者,则可能是猪肺线虫病的表现。

(2)病变的大小和范围　病变的大小和范围,直接与病情的程度有关,病变大、范围广常表示病情严重。此外,大小和范围与病的性质也有关系,例如肺叶中的小片状渗出性阴影,范围虽广,多为小叶性肺炎的表现,但广泛而大片的渗出性密影有可能是格鲁布性肺炎(大叶性肺炎)的表现。

(3)病变的形状与数目　病变的形状和数目常可反映出病变的性质,例如肺内表现的圆形块状阴影,则可能是肿瘤或囊肿;三角形的阴影有可能是肺不张或血管梗塞;形状不规则的阴影,则可能是炎性的病变。只有单独一个病灶,则可表示为单发或原发,若病变数目较多,则表明为多发性或转移性病灶。

(4)病变的边缘轮廓　边缘和轮廓是表示病变与周围组织的分界状况，凡边缘明锐、光滑而轮廓清楚的病变，则是慢性和良性的表示；反之，边缘模糊、轮廓不清者，常是急性、恶性或病情进展的表示。若原来的病变边缘模糊不清，但后来转变为清楚明锐者，常为病变好转、愈合的表现。

(5)病变的密度与均匀性　不同密度的病变阴影，则可表示不同性质的病理变化。如骨骼密度增高，则表示骨质的增生硬化；骨的密度降低，表示骨质破坏或疏松。骨髓炎的急性期以骨质疏松破坏为主，慢性骨髓炎骨质明显硬化而兼有破坏。在肺内高度致密的病变阴影，即系钙化的表示；密度降低乃是肺气肿或肺空洞。大叶性肺炎、肺肿瘤或胸积液，密度普遍均匀；结核瘤或小叶性肺炎，其密度常不均匀。

(6)病变的周围组织与结构　某组织器官的病变不仅使其本身发生变化，相邻的周围组织和结构也能引起变化，故注意周围的情况，对确定病变本身的诊断常有重要意义。例如一例胸部发生广泛性密度增高如阴影，但此阴影的病理性质如何，往往需要注意附近的周围组织结构，若发生患侧胸廓扩大、膈肌后移、纵膈向健侧移位，则应考虑为胸积液。相反，如纵膈向患侧移位、胸廓下陷、肋间变窄等，则是一侧性肺不张或胸膜增厚、粘连收缩的表现。

(7)功能与动态情况　除了形态结构方面的变化以外，尚需注意器官的功能与病变的动态变化。如心包积液时，可表现为搏动的减弱或消失；胸膜炎时膈的运动可能减弱；肾排泄功能障碍时，肾盂静脉造影不能显现。对不明显的X线表现或不能区别的病变，可以跟踪复查，观察其动态变化，以期得到诊断。如X线检查对发现有猪气喘病可疑的患猪，于短期内复查，常可有助于确诊。对病原性质不明的肺渗出性病变，可短期治疗后进行复查，如为结核，用一般的消炎药物治疗，则多无明显改变；若系一般肺炎可能已痊愈或明显好转。

3. 结合临床资料，最后做出诊断

X线诊断的最后步骤，是与临床资料结合并做出诊断。在经过以上的发现病变和分析病变之后，对具特殊X线征的疾病，可做出诊断。但具有特殊X线征的疾病仍属少数，在通常情况下，某种异常阴影，可能是几种疾病的共同表现。故不应片面孤立地研究X线所见，而必须与临床资料相结合，进行综合分析、推理判断，才能较真实地反映客观情况，提出较准确的诊断意见。故X线诊断必须考虑病史、临床症状、化验材料、治疗经过与效果等，并结合病畜的畜种、品种、年龄、性别、用途、产地等全面考虑，根据疾病的知识，最后做出结论。为避免先入之见，也可先按X线所见提出初步诊断，然后与临床资料结合。若与临床符合，能满意解释X线所见临床表现，常表示诊断正确。如X线诊断意见与临床意见不符，则须进行讨论或重新复查照片。当然，有时X线的结论也可能与临床意见不同，这不必强求统一，应实事求是，提出其他可能的诊断，供临床参考，或进一步建议采取其他的检查方法，以求确诊。总之，X线诊断可以是肯定性诊断，也可以是否定性诊断，或只是提示某种可能性的诊断。

七、暗室技术

(一)暗室设备

(1)安全红灯 是装卸胶片及冲洗过程中唯一的照明光源。用一条未曝光的X线胶片，以黑纸盖着一半在红灯下经5 min照射，冲洗后不变黑，两段无黑白的差异而胶片也不引起灰雾朦胧者为安全。

(2)裁刀 为裁切X线胶片用，其规格以355.6 mm者较适宜。

(3)洗片夹 也称洗片架，为不锈钢制成，其规格与X线胶片或暗盒相同，有127 mm×177.8 mm至279.4 mm×355.6 mm或355.6 mm×431.8 mm等，系夹持胶片进行冲洗和晾干之用。

(4)洗片箱 也称洗片筒(桶)，两个或三个为一套，较小的两个为显影箱和定影箱，大的一个为洗影箱。在摄影工作量不大的兽医基层单位可用普通脸盆或方盘进行胶片的冲洗。

(5)冲片池 为照片定影完毕后用流动清水进行冲洗的水池。

(6)定时钟 即定时闹钟，为计算显影时间作报时之用，时间可随意设定。

(7)温度计 为测量药液温度之用，除普通温度计外，最好有显影温度计(50℃)。

(8)升温恒温器 可使药液升温并保持一定温度，是冬春低温季节冲洗时使用的设备。

(9)观片灯 在暗室内供初步观察照片之用。

(10)其他用品设备 暗室尚需有天平、漏斗、量杯、量筒、玻瓶、搅棒、锅、盆、剪刀等用品设备。

(二)显影剂与定影剂

1. 显影作用与显影剂

胶片经过X线曝光照射后，其中已感光的溴化银形成潜影，经过显影剂的还原作用，使银离子还原为黑色的金属银，成为可见的影像。

显影剂的组成包括：还原剂，有米吐尔，化学名是对甲氨基酚；海得或坚安，化学名是对苯二酚；菲尼酮，化学名是1-苯-3-羟基二羟基二氢钾二氮茂，这是最新的显影剂。保护剂,无水亚硫酸钠。促进剂,无水碳酸钠。防灰剂,溴化钾和苯骈三氮唑。

目前市售的X线胶片显影剂和定影剂为通用处方,是已配好的成品,按说明加水溶解配制即可。但各厂出品的胶片都附有其本身的配方,最好按其胶片厂牌的处方配制(上海牌 X 线胶片显影剂配方如下:50℃温水 800 mL、无水碳酸钠 40 g、对甲基氨基酚 3.5 g、溴化钾 5 g、无水亚硫酸钠 60 g、对苯二酚 9 g,加水至 1 000 mL)。配制时需按处方顺序,待一种药物溶解后再加入下一种药物。在 20℃的显影液中,显影时间 4～6 min,每 1 000 mL 药液可显影 279.4 mm×355.6 mm胶片 5 张,或用至显影能力衰老为止。

标准显影温度为 20℃,但在夏暑高温季节因室温过高,不利于显影过程。无降温设备者可在上述显影配方中最后添加硫酸钠 100 g,这种显影液在较高室温中仍可正常显影。为使显影均匀起见,胶片可先浸入清水中,随即取出,滴去水滴后再放入显影剂中显影。

2. 定影作用与定影剂

定影是将已经显影的 X 线影像固定下来,它是通过化学作用,将其中未感光的溴化银溶解移去,使胶片变为透明。定影剂的配方如下:50℃温水 600 mL、硼酸 7.5 g、硫代硫酸钠 240 g、钾矾 5 g、无水亚硫酸钠 15 g、28%醋酸 48 mL,加水至 1 000 mL(起溶解溴化银作用的药物为硫代硫酸钠,是定影剂中的主药。定影剂的组成包括:定影剂,硫代硫酸钠,通称海波。保护剂,亚硫酸钠,此外,醋酸及硼酸也有其保护作用。酸化停影剂,醋酸。坚膜剂,钾矾)。

定影 10～15 min,每 1 000 mL 药液约可定影 279.4 mm×355.6 mm 胶片 5 张,或用至药液衰老为止。

(三)胶片的装卸操作

拍摄照片前应先准备好暗盒和胶片。胶片的装卸操作应在暗室内进行。将暗盒平放桌面,盒底向上并将暗盒底盖打开。从胶片盒中连同保护纸取出一张胶片,把胶片底页护纸掀起后正确地放胶片于暗盒内的增感屏上,另一手隔着面页护纸检查胶片已放置正确后,随则取出护纸,关闭暗盒。若只需较小的胶片,则按要求的尺寸连护纸裁切好胶片后,再装盒。已投照完毕的暗盒,则可在暗室内开盒卸片,在桌上打开暗盒底盖,把暗盒倒向底侧,以右手中指与食指接住胶片的一角后,用拇指捏住缓慢地把胶片取出;若胶片不能随暗盒倒转而脱出者,可以用指甲轻轻将胶片角撬起,握住片角把胶片缓慢取出,并盖好暗盒。以上操作过程中,应避免用手触摸增感屏和胶片,并防摩擦胶片。

在高温高湿气候的地区，胶片装盒时间不宜过长，应及早卸片，以防黏结。取出已曝光的胶片，即装于洗片架上，稳妥地将四角夹住，准备进行显影。

(四)冲洗操作

胶片的冲洗操作过程，包括显影、洗影、定影、冲影及干燥等几个步骤，前3个步骤须在暗室内进行。

(1)显影　先测量显影液温度(应为18～20℃)并估计显影时间。一手持已夹好胶片的洗片夹，另一手打开显影箱的盖子，把胶片浸入显影液中，上、下往返移动数次，随即把盖子盖好，并即拨好定时钟预定的显影时间(通常为5 min)。待听到定时钟的闹铃声响，显影时间已到，拿起洗片夹，把多余的药液滴回箱内，随即进行洗影。在显影时间内不应把胶片取出在红灯下观看，但对投照技术缺乏把握者，可在显影3 min后取出观察一次，或到预定显影时间结束时再观看一次，以便对曝光过度或曝光不足的胶片及时调整显影时间以图补救。

(2)洗影　即在清水中洗去胶片上的显影剂。把显影完毕的胶片放入盛满清水的洗影箱内漂洗片刻(10～20 s)后拿起，滴去片上的水滴即行定影。

(3)定影　即把洗影后的胶片放入定影箱内的定影液中，定影的标准温度为20～25℃，定影的时间不像显影之严格，一般10～15 min，但不应超过30 min，定影箱上应加盖。

(4)冲影　定影完毕之胶片，放入流动的清水池中冲洗0.5～1 h，把胶片上的药液彻底冲净，无流动清水，则需延长浸洗的时间。

(5)干燥　冲影完毕的胶片可放入电热干片箱中快速干燥。没有此设备时，则把洗片架悬挂于木架上，置于通风处把胶片晾干。

在摄影工作量不大的单位，为节约药物，冲洗操作过程可以采用盆冲法，即用普通搪瓷方盆或塑料冲盆平冲，以代替上述冲片箱的立冲，无需洗片夹显影时全片要迅速与药液接触并来回摆动数次，避免胶片下覆盖着任何气泡。冲洗药液平时贮存于磨口玻瓶中，用时倒出，用毕装回瓶内。胶片定影完毕再夹于洗片架上进行冲影和晾干。

(五)暗室工作注意事项

(1)暗室工作应养成清洁、整齐的良好习惯，显影药或定影药不允许沾染到工作台或其他设备和器具上。胶片的裁切和装卸过程，操作者的手要清洁、干燥。

(2)暗室内要保证完全黑暗，工作过程不能有任何可见光线漏入室内。但工作完毕后则应打开门窗，保持室内空气流通和干燥。

(3)在显影箱内勿同时放入过多的胶片,以致互相拥挤摩擦,各胶片之间要保持一定距离,勿相互粘连。用盆洗法平冲时,要使全片同时浸入药液中,勿使部分露出液面,也不应使胶片完全沉于盆底,致使紧贴底壁的胶片显影不充分。也不宜几张胶片同时显影,致使彼此重叠相连,造成局部显影不充分。

(4)显影液和定影液平时要加盖保存,以防氧化。药液使用有一定限度,已超过其限度而性能衰老者则应更换新药。如显影液已变成深棕色而显影能力明显减弱,定影液变成浑浊,虽延长时间也不能满意使胶片定影透明者,则可弃去。

(六)照片缺陷的原因分析

对照片中出现的不应有的阴影和缺陷,应能找出其原因进而加以克服,日常所见缺陷主要如下。

(1)照片灰翳　原因可能为显影剂过期、显影剂温度过高或过低、显影时间过长、胶片过期、胶片曾受X线照射、曝光后的胶片漏光和红灯过亮等。

(2)照片发黄　可因显影时间过长、显影液衰老、定影不足、定影液衰老和冲影不足等而引起。

(3)树枝状黑影　因装卸胶片过程中发生摩擦产生静电感光。

(4)灰黑斑影　胶片与增感屏或保护纸因受潮湿黏着,进行剥离时引起感光。

(5)新月状黑影　手指持片不慎使胶片屈折所致。

(6)黑或白色指纹影　在显影前手指沾有显影液触摸胶片,呈现黑色指纹;沾有定影液呈白色指纹。

(7)圆形白点　显影时胶片表面附有气泡或显影前有定影液溅在胶片上。盆洗法显影时如胶片下覆盖有大的气泡,可形成大的白圆区。

(8)大片白色区或白条　显影时胶片表面互相粘贴或与显影箱壁粘贴;盆洗法显影时胶片摆动不均匀,与冲盆底壁的条状凸起长时间粘贴。以上两者都使粘贴部显影不充分而造成白的阴影。

(9)白色不规则阴影或方角形白影　增感屏面上有斑点、霉点或胶片与增感纸之间夹入纸片和异物。

(10)胶片周边黑色　暗盒周边处漏光。

(11)灰黑色条状阴影　多位于对角线附近,因投照曝光过度或显影液温度过高,拿起胶片把多余药液滴加箱内时,显影液流过之处加强了局部经路的显影。

(12)胶片药膜皱缩或脱落　因显影温度过高,或定影液过于陈旧衰老。

(13)胶片清晰度与对比度降低　胶片与增感纸接触不紧密、曝光时动物移动、显影或曝光不足、显影温度过低。

(七)X线胶片的自动冲洗技术

曝光后的胶片在自动冲洗机上冲洗，可在短时间内迅速完成显影、定影、水洗和干燥的全过程。各种类型的自动冲洗机对不同大小的胶片均可适用，处理胶片的速度约 90 s 不等，连续工作生产量约 75 张/h。在暗室内取出胶片放入进片盒，机器即开始自动冲洗片。

【复习思考题】

1. 简述金属探测仪的使用方法及临床意义。
2. 简述内窥镜的使用方法及临床意义。
3. 简述腹腔镜技术在临床动物疾病诊断中的应用。
4. 简述心电图各波变化及临床意义。
5. 简述 B 超仪的使用方法及临床意义。
6. 简述 X 线的检查方法及暗室技术。

第四章 建立诊断的步骤与方法

知识目标

- 了解建立诊断的步骤。
- 了解临床症状分析的原则与方法。
- 理解预后概念和分类。

技能目标

- 能应用建立诊断的方法。
- 会验证或修正诊断、能判断预后。

第一节 建立诊断的步骤

在临床上对患病动物应用适当的检查方法，收集症状资料，通过分析，对疾病的本质做出正确判断，并对所患的疾病提出病名的过程就是建立诊断。一个完整的诊断应该做到指出疾病的部位，表明患病器官病理变化的性质，判断出机能损伤的程度及发现引起疾病的原因。有时候对一个疾病的诊断可能比较容易，但也可能很困难。如果症状典型，用一种检查方法就可能做出诊断；反之，如果疾病症状不典型，或病情复杂，则可能需要数种检查方法配合使用，并且对动物进行动态观察，方可做出诊断；在特殊情况下，甚至要进行病理及一系列实验室检查才能做出最后诊断。随着科学技术的不断发展，目前已有若干种特异诊断技术应用到临床领域，来补充临床诊断的不足。

在疾病诊疗过程中，通常分 3 个步骤来建立正确的诊断：首先，通过各种方法进行调查、观察和检查，尽可能地收集较完整而又合乎实际的症状、资料；其次，对所收集的症状、资料加以综合分析，经过推理判断，初步确定病变的部位、疾病的性质、致病的原因及发病的机理，建立初步诊断。最后，依据初步诊断，实施防治，根据防治效果来验证诊断，并对诊断给予补充和修改，对疾病作出确切的最终诊断。

一、收集症状和资料

正确的诊断来源于周密的调查研究。首先要得到完整的病史资料，应全面、认真地调查现症病史、既往病史、生活史和外界环境因素等，在调查过程中要特别注意防止主观片面性，以免造成诊断上的失误。例如在临床上患创伤性网胃腹膜炎的奶牛假如仅凭畜主反映，该牛反刍不正常，经常排稀粪，产奶量下降，而未提到病牛的行动和姿势的异常，站立时多取前高后低姿势，不愿卧地或上坡时无异常，下坡时常发出呻吟声，就可能把注意力吸引到一般消化不良性的前胃迟缓上去，而忽略了对创伤性网胃腹膜炎的考虑。

按照一定的方案和程序对病畜进行细致检查，对全面收集症状资料十分重要。临床工作者要正确而熟练地掌握各种检查方法，采用一定的姿势和方法，才能获得完善而准确的结果，并能保证人、畜安全。同时要对动物机体正常的结构和机能状态熟悉掌握，才能识别和发现各种病理现象。搜集症状，不但要全面系统，防止遗漏，而且要依据疾病进程，随时观察和补充。因为每一次对患病动物的检查，都只能观察到疾病全过程中的某个阶段的变化，而往往要综合各个阶段的变化，才能获得对疾病较完整的认识。在搜集症状的过程中，还要善于及时归纳，不断地做大体上的分析，以便发现线索，一步步地提出要检查的项目。

工作中遵循一定方案或程序收集资料，具有如下几个方面的优越性。

(1)保证收集症状的全面性　只有按照详尽的步骤，经过系统周密的检查，才能使所收集的资料尽可能详细、完整和圆满，而不疏忽遗漏主要症状。决不能因时间仓促、病情急重、设备条件限制等客观原因，来不及全面了解、做细致周密的检查，单凭问诊或几个症状，而不进行系统地有计划的顺序检查。例如，某一病犬只发现食欲废绝、沉郁，体温升高，呼吸脉搏加快，根据这些症状，很难判断为哪一系统，哪一器官发病。但经全面系统地按计划进行检查，充分占有资料后，就有可能对某些症状做出评价，进而对疾病做出初步诊断。

(2)增加收集症状的客观性　建立诊断所依靠的材料，必须合乎实际。如果仅根据个别现象，即先入为主，心中设想出了某一“疾病”的框框，然后为自己的设想去搜寻证据，容易注意符合自己设想的某一“疾病”的症状，而不留心甚至排斥与自己设想的某一“疾病”相抵触的症状，这种削足适履、凭主观想象去收集症状，必然导致误诊。所以，拟订临床检查方案，按计划有条理地收集症状，可以减少遗漏重要症状的可能性，从而增加症状的客观性，并使各种症状之间互相印证，互相弥补，开阔思路,丰富证据,有利于确诊。

(3)开阔视野发现继发症和并发症　任何疾病都是不断发展变化的,疾病过程千变万化,错综复杂,各器官系统的机能障碍常常紧密联系,以不同形式表现出来,所以用发展的观点,扩展视野,综合多个阶段的表现,获得疾病的全貌,得到全面的资料,才能从中发现继发症、并发症,防止顾此失彼,达到正确估价每个阶段会出现的现象、症状,阐明疾病的本质,获得预期的效果。

(4)提高临床工作者的工作能力和素质　通过实践养成有条不紊、持之以恒的工作作风、对熟练基本功、提高工作能力和效率、积累经验、完善职业道德都是有利的。

二、症状分析与建立初步诊断

(一)症状分析

1. 主要症状与次要症状

主要症状指对建立正确诊断有重要意义的症状。如肺区啰音是支气管炎及肺部疾病的主要症状。次要症状是指对疾病诊断意义不大的症状,如精神沉郁、食欲减退等。建立诊断时就是要收集主要症状,根据主要症状进行分析、推理和判断。次要症状虽然对疾病的诊断意义不大,但对于了解病情及判定疾病的预后有一定的提示。一般说来,先出现的症状大多是原发病的症状,常常是分析症状、认识疾病的向导;明显和重剧的症状,往往就是这个疾病的主要症状,是建立诊断的主要依据。

2. 固有症状与偶然症状

固有症状是指在某种疾病中经常出现的症状。如咳嗽在喉炎、气管炎及支气管炎中经常出现,即为这些疾病的固有症状。偶然症状是指在某种疾病过程中偶尔出现的症状。

3. 典型症状与示病症状

典型症状指能反映疾病临床特征的症状,但这些症状不能确定疾病的性质。如大叶性肺炎时,叩诊肺部呈现的弓形浊音区。某一疾病所特有的,能确定疾病性质的症状,这种特殊症状称为示病症状。例如颈静脉阳性搏动是三尖瓣闭锁不全的示病症状;流铁锈色鼻液是大叶性肺炎及胸膜肺炎的示病症状。示病症状往往只在某一疾病中出现,而在其他疾病则不出现,所以根据它的存在可以直接做出诊断。

4. 局部症状与全身症状

患病动物常在其主要患病器官或组织表现明显的局部性反应，称之为局部症状。任何疾病都可能表现出整个机体的不协调，这种全身的失调现象称之为全身症状或一般症状，例如倦怠、沉郁、鼻盘(镜)干燥、食欲不振、体温升高等。局部症状直接与发病部位有关，根据局部症状常可推断一定的组织、器官发病。虽然根据全身症状一般不易确诊为具体疾病，但对于病势轻重、预后情况等各方面的判断，都可提供有力的参考。

5. 综合症候群

在许多疾病过程中，某些症状互相联系而又同时或相继出现，这一系列的症状称综合症候群或综合征。如呼吸系统疾病时，所表现的综合征为流鼻液、咳嗽、呼吸困难和肺部啰音。各种综合征，在提示某一器官、系统疾病或明确疾病的性质上有很大意义。临床上很多疾病没有示病症状，而某些局部症状又多非某一疾病所特有，所以在收集症状和全部资料后，加以归纳，组成综合症候群，对提示诊断或鉴别诊断常有很大价值。

(二)建立初步诊断

建立初步诊断就是对所收集到的临床症状和有关资料进行归纳和整理，对病畜所患的疾病提出病名。最好能用一个主要疾病的诊断来解释病畜的全部临床表现。如果有两种或几种疾病同时存在，则不应机械地受此诊断的限制，对于不能解释清楚的现象应重新全面考虑，不能单用一个疾病的诊断生搬硬套，勉强自圆其说。对两种以上的诊断，则将疾病分清主次，先后排列。严重影响病畜健康的疾病或威胁病畜生命的疾病是主要疾病，应排列在最前面；与主要疾病在发病机理上有密切联系的疾病，称为并发病，列于主要疾病之后；与主要疾病无关而同时存在的疾病，称为伴发病，排列在最后。当考虑提出病名时，应先注意常见病，当地的多发病，当时的流行病，要注意到动物的种属、年龄、地区环境条件等，如 30 日龄以内的仔猪易患大肠杆菌病，2～4 月龄幼猪多发副伤寒，在某些传染病流行地区首先考虑传染病。当鉴别器质性疾病与机能性障碍有困难时，在没有充分理由可以排除器质性疾病以前，不要轻易下机能性障碍的诊断，以免造成延诊、漏诊或误诊。

形成一个完整的诊断，要求逐步做到以下几点：①确定主要病理变化的部位；②指出组织、器官病理变化的性质；③阐明致病的原因；④判断机能障碍的程度和形式。

例如，对一例牛病的完整诊断，可概括为：

(1)创伤性心包炎;纤维素性心包炎;心功能不全。

(2)化脓性腹膜炎。

(3)放线菌病。

但在实际工作中,由于种种原因,有时很难得出完整的诊断,而只能涉及上面所述要求的一项或两项内容。

三、验证或修正诊断

在建立初步诊断以后,还要拟订和实施防治计划,并观察这些防治措施的效果,以验证初步诊断的正确性。一般来说,防治措施显效的,证明初步诊断是正确的;防治措施无效的,证明初步诊断并不完全正确,则有必要重新认识,对诊断做出修正或补充。

因为从事临床工作的人们,不但常常受着科学技术水平的限制,而且也受着疾病过程发展及其表现程度的限制。所以要求在初诊时不管客观条件怎样,都能做出正确无误的诊断,并拟订出一成不变或始终如一的防治计划,实际上是很困难的。对于病情比较复杂的病畜,在做出初步诊断以后,要随时观察,密切注视病势的转化或演变,不断分析研究,一旦发现新的情况或症状与初步诊断不符时,应及时做出补充或更正,使诊断更符合于客观实际,直至最后确定诊断。即使人们对一个具体病例的认识可能是完成了,但对纷繁复杂的疾病现象的认识却永远没有止境。临床工作者必须通过反复实践,在技术上精益求精,不断积累经验,不断提高对疾病的认识能力和诊断能力,才能有所前进,有所创造,出色地完成自己所肩负的任务。

如上所述,从调查病史、收集资料,到分析症状、作出初步诊断,直至实施防治、验证诊断,是认识疾病的3个过程,这三者互相联系,相辅相成,缺一不可。其中调查病史、收集症状是认识疾病的基础;分析症状是揭露疾病本质、制定防治措施的关键;实施防治、观察效果是验证诊断、纠正错误诊断和发展正确诊断的唯一途径。

第二节　临床症状分析方法

临床上应用不同的方法对动物通过调查和检查所得到的资料,往往比较零乱和缺乏系统性,就必须将获得的资料进行归纳、整理,可按时间先后顺序排列,也可按系统进行归纳,这样便于对搜集的症状进行分析评价。

一、临床症状分析的原则与方法

1. 认清疾病的现象与本质

病史资料、一定的临床表现(症状、实验室检查结果等),都具有它们所代表的实际意义。这就是现象与本质的关系。例如听到了牛的心包摩擦音,这是一个病理现象,它的本质是心包腔或心外膜上出现纤维素性渗出物,一般是由创伤性心包炎引起的。疾病的现象与本质,是辩证统一的两个方面,二者互相联系,但不是彼此等同。有些症状比较明显地反映了疾病本质的某些方面;有些则可能是假象,需要我们去识别。在兽医临床上,辨别真假,是一个比较复杂的问题。如一匹马有发热、咳嗽、流鼻液等一系列症状,这是很多呼吸系统疾病都可能具有的,只有通过对热型、咳嗽和鼻液的性质,伴随的体征(如胸部听诊、叩诊发现的体征)进行综合、分析,才能抓住它们的实质。上述病马如果是突发高热,以后呈现稽留热型,流出铁锈色鼻液,同时在胸部发现大片浊音区和支气管呼吸音,就可以推论其所患疾病的本质是大叶性肺炎。

2. 处理好共性与个性的关系

许多不同的疾病可以呈现相同的症状,例如水肿,可见于心脏病、肝脏病、肾脏病和贫血病等,水肿是这些疾病的共同症状(共性),但水肿在这些疾病的表现却各有特点(个性)。心病性水肿因受重力影响,多出现于胸腹下部和四肢下端并与体位改变有关;肾病性水肿首先出现于皮下疏松组织多的部位,如眼睑等处。另外,就疾病与畜禽的关系而言,疾病具有共性,病畜具有个性的表现形式。由于病因复杂,疾病类型繁多,发展的阶段不同,个体的差异性又很大,故同一种疾病在不同的病畜身上,表现各有差异,有的出现典型症状,有的不出现典型症状;有的以这一些症状为主要表现,有的以另一些症状为主要表现。例如白细胞增多是许多化脓感染性疾病的普遍现象,而在某些机体反应能力减弱的病畜,可能不呈现白细胞增多,甚至呈现白细胞减少,这就是个体的特殊性。而且,同一种疾病,即使在同一病畜身上,由于疾病的发展阶段不同,各方面的特点暴露的程度不够充分,在不同病程时的症状自然存在差别。所以,在临床实践中,要善于从一般现象中发现特殊规律,又能在特殊规律指导下去认识一般事物。

3. 区分好主要矛盾与次要矛盾

一种疾病,可能出现多种症状,即所谓“同病异症”;同一个症状,又可以由不同的原因所引起,即所谓“同症异病”。因此,对待多种症状,不能同等看待,必须把它们区分为主要的和次要的两类,着重抓住主要的症状。一般说来,先出现的症状大多是原发病的症状,常常是分析症状、认识疾病的向导;明显的和重剧的症状,往往就是这个疾病的主要症状，是建立诊断的主要依据。例如，一匹役用病马，开始时，畜主发现吃草减少，使役时气喘、易出汗，1 周前在灌药过程中引起了咳嗽，这是怀疑马患心脏血管系统疾病或呼吸器官疾病的主要线索。进一步检查，发现有静脉淤血，可视黏膜发绀，四肢下端水肿，心动过速，机能性杂音，证明存在心力衰竭这一主要矛盾。在使役中病马易出汗，气喘，易疲劳，正是心、肺机能减退的反映。吃草减少是由于胃肠道淤血造成的，灌药中发生咳嗽不过是偶然现象，这些都属于次要矛盾。

4. 把握好局部与整体的关系

动物机体是一个复杂的整体，各器官、系统虽有其相对的独立性，但又是相互密切联系着的。许多局部病变可以影响全身，如局部脓肿可引起发热的全身反应。另一方面，整体的病理过程又可以局部症状为突出的表现，如骨软病是钙、磷代谢障碍的一种全身性疾病，但可以表现出头骨变形，四肢关节疼痛而呈间歇性跛行。所以，必须把局部和整体结合起来，全盘考虑，才能引出正确的结论。

5. 处理好阶段性与发展变化的关系

任何疾病过程都处于不断的发展变化之中，在每次检查时，只能看到疾病全过程中的某个阶段的表现，因此只有综合各个阶段的表现，才能获得较完整的面貌。既要正确估计疾病每个阶段所出现的症状的意义，又要用发展的观点看待疾病，不能只根据某个阶段的症状一成不变地做出诊断。

二、建立诊断的方法

建立诊断的方法一般分为两种，即论证诊断法和鉴别诊断法。

(一)论证诊断法

根据所收集的症状、资料，先提出一种假定疾病，再将实际所具有的症状、资料与所提出的疾病所应具备的症状、条件加以比较、核对、证实。若全部或大部分主要症状、条件相符合，所有现象、变化均可为该病予以解释，则这一诊断即可成立。

论证诊断是以丰富而确切的病史、症状资料为基础，但同一疾病的不同类型、不同程度和时期，所表现的症状不尽相同；而病畜的种属、品种、年龄、性别及个体的营养条件和反应能力不一，会使其呈现的症状发生差异。所以，论证诊断时不能机械去对照书本，或只凭经验去主观臆断，应对具体情况具体分析。

论证诊断应以病理学为基础，从整个疾病着想，以期解释所有现象，并找出各个变化之间的关系。如对并发症与继发症、主要疾病与次要疾病、原发病与继发症要有一个明确的认识，以求深入认识疾病的本质和规律，制定合理的综合防治措施。

有一定经验的临床工作者，习惯使用论证诊断法。尤其当症状暴露得比较充分，或出现综合症状与示病症状，使矛盾变得比较突出明显时，运用论证诊断法是适宜的。

例如有一匹役用马，突然发病，全身肌肉僵硬，步样强拘，用手掌压迫其腰部时，反应迟钝。病马运动后，步样变得灵活了。调查病史，存在感受风、寒、湿的情况。临床兽医很容易想到是风湿病，如果用有关肌肉风湿病的知识对照解释，大多是符合的。同时用水杨酸制剂治疗后，取得明显效果，便进一步证实了肌肉风湿病的诊断是正确的。这就是论证诊断法。

（二）鉴别诊断法

在疾病的早期，对复杂的或不典型的病例，可根据某一或某几个主要症状，提出一组可能的、相似的而有待区别的疾病，通过深入分析、比较，逐渐地排除可能性较小的疾病，缩小考虑的范围，最后留下一个或几个可能性较大的疾病。这就是鉴别诊断法或称类症鉴别。

兽医临床工作中的疾病情况极其复杂，进行鉴别时，主要以所收集到的全部症状、材料为基础；以有待鉴别的各个疾病的特点作根据，进行比较和区别。应用淘汰的方法逐渐缩小范围，将可能性较小的一一排除，同时对可能性较大的疾病又进一步加深了印象，从而对所提出的一组疾病逐个予以否定或肯定。

例如一头 7 岁黄牛，主诉昨晚饲喂时，采食缓慢，食量很少，今晨发现食欲废绝，未见反刍，呆立不动，不时出现排粪动作，每次排出少量干硬粪便，遂来求治。近来因为春播，早、中、晚喂的是精料拌草，质量较平时为好。临床检查病牛精神萎靡，腹围膨大，体温 37.5℃，脉搏 48 次/min，呼吸 20 次/min。瘤胃蠕动音微弱，每次蠕动持续时间短暂，每 10 min 左右出现一次蠕动。触压左腹壁，上部弹性不大，可感知其深部内容物坚实，压痕长时间不易消失，重压时病牛不安，并有呻吟声。

病牛的这些临床症状和资料，就构成瘤胃积食的可能，这就要用论证诊断。首先瘤胃内积有多量坚实内容物，是瘤胃积食的可靠症状，可认为是瘤胃积食；引起这种积食的原因为：近日饲料换为牛爱吃的拌草，食量增加，而春播大忙，出汗失水，胃内容物也随之变干燥，加之劳役紧张，牛再现疲惫，因而瘤胃兴奋性降低，对食物的消化和后送能力大大减弱，而出现食物积于瘤胃中；又因反刍嗳气消失，瘤胃内产生的气体不能嗳出，遂使腹围增大，而增大的腹围对牛体又产生了机械的压迫作用，故在触压瘤胃时病牛便呈现不安和呻吟。病牛的这种病因、病的发生和临床症状，大体与假定可能的瘤胃积食相一致，假定的瘤胃积食即构成初步诊断。若以兴奋和泻下的药物进行治疗，临床症状消失，病牛痊愈，即可确诊为瘤胃积食。

又如一头6月龄的病猪，主诉当日早晨发病，病后精神萎靡，食欲不振，离群卧于垫草内不起，有腹泻，遂来求诊。昨天午后同圈猪只已有10头发病，全是体型较大膘情较好的，病后不久死去8头，剩下2头也已奄奄一息。近来喂的精料是麸皮、青稞，粗饲料是谷糠；自前天起，粗饲料改用白菜叶，饲喂前一天将菜叶煮熟后放置于饲料缸内，次日与精料拌和饲喂。这些猪两个月前都进行了猪瘟、猪丹毒、猪肺疫的预防接种。临床检查病猪昏迷嗜睡，体温37℃，心率80次/min，呼吸频率30次/min。口流白沫，呼吸时腹部起伏动作明显，末梢器官冰凉，鼻盘及口唇发紫，腹围略大，后躯被稀粪污染。扶起后，四肢软弱，行走无力，间有转圈运动。

如果说上述发病情况和检查结果没有错觉，那么病猪的这幅景象，从致病原因、发病情况及临床症状方面，就提示我们有猪瘟、猪传染性胃肠炎和饲料中毒的可能性。首先应当从这3个病的特点方面去鉴别：猪瘟，因已做过预防接种，体温不高，又无其他的临床症状，据此可以排除；猪传染性胃肠炎，因多系初生仔猪死亡率高，临床症状又没有发热表现，也可排除；可能性最大的是饲料中毒。因为有饲料的突然变更，饲料调制方法不当的病因，有突然群发、病猪体型大、膘情好和死亡率很高的发病情况；有腹泻、神经症状和体温偏低的临床表现。所有这些均与假定的可能性大的饲料中毒基本相一致。因此，假定的可能性大的饲料中毒就可构成初步诊断。为了进一步做出诊断，还须通过改变饲料和饲料调制方法和进一步做毒物检验。若改变饲料和饲料调制方法后，不再发病，或若经过毒物检验，饲料中含有大量亚硝酸盐，即可确诊为亚硝酸盐中毒。

论证诊断法与鉴别诊断法两者并不矛盾，实际上是相互补充、相辅相成的。一般当提出某一种疾病的可能性诊断时，主要通过论证方法，并适当与近似的疾病加以区别而肯定或否定；但当提出有几种疾病的可能性诊断时，则首先应进行比较、鉴别，经一一排除，再对留下的可能性疾病加以论证。先行鉴别或先行论证，应依据具体病情及当时所收集的症状、资料不同而定。

三、预后判断

在做出疾病诊断之后，对疾病的持续时间、可能的转归和动物的生产性能、使用价值等做出判断，称为预后判断。预后不仅是判断病畜的生死，同时也要推断患病动物的生产能力，以及是否要废役或淘汰等问题。诊断越完善，越个体化，则预后判断越准确。

临床上，一般把疾病的预后分为预后良好、预后不良、预后慎重、预后可疑4种：

(1)预后良好 是指患病动物病情轻,个体情况良好,不仅能恢复健康,而且不影响其生产性能和经济价值。如感冒、支气管炎、口炎等。

(2)预后不良 是指由于病情危重,目前尚无有效的治疗方法,或病情发展很快,难以控制,患病动物可能死亡;或虽能控制不致很快死亡,但可影响其生产性能和经济价值;或某些传染病,虽不一定全部死亡,但因可成为疫源,故均多列为预后不良。如胃肠破裂、恶性肿瘤、慢性肺气肿、乳牛化脓性乳房炎、鸡新城疫或禽流感等。

(3)预后慎重 是指预后的好坏依病情的轻重、诊断和治疗是否得当及个体条件和环境因素的变化而有明显不同的结局。如急性重症瘤胃臌气、中暑、有机磷中毒等,可能于短时间内很快治愈,也可能因治疗不当而很快死亡,这类疾病的预后判断应该谨慎。

(4)预后可疑 由于资料不全,或疾病正在发展变化之中,结局尚难推断,只能做出可疑的预后。如额窦炎,可以治愈而预后良好,也可进一步波及脑膜继发脑膜炎而预后不良。

可靠的预后判断,必须建立在正确诊断的基础之上,这不仅要求具有丰富的临床经验和一定的专业理论水平,而且还要充分考虑具体病例的个体条件(如体质、膘情、年龄、品种、神经类型等)和有无并发症等。并且随时注意疾病发展过程中出现的新变化。对重症病例应注意心脏、呼吸、体温、血象等变化。如神志不清、步态踉跄、大汗淋漓、呼吸高度困难、体温降低、末梢厥冷、心功能不全、心率过快、脉搏不感于手、口色青紫无光、舌体如绵等,均提示预后不良。

判断疾病的预后,要实事求是,严肃认真,既不能夸大,又不能缩小病情。预后良好时不要盲目乐观,预后不良时也不应轻易放弃诊断和治疗,要如实向畜主说明情况,取得合作和支持。

四、常见误诊、漏诊的原因

临床上产生误诊、漏诊的原因多种多样,综合起来有以下几个方面:

(1)病史资料不全面 没有充分占有关于病畜的第一手资料,病史不真实,介绍得简单,对建立诊断的参考价值极为有限。例如病史不是由饲养管理人员提供的,或者是为了推脱责任而做了不真实的回答,或者以其主观看法代替真实情况,对诊疗经过、用药情况及预防注射等叙述的不具体,导致不能真正掌握第一手资料,造成误诊、漏诊。

(2)条件不完备 由于时间紧迫,器械设备不全,检查场地不适宜,动物过于骚动不安,或卧地不起难以进行周密的检查,从而引起诊断不完善,甚至造成误诊。

(3)疾病复杂　动物所患疾病比较复杂，症状不明显，病例不典型，而又忙于做出诊治处理，此时建立正确的诊断更为困难，尤其对于罕见的疾病和本地从未发生过的疾病，初次接诊易发生误诊。

(4)业务不熟练　缺乏临床经验，检测方法不够熟练，检查不充分，认症辨症能力有限，不善于利用实验室检查结果分析病情，诊断思路不开阔，从而导致误诊、漏诊。

总之，造成误诊、漏诊的原因很多，但不是完全不可避免的。要针对以上原因，全面考虑，综合分析，逐步完善，通过学习，刻苦钻研业务，反复操作，提高自己对疾病的诊断水平。

【复习思考题】

1. 怎样建立起一个正确的诊断？
2. 临床症状分析的原则与方法是什么？
3. 怎样判断预后？
4. 通过临床实践，谈谈怎样减少或避免误诊、漏诊。

下　篇

兽医临床治疗技术

第五章　给药技术

知识目标

- 掌握不同动物投药技术的方法、应用及注意事项。
- 掌握不同注射方法的技术要点、应用范围及注意事项。

技能目标

- 熟练掌握常见动物常用投药技术。
- 熟练掌握常见动物常用的注射方法、应用范围及注意事项。
- 熟练掌握常见动物补液疗法的操作方法、应用范围及注意事项。

第一节　投药技术

一、马、牛、羊的投药技术

（一）混料给药法

本法适合于病畜尚有食欲，所投药物量少并且无特殊气味，用药时间较长的治疗过程。投药时，按照拌料给药的标准，准确、认真计算所用药物剂量。如按每千克体重给药，应严格按照病畜个体体重，准确计算出给药量后，将药物均匀地拌入精料内，供其自行采食。同时，也要注意拌料用药标准与饲喂次数相一致，以免造成药量过小起不到作用或药量过大引起病畜中毒。但是由于多数药物均有苦味或特殊气味，拌入精料中会使病畜拒绝采食或采食下降，从而使该法的使用有了很大的局限性。

(二)灌药法

对于多数病情危重的、饮食欲废绝的病畜，以及食欲尚可但不愿自行采食药物的病畜，都可以用强制的方法将药物经口灌入其胃内。此法适用于液体性药物或将药物用水溶解或调成稀粥样，以及中草药的煎剂，灌服的药物一般应无强的刺激性或异味。常用的灌药用具有灌角、竹筒、橡皮瓶或长颈酒瓶、药盆等。

1. 马的灌药法

通常用灌角、长颈酒瓶、竹筒等灌药器。

患马柱栏内站立保定，并将马头吊起。用吊绳系在笼头上或绕经上腭(上腭切齿后方)，绳的另一端绕过柱栏的横栏后由助手拉紧，术者站于患马的前方，一手控制头部并稍将唇部打开，另一只手用灌角或竹筒盛药液，从患马一侧口角通过其门齿和臼齿间的空隙而送入口中并抵舌根，抬高灌药器将药液灌入，之后取出灌药器，待患马咽下后再灌下一口，直至灌完所有药液。见图 5-1。

2. 牛的灌药法

多用橡皮瓶、长颈酒瓶或以竹筒代用。

由助手协助保定头部，并紧拉鼻环或用手、鼻钳等握住鼻中隔使牛头抬起。术者左手从牛的一侧口角处伸入，打开口腔并用手轻压舌体。右手持盛满药液的药瓶或灌角伸入并送向舌的背部。此时术者可抬高药瓶或灌角后部并轻轻振动，使药液能流到病畜咽部，待其吞咽后继续灌服、直至灌完所有药液(图 5-2)。

图 5-1　马灌药法

图 5-2　牛灌药法

3. 羊的灌药法

助手骑在羊的鬐甲部使之确实保定，并用双手从羊的两侧口角伸入，打开口腔并固定头部。术者将盛满药液的橡皮瓶送向羊舌背部，轻轻挤压瓶壁使药液流出，待其吞咽后继续灌服，直至灌完所有药液。

4. 灌药注意事项

(1)灌药时,病畜要保定确实,术者动作要轻柔,以免造成不必要的医源性损伤。

(2)每次灌药药量不能太多,速度不宜太快,药的温度不要太高或太低(以接近动物体温为宜)。

(3)灌药过程中,当病畜出现剧烈挣扎、吼叫、咳嗽时,应暂时停止灌服,并使其头低下,让药液咳出,待病畜状态恢复平静后继续灌服。

(4)病畜头部抬起的高度,应以口角与眼角的连接线略呈水平为宜。切忌抬得过高或牛头过度扭转,以免造成药物误吸,引起异物性肺炎或病畜死亡。

(5)在灌药过程中,应注意观察病畜的咀嚼、吞咽动作,以便于掌握灌药的节奏。

(6)当病畜咀嚼、吞咽时,如有药液流出,应以药盆接之,以减少流失。

(三)片剂、丸剂或舔剂投药法

如果所投药物为片剂、丸剂或舔剂,常用直接经口投服的方法给药,必要时可采用投药枪,舔剂一般可用光滑的木板送服。对于个体较小的羊,由于口张不大,故可将药物做成指头大小的团块,用食指及拇指夹住送至舌根,也可将羊头抬高并打开口腔,对准舌根部投入使其咽下。

对马、牛投药时,可采用站立保定,助手适当固定其头部,防止乱动,术者一只手从一侧口角伸入打开口腔,另一只手持药片、药丸或用竹片刮取舔剂从另一侧口角送入病畜舌背部,病畜即可自然闭合口腔,将药物咽下。若药物不易吞咽,也可在投药后给病畜灌饮少量水,以帮助吞咽。有条件的情况下,可用投药枪投放药丸。

(四)胃管投药法

胃管投药法是用胃管经鼻腔插入胃内,将药液投入胃内,是投服大量药液时的常用方法。多用于马、骡,其次是牛、羊。

患畜食欲废绝,或所用水剂药物量过多、带有特殊气味,经口不易灌服时,一般需要使用胃管投给。对动物安插胃管不仅是一种用药途径,也是常用的治疗方法。临床上主要用于急性胃扩张、肠阻塞、瘤胃臌气、瘤胃积食、瘤胃酸中毒、饲料或药物中毒、严重消化不良以及食欲废绝的患畜。常用药液包括防腐止酵剂,如鱼石脂酒精溶液;健胃剂,如稀盐酸、食醋;泻剂,如液体石蜡、人工盐以及各类中药煎剂等。

根据牛、马个体的大小,选用相应口径及长度的橡胶管。成年牛、马可用特制的胃管,其一端钝圆;马驹、羊可用大动物导尿管。此外,需有与胃管口径相匹配的漏斗。

1. 马、牛的胃管投药法

将马、牛确实保定好,胃管可从口腔或鼻腔经咽部插入食道。经口插入时,应该先给患畜戴上木质开口器,固定好头部,将涂布润滑油的胃管自开口器的孔内送入咽喉部;经鼻插入时,持胃管经鼻腔送至咽喉部。当胃管尖端到达咽部时,会感触到明显阻力,术者可轻微抽动胃管,促使其吞咽,此时随患畜的吞咽动作顺势将胃管插入食道。当确认胃管已进入食道后,接上漏斗,投入准备好的药液,待投药过程结束后,要用少量清水冲净胃管内药液,然后徐徐抽出胃管(图 5-3,图 5-4)。如果误将胃管插入到气管内而又不经过认真检查便盲目投药,则可能将药物直接灌入气管及肺内,引起异物性肺炎或窒息而死亡。

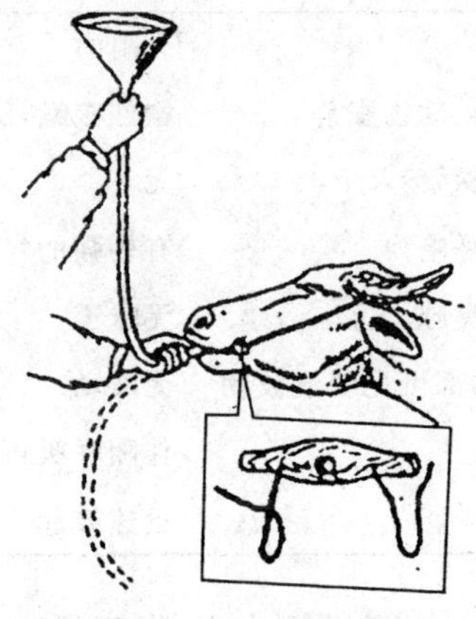

图 5-3 牛胃管投药法

图 5-4 马胃管投药法

2. 羊的胃管投药法

其操作方法与马、牛的大致相同,可参见马、牛的胃管投药法。

3. 胃管投药注意事项

(1)要依动物种类的不同而选用相应口径及长度的胃管。胃管用前应以温水清洗干净,置于0.1%高锰酸钾溶液中浸泡消毒,排出管内残水后,前端涂以润滑剂(如液体石蜡、凡士林等)使管壁滑润,插入、抽动胃管时不宜粗暴,要小心、徐缓,动作要轻柔。

(2)有明显呼吸困难的病畜不宜用胃管,有咽炎的病畜更应禁用。

(3)注意判断胃管是否确实插入食道内,鉴别要点见表 5-1。应确实证明胃管插入食道深部或胃内后再灌药；如灌药后引起咳嗽、气喘，应立即停灌；如中途因动物骚动使胃管移动、脱出亦应停灌，待重新插入并确定无误后再行灌药。

(4)经鼻插入胃管，可因管壁干燥或强烈抽动损伤鼻、咽黏膜，引起鼻、咽黏膜肿胀、发炎等，导致鼻出血(尤其在马多见)，应引起高度注意。如少量出血，不久可自停。出血很多时，可将动物头部适当高抬或吊起，进行鼻部冷敷，或用大块纱布、药棉暂堵塞一侧鼻腔；必要时宜配合应用止血剂、补液乃至输血。

(5)药物误投入呼吸道后的表现：病畜突然出现骚动不安，频繁咳嗽，并随咳嗽而有药液从口、鼻喷出，呼吸加快，呼吸困难，鼻翼开张或张口呼吸，继则可见肌肉震颤、大出汗，黏膜发绀，心跳加快、加强，数小时后体温可升高，肺部出现啰音，并进一步呈异物性肺炎症状。当灌入大量药液时，甚至可造成动物的窒息或迅速死亡。

表 5-1　判断胃管插入食道或气管的鉴别要点

鉴别方法	插入食管	插入气管
感觉胃管插入时的阻力	稍感阻力	无阻力
观察动物的反应	有吞咽动作、咀嚼、动物安静	剧烈咳嗽，动物不安
颈沟触诊	食道内有一坚硬探管	无
胃管外端听诊	可听到不规则的呼噜声	有较强的气流冲耳
胃管外端嗅诊	有胃内容物的酸臭味	无味道
从胃管外端吹入气体	随气流吹入，颈沟部可见明显波动	无波动
胃管外端浸入水中	无气泡	伴随呼吸可见气泡
捏扁的橡皮球接胃管外端	橡皮球不鼓起	迅速鼓起

(6)迅速抢救措施：在灌药过程中，应密切注意动物表现，发现异常，立即终止，使动物低头，促进咳嗽，呛出药物；应用强心剂，或给以少量阿托品以兴奋呼吸；同时应大量注射抗生素制剂；如经数小时后，症状减轻，则应按疗程规定继续用药，直至恢复。

(五)灌肠法

即向直肠内注入药液、营养物或温水，直接作用于肠黏膜，使药液、营养物得到吸收或促进宿粪排出以及除去肠内分解产物与炎性渗出物，达到治疗疾病的目的。多用于患畜肠内补液、肠阻塞以及直肠炎的治疗。如临床上常应用深部灌肠方法来治疗马属动物的便秘；也用于动物采食及吞咽困难时的直肠内人工营养；对于小动物可用于催吐。有时牛在直肠检查前也需灌肠。根据灌肠目的的不同，临床分为浅部灌肠（牛、羊）和深部灌肠（马、骡）。

1. 浅部灌肠

浅部灌肠是将药液灌入直肠内，常在病畜有采食障碍或咽下困难、食欲废绝时，进行人工营养；直肠或结肠炎症时，灌入消炎剂；病畜兴奋不安时，灌入镇静剂；排除直肠内积粪时使用。常用的灌肠药液包括1%温生理盐水、葡萄糖溶液、甘油、0.1%高锰酸钾溶液、2%硼酸溶液等。

操作前，应准备好所用的药物及器械，将患畜保定好，将其尾巴向上或向一侧吊起。术者根据动物种类站立位置有所不同，病畜为牛时应站于牛的正后方，而为马、骡时则应站于侧后方。手持灌肠器的一端胶管，缓慢送入患畜直肠内，此时可通过抽压灌肠器活塞将药液灌入直肠内，所灌注药液温度应接近患畜直肠温度，动作要缓慢，以免对肠壁造成大的刺激；溶液注入后由于努责，很容易将药液排出，为防止药液的流出，可拍打尾根部，并捏住肛门促使其收缩，或塞入肛门塞。

灌注量要适当，以防造成胃破裂。马一般为10～30 L，牛羊的直肠灌注量不可太多，牛一般为1 000～2 000 mL，羊为300～500 mL。

2. 深部灌肠

深部灌肠是将大量液体或药液灌到较靠前的肠管内，多用于马、骡便秘的治疗，特别是对胃状膨大部等大肠便秘更为常用。在猪、犬等中小动物，此法适用于治疗肠套叠、结肠便秘以及排出胃内毒物和异物。

(1)大动物深部灌肠法

①保定　将病畜在柱栏内确实保定，用绳子吊起尾巴。

②麻醉　为使肛门括约肌及直肠松弛，可施行后海穴封闭。即以10～12 cm长的封闭针头，与脊柱平行地向后海穴刺入10 cm左右，注射1%～2%普鲁卡因液20～40 mL。

③塞肠器

木制塞肠器：长15 cm，前端直径为8 cm，后端直径为10 cm，中间有直径2 cm的孔道器，后端装有两个铁环，塞入直肠后，将两个铁环拴上绳子，系在颈部的套包或夹板上。

球胆制塞肠器：将带嘴的排球胆剪两个相对的孔，中间插一根直径1～2 cm的胶管，然后再用胶粘合，胶管的一端露出5～10 cm，朝向马头一端露出20～30 cm，连接灌肠器。塞入直肠后，由原球胆嘴向球胆内打气，胀大的球胆堵住直肠膨大部，即自行固定。

嘌筒：见图5-5。

④灌水　将灌肠器的胶管插入木制塞肠器的孔道内，或与球胆制塞肠器的

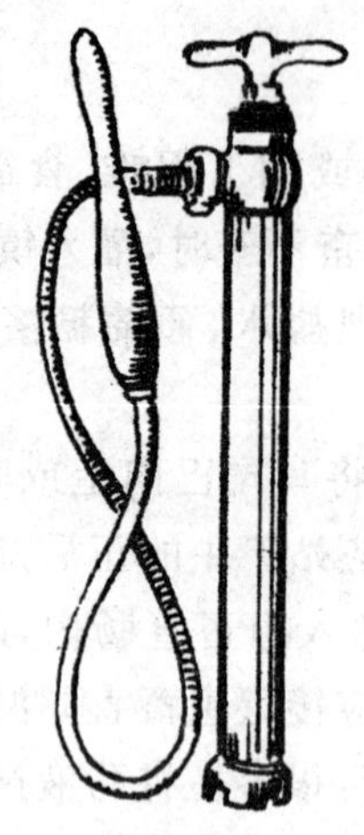
图 5-5 嗉筒式灌肠器

胶管相连接，缓慢地灌入温水或1%温盐水10 000～30 000 mL。灌水量的多少依据便秘的部位而定。灌肠开始时，水进入顺利，当水到达结粪阻塞部位时则流速缓慢，甚至随病畜努责而向外返流。以后当水通过结粪阻塞部，继续向前流时，水流速度又见加快。如病畜腹围稍增大，并且腹痛加重，呼吸增数，胸前微微出汗，则表示灌水量已经适度，不要再灌。灌水后，经15～20 min取出塞肠器。

如无塞肠器，术者也可用双手将插入肛门内的灌肠器的胶管连同肛门括约肌一起捏紧固定。但此法不可预先做后海穴麻醉，以免肛门括约肌弛缓，不易捏紧。尾巴也不必吊起或拉向一侧，任其自然下垂，避免动物努责时水喷在术者身上。在灌肠过程中，如动物努责，可让助手在动物前方摇晃鞭子，吸引其注意力，以减少努责。

嗉筒式灌肠法见图 5-6。

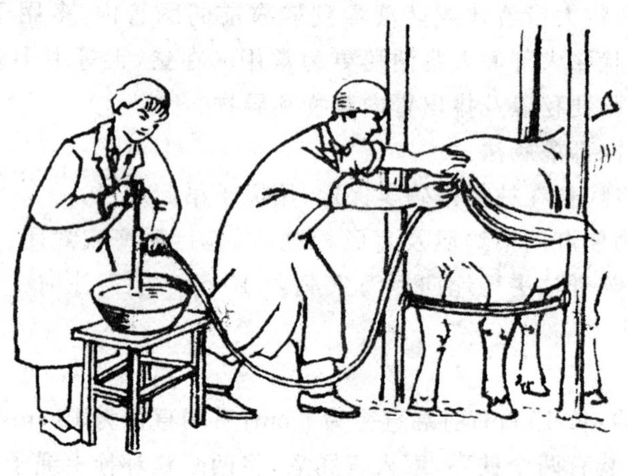
图 5-6 嗉筒式灌肠法

(2)中、小动物深部灌肠法　灌肠时，对动物施以站立或侧卧保定，并呈前低后高姿势。术者先将灌肠器的胶管一端插入肛门，并向直肠内推进8～10 cm。另一端连接漏斗或吊筒，也可使用100 mL注射器注入溶液。先灌入少量药液软化直肠内积粪，待排净积粪后再大量灌入药液，直至从肛门流出灌入药液为止。灌入量根据动物个体大小而定，一般幼犬或仔猪80～100 mL，成年犬100～500 mL，药液温度以35℃为宜。

3. 灌肠注意事项

(1)直肠内存有积粪时,按直肠检查要领取出,再进行灌肠。

(2)避免粗暴操作损伤肠黏膜或造成肠穿孔。

(3)溶液注入后由于排泄反射,易被排出,应用手压迫尾根和肛门,或于注入溶液的同时用手指刺激肛门周围,也可通过按摩腹部减少排出。

(六)阴道(子宫)投药法

此法多用于母畜的阴道炎、子宫颈炎、子宫内膜炎等病的对症治疗,主要为了排出阴道或子宫内的炎性分泌物,促进黏膜的修复,及早恢复生殖功能,是一种较为理想的投药方法。有时根据病情的不同以及炎性分泌物、脓液的多少可先行冲洗,以排出积脓及分泌物,再行投药。常用药液包括温生理盐水、5%～10%葡萄糖、0.1%雷夫奴尔、0.1%高锰酸钾以及抗生素和磺胺类制剂。

1. 阴道内的投药

将患畜保定好,充分洗净外阴部,插入开膣器开张阴道,术者手及手臂常规消毒后,将洗涤器插入阴道内,将配好的接近动物体温的消毒或收敛液倒入漏斗,提高漏斗,冲洗液即可流入阴道,借患畜努责冲洗液可自行排出,如此反复冲洗至冲洗液透明为止,待药液完全排出后,术者戴灭菌手套将药物涂于阴道内,或者直接放入浸有磺胺乳剂的棉塞。

2. 子宫内的投药

由于母畜的子宫颈口在发情期间开张,此时是进行投药的好时机。如果子宫颈封闭,应该先用雌激素制剂,促使子宫颈口松弛,开张后再进行处理。在子宫投药前,应将动物保定好,充分洗净外阴部,把所需药液配制好,并且药液温度以接近动物体温为佳。可使用阴道开膣器开张阴道,用带回流支管的子宫导管或小动物灌肠器,其末端接以带漏斗的长橡胶管,徐徐插入子宫颈口,再缓慢导入子宫内,或者通过直肠把握子宫颈将导管送入子宫内。将药液倒入漏斗内让其自行缓慢流入子宫,待冲洗液快流完时,迅速把漏斗放低,借虹吸作用使子宫内液体自行排出,如此反复冲洗,直至流出的液体与注入的液体颜色基本一致为止。当注入药液不顺利时,切不可施加压力,以免刺激子宫使子宫内炎性渗出物扩散。每次注入药液的数量不可过多,并且要等到液体排出后才能再次注入。每次治疗所用的溶液总量不宜过大,马牛一般为500～1 000 mL,并分次冲洗,直至排出的溶液变为透明为止。以上较大剂量的药液对子宫冲洗之后,可根据情况往子宫内注入抗菌防腐药液,或者直接投入抗生素。为了防止注入子宫内的药液外流,所用的溶剂(生理盐水或注射用水)数量以20～40 mL为宜。

3. 子宫内投药注意事项

(1)严格遵守消毒规则,切忌因操作人员消毒不严而引起的医源性感染。

(2)子宫积脓或子宫积水的病例,应先将子宫内积液排出,再进行冲洗。

(3)在操作过程中动作应轻柔,不可粗暴,以免对患畜阴道、子宫造成损伤。

(4)不要应用强刺激性或腐蚀性的药液冲洗,冲洗完后,应尽量排净子宫内残留的洗涤液,必要时可通过直肠按摩子宫促使排出。

二、猪的投药技术

(一)拌料法

在养猪生产中,经常将药物或添加剂混合到饲料中,以起到促进生长、预防和治疗疾病的功效。此法具有简便易行,适用于群体投服药物等特点,因此成为给猪投药的最常用的方法之一。拌料所用药物应无特殊气味,容易混匀。在混料前,应根据用药剂量、疗程及猪的采食量准确计算出所需药物及饲料的量,然后采用递加稀释法将药物混入饲料中,即先将药物加入少量饲料中混匀,再与 10 倍量饲料混合,依此类推,直至与全部饲料混匀。混好的饲料可供猪自由采食。

(二)饮水法

此方法是将药物溶解于水中,供猪自由饮用,使其饮入药物而发挥其药效的一种方法。常用于预防或治疗给药,尤其是猪发病后,食欲降低而仍能饮水的情况更为适用。混水给药时要注意:第一,要了解不同药物在水中的溶解度。只有易溶于水的药物或难溶于水但经过加温或加助溶剂后可溶的药物才可以混水给药。第二,要注意混水给药的浓度。只有浓度适宜才能保证疗效,浓度过高易引起中毒,浓度过低起不到应有效果。第三,要了解药物水溶液的稳定性。一些在水中稳定性差的药物,配好后要在规定时间内饮完。

(三)灌服法

体格较小的猪(如哺乳仔猪)灌服少量药液时可用汤匙或注射器(不接针头)。较大的猪若需灌服较大剂量的药液时,可用胃管投入。灌药时,助手抓住猪的两耳将猪头稍微向上抬起使猪的口角与眼角联线接近水平位置,同时要用腿夹紧猪的背腰部。术者用左手持木棒塞入猪嘴并将其撬开,右手用汤匙或其他灌药器从舌侧面靠颊部倒入药液,待其咽下后再接着灌,直至灌完。如果有的猪口中含药不咽,术者可摇动木棒，以刺激其吞咽(图 5-7)。灌药时的注意事项参见牛、羊灌药时的注意事项。

图 5-7　猪灌药法

(四)胃管投药法

可选择猪专用的胃管，经口腔插入。首先要将猪站立或侧卧保定，用开口器将口打开，或用特制的中央钻一圆孔的木棒塞入其口中将嘴撑开，然后将胃管沿中间空隙处或圆孔向咽部插入，其后操作同牛胃管投药(图 5-8)。另外，若给猪投胃管是用于导出胃内容物(如治疗急性胃扩张)或洗胃时，一定要判定胃管确实已从食道进入胃内，才可以继续操作。

图 5-8　猪胃管投药

(五)灌肠法

常用于猪的大肠秘结，排便困难的治疗，临床上采用将温水或温肥皂水或药液灌入直肠内的方法，来软化粪便促进排粪。操作时猪采用站立或侧卧保定，较小的猪亦可倒提保定，并将猪尾拉向一侧。术者一只手提举盛有药液的灌肠器或吊桶，另一只手将连接于灌肠器或吊桶上的胶管在涂布润滑油后缓慢插入直肠内，然后抽压灌肠器或举高吊桶，使药液自行流入直肠内。可根据猪个体的大小确定灌肠所用药液的量，一般每次 200～500 mL。另外，直肠灌注法也用于直肠炎的治疗。

(六)气雾给药法

气雾给药是指使用能使药物气雾化的器械，将药物分散成一定直径的微粒弥散到空间中，让猪通过呼吸作用吸入体内或作用于皮肤、黏膜的一种给药方法。也可用于猪群消毒。使用这种方法时，药物吸收快，作用迅速节省人力，尤其适用于现代化大型养殖场，但需要一定的气雾设备，且畜舍门窗应能密闭。同时，气雾给药时不应使用有刺激性药物，以免引起猪呼吸道发炎。

一般地讲，应用气雾给药时应注意：

(1)恰当选择气雾用药，充分发挥药物效能。为了充分利用气雾给药的优点，应该恰当选择所用药物。并不是所有的药物都可通过气雾途径给药，可应用气雾途径的药物应该无刺激性，容易溶解于水。对于有刺激的药物不应通过气雾给药。同时还应根据用药目的不同，选用吸湿性不同的药物。若欲使药物作用于肺部，应选用吸湿性较差的药物，而欲使药物作用于呼吸道，就应选择吸湿性较强的药物。

(2)准确掌握气雾剂量，确保气雾用药效果。在应用气雾给药时，不要随意套用拌料或饮水给药浓度。为了确保用药效果，在使用气雾给药前应按照畜舍空间情况，使用气雾设备要求，准确计算用药剂量，以免过大或过小，造成不应有的损失。

(3)严格控制雾粒大小，防止不良反应发生。在气雾给药时，雾粒直径大小与药效有直接关系。气雾微粒越细，越容易进入肺泡内，但与肺泡表面的黏着力小，容易随呼气排出，影响药效。但若微粒越大，则不易进入肺泡内，容易落在空间或停留在动物的上呼吸道黏膜，也不能产生良好的用药效果。同时微粒过大，还容易引起畜禽的上呼吸道炎症。此外，还应根据用药目的，适当调节气雾微粒直径。如要使药物达到肺部，就应使用雾粒直径小的雾化器。反之，要使药物主要作用于上呼吸道，就应选用雾粒较大的雾化器。通过大量试验证实，进入肺部的微粒直径以0.5～5 μm 最合适。雾粒直径大小主要是由雾化设备的设计功效和用药距离所决定。

(七)阴道、子宫投药法

同马、牛、羊的阴道、子宫投药法。

三、家禽的投药技术

由于家禽的饲养规模、饲养方式和生理结构与家畜存在较大差异，所以家禽的投药方式有其特殊性，在生产实践中最常用的有群体投药法和个体投药法。

(一)群体投药法

群体投药法是用药物对家禽的一个群体的疾病进行预防和治疗的过程。该法简便易行，投药速度快，省时省力，是养禽业中最常用的一种用药方法。以下就以鸡为例进行阐述，其他禽类与此类似。

1. 饮水给药

饮水给药是将药物溶解于水中，让鸡自由饮用采用。该方法应了解以下两方面的内容：第一，要了解药物的溶解度。易溶于水的药物，其水溶液能够迅速达到规定的浓度，可放心使用；微溶于水的部分药物如果添加助溶剂后，其溶解度大增，也可混水；而难溶于水的药物，不可以混水给药。如果错误的将制霉菌素等难溶于水或极难溶于水的药物饮水给药，就会使药物沉积于饮水器的底部而达不到预期的目的。第二，要了解不同药物水溶液的稳定性。只有那些稳定性好的药物才可以让鸡自由饮水；对于部分稳定性差的药物，一定要在药物有效期内让鸡将药水饮完。

具体操作方法是：①在保证药物有效浓度的前提下，尽可能地少配药液。②在给鸡饮用药水前，切断水源以使其产生渴感，这样在投给药水时鸡群能很快地将药水饮完。③要了解鸡群在不同日龄、不同季节、不同温度时的饮水量，这样在混水给药时才比较准确，若配制过多，会造成不必要的浪费，配制过少，又容易使鸡群用药不均。

2. 拌料给药

拌料给药是将药物均匀地拌入饲料中，供鸡自由采食的方法。由于鸡的舌黏膜的味觉乳头不发达，所以一些有特殊气味的药物也可以混入饲料中给药，这样可以增加应用范围，减少局限性。该方法简便易行，省时省力，尤其适于群体的长期给药，因此它也是鸡群投药最常用的方法之一。

鸡群混料给药，应该注意以下事项：第一，药物必须均匀地混于饲料中，常用递加稀释法。即先将药物加入少量饲料中混匀，再与较多量饲料混合，依此类推，直至与全部饲料混匀。第二，要明确所用药物与饲料中所用添加剂之间的相互关系，以免降低药效或产生毒副作用。第三，要明确混料与混水的区别，一般药物混料浓度为混水浓度的 2 倍。

3. 喷雾给药

在鸡的日常管理中，常用的喷雾给药方式有气雾免疫和喷雾消毒两种。前者多用于那些与呼吸道有亲嗜性的疫苗的免疫，如新城疫弱毒活疫苗、传染性支气管炎弱毒疫苗等；后者用于鸡舍日常的带鸡消毒。带鸡消毒应该选择毒性较低、刺激性小、无腐蚀性、低残毒的消毒剂。将消毒液配好后放入喷雾器中，关闭鸡舍的门、窗、换气孔及排风扇等，消毒人员一只手轻压喷雾器，另一只手持喷雾器喷头并使其向上，距离鸡背 30～50 cm，沿鸡舍纵轴缓慢移动，要确保不留死角，直至消毒完整个鸡舍。关闭舍门，待 10～20 min 后再打开门、窗、换气孔、排风扇等。带鸡消毒可以杀灭空气、地面和鸡体表的病原体，是一种较科学的消毒方式，也是养鸡场最常使用的消毒方法。

（二）个体投药法

在养鸡生产中，对数量较少或个别的发病鸡，可采用经口投药的方法进行治疗。投药时，一人将鸡保定好，投药者一只手打开鸡口腔，另一只手将药液或药片直接滴(放)入即可。此方法操作简便,剂量准确,但是投药速度太慢,费时费工。

(三)药物熏蒸法

药物熏蒸法适用于禽流行性感冒、支气管炎、肺炎以及某些皮肤病的治疗。

禽舍内设药物蒸汽锅,将药物加水倒入锅内,加热煮沸,让蒸汽充满室内,每次熏蒸时间为15~30 min。

注意事项:治疗室要密闭,不宜用刺激性药物,以免引起呼吸道炎症加重。

四、犬、猫的投药技术

随着人们生活水平的提高,犬、猫等小动物以其乖巧、善通人性的特点成为不少家庭饲养的宠物。同时一些经济价值较高的犬、猫也逐渐向集约化饲养发展,这样犬、猫的疾病也随之增加,所以有必要掌握犬、猫常用的投药方法。

(一)拌食投药法

本法适用于尚有食欲的犬、猫。所投药物应无异常气味、无刺激性,且用量少。投药时,把药物与犬最爱吃的食物拌匀,让犬自行吃下去。为使犬能顺利吃完拌药的食物,最好在用药之前先禁食一顿。另外,为了使药物与食物更好地混合,可将片剂碾成粉剂拌入食物中。

(二)口服法

又称灌服法,就是强行将药物经口灌入犬的胃内。因此,不论病犬有无食欲,只要药物剂量不多,又没有明显刺激性,都可以采用此法。灌服前,先将药物中加入少量水,调制成泥膏状或稀糊状。灌药时,将犬站立保定,助手(或犬主)用手抓住犬的上下颌,将其上下分开,术者用圆钝头的竹片刮取泥膏状药物,直接将药涂于犬的舌根部,或用小匙将稀糊状的药物倒入口腔深部或舌根上,慢慢松开手,让犬自行咽下。咽完再灌,直至灌完所有药物。如果所用药物为胶囊或片剂,可在助手打开口腔后,用药匙或竹片送到口腔深部的舌根上,迅速合拢其口腔,并轻轻扣打下颌,以促使药物咽下。

在给犬经口灌药时,动作要轻柔、缓慢,切忌粗暴、急躁,以免将药物灌入气管及肺内。对于有刺激性的水剂药物且剂量较大时,则不适于口服法。

(三)胃管投药法

对大剂量的液体药物应用此法比较合适。本法操作简单,安全可靠,并且不浪费药物。应用胃管投药时，应该先准备一个金属的或硬质木料制成的纺锤形带手柄的开口器，表面要光滑，正中要有一个插胃管的小孔。再准备一只胃管（幼犬用直径 0.5～0.6 cm，大犬用直径 1.0～1.5 cm 的胶管或塑料管，也可用人用 14 号导尿管代替）。

投药时犬采取坐立姿势保定，幼犬可抓住前肢抬高使身体呈竖直姿势。助手或犬主将纺锤形的开口器放入病犬口内，任其咬紧，并将开口器两端连有的绳子系在犬头部耳后，以固定开口器。其后的操作方法同牛的胃管投药。投好胃管后，在胃管末端接上无针头的注射器，药液通过注射器及胃管缓缓进入胃内。药液灌完后，用注射器推芯将管内剩余的药液全部推入胃内，然后捏住胃管口，徐徐拔出胃管，这样可防止残留在胃管中的药液误入气管。

（四）超声波雾化疗法

超声波雾化法广泛应用于治疗上呼吸道、气管、支气管及肺部感染，对于改善呼吸道疾病症状、消炎、抗菌以及止咳祛痰具有独到的治疗功效。

使用超声波雾化器，先将药液加入药杯中，盖紧药杯盖，再将面罩给动物戴上，或不用面罩而直接将波纹管对准动物口、鼻部，插上电源，开机即可。雾化量开关可调节出雾量大小，以不引起动物不适为宜。

注意事项：雾化药液稍加温，以接近体温为宜。治疗中注意观察雾化管内药液消耗情况，如药液消耗过快，应及时添加，水槽内蒸馏水及雾化管内的药液均不能过少，治疗后呼吸罩和导气管要及时清洗消毒。

第二节　注 射 法

一、皮内注射法

皮内注射法是将药液注射于皮肤的表皮与真皮之间。

1. 应用

皮内注射与其他治疗注射相比，其药液的注入量少，一般仅为 0.1～0.5 mL，所以不用于治疗。主要用于某些疾病的变态反应诊断，如牛结核、副结核、牛肝蛭病、马鼻疽等。或做药物过敏试验，以及炭疽疫苗、绵羊痘苗等的预防接种。

2. 准备

小容量注射器或 1～2 mL 的注射器与短针头。

3. 部位

通常猪在耳根部，马在颈侧中部，牛在颈侧中部或尾根部，鸡在肉髯部位的皮肤。

4. 操作方法

注射部位剪毛、消毒，排尽注射器内空气，以左手拇指、食指将皮肤捏成皱襞，右手持注射器，针头斜面向上，与皮肤呈 5°角刺入皮内（图 5-9）。待针头斜面全部进入皮内后，左手拇指固定针体，右手缓缓地注入药液。药液注入皮内的标志是：推药时感到有一定的阻力，可见注射局部形成一半球状隆起，俗称"皮丘"，如误入皮下则无此现象。注毕，迅速拔出针头，术部轻轻消毒，但应避免挤压局部。

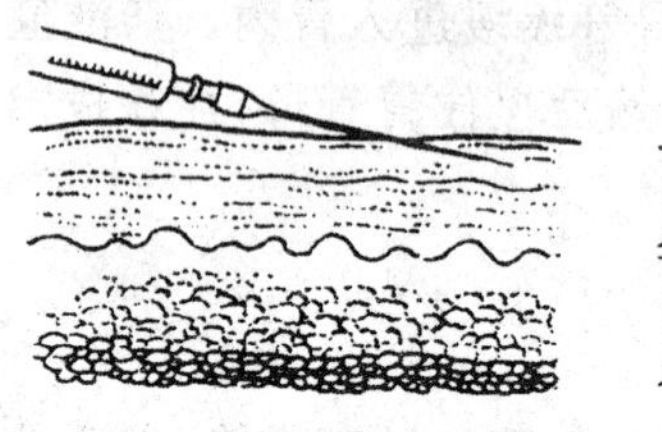

图 5-9 皮内注射的进针角度

5. 注意事项

注射部位一定要认真判定，准确无误，否则将影响诊断和预防接种效果。进针不可过深，以免刺入皮下，应将药物注入表皮和真皮之间。拔出针头后注射部位不可用棉球按压揉擦。

二、皮下注射法

皮下注射法是将药物注射于皮下结缔组织内，经毛细血管、淋巴管的吸收而进入血液循环的一种注射方法。

1. 应用

凡是各种易溶解、刺激性较小的注射药液及疫苗、菌苗、血清、抗蠕虫药（如伊维菌素）等，某些局部麻醉，不能口服或不宜口服的药物，均可做皮下注射。

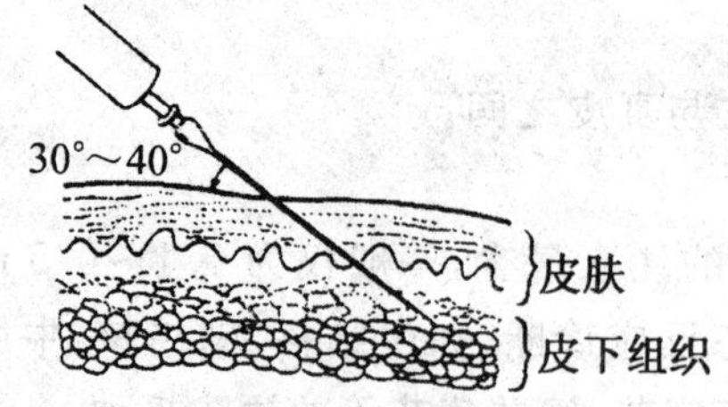

图 5-10 皮下注射部位及方法

2. 准备

根据注射药量的多少，可用 2 mL、5 mL、10 mL、20 mL、50 mL 的注射器及相应针头。

3. 部位

选择皮肤较薄而皮下疏松的部位。猪通常在耳根或股内侧；牛在颈侧或肩胛后方的胸侧；马骡在颈侧；羊在颈侧、背胸侧、肘后或股内侧；犬、猫在颈侧、背侧或股内侧；禽类在翼下。

4. 操作方法

动物保定好，局部剪毛、消毒后，术者用左手的拇指与中指捏起皮肤，食指压皱褶的顶点，使其呈陷窝。右手持连接针头的注射器，针头斜面向上，从皱褶基部陷窝处与皮肤成30°～40°角刺入针头的2/3，约2 cm（图5-11、图5-12）。此时，感觉针头无抵抗，可自由摆动，左手按住针头结合部，右手抽动注射器活塞未见回血时，可推动活塞注入药液。如果需要注入的药量较多时，要分点注射，不能在一个注射点注入过多的药液。注射完毕，以酒精棉压迫针孔，拔出注射针头，用5%的碘酊消毒。必要时可对局部进行轻轻按摩，促进吸收。当要注射大量药液时，应利用深部皮下组织注射，这样可以延缓吸收并能辅助静脉注射。

图5-11　马的皮下注射方法

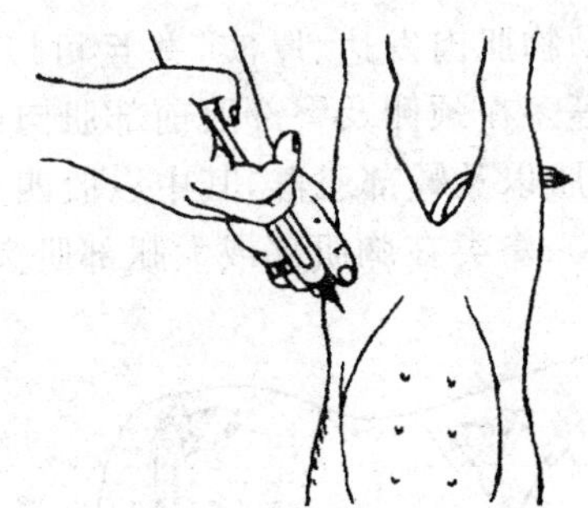

图5-12　猪的皮下注射方法

5. 特点

(1)皮下注射的药液，可由皮下结缔组织分布广泛的毛细血管吸收而进入血液。

(2)药物的吸收比经口给药和直肠给药快，药效确实。

(3)与血管内注射比较，没有危险性，操作容易，大量药液也可注射，而且药效作用持续时间较长。

(4)皮下注射时，根据药物的种类，有时可引起注射局部的肿胀和疼痛。

(5)皮下有脂肪层，吸收较慢，一般经5～10 min才能呈现药效。

6. 注意事项

(1)刺激性强的药品不能做皮下注射，特别是对局部刺激较强的钙制剂、砷制剂、水合氯醛及高渗溶液等，易诱发炎症，甚至组织坏死。

(2)大量注射补液时，需将药液加温后分点注射。注射后应轻轻按摩或进行温敷，以促进吸收。长期注射者应经常更换注射部位，建立轮流交替注射计划，达到在有限的注射部位吸收最大药量的效果。

三、肌肉注射法

肌肉注射是将药物注入肌肉内的注射方法。凡肌肉丰满的部位，均可以进行肌肉注射。

1. 应用

肌肉内血管丰富，药液吸收较快。由于肌肉内的感觉神经较少，疼痛轻微。因此，刺激性较强和较难吸收的药液，进行血管内注射而有副作用的药液，油剂、乳剂等不能进行血管内注射的药液，为了缓慢吸收、持续发挥作用的药液等，均可采用肌肉内注射。但由于肌肉组织致密，仅能注射较少量的药液。

2. 部位

选择动物肌肉发达、厚实，并且可以避开大血管及神经干的部位。大动物与犊、驹、羊等多在颈侧及臀部股前部肌肉(图 5-13)；犬在臀部、背部肌肉；猫常在腰肌、股四头肌以及臀部肌群，其中以股四头肌最常用；猪在耳根后、臀部或股内侧肌肉(图 5-14)；禽类在胸肌部或大腿部肌肉。

图 5-13 马的肌肉注射部位

图 5-14 猪的肌肉注射部位

3. 操作方法

根据动物种类和注射部位不同，选择大小适当的注射针头，犬、猫一般选用 7～9 号针头，猪、羊选用 9～12 号针头，牛、马选用 12～18 号针头。

动物保定后，注射部位剪毛消毒后，对大家畜，先以右手拇指与食指捏住针头基部，中指标定刺入深度，用腕力将针头垂直皮肤迅速刺入肌肉 2～3 cm。左手固定针头，右手持注射器与针头连接并回抽活塞，以检查有无回血。如果判定刺入正确，随即推动活塞，注入药液。而对中小动物则不必先刺针头，可直接手持连有针头的注射器进行注射。注射完毕，迅速拔出针头，涂布 5%碘酊消毒。

4. 注意事项

(1)为防止针头折断，刺入时应与皮肤呈垂直的角度并且用力的方向应与针头方向一致。注意不可将针头的全长完全刺入肌肉中，一般只刺入全长的2/3即可，以防折断时难以拔出。

(2)对强刺激性药物不宜采用肌肉注射，如水合氯醛、钙制剂、浓盐水等。

(3)注射针头如接触神经时，则动物感觉疼痛不安，此时应变换针头方向，再注射药液。

(4)万一针体折断，保持局部和肢体不动，迅速用止血钳夹住断端拔出。如不能拔出时，先将病畜保定好，防止骚动，进行局部麻醉后迅速切开注射部位，用小镊子、持针钳或镊子拔出折断的针体。

(5)长期进行肌肉注射的动物，注射部位应交替更换，以减少硬结的形成。

(6)两种以上药液同时注射时，要注意药物的配伍禁忌，必要时在不同部位分别注射。

(7)根据药液的量、黏稠度和刺激性的强弱，选择适当的注射器和针头。

(8)避免在瘢痕、硬结、发炎、皮肤病及有针眼的部位注射。淤血及血肿部位不宜进行注射。

四、静脉注射法

静脉注射法是将药液直接注入静脉内，或利用液体静压将一定量的无菌溶液、药液或血液直接滴入静脉的方法。输入的液体随着血液很快分布到全身，不会受消化道及其他脏器的影响而发生变化或失去作用，药效迅速，作用强，注射部位疼痛反应较轻，但其代谢也快。是临床治疗和抢救病畜的重要手段。

(一)应用

适用于大量的补液、输血和急需奏效的药物(如急救强心等)；注射药物对局部刺激性大，又不能皮下、肌肉注射，只能通过静脉内注射才能发挥药效的药物，如水合氯醛、氯化钙等。

(二)准备

(1)静脉注射或输液的用品，包括注射盘、注射器及针头、瓶套、开瓶器、止血带、血管钳、胶布、剪毛剪、无菌纱布、药液、输液卡、输液架。

(2)根据注射用量可备50～100 mL注射器及相应的注射针头和医用一次性输液器，大量输液时则应分别使用250 mL、500 mL、1 000 mL输液瓶。

(3)注射药液的温度要尽可能地接近于体温。使用输液瓶时，输液瓶的位置应高于注射部位。

(三)操作方法

1. 猪的静脉注射

常采用耳静脉或前腔静脉进行注射。

(1)耳静脉注射法

①部位　猪耳背侧静脉。

②方法　将猪站立或侧卧保定,耳静脉局部消毒。助手用手指按压耳根部静脉管处或用胶带在耳根部扎紧,使静脉血回流受阻,静脉管充盈、怒张;或用酒精棉反复涂擦,并用手指头弹叩,以引起血管充盈。术者用左手把持猪耳,将其托平并使注射部位稍有隆起,右手持连接注射器的针头,沿静脉管方向使针头与皮肤呈30°～45°角,刺入皮肤和血管内,轻轻回抽活塞如可见回血即为已刺入血管,然后将针管放平并沿血管稍向前刺入。此时,可以撤去压迫脉管的手指或解除结扎的胶带。术者用左手拇指压住注射针头,右手徐徐推进药液,直至药液注完(图 5-15)。如果大量输液时,可用一次性输液器和输液瓶替代注射器。操作方法相同。注药完毕,左手拿酒精棉紧压针孔,迅速拔出针头。为了防止血肿,继续紧压局部片刻,最后涂布 5%的碘酊。

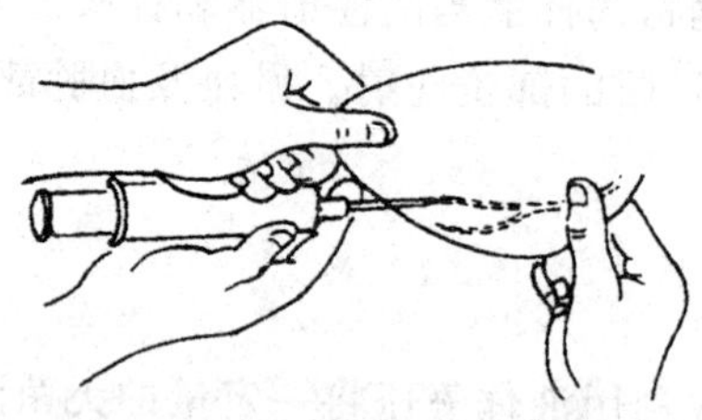

图 5-15　猪耳缘静脉注射法

(2)前腔静脉注射法　用于大量输液或采血。

①部位　前腔静脉为左、右两侧的颈静脉与腋静脉至第一对肋骨间的胸腔入口处于气管腹侧面汇合而成。注射部位在第一肋骨与胸骨柄结合处的正前方,由于左侧靠近膈神经,易损伤,故多于右侧进行注射,针头刺入方向,呈近似垂直并稍向中央及胸腔方向倾斜,刺入深度依据猪体大小而定,一般为 2～6 cm,选用 7～9 号针头。

②方法　对猪采取站立保定或仰卧保定。

站立保定时,在右侧耳根至胸骨柄的连线上,距胸骨端 1～3 cm 处刺入针头,进针时稍微斜向中央并刺向第一肋骨间胸腔入口处,边刺边回抽活塞观察是否有回血,如果见到有回血即表明针头已刺入前腔静脉,可注入药液(图 5-16)。

图 5-16　猪站立保定时前腔静脉注射

猪取仰卧保定时，胸骨柄可向前突出，并于两侧第一肋骨结合处的直前侧方呈两个明显的凹陷窝，用手指沿胸骨柄两侧触诊时感觉更明显，多在右侧凹陷窝处进行注射（图 5-17）。固定好其前肢及头部。局部消毒后，术者持连有针头的注射器，由右侧沿第一肋骨与胸骨结合部前侧方的凹陷处刺入，并且稍微斜刺向中央及胸腔方向，一边刺入一边回抽，当见到回血后即表明针头已刺入，即可徐徐注入药液。注射完毕后左手持酒精棉球紧压针孔，右手拔出针头，局部涂抹碘酊消毒。

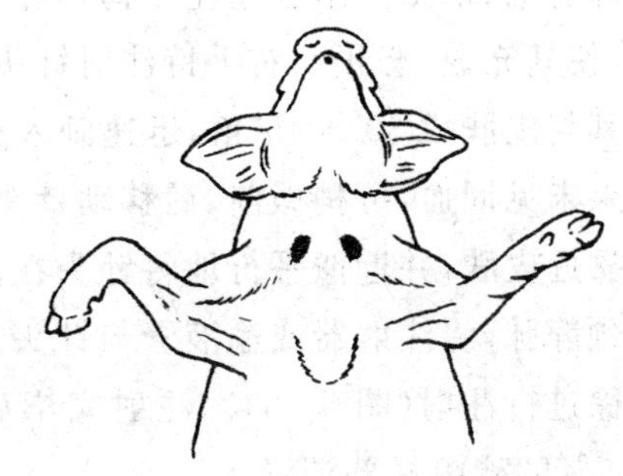
图 5-17　猪仰卧保定时前腔静脉注射部位

2. 牛、羊的静脉注射

(1)部位　牛多在颈静脉注射，偶尔也可利用尾静脉注射。

(2)方法　牛的颈静脉位于颈静脉沟内，皮肤较厚且敏感，一般应用突然刺针的方法进针。助手使牛的头部稍向前伸，并安全固定，注射部位进行剪毛、消毒。术者左手中指及无名指压迫颈静脉的近心端（靠近胸腔入口处），或用一根细绳或乳胶管在颈部的中 1/3 下方缠紧，使静脉怒张，右手持针头，对准注射部位并使针头与皮肤垂直，用腕力迅速将其刺入血管，见有血液流出后，表明已将针头刺入颈静脉中，再沿颈静脉走向稍微向前送入，固定好针头后连接注射器或输液瓶的胶管，药液即可徐徐注入血管中。

尾静脉注射可在近尾根的腹中线处进针，准确部位应根据动物大小不同而变化，一般距肛门 10～20 cm。注射时，术者必须举起牛尾巴，使它与背中线垂直，另一只手持注射器在尾腹侧中线，垂直于尾纵轴进针至针头稍微触及尾骨。然后试着抽吸，若有回血，即可注射药液或采血。如果无回血，可将针稍微退出 1～5 mm，并再次用上述方法鉴别是否刺入。奶牛的尾静脉穿刺适用于小剂量的给药和采血，可在很大程度上代替颈静脉穿刺法，而且尾部抽血可减轻患牛的紧张程度，避免牛吼叫和过度保定，操作简便快捷，值得推广应用。

羊的静脉注射法多用颈静脉注射，其操作方法参照马的静脉注射。

3. 马的静脉注射

(1)部位　马的颈静脉比较浅显，位于颈静脉沟内。常在马的颈静脉的上 1/3 与中 1/3 的交界处，特殊情况可在胸外静脉进行。

(2)方法　马多在柱栏内采取站立保定，可将其头部拉紧前伸并稍偏向对侧，术部剪毛、消毒。术者用左手拇指在颈静脉的近心端(靠近胸腔气口处)压迫静脉管,使其充盈、怒张。右手持注射针头,使针尖斜面向上在压迫点前上方约2 cm处,使其与皮肤成30°～45°角,迅速刺入静脉内,如见回血,表明针头已准确刺入脉管;如果未见回血,可稍微前、后移动针头,使其进入血管。针头刺入血管后,将针头后端靠近皮肤,并近似平行地将针头在血管内前送1～2 cm。然后,术者的左手可松开颈静脉,将注射器或输液管与针头相连接,并用夹子将其固定于皮肤上,就可以徐徐进行注射(图5-18)。注射完毕后,以酒精棉球压迫注射局部并拔出针头,再用5%的碘酊局部消毒。

4. 犬的静脉注射

(1)部位　犬多在后肢外侧面小隐静脉、前臂皮下静脉(也称头静脉)或后肢内侧面大隐静脉进行注射,特殊情况下(如犬的血液循环障碍,较小的静脉不易找到)也可在颈静脉注射。

(2)方法

①后肢外侧面小隐静脉注射法　助手将犬侧卧保定,固定好头部。此静脉位于后肢胫部下1/3的外侧浅表皮下,由前斜向后上方,易于滑动。局部剪毛消毒,用胶管结扎后肢股部或由助手用手紧握,此时静脉血回流受阻而使静脉管充盈、怒张。操作者位于犬的腹侧,左手握住下肢以固定静脉,右手持5号半注射针头沿静脉走向刺入皮下及血管,若有回血,证明已刺入静脉,此时可将针头顺血管腔再刺入少许,解开结扎带或助手松开手,术者用左手固定针头,右手徐徐将药液注入(图5-19)。注射完毕,以干棉签或棉球按压穿刺点迅速拔出针头,局部按压或嘱畜主按压片刻,防止针孔出血。

图5-18　马的静脉注射

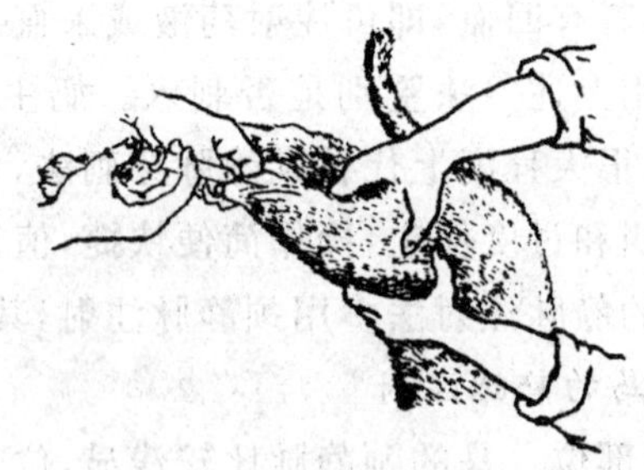

图5-19　犬后肢小隐静脉注射

②前臂皮下静脉(头静脉)注射法 此静脉位于前肢腕关节正前方稍偏内侧。犬可侧卧、伏卧或站立保定,助手或犬主人从犬的后侧握住犬的肘部,使皮肤向上牵拉和静脉怒张,也可用止血带或乳胶管结扎,使静脉怒张。操作者位于犬的前面,注射针由近腕关节 1/3 处刺入静脉,当确定针头在血管内后,针头连接管处见到回血,再顺静脉管进针少许,以防犬骚动时针头滑出血管,松开止血带或乳胶管,即可注入药液,并调整输液速度(图 5-20)。静脉输液时,可用胶布缠绕固定针头。

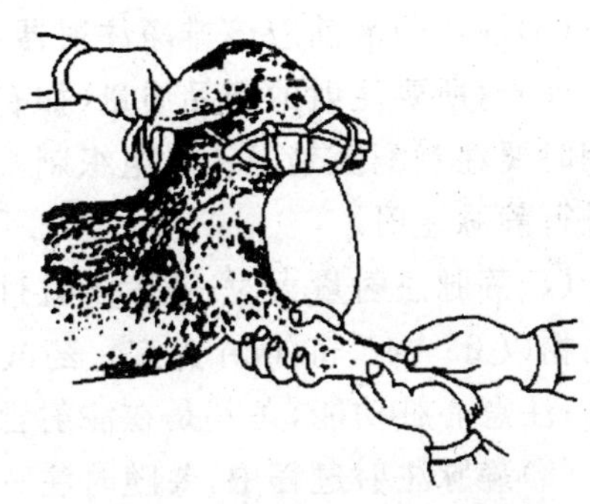

图 5-20 犬前臂皮下静脉注射

位于前肢内侧面皮下的头静脉比后肢外侧面小隐静脉更粗更易固定,因此在犬的一般注射或采血时,更常采用该静脉。

③后肢内侧面大隐静脉注射法 此静脉在后肢膝部内侧浅表的皮下。助手将犬背卧后固定,伸展后肢向外拉直,暴露腹股沟,在腹股沟三角区附近,先用左手中指、食指探摸股动脉跳动部位,在其下方剪毛消毒,然后右手持针头,针头由跳动的股动脉下直接刺入大隐静脉管内,注射方法同前述的后肢小隐静脉注射法。

5. 猫的静脉注射

(1)部位 常选择前肢腕关节下掌中部内侧的头静脉或后肢股内侧的大隐静脉。

(2)方法 采用前肢内侧面头静脉注射时,将猫侧卧或伏卧保定,固定好头部,局部剪毛、消毒。助手用橡胶带扎紧或用手握紧前肢上部,使头静脉充盈、怒张,术者用右手持注射针头顺静脉刺入皮下,再与血管平行刺入静脉,此时针头若有回血,助手松开手或解开橡胶带。术者将针头沿血管腔稍微前送,固定好针头,进行注射。

猫的后肢股内侧大隐静脉注射方法与犬相同。

另外,猫静脉点滴时,以 40 滴/min 之内为宜,否则会加重心脏负担而引起不适,如呕吐等。

(四)静脉注射注意事项

(1)要严格遵守无菌操作规程,对所有注射用具、注射部位都要严格消毒。

(2)动物确实保定,看准静脉并明确注射部位后再扎入针头,避免多次扎针而引起血肿。

(3)要注意检查针头是否通顺。反复穿刺时,针头常被血凝块堵塞,应随时更换。

(4)针头刺入静脉后,要再顺入 1～2 cm,并使之固定。

(5)注入药液前应该排净注射器或输液胶管中的气泡,严防将气泡注入静脉。

(6)对所要注射的药品质量(如有无杂质、沉淀等)应严格检查,不同药液混合使用时要注意配伍禁忌。对组织刺激性强的药液要严防漏于血管外,油类制剂禁止进行静脉注射。

(7)静脉注射量大时,速度不宜过快,大家畜以 30～60 mL/min 为宜,犬、猫等小动物以 25～40 滴/min 为宜。药液温度要接近于体温;药液的浓度以接近等渗为宜;注意心脏功能,尤其是在注射含钾、钙等药液时,更要小心。

(8)静脉注射过程中,要随时注意观察动物的表现,如动物有不安、出汗、呼吸困难、肌肉颤栗等症状时,应该立即停止注射,待查明原因后再行处置。

(9)要随时观察药液的注入情况,一旦出现液体输入突然过慢或停止,或者注射局部明显肿胀以及针头滑出血管时,应该立即检查,进行调整,直至恢复正常。

(五)药液外漏的处理

静脉内注射时,常由于未刺入血管或刺入后因病畜骚动而针头移位脱出血管外,致使药液漏于皮下。故当发现药液外漏时,应立即停止注射,根据不同的药液采取下列措施处理。

(1)立即用注射器抽出外漏的药液。如系等渗溶液(如生理盐水或等渗葡萄糖),一般很快自然吸收;如系高渗盐溶液,则应向肿胀局部及其周围注入适量的灭菌注射用水,以稀释之。

(2)如系刺激性强或有腐蚀性的药液,则应向其周围组织内注入生理盐水;如系氯化钙液,可注入 10%硫酸钠或 10%硫代硫酸钠 10～20 mL,使氯化钙变为无刺激性的硫酸钙和氯化钠。

(3)局部可用 5%～10%硫酸镁进行温敷,以缓解疼痛。

(4)如系大量药液外漏,应做早期切开,并用高渗硫酸镁溶液引流。

五、胸、腹腔注射法

(一)胸腔注射法

胸腔内注射也称胸膜腔内注射,是将药液或气体注入胸膜腔内的注射方法。注入胸腔的药物吸收较快,对胸腔炎症疗效显著。同时通过排出积液、气体或冲洗,会使病情减轻。因此,本法对于治疗胸腔内出血、胸腔积液、胸腔积气等病症疗效显著。应注意胸腔内有心脏和肺脏，注射或穿刺时容易误伤。

1. 应用

胸膜腔内注射适用于治疗胸膜的炎症，抽出胸膜腔内的渗出液或漏出液做实验室诊断；注入消炎药或洗涤药液，以及气胸疗法时向胸腔内注入空气以压缩肺脏，也可进行疫苗接种（如猪喘气病疫苗）。

2. 部位

牛、羊在右侧第 5～6 肋间，左侧第 6～7 肋间；马在右侧第 6～7 肋间，左侧第 7～8 肋间；猪在右侧第 5～6 肋间，左侧第 6 肋间；犬、猫在右侧第 6 肋间或左侧第 7 肋间。各种动物都是在与肩关节水平线相交点下方 2～3 cm 处，即胸外静脉上方 2 cm 处沿肋骨前缘刺入。大动物取站立姿势，小动物以犬坐姿势为宜。

3. 准备

注射器材：大动物用 20 号长针头，小动物用 6～8 号针头，并分别连接于相应的针管上。为排除胸腔内的积液或洗涤胸腔，通常需使用套管针。一般根据动物的大小或治疗目的来选用器材。

4. 操作方法

动物站立保定，术部剪毛消毒。术者左手将穿刺部位皮肤稍向前方移动 1～2 cm，以便使刺入胸膜腔的针孔与皮肤上针孔错开，右手持连接针头的注射器，沿肋骨前缘垂直刺入，深度为 3～5 cm，可依据动物个体大小及营养程度确定。针头通过肋间肌时有一定阻力，进入胸膜腔时阻力消失，有空虚感。注入药液（或吸取胸腔积液）后，拔出针头，使局部皮肤复位，术部消毒。

5. 注意事项

（1）刺针时，针头应该靠近肋骨前缘刺入，以免刺伤肋间血管或神经。

（2）刺入胸腔后，应该立即闭合好针头胶管，以防止空气窜入胸腔而形成气胸。

（3）必须在确定针头刺入胸腔内后，才可以注入药液。

（4）胸腔内注射或穿刺时避免伤及心脏和肺脏。

（5）注入的药液温度应与体温相近。

（6）在排除胸腔积液、注入药液或气体时，必须缓慢进行，并且要密切注意病畜的反应。

（二）腹腔注射法

腹腔内注射是将药液注入腹腔内的一种注射方法，利用药物的局部作用和腹膜的吸收作用达到治疗疾病的目的。

1. 应用

由于腹腔具有强大的吸收功能，药物吸收快，注射方便，适用于腹腔内疾病的治疗和通过腹腔补液(尤其在动物脱水或血液循环障碍，采用静脉注射较困难时更为实用)。在犬、猫也可注入麻醉剂。本法还可用于腹水的治疗，利用穿刺排出腹腔内的积液，借以冲洗、治疗腹膜炎。本法多用于中、小动物，如猪、犬、猫等，大家畜应用较少。

2. 方法

(1)牛、马的腹腔注射法

①部位　在右侧肷窝部，亦可选在肷部中央。

②方法　站立保定。将注射部位剪毛、消毒。术者左手将注射部位皮肤稍后移，右手持针头刺入腹腔，再接注射器，回抽未见血液或肠内容物，即可注入药液，退出针头，局部消毒。

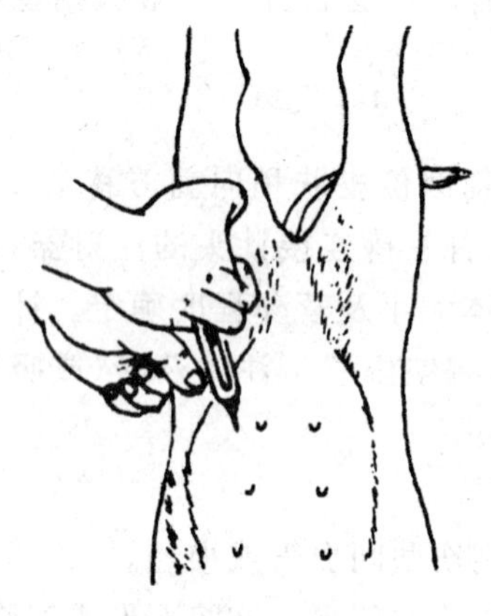

图 5-21　猪的腹腔注射

(2)猪的腹腔注射法

①部位　在耻骨前缘前方 3～5 cm 处的腹中线旁。

②方法　体重较轻的猪可提举两后腿倒立保定，体重较大的猪需采用横卧保定。注射局部剪毛、消毒。术者左手把握猪的腹侧壁，右手持连接针头的注射器或输液管垂直刺入 2～3 cm，使针头穿透腹壁，刺入腹腔内。然后左手固定针头，回抽注射器活塞，未见血液或肠内容物等，右手推动注射器注入药液或输液(图 5-21)。注射完毕，拔出针头，术部消毒处理。

(3)犬的腹腔注射法

①部位　在脐和耻骨连线的中间点，腹中线旁。

②方法　注射前，先使犬前躯侧卧，后躯仰卧，将两前肢系在一起，两后肢分别向后外方转位，充分暴露注射部位，要保定好犬的头部，术部剪毛、消毒。注射时，右手持注射针头垂直刺入皮肤、腹肌及腹膜，当针头刺破腹膜进入腹腔时，立刻感觉没有了阻力，有落空感。若针头内无气泡及血液流出，也无脏器内容物溢出，并且注入灭菌生理盐水无阻力时，说明刺入正确，此时可连接注射器，进行注射。

(4)猫的腹腔注射法

①部位　耻骨前缘 2～4 cm 腹中线侧旁。

②方法　将猫取前躯侧卧，后躯仰卧姿势保定，捆绑两前肢，保定好头部，术部剪毛、消毒。术者手持连接针头的注射器垂直刺向注射部位，进针深度约 2 cm，然后回抽针芯，若无血液或脏器内容物时即可注射。注完后，术部消毒处理。

3. 注意事项

(1)所注药液预温到与动物体温相近。

(2)所注药液应为等渗溶液，最好选用生理盐水或林格氏液。

(3)有刺激性的药物不宜做腹腔注射。

(4)注射或穿刺时避免损伤腹腔内的脏器和肠管。

(5)小动物腹腔内注射宜在空腹时进行，防止腹压过大，而误伤其他器官。

六、气管注射法

气管注射法是将药液直接注射到气管内，使药物直接作用于气管黏膜的一种呼吸道直接给药方法。

1. 应用

用于治疗病畜气管与肺部疾病，以及肺部驱虫的一种方法，注入麻醉剂以治疗剧烈的咳嗽，临床上主要用于猪和羊。

2. 部位

一般在颈部上 1/3 处，腹侧面正中，可明显触到气管，在两气管软骨环之间进行注射(图 5-22)。

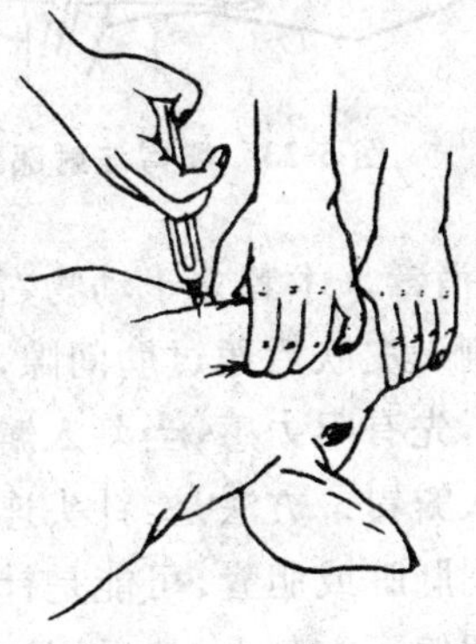

图 5-22　气管注射

3. 操作方法

动物仰卧、侧卧或站立保定，使前躯稍高于后躯，局部剪毛、消毒。术者一手持连接针头的注射器，另一手握住气管，于两个气管软骨环之间垂直刺入气管内，此时摆动针头，感觉前端空虚，再缓缓滴入药液(图 5-22)。若操作中动物咳嗽，则要停止注射，直至其平静下来再继续注入，注完拔出针头，术部涂擦碘酊消毒即可。

4. 注意事项

(1)药液注射前，应将其加温至接近动物体温以减轻刺激反应。

(2)注射速度不宜过快，可一滴一滴注入，以免刺激气管黏膜而咳出药液。

(3)注射药液量不宜过大，避免量大引发气管阻塞而发生呼吸困难。猪、羊、犬一般 3～5 mL，牛、马 20～30 mL。

(4)如果动物咳嗽剧烈或防止注射诱发动物咳嗽，可先注入 2%普鲁卡因液

2～5 mL，降低气管的敏感反应，然后再注入所需药液。

七、瓣胃注入法

瓣胃注入法是将药液注入牛、羊等反刍动物的瓣胃内，目的是使瓣胃内容物软化的一种注射方法。

1. 应用

将药物直接注入瓣胃中，可使瓣胃内容物软化，主要用于治疗瓣胃阻塞或某些特殊药品给药（如治疗血吸虫的吡喹酮）。

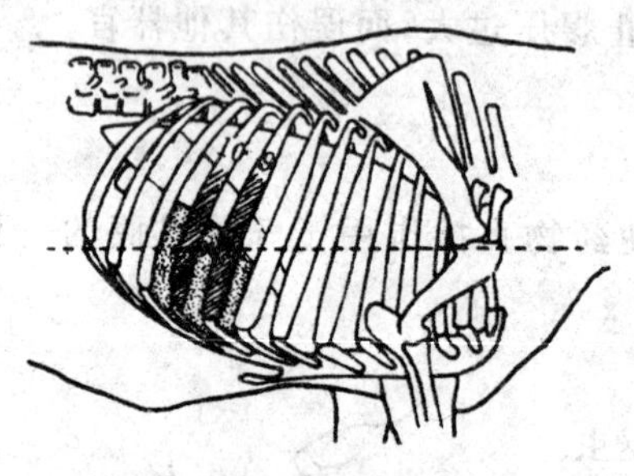

图 5-23 瓣胃注射部位

2. 准备

15 cm 长针头，注射器，注射用药品（液体石蜡、25％硫酸镁、生理盐水、植物油等）。

3. 部位

牛的瓣胃位于右侧 7～10 肋间，注射部位在右侧第 9 肋间与肩关节水平线交点的下方 2 cm 处，略向前下方刺入（图 5-23）。

4. 操作方法

将动物在六柱栏内站立保定，注射局部剪毛、消毒。术者立于动物右侧，左手稍移动皮肤，右手持 15 cm（16～18 号）针头，垂直刺入皮肤后通过肋间隙，调整针头使其朝向对侧肘突方向刺入 8～10 cm（羊稍浅），先有阻力感，当刺入瓣胃内则阻力减小，并有沙沙感。此时必须判断针头是否刺入瓣胃。方法是：针头连接上注射器并回抽，如果见有血液或胆汁，提示针头刺入到肝脏或胆囊，可能是针头刺入点过高或其朝向上方所致，应将针头拔出，调整好朝偏下方刺入，然后用注射器注入 20～50 mL 生理盐水再回抽，如果见混有草屑的胃内容物，即为刺入正确。连接注射器注入所需药物，注射完毕后，迅速拔出针头，术部擦涂碘酊，也可用碘仿火棉胶封闭针孔。

5. 注意事项

（1）动物要确实保定，对骚动不安的患畜可先肌注镇静剂后再进行注射。

（2）在注入药物前，一定要确保针头准确刺入瓣胃。注药前或骚动后一定要鉴定针头确在瓣胃内，再行注入药物。

八、皱胃注入法

1. 应用

将针头直接刺入皱胃内，抽取其内容物进行检验，用于皱胃阻塞或皱胃变位的诊断;或通过针头向皱胃内注入所需药液,用于治疗某些皱胃疾病。

2. 部位

牛的皱胃位于右腹部 9～13 肋间的肋骨弓下缘,当发生皱胃阻塞时,此区域出现局限性膨大,可作为刺入部位(右侧第 11～13 肋骨下缘);当发生皱胃左方变位时,左侧肋弓处突起明显,叩诊时发出高亢的叩击钢管音,可选择此处进行穿刺。

3. 方法

动物站立保定,注射局部剪毛、消毒。术者取长 15 cm 的 16～18 号针头,先刺透上述穿刺点皮肤,调整针头使其朝向对侧肘突方向刺入 5～8 cm 时,此时可以连接注射器,向内注入少量(50～100 mL)生理盐水,并立即回抽之,如见回抽液中混有胃内容物,pH 为 1～4,表明针头已准确刺入皱胃内,根据需要可以抽取皱胃内容物进行实验室检验,也可以注入所需药物。之后,立即拔出针头,局部做消毒处理。

4. 注意事项

(1)在确定穿刺部位时,需结合临床视诊及叩诊方法判断,有时通过直肠触诊进行辅助诊断。

(2)穿刺过程中,动物要确实保定,必要时可给予镇静药物。

(3)当针头刺入一定深度后,要谨慎判断是否刺入皱胃,只有准确刺入后,方可进行其他操作。注药前或骚动后一定要鉴定针头确实在皱胃内,方可再注入药物。

九、乳房注入法

乳房内注射是指经导乳管将药液注入乳池的注射方法。

1. 应用

主要用于治疗奶牛、奶山羊乳房炎,或通过导乳管送入空气,治疗奶牛生产瘫痪。

2. 准备

乳导管(或尖端磨得光滑钝圆的针头),50～100 mL 注射器或输液瓶,乳房送风器及药品。动物站立保定,清洗乳房并拭干,挤净乳汁,用 70%酒精消毒乳头。

3. 操作方法

术者蹲于动物腹侧,左手握紧乳头并轻轻下拉,右手持消毒乳导管自乳头口徐徐导入,当乳导管导入一定长度时,术者的左手把握乳导管和乳头,右手持注射器,使之与乳导管连接,或将输液瓶的导管与导乳管连接,徐徐将药液注入(图 5-24)。注射完毕,将乳导管拔出,同时术者一只手捏紧乳头管口,以防止刚注入的药液流出,用另一只手对乳房进行轻柔地按摩,使药液较快地散开。

如治疗产后瘫痪需要送风时,可使用乳房送风器、100 mL 注射器及消毒打气

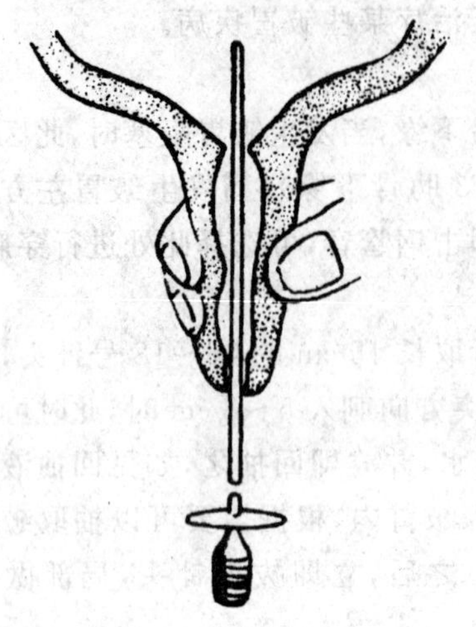

图 5-24 乳房内注射

筒送风。送风之前，在金属滤过筒内放置灭菌纱布或灭菌棉球，以滤过空气，防止感染。先将乳房送风器与导乳管连接，将 4 个乳头分别充满空气，充气量以乳房的皮肤紧张、乳腺基部边缘清楚变厚、轻敲乳房发出鼓音为标准。充气后，可用手指轻轻捻转乳头肌，并结系一条纱布，防止空气溢出，经 1 h 后解除。

注入药液前先洗涤乳房时，可将洗涤药剂注入，随后挤出，如此反复数次，直至挤出液体透明为止，最后注入抗生素。

4. 注意事项

(1)操作过程中要严格消毒，以防引起乳腺感染，特别使用乳房送风器送风时更应注意，包括术者的手、乳房外部、乳头及乳导管等，以免引起新的感染。

(2)如无特制导管，所用针头的尖端一定要磨平、光滑，以免损伤乳管黏膜。

(3)乳导管导入及药液注入时，动作要轻柔，速度要缓慢，以免损伤乳房。

(4)注射前挤净乳汁，注后要充分按摩。注药期间不要挤乳。

(5)注入 4 个乳池内的空气量一定要掌握好，量少不起作用，过量可使乳腺腺泡破裂而影响泌乳。

第三节 补液疗法

动物体液平衡发生紊乱时，由静脉输入不同成分和数量的溶液进行纠正，这种治疗方法称为补液疗法。补液疗法具有调节体内水和电解质平衡、补充微循环、维持血压、中和毒素、补充营养物质等作用，对机体疾病的康复起重要作用。临床上在进行补液时首先要补足有效的循环血量，因为血容量不足，不但组织的缺氧无法纠正，而且肾脏也会因为缺血而不能恢复正常的功能，代谢产物无法排出；同时还应考虑纠正酸碱平衡失调，纠正酸碱中毒。临床一般是用生理盐水、不同浓度的葡萄糖溶液、复方氯化钠注射液、全血、血浆、6%右旋糖酐注射液、5%碳酸氢钠注射液、10%氯化钾注射液、10%氯化钙注射液等。

一、水盐代谢紊乱及治疗方法

(一)水、钠代谢紊乱的补液疗法

1. 高渗性脱水(以失水为主)

动物患咽炎、咽麻痹、食道梗塞、破伤风等疾病可引起机体饮水不足或咽下困难,由于进入动物机体内水量减少而畜体仍通过呼气、汗液、尿、粪便不断排出水分,所以造成失水多、失钠少的以失水为主的脱水。其临床表现为:口腔极为干燥,饮欲增加,尿少而浓缩,尿的比重增高,血液不浓稠或变化不大;病畜体温升高,运动失调,甚至出现昏迷。

对高渗性脱水,应以补水为主,盐和水的比例为 1∶2(即1份生理盐水,2份5%葡萄糖液)。

2. 低渗性脱水(以失盐为主)

动物严重腹泻、反复呕吐、大面积烧伤或在中暑、急性过劳时全身大出汗,导致体液大量丧失后,如果补液不当或仅饮大量的水而不补盐,则会造成失盐多、失水少的以失盐为主的低渗性脱水。患畜的临床表现为:口腔湿度变化不大,无渴感,尿量多,血液很快浓缩。病畜疲乏无力,皮肤弹力极差,眼球下陷,循环衰竭。

对低渗性脱水,应以补充盐类为主,盐和水的比例为 2∶1(即 2 份生理盐水,1 份 5%葡萄糖液)。

3. 等渗性脱水(混合性脱水)

动物患急性胃肠炎时的腹泻、呕吐、剧烈而持续的腹痛、大出汗后或低渗性脱水而无水补充时均能导致等渗性脱水。其临床表现为:口腔干燥,口渴欲饮,尿量减少,血液浓稠,严重时因微循环障碍,有效循环血量减少而导致休克。

本类脱水在临床上最为常见,补液以补充复方氯化钠液或 5%葡萄糖生理盐水为宜,也可将生理盐水与 5%葡萄糖按 1∶1 比例输入。

4. 确定补液量

(1)按红细胞压积容量来判定脱水程度及确定补液量的简易方法。

表 5-2　红细胞压积容量与脱水、补液量的关系

红细胞压积/%	脱水程度	脱水占体重的比值/%	补液量/(L/500 kg 体重)
45	轻度	5	25
50	中度	7	35
55	重度	9	45
60	极度	12	60

注:根据美国 21 届兽医协会年会(1975 年)资料。

(2)测定红细胞压积容量来计算补液量。

需补液量(L)=(测定红细胞压积－正常红细胞压积)×(0.05×体重(kg)/32)

(3)在临床实践中,若无条件测定红细胞压积容量,常可以根据病畜的临床症状来判定脱水程度,确定补液量。

轻度脱水:病畜表现精神沉郁,有渴感,尿量减少,口腔干燥,皮肤弹力减退。其失水量约占体重的4%,若体重为200 kg,则失水量为8 L。

中度脱水:病畜尿少或不排尿,血液黏稠度增高,血浆减少,循环障碍,全身淤血,其失水量约占体重的6%。

重度脱水:病畜眼球及静脉塌陷,角膜干燥无光,无热,或兴奋或抑制,甚至昏睡,其失水量约为体重的8%。

(二)钾、钙和镁代谢紊乱的补液疗法

1. 钾代谢紊乱

钾是生命必需的电解质之一。它具有维持细胞新陈代谢,调节体液的渗透压和酸碱平衡,并保持细胞的应激功能。机体每日所需的钾均从饮食中获得,由小肠内吸收。水果、蔬菜和肉类中均含丰富的钾。钾的排出主要由肾调节,尿中每日排钾约为摄入量的90%,其余10%由粪便排出。临床常见的钾代谢紊乱包括低血钾症和高血钾症。

(1)低钾血症　一方面由于长期的钾摄入不足,常见于慢性消耗性疾病、术后长期禁食、食欲不振的病畜或长期饲喂含钾少的饲料;另一方面见于钾的排出增加,常见严重腹泻、呕吐、长期应用肾上腺皮质激素、创伤和大面积烧伤以及病畜应用速尿等利尿药物。

临床病畜表现为厌食、恶心、呕吐和腹胀(肠蠕动明显减弱)、肌肉无力、腱反射减退、血压降低、嗜睡等症状;血清钾测得值明显降低,心电图有典型的低钾血症表现:T波降低、双相甚或倒置,S—T段压低或U波出现。

临床治疗以补钾为主,补氯化钾时,若病畜能口服则不应静脉输液。需静脉输液的,应以10%氯化钾溶液经稀释后经静脉缓慢滴入,其浓度不应大于0.3 g/100 mL,滴速应低于80滴/min,绝对禁止以氯化钾静脉内直接推注,以免血钾突然增高导致严重心律不齐和停搏。补钾时还必须注意尿量的变化,尿少时补钾将使钾积滞体内,引起高钾血症。同时应纠正可能存在的酸中毒。

(2)高钾血症　各种造成血钾积聚在体内或排钾功能有障碍的情况,均可造成

高钾血症。口服或静脉输入氯化钾过多，酸中毒以及大面积软组织挤压伤，重度烧伤或其他有严重组织破坏以致大量细胞内钾短期内移至细胞外液的创伤，均可引起高钾血症。急性或慢性肾功能衰竭而使肾脏排钾减少，也可引起高钾血症。

临床病畜表现为软弱无力、虚弱和血压降低等症状，严重者出现呼吸困难，心搏动骤停，以至突然死亡。血清钾测得值明显升高，心电图有典型的高钾血症表现：T波高而尖，Q—T时间延长，以后QRS时间亦延长。

应迅速查出引起高钾的原因，进行病因治疗。由于钾必须由肾排出，因此需注意肾功能情况。应停给一切含钾的溶液或药物；静脉输入5%碳酸氢钠溶液以降低血钾并同时纠正可能存在的酸中毒，开始可用5%碳酸氢钠60～100 mL静脉内推注，继以5%碳酸氢钠100～200 mL静脉内滴入。给予高渗葡萄糖和胰岛素：一般用25%的葡萄糖液200 mL，以(3～4) g∶1 IU的比例加入胰岛素，静脉滴入，可使血钾浓度暂时降低，此项注射，可每3～4 h重复一次。给10%葡萄糖酸钙溶液以对抗高钾血症引起的心律失常，需要时可重复使用，根据动物个体的大小选择合适的剂量。

2. 钙代谢紊乱

由于日粮中缺少钙质食物和维生素D，妊娠阶段中，随着胎儿的发育、骨骼的形成，母体大量的钙被胎儿夺去，在哺乳阶段，血液中钙大量进入乳汁，致使母畜出现低血钙症状。临床表现为肌肉兴奋性增高，精神狂躁、不安，全身性痉挛，步态强拘，甚至瘫痪为特征。常见于产后母畜。临床以补钙为主，静脉滴注10%葡萄糖酸钙(或5%氯化钙)，或在饲料中补喂骨粉、磷酸氢钙。

3. 镁代谢紊乱

临床常见低血镁症，又称青草搐搦、缺镁痉挛症、青草蹒跚，是牛羊等反刍家畜一种常见的矿物质代谢障碍性疾病。多发生于夏季高温多雨时节，尤以产后处于泌乳期的母畜多见，夏季，高温多雨，青草生长旺盛，尤其是生长在低洼、多雨、施氮肥和钾肥多的青草，不仅含镁量很低，而且含钾或氮偏高，牛羊长时间放牧或长期饲喂这样的青草，就会造成血镁过低而发病。另外产后瘫痪的病畜血清镁的含量也会降低。从生理上讲，镁在钙代谢途径的许多环节中具有调节作用，血液镁含量降低时，机体从骨骼中动员钙的能力降低。因此，低血镁时，生产瘫痪的发病率高，特别是产前饲喂高钙饲料，以致分娩后血镁过低而妨碍机体从骨骼中动员钙，难以维持血钙水平，从而发生生产瘫痪。

临床表现兴奋不安，突然倒地，头颈侧弯，牙关紧闭，心动过速，口吐白沫，粪尿失禁。抢救不及则很快死亡。临床可静脉滴注25%硫酸镁注射液、25%硼酸葡萄糖酸钙注射液。在茂盛的嫩草地上放牧牛、羊时,时间不宜过长,牛、羊不要吃得太饱。饲料中含镁达不到0.2%以上时,应在牛的饲料中补充镁,如每天在精料中添加氧化镁20～40 g或碳酸镁40～60 g。

二、酸碱平衡紊乱及治疗方法

机体内环境的稳定需要体液的酸碱平衡,维持这一平衡主要依靠血液缓冲体系、肾和呼吸系统功能。临床常发的酸碱失衡包括代谢性酸、碱中毒和呼吸性酸碱中毒,对于一些复杂的疾病,还有可能出现混合性酸碱平衡失调的现象,因此,补液时需根据患畜具体情况加以纠正。

(一)酸中毒及治疗方法

1. 代谢性酸中毒

病畜长期禁食、脂肪分解过多,并有酮体积聚,均可消耗 HCO_3^-;急性肾功能减退,H^+ 排出障碍,机体内 H^+ 增加,也可造成代谢性酸中毒。严重腹泻病畜,患吞咽障碍的病畜,由于大量消化液丧失,带走大量 HCO_3^-,病畜脱水后可引起酸性产物积聚。严重感染、大面积创伤或烧伤、大手术、休克、机械性肠阻塞等,由于组织缺血缺氧,则糖代谢不全,产生丙酮酸、乳酸等中间产物,同时由于损伤、感染、微生物分解产物和代谢产物及组织分解产物等积聚于体内,或吸收进入血液循环中,导致酸中毒、酮病、软骨病、佝偻病等,当营养中的磷单方面过多时,则血液中的 HPO_4^- 含量增多,HCO_3^- 含量减少,从而导致血液酸中毒。

临床症状表现为病畜呼吸深而快,黏膜发绀,体温升高,出现不同程度的脱水现象,血液浓稠。实验室检查红细胞压积增高,血气分析 pH 和 HCO_3^- 明显下降,二氧化碳结合量降低。

治疗方法应在针对病因治疗并处理水、电解质失衡的同时,应用碱剂(最常用的是碳酸氢钠)治疗。具体用法,可用 HCO_3^- 测得值计算碳酸氢钠用量。

HCO_3^- 需要量(mmol)=(HCO_3^- 正常值－HCO_3^- 测得值<mmol/L>)× 体重(kg)× 0.4

或以 CO_2CP 测得值计算碳酸氢钠用量:

5%碳酸氢钠需要量(mL)=(CO_2CP 正常值－CO_2CP 测得值)×体重(kg)×0.6

2. 呼吸性酸中毒

当病畜通气功能减弱,体内生成的二氧化碳不能充分排出时,则二氧化碳分压增高，引起高碳酸血症时即有呼吸性酸中毒。引起通气减弱的情况，可以是气胸、肺水肿、支气管和喉痉挛等急性肺部病变，亦可能是广泛肺纤维化、重度肺气肿等慢性阻塞性肺部疾病；而全身麻醉过深、镇静剂过量等亦可造成肺通气功能减弱。

临床上表现呼吸困难和气促、紫绀等症状，甚至有昏迷等；血气分析显示血 pH 明显下降，二氧化碳分压（PCO_2）增高，而 HCO_3^- 正常或增加。

治疗原则首先应改善病畜的通气功能，可考虑气管切开、气管内插管和应用呼吸机；同时要控制肺部感染，扩张小支气管，促进痰液排出。

(二)碱中毒及治疗方法

1. 代谢性碱中毒

治疗中长期给予过量的碱性药物，使血液内的 HCO_3^- 浓度升高，发生碱中毒。牛的许多胃肠疾病和马的继发性胃扩张都可发展成为严重的代谢性碱中毒。如肠套叠、皱胃扭转或变位、皱胃阻塞等，这些疾病可使大量的氢离子丢失在胃内，胃分泌盐酸需氯离子从血液循环中进入胃内，因此在分泌盐酸过程中产生大量 HCO_3^-，使血液中 HCO_3^- 含量增加而引起碱中毒。如钾摄入不足、胃肠分泌液丢失、长期服用利尿剂等原因引起的缺钾也可导致代谢性碱中毒。

临床表现则为呼吸浅而慢，并可有嗜睡甚至昏迷等，实验室检查，血液 pH、HCO_3^- 浓度均升高。

临床治疗多采用补氯、补钾，因这类病畜多半同时有低氯低钾情况，而补钾有助于碱中毒的纠正。一般轻度代谢性碱中毒呕吐不剧者，只需静脉滴注等渗盐水即可达到治疗目的，因等渗盐水中含氯离子较多，有助于纠正低氯情况；重度代谢性碱中毒，可用 2%氯化铵溶液加入 5%葡萄糖等渗盐水 500～1 000 mL 中由静脉内缓慢滴注。但若病畜肝、肾功能减退，则不能使用氯化铵，而需补充盐酸。

2. 呼吸性碱中毒

当病畜肺泡通气过度，体内生成的二氧化碳排出过量，则 PCO_2 降低，引起低碳酸血症时即有呼吸性碱中毒。引起过度通气的临床情况包括高热、严重感染或创伤、中枢神经系统疾病、低氧血症和肝功能衰竭等。

临床症状表现为四肢麻木，肌肉震颤，四肢抽搐，心率过快等；通过血气分析显示血 pH 增高，PCO_2 和 CO_2CP 降低。

治疗原则是积极处理原发病，减少二氧化碳的呼出，吸入含 5%二氧化碳的氧，给予钙剂进行对症治疗。

第四节 输血疗法

一、采血及血液相合检验

机体血液具有维持细胞内、外的平衡，运输各种营养物质，调节酸碱平衡以及参与机体免疫防御的功能，动物在大失血、大出血、休克或衰竭时，通常要输注一定容量的血液给予补充，这就是输血疗法。输血是现代医学常用的急救和治疗措施，目前在兽医临床上已成为救治动物的一种有效措施。少量输血对机体有止血作用，大量输血则可以补充血浆蛋白、维持血液胶体渗透压，增加血容量、改善血液循环、增强细胞携氧能力，同时能增强机体抗感染能力和解毒能力。

(一)适应症

输血疗法适用于大失血及各种原因引起的贫血的治疗，通过输血不仅可以有效维持循环血量，增强携氧能力，还有助于改善心脏机能；对于患白细胞、血小板减少症的病畜，输入新鲜血液，可刺激造血机能，纠正机体凝血机制；同时对于严重烧伤、营养性衰竭、败血症、持久和剧烈腹泻引起的体液大量丧失，输血不仅能补充血容量，还能及时补给 γ 球蛋白，提高机体抵抗力。

(二)血型与采血

1. 血型

各种家畜血型差别很大，马有 8 种血型，牛有 12 种血型 80 种以上的血型因子，猪有 15 种血型 40 种以上的血型因子，犬有 8 种血型，猫有 3 种血型，兔有 1 种血型，水貂有 4 种血型。

在理论上，输血时应输以同型血液或相同血液。那么，由于不同家畜有多种不同的血型，势必给配血工作造成很大困难，从而使输血疗法无法推广应用。但是动物血液中天然存在的同种抗体并不像人类那样普遍，红细胞表面的抗原性也较弱，在给家畜输血时真正发生抗原和抗体的反应并不多见。各种动物首次输血都可以选用任何一个健康、成年、无传染病和血液寄生虫病、未孕、无体质过敏的同种动物作为供血者，而不必考虑它与受血者的血型是否相符，通常都不会发生严重危险。而无论何种动物，受血后都能在 3～10 d 内产生免疫抗体，如果此时又以同一供血动物再次供血，则容易产生输血反应。鉴于此，临床上常常对需多次或大量输血的动物，应准备多个供血动物，并把重复输血的时间缩短在 3 d 以内。

一般对牛、马的第一次输血，即使不进行血液相合试验也多无危险，但是并不能保证万无一失。不同型血液在输血时可能造成血液凝集、溶血现象，使动物发生不良反应，严重时引起死亡。所以，为了安全起见，在输血前应对供血动物与受血动物进行血液相合试验。

2. 采血

将抗凝剂（4%枸橼酸钠液，10%氯化钙或 10%水杨酸钠液等），置于灭菌的贮血瓶内，随后从供血动物颈静脉采血，应使血液沿瓶壁流入，并轻轻晃动贮血瓶，使血液与抗凝剂充分混合，以防血液凝固。4%枸橼酸钠液、10%氯化钙与血液比例应为 1∶9，10%水杨酸钠液与血液比例为 1∶5。健康大动物一次的采血量为 8～10 mL/kg，牛、马一次可采血 2 000 mL 左右；犬的采血量为 10～20 mL/kg，15 kg 的犬可采血 200～250 mL。

（三）血液相合检验

血液相合检验有交叉配血凝集试验和生物学试验两种方法。

1. 交叉配血试验（玻片凝集反应）

(1)预选供血动物（同种、同属、年轻体壮的健康动物）3～5 头，各静脉采血 1～2 mL，以生理盐水作 5～10 倍稀释。

(2)采受血动物的血液 5～10 mL 于试管内，室温下静置或离心分离血清（也可加 4%枸橼酸钠 0.5 mL 或 1 mL，采血 4.5 mL 或 9 mL，混合后，离心取上层血浆备用）。

(3)用吸管吸取受血动物血清（或血浆），于每一玻片（每一供血动物要用一张玻片）上各滴 2 滴，立即用另一吸管吸取供血动物血液稀释液，分别加一滴于血清（或血浆）内。

(4)用手轻轻晃动玻片，使血清（或血浆）与血液稀释液充分混合，在大约 20℃的室温下静置 10～15 min，观察红细胞凝集反应结果。

(5)判定结果。红细胞呈沙砾状凝块，液体透明，显微镜下红细胞彼此堆积在一起，界限不清者为阳性反应，不能用于输血。玻片上液体呈均匀红色，无红细胞凝集现象，显微镜观察，每个红细胞界限清楚，无凝集现象者为阴性反应，可用于输血。

(6)注意事项：凝集试验时室温以 18～20℃为宜，过低（8℃以下）或过高（24℃以上）均会影响试验结果的准确性；观察时间不能超过 30 min，以免液体蒸发而发生假凝集;必须用新鲜而无溶血现象的血液;所用玻片、吸管等器材必须清洁。

2. 血液的生物学试验

血液的生物学试验是检查血液是否相合的可靠依据,要求在给病畜输血之前进行。

试验时,首先检查动物的体温、呼吸、脉搏、黏膜色泽等,然后抽取供血动物一定量的血液注入受血动物静脉内,马、牛可注入 100～200 mL,中小家畜 10～20 mL,过 10 min 后,若受血动物无异常反应,如不安、脉搏加快、呼吸困难、肌肉震颤等,则可进行输血。若出现上述反应,即为血液不相合,不能用该供血动物进行输血。

另外,在对牛进行输血时,因其反应较迟钝,所以在生物学试验中需静脉注射两次,每次输入 100 mL,间隔 10～15 min。若不出现反应,即可输血;若出现不良反应,应更换供血动物。

3. 三滴试验法

吸取 4％枸橼酸钠 1 滴于清洁干燥的玻片上,再在上面滴供血动物和受血动物的血液各 1 滴,轻轻吹动使其混匀,观察有无凝集反应。若无凝集反应表示血液相合,可以输血;如有凝集反应,则表示血液不合,不可输血。

二、输血方法

输血分为全血输血和血液成分输血,可根据病畜的具体情况选择使用。

(一)全血输血

全血是指血液的全部成分,包括血细胞及血浆中的各种成分。将血液采入含有抗凝剂或保存液的容器中,不做任何加工,即为全血。分新鲜全血和保存全血。新鲜全血:血液采集后 24 h 以内的全血称为新鲜全血,各种成分的有效存活率在 70％以上;保存全血:将血液采入含有保存液容器后尽快放入(4±2)℃冰箱内,即为保存全血。保存期根据保存液的种类而定。

(二)血液成分输血

随着医学和科学技术的进步,近年来由于血液成分分离机的广泛应用以及分离技术和成分血质量的提高,输血疗法已由原来的单纯输全血发展成为血液成分输血。血液成分通常是指血浆蛋白以外的各种血液成分制剂,包括红细胞制剂、白(粒)细胞制剂、血小板制剂、周围造血干细胞制剂、血浆制剂和各种凝血因子等由血液分离出的所有血液成分。

血液成分输血是将全血制备成各种不同成分，供不同用途使用的一种输血方法。这样既能提高血液使用的合理性，减少不良反应，又能一血多用，节约血液资源。该方法国外在小动物方面应用较多，国内也有报道，反映良好。因此，可在珍贵动物或宠物上应用，然后再进行推广，也是今后兽医临床输血技术发展的方向。

(三)特殊方式的输血

1. 亲缘之间输血

近年来，人们对亲缘关系(主要指母子或母女关系)之间能否任意输血，输血后能否发挥正常的输血效果，对受血者是否产生不良影响等问题进行了一系列研究，其目的主要是研究在紧急情况下当幼畜因某种原因需要输血时，母畜作为供血者的安全性。研究表明，具有母女关系的牛之间的输血不仅可行，而且在某些方面还显示出积极的作用。从母牛体内采血1 L输给亲生小母牛后24 h、48 h、72 h检查，其血红蛋白明显升高，同时发现输血后血浆肌酐水平接近正常，说明输血后对肾功能无不良影响，其他血液学指标也均在正常范围之内。临床反应方面：输血后进行体温、呼吸频率和心搏数的检测，发现只是在输血之后呼吸频率有所增加，心搏数暂时稍减少，其他指标正常，可见具有母女关系的牛之间输血属于相合性输血，是能达到输血治疗要求和目的的。

2. 自身输血

自身输血就是收集患畜自身的血液，并将之用于患畜自身输注，以达到输血治疗的目的。临床实践证明这是一种安全、可靠、有效、经济的输血方法。自身输血具有以下优点：可以杜绝输血引起的传染性疾病的传播，如病毒性肝炎、犬瘟热等；可以杜绝红细胞、白细胞、血小板以及蛋白质抗原产生的同种免疫反应；可以杜绝由于免疫反应导致的溶血、发热、变态反应等；术前多次采血，可以刺激红细胞再生；省略输血前相合血交叉试验；血源有困难的地方，可免除寻找同种血型的困难。

附：自家血疗法

自家血疗法，又称自体血液疗法，即从患畜的血管内采取一定量血液，立即回注到其特定部位或病灶周围健康组织的皮下，从而用来治疗疾病的一种方法。

自体血液疗法是一种蛋白刺激疗法，它兼有自体血清和自体疫苗的作用，可促进机体的免疫功能。同时，自体血液的注射对机体可起到积极的刺激作用，尤其对中枢神经系统的刺激作用更强，从而引起机体抵抗力和防御能力的增强，是一种特殊的非特异性治疗方法，在外科临床上用以治疗皮肤病、感染性疾病、某些眼病、淋巴结炎、睾丸炎、肌肉风湿等疾病。

具体的操作方法因患畜种类的不同而异，一般是在严格的消毒下，从颈静脉（马、牛等）或后肢外侧隐静脉（犬）采血。为了防止凝血，可以先在注射器内吸入少量抗凝剂。采血量的多少应根据动物大小及病灶范围确定，一般在治疗马、牛等大动物的角膜炎、结膜炎时，可采血 5～10 mL。采血后应立即将血液回注到患畜的指定部位，如较为常见的颈部皮下或者病灶周围健康组织的皮下。注射完毕，局部消毒处理。每隔两天注射一次，可以连续治疗 4～5 次。

近年来，有些临床兽医工作者采用普鲁卡因自体血液疗法，同时配合使用抗生素来治疗患畜的眼病，效果也非常理想。

自体血液疗法没有严格的禁忌症，但是对于高热病畜、网状内皮系统有明显抑制的病畜不宜使用。

该疗法虽然在兽医临床上已经有了很长的应用历史，但时至今日，也没有完全阐明其作用机理，因而极大地限制了它的发展，这还有待于广大兽医科研人员和临床工作者不断的探索、总结，从而为这一传统疗法的发展、完善而做出应有的贡献。

（四）输血不良反应及防治

1. 溶血反应

若输入大量不相合的血液，尤其是第一次输血 7 d 后第二次输血时，会引起严重的溶血反应。病畜在输血过程中会突然出现不安、呼吸、脉搏频数、肌肉震颤，不时排尿、排粪，高热、尿中出现血红蛋白，可视黏膜发绀，出现休克。猪在鼻盘、腹侧、臀部出现紫斑，全身发抖、咳嗽、呕吐、精神沉郁、血尿等。一般牛、马多在输入血液 200 mL 时、猪在输入 10～100 mL 时出现反应。

当在输血过程中出现溶血反应时，应该立即停止输血，改用 5%～10% 葡萄糖或生理盐水等，随后再注入 5% 碳酸氢钠溶液，皮下注射 0.1% 盐酸肾上腺素 5～10 mL（马、牛）。出现血红蛋白尿时，可用 0.25% 普鲁卡因液作双侧肾区封闭。肝功能不全时，还需要注射维生素 B、维生素 C、维生素 K 等。

2. 发热反应

在输血期间或输血后 1～2 h 内体温升高 1℃以上并有发热症状，称为发热反应。主要是由于抗凝剂或输血器械中含有致热原所致，轻者只发生短时间体温升高，猪可出现呕吐，多在输血后 12 h 内消失。重者表现恶寒战栗，食欲废绝，体温升高持续 2～3 d。

为防止动物出现发热反应，要严格执行无菌和无致热源技术在 100 mL 血液中加入 2% 普鲁卡因液 5 mL 或氢化可的松 50 mg。反应严重者，停止输血，并肌肉注射盐酸哌替啶（杜冷丁）或盐酸氯丙嗪，或者两者合用，静脉输入，肌肉注射0.1%肾上腺素液3～5 mL。

3. 过敏反应

可能因输入的血液中含有致敏物质，或因多次输血后，体内产生过敏性抗体所致，个别情况也可能是一种对蛋白过敏反应现象。病畜主要表现为：呼吸急促、痉挛，皮肤上出现荨麻疹等症状，甚至发生过敏性休克，此时应停止输血，肌肉注射苯海拉明、扑尔敏等抗组织胺的药物，并用钙剂等解救。

（五）注意事项

(1)输血过程的一切操作均须严格遵守无菌操作规程。

(2)每次输血前要做生物学试验，以免出现较严重的输血反应。

(3)采血时，要注意所用抗凝剂与所采血液的比例。采血和输血过程中，要轻轻摇动贮血瓶，以防止出现血凝块、破坏红细胞和产生气泡。

(4)在输血过程中，要严防空气注入血管，密切注意病畜表现，若出现异常反应，应该立即停止输血。

(5)输血时，血液不需加热，否则容易造成血浆中的蛋白凝固或变性及红细胞破坏。

(6)在使用枸橼酸钠作为抗凝剂输血时，由于枸橼酸钠进入血液后很快与钙离子结合，致血液游离钙下降，因此输血后应立即补充钙剂，以防止血钙降低导致心肌机能障碍。

(7)严重溶血的血液不宜应用，应废弃。

(8)在输血前要对病畜及供血动物做详细的病史调查，尤其要询问有无输血史。第一次输血后，于3～10 d内可产生抗体。如果反复输血，可间隔24 h后进行，但是一般只能重复3～4次。输血主要用于牛、羊、马、犬。一般不用种公牛（马）的血液给已配的母牛（马）或待配的母牛（马）输血，以防新生仔畜发生溶血性疾病。

【复习思考题】

1. 简述不同畜禽投药技术的方法及注意事项。
2. 简述不同注射方法的技术要点及注意事项。
3. 简述临床输液疗法的应用范围及操作要点。
4. 简述输血疗法的注意事项、输血反应及处理方法。

第六章　穿刺术与封闭疗法

知识目标

- 掌握穿刺技术的应用及注意事项。
- 了解封闭疗法的临床应用范围。

技能目标

- 熟练掌握反刍家畜瘤胃穿刺的操作方法。
- 熟练掌握马属动物盲肠的穿刺技术。
- 掌握胸腔、腹腔穿刺的操作方法。
- 熟悉心包穿刺的方法。

第一节　穿 刺 术

用穿刺针或注射针刺入机体的体腔、胃肠等脏器中，采取液体或组织，进行理化学或病理组织学检查，是诊断疾病的一种重要手段。同时，穿刺术对某些疾病来讲，又是一种紧急救治的有效方法，如肠管穿刺术、瘤胃穿刺术等。有时在穿刺放液后，又可同时注射药物，如胸腔穿刺术、关节腔穿刺术等。

穿刺术是兽医临床上较常用的一种诊疗技术，对辅助诊断或局部治疗具有重要意义，是临床兽医应该熟练掌握的一项基本技术。通过穿刺可以获取病畜体内特定的病理材料，以供实验室检查，为疾病的确诊提供有力证据；而且对某些因急性肠、胃臌气而致的危急病例，可以通过穿刺放气，迅速缓解症状，为进一步诊断及治疗提供了条件。但是，由于穿刺法技术性强，应用范围较窄，对牛极易引起穿刺部位或组织的损伤或感染，所以要求在进行穿刺之前，应该对疾病进行仔细诊断，充分论证，只有适应症才可以采用。

一、瘤胃穿刺术

瘤胃穿刺术可作为急性瘤胃膨胀时的一种急救措施，以免造成窒息或瘤胃破裂。有时为采取瘤胃内容物，或向瘤胃内注药，也需实施本手术。

牛、羊急性瘤胃臌胀时，可穿刺放气进行紧急救治和向瘤胃内注入防腐制酵药液，以制止瘤胃内继续发酵产气。

1. 部位

在左肷部，由髋结节向最后肋骨引一水平线的中点，距腰椎横突 10～12 cm 处，也可以选择肷部隆起最明显处穿刺。

2. 方法

动物站立保定，术部剪毛、消毒后，术者左手将术部皮肤稍向前移，右手将瘤胃穿刺套管针针尖对准穿刺点，向右侧肘头方向迅速刺入，即可入瘤胃内，继续刺入可深达 10～12 cm，然后固定套管，拔出针芯，用手指间歇堵住管口，缓慢放气。如果套管阻塞，可插入针芯，疏通堵塞物，切忌拔出套管。气体排除后，为防止臌气复发，可经套管向瘤胃内注入防腐制酵药液，如 5%克辽林液 20 mL 或 1%福尔马林液 500 mL 等，拔出套管针之前，应插入针芯，并用力压住套管周围皮肤，拔出套管针，以免套管内污物落入腹腔或污染创道。然后创口涂以碘酊消毒。

3. 注意事项

(1)放气速度不可过快，要间歇放气，以免发生急性脑贫血而虚脱。

(2)整个过程中要严格消毒，防止术部感染和继发腹膜炎。

(3)在套管针刺入皮肤前，必要时可先切开术部皮肤 1 cm，再将针从切口处刺入。

(4)在紧急情况下，无套管针时，可用放血针头、竹管等迅速穿刺放气，以抢救病畜，然后再采取抗感染等措施。

二、马、骡盲肠穿刺术

马、骡盲肠穿刺术主要用于马、骡急性盲肠臌气时排出肠管内积气，以降低腹压，或向肠管内注入防腐制酵药液，用于治疗马、骡肠臌胀。

1. 部位

盲肠穿刺点在右肷窝的中心处，即距腰椎横突 7～9 cm 处，或选在右肷窝最明显的臌胀处。若左侧大结肠臌气，结肠穿刺点在左侧腹壁臌胀最明显处。

2. 方法

马、骡站立保定，穿刺部位剪毛、消毒。盲肠穿刺时，可将皮肤纵向切开 0.5～

1.0 cm 的小口(用封闭针头时,则不用切口),右手持肠管穿刺套管针(或封闭针头),由后上方向前下方对准对侧肘头迅速穿透腹壁刺入盲肠内,深 6~10 cm。然后左手固定套管,拔出针芯,气体即可自行排出。在排气之后,为了制止肠内继续发酵产气可经套管向肠腔内注入防腐制酵剂。拔出套管前,应将针芯插入套管内,同时用左手紧压术部皮肤,使腹膜紧贴肠壁,然后将套管针拔出。术部涂以碘酊,并用火棉胶绷带覆盖(术部切口时)。

有些时候,当马、骡左侧大结肠臌气极其明显时,也可进行结肠穿刺排气。结肠穿刺时,可用封闭针头或 16 号长针头垂直于腹部臌气最明显处刺入,深达 3~5 cm 即可。

3. 注意事项

同瘤胃穿刺术。

三、胸腔穿刺术

临床用于胸膜疾病的诊断,并辅助胸膜疾病的治疗,如采取胸腔内液体做实验室检验,冲洗胸腔并向胸腔内注入药液,排除胸腔内的积液、积气、积血,以减轻对胸腔器官的压力。

1. 部位

马在左侧胸壁 7 或 8 肋间,右侧胸壁 5 或 6 肋间;牛、羊左 6 或 7 肋间,右 5 或 6 肋间;猪左 6 肋间,右 5 肋间;犬左 7 肋间,右 6 肋间。均选在胸外静脉上方 2~5 cm 处。为了避免损伤肋间血管或神经,穿刺时也可选在肋骨前缘、胸外静脉上方 2 cm 处或肩关节水平线下方 2~3 cm 处进针。

2. 方法

大家畜(马、牛)站立保定,小家畜(犬、羊等)一般采取横卧保定,犬采取犬坐姿势较好。术部剪毛、消毒后,术者左手将术部皮肤稍向前方移动,右手持穿刺针,在紧靠肋骨前缘处与皮肤垂直刺入。穿刺肋间肌时手感有一定阻力,当阻力消失,有空虚感时,则表明已刺入胸腔内,刺入深度为 3~4 cm。然后拔出针芯,如果有大量积液时,液体可自行流出,针孔如被堵塞,可用针芯疏通或用注射器抽吸。无积液、血、脓时要夹住胶管,防止发生气胸。穿刺针可连接注射器,抽吸胸腔内积液或冲洗胸腔、向胸腔内注入所需药液。拔出针头,术部涂以碘酊。

3. 注意事项

(1)准确控制穿刺深度,以免损伤肺组织。

(2)穿刺前必须做全身检查,尤其是要注意心脏情况,如心力衰弱,则应强心补液后再穿刺。

(3)胸腔积液在排放时不可过快，量不宜过多，应间歇放液，以免胸腔内压力突然降低，血液大量进入胸腔器官，使脑组织出现一时性贫血，或引起胸腔内毛细血管破裂而造成内出血。

(4)胸腔积液少时，为防止空气进入胸腔形成气胸，针头后连接胶管并夹上止血钳，抽吸胸腔积液时松开止血钳，不抽时再夹住胶管。

四、腹腔穿刺术

采取腹腔内液体供实验室检验，以辅助诊断肠变位、胃肠破裂、膀胱破裂、肝脾破裂以及腹腔积水、腹膜炎等疾病；排除腹腔内积液，或向腹腔注射药液用以治疗疾病。小动物腹腔麻醉和补液也可采用腹腔穿刺术。

1. 部位

牛、羊在脐与膝关节连线的中点，马、骡的穿刺部位在剑状软骨后方 15 cm，腹白线左侧 2～3 cm 处。猪、犬、猫穿刺部位均在脐与耻骨前缘连线的中间腹白线上或腹白线的侧旁 1～2 cm 处。

2. 方法

大动物行站立保定，手持套管针使其垂直腹壁刺入，中小动物可横卧或倒提保定。穿刺部位剪毛、消毒后，术者手应控制好深度，一般 2～4 cm，当针尖刺入腹腔后，手感阻力消失，有空虚感，拔出针芯，腹腔内液体可自行流出，可以采样做实验室检查。如液体不能自行流出，可插入针芯疏通阻塞物或连接注射器进行抽吸，如有必要，抽吸完毕还可以向腹腔内注入药液来治疗疾病。然后拔出穿刺针，局部涂以碘酊。

3. 注意事项

(1)确实保定动物，注意人、畜安全。

(2)术者用手恰当控制穿刺针刺入深度，不宜过深，以免刺伤肠管。

(3)当腹腔大量积液时，应缓慢、间歇地排液，并注意观察心脏机能状态。

(4)用于腹腔冲洗或向腹腔内注入的药液应加温至接近动物体温。

五、心包穿刺术

当心包内有渗出液、漏出液或血液等潴留时，用于排除心包积脓或向心包内注入药液进行冲洗和治疗心包疾病；采取心包液供实验室检查，辅助心包炎的诊断。

1. 部位

取左侧 3～5 肋间，叩诊呈浊音的部位。

2. 方法

动物站立保定,使其左前肢前伸半步,充分暴露心区。术部剪毛、消毒后,术者左手将术部皮肤稍向前移动,右手持穿刺针沿第6肋骨前缘垂直刺入2～4 cm,刺入心包腔时阻力消失,此时穿刺针可随心脏搏动而摆动,拔出针芯,心包积液即可自行排出。如果针孔堵塞,可用针芯疏通堵塞物,也可连接注射器回抽,取出的心包液可送往实验室进行检查。如为脓液需要冲洗时,可注入药液来冲洗心包腔,最后注入抗生素。术后局部涂以碘酊消毒。

3. 注意事项

(1)术者要控制针头刺入深度,以免过深而损伤心脏。

(2)动物要确实保定,防止其骚动,以确保穿刺成功。

(3)穿刺前,可以用手术刀在术部切一个0.5～1.0 cm的小口,以利于针头刺入。穿刺完毕后,要在创口涂以碘酊,并用火棉胶封闭。

六、膀胱穿刺术

当患畜尿路阻塞或膀胱麻痹时,尿液在膀胱内潴留,易导致膀胱破裂时,须采取膀胱穿刺排出尿液,以缓解症状,为进一步治疗提供条件。

1. 部位

牛、马可通过直肠对膀胱进行穿刺,猪、羊、犬在耻骨前缘白线侧旁1 cm处。

2. 方法

大家畜施行站立保定,先灌肠排除粪便。术者将事先消毒好的连有胶管的针头握于手掌中并使手呈锥形缓缓伸入直肠,在直肠正下方触到充满尿液的膀胱,在其最高处将针头向前下方刺入,并固定好针头,直至排完尿为止。必要时,也可在胶管外端连接注射器,向膀胱内注入药液。然后,要将针头同样握于掌中而带出肛门。

猪、羊、犬可采取横卧保定,助手将其左或右后肢向后牵引,充分暴露术部。术部剪毛、消毒后,在耻骨前缘或触诊腹壁波动最明显处进针,向后下方刺入深达2～3 cm,刺入膀胱后,固定好针头,待尿液排完后拔出针头,术部涂以碘酊消毒。

3. 注意事项

(1)动物要确实保定,以确保人、畜安全。

(2)针头刺入膀胱后,一定要固定好,防止滑脱,若进行多次穿刺易引起腹膜炎和膀胱炎。

(3)通过直肠进行膀胱穿刺时,应严格按照直肠检查的要求规范操作。若动物强烈努责,手无法进入直肠时,不可强行操作,可考虑在坐骨切迹下方施行尿道切开术。

七、肝脏穿刺术

肝脏穿刺术用于对肝脏机能状态进行诊断，可以采取肝组织做病理切片后进行组织学检查。

1. 部位

马右侧倒数第 3 或第 4 肋骨前缘的髂肋肌沟处，牛在右侧第 11 或 12 肋间，与髋关节水平线的交点处。

2. 方法

动物站立保定，术部剪毛、消毒后，先用采血针刺破穿刺部位皮肤，术者左手放于动物背部做支点，右手握穿刺器柄沿针孔向地面垂直刺入直至底部后，立即拔出穿刺器；送回针芯，通出肝组织块固定于 10%甲醛溶液内。若用长针头时，按前法刺入后，捻转针头或接上注射器轻轻抽吸后，立即拔出并推出针管内的肝组织液做成涂片送检。

3. 注意事项

(1)动物确实保定，防止骚动，以确保穿刺准确。

(2)取得标本后应立即拔针，不得将针久留于肝内。

(3)若病畜有出血倾向、大量腹水、肝外阻塞性黄疸、严重贫血及怀疑肝血管瘤的患畜，不可实施肝脏穿刺，应先纠正全身状况并慎重穿刺。

八、颈椎及腰椎穿刺术

颈椎及腰椎穿刺术临床应用于测定颅内压或排除脑脊髓腔内积液来降低颅内压，采取脑脊髓液做理化检验和病理检查，或向脊髓腔内注入药液，进行特殊的治疗。

1. 部位

颈椎穿刺在枕骨与第 1 颈椎或第 1、2 颈椎之间的脊上孔。腰椎穿刺在腰荐十字部，最后腰椎棘突与第 1 荐椎棘突之间的凹陷处。各种动物的穿刺部位基本相同。

2. 方法

大动物站立保定，确实保定后躯，防止跳动；小动物横卧保定，并使其腰部稍向腹侧弯曲。颈椎穿刺时，应尽量使其头部向前下方屈曲，以充分暴露术部。术部剪毛、消毒后，用拇指和中指握定针头，食指压定在针尾上，对准术部按垂直方向缓缓刺入，待针穿通棘间韧带及硬膜进入脊髓腔时，手感阻力突然消失(如同穿透牛皮纸样的感觉)，拔出针芯，脑脊液流出。穿刺完毕，插入针芯并用酒精棉压住穿刺孔周围的皮肤，然后拔出穿刺针，术部涂以碘酊。

3. 注意事项

(1)确实保定动物,穿刺过程中,如遇动物骚动不安时,应暂缓进针。

(2)操作中所用器械均要经过严格消毒,以免感染。

(3)穿刺不宜过深并切忌捻转穿刺针,以免损伤脊髓组织。

(4)对颅内压增高的病畜,排液速度不宜过快,排液量不宜过多,以免因推管内压力骤减而发生脑疝。

第二节 普鲁卡因封闭疗法

普鲁卡因封闭疗法是以不同剂量和不同浓度的普鲁卡因溶液注入组织内(在炎症时,尚可加入青霉素粉剂),以改变神经的反射兴奋性,促进中枢神经系统的机能恢复正常而痊愈。

普鲁卡因溶液可调节神经机能,并使其恢复正常的对组织和器官的调节作用,而且在炎症过程中可以使炎灶内血管收缩,渗出减少,疼痛减轻,促进炎症的修复,因而在兽医临床上得到广泛应用。

用普鲁卡因封闭注射,可以阻断强烈的刺激,消灭病理的恶性循环。同时可以给予整个机体一个微弱刺激,通过这个微弱刺激,大脑皮层内可产生一个新的兴奋灶。此兴奋灶由于扩散作用,可以打扰或代替原疾病所存留兴奋灶的反射规律,使组织由强烈性反应转变为微弱性反应。由此,我们更进一步了解到,普鲁卡因封闭疗法不仅有局部神经的阻滞作用,而且有对中枢或末梢神经系统的联合作用。

一、病灶周围封闭法

在距病灶周围约 2 cm 处的健康组织内,分点注入 0.25%～0.5%盐酸普鲁卡因溶液,所注药量以能达到浸润麻醉的程度即可。马、牛 20～50 mL,猪、羊 10～20 mL,每天或隔天 1 次。为了提高治疗效果,可在药液中加入 50 万～100 万 IU 青霉素。

本法常用于治疗创伤或局部炎症,但在治疗化脓创时须特别注意注射点不可距病灶太近,以免因注射而引起病灶扩展。

二、环状分层封闭法

本法常用于治疗四肢蜂窝织炎初期,愈合迟缓的创伤及蹄部疾病。一般用于四肢病灶上方 3～5 cm 处的健康组织上进行环状分层注射。前肢在前臂部及其下 1/3 处和掌骨中部，后肢在胫部及其下 1/3 处和跖骨中部。注射时，将针头刺入皮下再刺达骨膜，边注药边拔针，使药液浸润到皮下至骨的各层组织内，可分成 3～4 点注射。注射所用药量根据部位的直径大小而定，一般每次用 0.25％盐酸普鲁卡因溶液 100～200 mL，注射时应注意局部解剖结构，不要让针头损伤到较大的神经和血管。

三、交感神经干胸膜上封闭法

1. 适应症

交感神经干胸膜上封闭法是把普鲁卡因溶液注入到胸膜外、胸椎下的蜂窝组织里，以浸润通向腹腔和盆腔脏器的交感神经而使其麻醉，从而通过这种方法控制腹腔及盆腔器官手术后炎症的发展，以及治疗这些器官的炎症，如腹膜炎、胃炎、子宫炎、膀胱炎、睾丸炎、去势后并发症、胃扩张、痉挛疝、肠臌气等。

2. 方法

病畜取站立保定，穿刺的术部在最后肋骨前缘，背最长肌和髂肋肌之间隙里。剪毛、消毒以后，用长 12 cm 的穿刺针刺透皮肤，然后将针头与水平面成 30°～35°角刺向椎体，抵椎体后，稍稍抽回针头，将针头略为起立 5°～10°角再向椎体下方推进少许。不见由针头流出血液，没有空气被吸入胸膜腔，证明针头确实在胸膜上即可注药。马和牛用 0.5％盐酸普鲁卡因按 0.5 mL/kg 计算总量，左右两侧各注一半。猪则按用 0.5％盐酸普鲁卡因溶液 2 mL/kg 计算。

四、腰部肾区封闭法

1. 适应症

腰部肾区封闭法是将盐酸普鲁卡因溶液注入到肾脏周围脂肪囊中，通过浸润麻醉肾区神经丛来治疗疾病的方法。临床上适用于治疗各种急性炎症，如创伤、蜂窝织炎、腱鞘炎、黏液囊炎、关节炎、溃疡、去势后水肿、精索炎等。此外，对胃扩张、肠臌气、肠便秘亦有效果。

2. 方法

进行腰部肾区封闭时，要严格消毒，马腰部肾区封闭的部位是：左肾区在第 1 腰椎横突与最后肋骨之间，距背中线 8～10 cm；右肾区在 18 肋骨前面，距背中线 10～12 cm 处。穿刺时用 10～12 cm 长的穿刺针头垂直刺入。左侧平均深度为 8 cm，右侧平均深度为 5～6 cm。针头到达肾区脂肪囊以后，拔出针芯不应有血液流出，这时可先试注少量药液，犹如注到皮下一样不应有阻力，分离针头与针筒，残留在针头内的药液不会被吸入，这时可注入温的0.25%盐酸普鲁卡因溶液。马、牛的用量为1 mL/kg，总量不要超过600 mL。注射速度要慢，每分钟约60 mL。注射可选在一侧进行，也可分注在两侧，或者两侧交替进行，两次注射间隔5～10 d。

牛腰部肾区封闭一般在右侧进行，术部选在最后肋骨与第1腰椎突之间，或在第1、第2腰椎之间，从横突末端向背中线退1.5～2.0 cm作为刺入点，刺入深度平均为8～11 cm。

五、盆神经封闭法

1. 适应症

盆神经封闭是将盐酸普鲁卡因溶液直接注入到骨盆部结缔组织间隙内骨盆神经丛附近，通过浸润麻醉骨盆神经丛来治疗盆腔器官的急、慢性炎症，临床上应用于子宫脱、阴道脱、直肠脱或上述各器官的急、慢性炎症的治疗及其脱垂时的整复手术。

2. 方法

病畜站立保定，针刺部位在第3荐椎棘突顶点，两侧旁开一掌(5～8 cm)处，剪毛、消毒后，用长12 cm的封闭针垂直刺入皮肤后，以与刺入点外侧皮肤成55°角由外上方向内下方进针，当针尖达荐椎横突边缘后，将进针角度稍加大，沿荐椎横突侧面穿过荐坐韧带(手感似刺破硬纸)1～2 cm，即达骨盆神经丛附近。此时可以注入0.25%普鲁卡因溶液，剂量为1 mL/kg。大动物需要注入药液总量大，需要分成左右两侧注射，每隔2～3 d注射1次。同时，可以在普鲁卡因溶液中加入青霉素80万～100万IU，以免感染。

六、尾骶封闭法

1. 适应症

尾骶封闭是将盐酸普鲁卡因溶液直接注入到直肠与荐椎之间的尾骶处，通过药物作用于该部位的腰荐神经丛、阴部神经和直肠后神经来治疗盆腔器官的急、慢性炎症。临床上用于子宫脱、阴道脱、直肠脱或上述各器官的急、慢性炎症的治疗及其脱垂时的整复手术。

2. 方法

病畜站立保定，将尾部提起。刺入部位在尾根与肛门之间的三角区中央，即为中兽医中的后海穴。局部消毒后，用长15～20 cm的针垂直刺入皮下，将针头稍向上翘并与荐椎呈平行方向刺入。先沿正中方向边注边拔针，然后在分别向左右方向各注入一次，使药液成扇形分布。所用药液的量，大动物一般为 0.25%普鲁卡因溶液 150～200 mL，猪、羊为 50～100 mL。

七、穴位封闭法

1. 适应症

穴位封闭是将盐酸普鲁卡因溶液直接注入患畜的抢风、百会、大胯等穴位，来治疗动物的多种疾病。临床上用于马、牛、羊、犬等动物四肢的扭伤、风湿、类风湿等疾病。

2. 方法

病畜要确实保定，术者首先找准穴位，局部剪毛、消毒，依据不同穴位注入不同浓度的普鲁卡因溶液，刺入穴位后注入药液即可。为了确保疗效，可在盐酸普鲁卡因溶液中加入强的松龙、丹参(复方丹参)注射液、青霉素等药物。每天 1 次，连用 2-3 d 即可。

【复习思考题】

1. 简述瘤胃穿刺的部位。
2. 简述胸、腹腔穿刺的应用范围及操作方法。
3. 举例说明封闭疗法的临床应用。

第七章　其他治疗技术

知识目标

- 了解冲洗疗法、物理疗法的基本操作方法。
- 了解针灸疗法实施的理论基础。

技能目标

- 掌握家畜冲洗疗法的操作技术。
- 掌握常见穴位及针灸应用。
- 掌握各种针灸疗法的操作及注意事项。

第一节　冲洗疗法

一、洗眼法及点眼法

主要用于各种眼病特别是结膜与角膜炎症的治疗。洗眼与点眼时，助手要确实固定动物头部，术者用一手拇指与食指翻开上下眼睑，另一只手持冲洗器(洗眼瓶、注射器等)，使其前端斜向内眼角，徐徐向结膜上灌注药液冲洗眼内分泌物。洗净之后，左手食指向上推上眼睑，以拇指与中指捏住下眼睑缘。向外下方牵引，使下眼睑呈一囊状，右手拿点眼药瓶，靠在外眼角眶上，斜向内眼角，将药液滴入眼内，闭合眼睑，用手轻轻按摩1～2下，以防药液流出，并促进药液在眼内扩散。如用眼膏时，可用玻璃棒一端蘸眼膏，横放在上下眼睑之间，闭合眼睑，抽去玻璃棒，眼膏即可留在眼内，用手轻轻按摩1～2下，以防流出，或直接将眼膏挤入结膜囊内。

洗眼药通常用2％～4％硼酸溶液、0.1％～0.3％高锰酸钾溶液、0.1％雷夫奴尔溶液及生理盐水等。常备的点眼药有0.55％硫酸锌溶液、3.5％盐酸可卡因溶液、0.5％阿托品溶液、0.1％盐酸肾上腺素溶液、0.5％锥虫黄甘油、2％～4％硼酸溶液、1%～3%蛋白银溶液等。还有氯霉素、红霉素、四环素等抗生素眼药膏(液)等。

二、鼻腔冲洗

常用于慢性鼻窦炎的脓血性分泌物冲洗,促进鼻腔黏膜功能的恢复,也可用于萎缩性鼻炎或干酪性鼻炎,冲洗出鼻腔脓痂,减轻鼻部炎症。鼻腔冲洗法是将生理盐水直接作用于鼻腔,效果明显,通过冲洗鼻腔,可将鼻腔内黏稠的分泌物和吸入的细菌等冲洗掉,以便恢复鼻腔的生理环境,减轻或消除鼻炎症状。通过水流把结痂和分泌物等堵塞鼻孔的物质直接从鼻腔内冲出来,使鼻腔通畅,呼吸顺畅。

首先保定好家畜的头部,使之头向前倾,前面放一容器。将鼻腔冲洗器一端插入生理盐水瓶中,另一端的橄榄头轻轻插入一侧鼻前庭,用手轻轻挤压鼻腔冲洗器,使生理盐水缓慢流入鼻腔,经另一侧鼻孔或口腔流出,两侧交替冲洗。要求先冲洗鼻腔堵塞较重的一侧,再冲洗对侧。否则,冲洗盐水可因堵塞较重一侧鼻腔受阻而灌入咽鼓管。生理盐水能对鼻腔组织肿胀和水肿的情况起到很好的修复作用,从而消除肿胀和水肿症状。

三、口腔冲洗

一般患病动物抗拒口腔冲洗,需要安全保定,以防咬伤或抓伤。当打开口腔时,常见口腔黏膜、舌、软腭、硬腭及齿龈上有不同程度的红肿、溃疡或肉芽增生。特异性症状是有饥饿感,想吃食又不敢吃食,当食物进入口腔后,刺激到炎症部位引起疼痛,突然嚎叫或躲避性逃跑。口腔流涎,有的将舌伸于口外,时间较长者逐渐消瘦。

对于口腔炎症选用适当的药液冲洗口腔。炎症较轻的,用2%～3%食盐水或小苏打水1日数次冲洗;口腔恶臭的,可用0.1%高锰酸钾液;流涎过多的,选用2%明矾水或鞣酸水洗口。如果口腔黏膜发生烂斑或溃疡,冲洗口腔后,再用碘甘油(5%碘酊1份,甘油9份)或2%龙胆紫液涂擦溃烂面,1～3次/d。对严重口炎用磺胺明矾合剂(长效磺胺10 g、明矾2～3 g)或青黛散,装于纱布袋内,衔在口内,每日更换1次。

四、导胃与洗胃

对于反刍动物适用于治疗前胃炎和排除食入的胃内毒物。

导胃法:牛在六柱栏内站立保定,口腔内装置开口器,通过口腔向胃内插入较粗的胃导管,当导管进入胃内后,瘤胃内液体和气体会自行涌流而出。压低牛头,以利液体外流，压低牛头也可避免胃内流出的液体和草渣呛入气管和肺。在向体外导出胃内液体和草渣时，速度不要太快。当有草团堵塞胃导管时，可向胃导管内注入清水，然后前后抽动胃导管，并将胃导管另一端放低，以利排出胃内容物；也可经胃导管灌入温水疏通后再向外导出胃内容物。

洗胃法：按导胃法插入胃导管后，用0.1%高锰酸钾液、淡盐水等灌入胃内，每次灌入量为5～15 kg，然后放低牛头，使药液再自胃导管放出。如此反复进行，直至洗净胃内的有害液体和物质为止。也可在瘤胃切开后，插入粗导管，从瘤胃内直接导出腐败酸臭的内容物，并用温水反复冲洗。

五、阴道及子宫冲洗

此法多用于母畜的阴道炎、子宫颈炎、子宫内膜炎等病的对症治疗，可促进黏膜的修复，及早恢复生殖功能，是一种较为理想的冲洗方法。有时根据病情的不同以及炎性分泌物、脓液的多少可先行冲洗，以排出积脓及分泌物，再行投药。常用药液包括温生理盐水、5%～10%葡萄糖、0.1%雷夫奴尔、0.1%高锰酸钾以及抗生素和磺胺类制剂。

1. 阴道冲洗

将患畜保定好，通过一端连有漏斗的软胶管，将配好的接近动物体温的消毒液或收敛液冲入阴道内，待药液完全排出后，术者再徒手或戴灭菌手套将消毒药剂涂在阴道内，或者是直接放入浸有磺胺乳剂的棉塞。

2. 子宫冲洗

由于母畜的子宫颈口在发情期间开张，此时是进行投药的好时机。如果子宫颈封闭，应该先用雌激素制剂，促使子宫颈口松弛，开张后再进行处理。在子宫投药前，应将动物保定好，把所需药液配制好，并且药液温度以接近动物体温为佳。可使用阴道开膣器，带回流支管的子宫导管或小动物灌肠器，其末端接以带漏斗的长橡胶管。术者从阴道或者通过直肠把握子宫颈的方法将导管送入子宫内，将药液倒入漏斗内让其自行缓慢流入子宫。当注入药液不顺利时，切不可施加压力，以免刺激子宫使子宫内炎性渗出物扩散。每次注入药液的数量不可过多，并且要等到液体排出后才能再次注入。每次治疗所用的溶液总量不宜过大，马、牛一般为500～1 000 mL，并分次冲洗，直至排出的溶液变为透明为止。以上较大剂量的药液对子宫冲洗之后，可根据情况往子宫内注入抗菌防腐药液，或者直接投入抗生素。为了防止注入子宫内的药液外流，所用的溶剂（生理盐水或注射用水）数量以20～40 mL为宜。

3. 注意事项

(1)严格遵守消毒规则,切忌因操作人员消毒不严而引起的医源性感染。

(2) 在操作过程中动作应轻柔,不可粗暴,以免对患畜阴道、子宫造成损伤。

(3)不要应用强刺激性或腐蚀性的药液冲洗,冲洗完后,应尽量排净子宫内残留的洗涤液。

六、导尿与膀胱冲洗

导尿与膀胱冲洗主要用于尿道炎及膀胱炎的治疗。目的是为了排除炎性渗出物和注入药液,促进炎症的治愈。也可用于导尿或采取尿液供化验诊断。本法母畜操作容易,公畜难度较大。

(一)准备

根据动物种类及性别备用不同类型的导尿管,公畜选用不同口径的橡胶或软塑料导尿管,母畜选用不同口径的特制导尿管。用前将导尿管放在0.1%高锰酸钾溶液或温水中浸泡5~10 min,插入端蘸液体石蜡;冲洗药液宜选择刺激性或腐蚀性小的消毒、收敛剂,常用的有生理盐水、2%硼酸、0.1%~0.5%高锰酸钾、1%~2%石炭酸、0.1%~0.2%雷夫奴尔等溶液,也常用抗生素及磺胺制剂的溶液(冲洗药液要与体温相等);注射器与洗涤器、术者手与外阴部及公畜阴茎、尿道口要清洗消毒。

(二)母畜导尿与膀胱冲洗

大动物于柱栏内站立保定,中、小动物在手术台上侧卧保定。助手将畜尾拉向一侧或吊起,术者将导尿管握于掌心,前端与食指同长,呈圆锥形伸入阴道(大动物15~20 cm),先用手指触摸尿道口,轻轻刺激或扩张尿道口,伺机插入导尿管,徐徐推进,当进入膀胱后,先排净尿液,然后用导尿管另端连接洗涤器或注射器,注入冲洗药液,反复冲洗,直至导出药液呈透明状为止。最后将膀胱内药液排出。当识别尿道口有困难时,可用开膣器开张阴道,即可看到尿道口。

(三)公马导尿与膀胱冲洗

先在柱栏内固定好两后肢,术者蹲于马的一侧,将阴茎抽出,左手握住阴茎前部,右手持导尿管,插入尿道外口徐徐推进,当到达坐骨弓附近则有阻力,推进困难,此时助手在肛门下方可触摸到导尿管前端,轻轻按压辅助向上转弯,术者于此同时继续推送导尿管,即可进入膀胱。冲洗方法与母畜相同。

(四)公犬导尿与膀胱冲洗

首先将公犬全身麻醉，仰卧保定，术者左手抓住阴茎，右手将导尿管经尿道外口徐徐插入尿道，并慢慢向膀胱推进，导尿管通过坐骨弓处的尿道弯曲时常发生困难，可用手指隔着皮肤向深部压迫，迫使导尿管末端进入膀胱，一旦进入膀胱内，尿液即从导尿管流出。冲洗方法与母畜相同。

(五)注意事项

(1)插入导尿管时前端宜涂润滑剂，以防损伤尿道黏膜。

(2)防止粗暴操作，以免损伤尿道及膀胱壁。

(3)公马冲洗膀胱时，要注意人、畜安全。

第二节　物理疗法

一、按摩疗法

按摩，又称推拿，是术者在动物体一定部位上运用不同手法进行按摩，以治疗疾病的一种方法。

1. 适应症

按摩疗法主要用于中、小家畜和幼畜的消化不良、泄泻、痹症、肌肉萎缩、神经麻痹、关节扭伤等。按摩疗法禁用于损伤、皮肤病、淋巴管炎、化脓性疾病、血栓性静脉炎、肿瘤及局部增温等病理过程。

2. 方法

家畜自然站立，患部刷拭干净。术者将手洗净擦干，用滑石粉涂手(为了便于按摩)后，沿淋巴流的方向开始按摩，根据需要可采用推摩法、摩擦法、揉捏法、叩打法、颤摩法(震动法)等方法作用于体表，从而达到治疗或增强其生理功能的目的。

(1)推摩法　用手掌或手指(对细小组织如腱)进行，先从患部周围健康部位开始，然后转移到患部，最后又回到健康部位，如此反复进行。此法最为常用，往往在按摩开始及结束时作为进行其他按摩法的预备按摩。

(2)摩擦法　抚摩时主要依靠腕力，力度仅达皮肤或皮下，可向不同方向进行。指端须移动皮肤，不能只贴着皮肤滑动，最好与推摩法结合使用。

(3)揉捏法　用手指或手掌在患部作捏压和回环揉动的一种方法。包括滚揉捏、滑揉捏、扭揉捏。

(4)叩打法　是用手指、手掌或空拳以及橡皮小锤等进行连续或间断的叩打。应用叩打法时,应注意轻重变换,快慢交替。

(5)颤摩法(震动法)　是用手或震动器进行迅速而有节奏的反复震荡。

按摩可以每天进行1～2次,每次10～15 min。按摩进行的次数和手法的轻重要根据疾病的性质和疾病所处的阶段灵活掌握。

二、水疗法

水疗法是利用不同温度、压力、成分的水,以不同形式作用于畜体外部进行治疗疾病的一种方法,一般包括冷疗法和温热疗法。

(一)冷疗法

冷疗主要应用在急性炎症的最早期,其作用是使患部血管收缩,减少炎性渗出和炎性浸润,防止炎症扩散和局部肿胀,以及消除疼痛。

1. 适应症

临床上常用于肌肉、腱、腱鞘、韧带、关节等各种急性和亚急性炎症初期。一切化脓性炎症忌用冷疗,有外伤的部位不可用湿的冷疗。

2. 方法

(1)冷敷　用冷水把毛巾或脱脂棉浸湿,稍微拧干后敷于患部,也可用装有冷水、冰块或雪块的胶皮袋冷敷于患部,并用绷带固定。每天数次,每次30 min。

(2)冷蹄浴　用于治疗蹄、趾、指关节的疾患。让患肢站在冷水桶内浸泡,不断更换桶内冷水,每次浸泡30 min。冷水中最好加入高锰酸钾(浓度为0.1%),以增强防腐作用。有条件时也可用自来水浇注患部或将患畜牵至小河中浸泡30 min,同样可达到治疗目的。

(二)温热疗法

温热疗法的作用是使患部温度提高、血液循环旺盛,血管扩张,使细胞氧化作用增强,机体新陈代谢增强,以及局部白细胞吞噬作用加强等。

1. 适应症

临床上常用于治疗各种急性炎症的后期和亚急性炎症,如亚急性腱炎、腱鞘炎、肌炎及关节炎和尚未出现组织化脓溶解的化脓性炎症的初期。对于恶性肿瘤和有出血倾向的病例禁用温热疗法。对于有创口的炎症不宜使用湿的温热疗法。

2. 方法

(1)热敷　在 40～50℃的温水中浸湿毛巾,或将温热水装入胶皮袋中,敷于患部,每天 3 次,每次 30 min。为加强热敷效果,可用热药液替代普通水,如复方醋酸铅液(醋酸铅 25 g,明矾 5 g,水 5 000 mL)、10%～25%硫酸镁液、食醋以及中药等,均有较好的热敷效果。

(2)温蹄浴　具体方法与冷蹄浴相同,只是将冷水换成 42℃左右的温水。

(3)酒精热绷带　将 95%酒精或白酒放在水浴中加热到 50℃,用棉花浸渍,趁热包裹患部,再用塑料薄膜包于其外,防止挥发,塑料膜外包上棉花以保持温度,最后用绷带固定。这种绷带维持治疗作用的时间可长达 10～12 h,所以每天更换一次绷带即可。

(4)石蜡疗法　患部仔细剪毛,用排笔蘸 65℃的熔化石蜡,反复涂于患部,使局部形成 0.5 cm 厚的防烫层,然后根据患部不同,适当选用以下方法。

①石蜡棉纱热敷法　适用于各种患部。用 4～8 层纱布,按患部大小叠好,浸于石蜡中(第一次使用时,石蜡温度为 65℃,以后逐渐提高温度,但最高不要超过 85℃),取出,挤去多余蜡液,敷于患部,外面加棉垫保温并固定之。也可把熔化的石蜡灌于各种规格的塑料袋中,密封、备用。使用时,用 70～80℃水浴加热后,敷于患部,外面用绷带固定,治疗效果很好。

②石蜡热融法　适用于四肢游离部。做好防烫层后,从肢端套上一个胶皮套,用绷带把胶皮套下口绑在腿上固定,把 65℃石蜡从上口灌入,上口用绷带绑紧,外面包上保温棉花并用绷带固定。

石蜡疗法可隔日进行一次。

三、光疗法

光疗法是利用阳光或人工光线(红外线、紫外线、可见光、激光)照射病畜患部,以达防治疾病和促进机体康复的方法。临床上经常用到的疗法有红外线疗法、紫外线疗法和激光疗法。

(一)紫外线疗法

紫外线位于可见光谱中紫色光线之外,它是光疗中应用比较广泛的一种光线。其光谱分 3 个波段:①长波紫外线,波长范围 320～400 nm;②中波紫外线、波长范围 280～320 nm;③短波紫外线,波长范围 180～280 nm。短波紫外线因具有较强的杀菌作用而被用于室内消毒,中长波紫外线因其可以使皮肤内血管扩张,改善血液循环和新陈代谢而多用于治疗。

1. 适应症

紫外线常用于治疗皮肤损伤、疖、湿疹、皮肤炎、肌炎、久不愈合的创伤、溃疡、炎性浸润、风湿症、骨关节病等。在动物患有血液性疾病和心脏代偿机能减退时禁用。

2. 方法

紫外线疗法可分为全身照射和局部照射，临床上多用局部照射。照射前，要先清除患部的污垢、痂皮、脓汁等。照射时，紫外线灯距患部 50 cm，第一次照射 5 min，以后每天增加 5 min，连用 5 d，但是最长时间不能超过 30 min。另外，要用防护面罩保护动物的眼睛，操作人员也应戴上黑色护眼镜。

目前，在临床上常用的紫外线治疗器械有水银-石英灯（水英弧光灯），氩气-水银-石英灯以及冷光水银石英灯。

(二)红外线疗法

红外线位于可见光谱中红色光线之外，它是不可见光，临床上用于治疗的红外线波长范围为 760～3 000 nm。在合理的剂量作用下，红外线可使局部血液循环旺盛，新陈代谢活跃，酶的活性增强，白细胞游走和吞噬作用增强，具有镇静、镇痛，促进炎性产物的吸收和排出，以及促进肉芽创时肉芽和上皮的生长等作用。

1. 适应症

该疗法多用于治疗亚急性和慢性炎症过程，如创伤、挫伤、溃疡、湿疹、神经炎及风湿症等。对急性炎症、肿瘤、血栓性静脉炎等禁用。

2. 方法

红外线疗法可选用太阳灯或红外线灯作为红外线光源。操作时，确实保定动物，把灯光对准治疗部位，灯头距体表 60～100 cm，调节距离使光线照射处的体表温度为 45℃。每天进行 1～2 次，每次 20～40 min。

(三)激光疗法

由于激光具有方向性好、单色性强、亮度高和相干性好的特性，所以在医学临床中主要用来治疗疾病，激光疗法已引起临床学家越来越多的重视。激光对生物体的作用主要表现在热效应、光化效应、压强效应及电磁场效应等四方面，并且因激光器的种类和输出功率不同，它对活组织的作用也不同。目前在兽医临床上常用的激光器有低功率的氦氖激光治疗机和中等功率、大功率的二氧化碳激光治疗机。

1. 作用与适应症

(1)氦氖激光治疗机　其治疗作用有提高机体免疫机能及防御适应能力，刺激组织再生和修复，生物刺激和调节以及消炎镇痛作用。临床上用于治疗创伤、挫伤、溃疡、烧伤、脓肿、疖、蜂窝织炎、关节炎、湿疹、睾丸炎、奶牛疾病性不育症(如卵巢机能不全、卵泡囊肿、黄体囊肿、持久黄体、卡他性及化脓性子宫内膜炎)、乳房炎、阴道炎、阴道脱垂等，还用于激光麻醉。

(2)二氧化碳激光治疗机　常用小功率的二氧化碳激光(10 W 以下)扩焦照射，可使局部组织血管扩张，血液循环加快，新陈代谢旺盛，同时具有刺激、消炎、镇痛和改善局部组织营养之功能。临床上用于治疗化脓创、溃疡、褥疮、慢性肌炎及仔猪黄痢、白痢、羔羊下痢，犊牛、驹下痢及消化不良，奶牛腹泻、瘤胃迟缓，马的胃肠卡他、肠闭结等。高功率的二氧化碳激光(30～100 W 以上)主要利用其“破坏”作用，用于手术切割和气化。如利用它切除奶牛乳房的乳头状瘤以及其他部位的肿瘤。

另外，二氧化碳激光经聚焦后，其光点处能量高度集中，在极短的时间内可使局部高温，组织凝固、脱水和组织细胞被破坏，从而达到烧灼、止血的作用。

2. 方法

激光治疗中最常用的一种方法就是照射法，可根据照射部位的不同，分为局部照射(患部照射)、穴位照射和经络照射。

(1)局部照射(患部照射)　是将激光直接对准病变部位进行照射治疗各种疾病的一种常见方法。

(2)穴位照射　将激光聚焦或用光纤对准病畜某些穴位进行照射，又叫激光针灸。

(3)神经经络照射　将激光束进行聚焦后或用原来光束或用光纤对准某一神经经络进行照射。如氦氖激光照射马、牛、羊、猪及犬的正中神经及胫神经，持续20～30 min，即可达到麻醉的目的。

采用激光治疗疾病时，应将激光器射出窗口到照射部位之间的距离控制在50～100 cm，每天1次，每次的照射时间为10～20 min(二氧化碳激光烧灼每次0.5～1.0 min)，连续10～14 d为一个疗程，两个疗程之间应间隔一周为宜。

3. 注意事项

(1)操作过程中病畜要确实保定，激光器要合理放置，操作人员应戴防护眼镜，以确保人、畜、机体的安全。

(2)在照射前，创面应用生理盐水清洗干净，除去污物，创缘周围剪毛；穴位应剪毛，除去污垢，拭净，并以龙胆紫标记。

(3)激光束(光斑)与被照射部位尽量垂直,使光斑呈圆形,准确地照射在病变部位或穴位上,若不便直接照射穴位的,可通过光纤使激光垂直照射在治疗部位。

(4)照射时间系指激光准确地照射在被照射部位的时间,若因病畜移动使光斑移开,此段时间不能包括在照射时间内。

(5)二氧化碳激光照射器进行照射时,需采用扩焦照射,照射距离为50～100 cm,以局部皮肤有适宜的温热感为宜,不要使其过热,以免烫伤病畜。为了达到烧灼的目的,必须采用聚焦照射且越接近焦点越好。

(6)激光器的使用,应该严格按照生产厂家所提供的说明书上的使用操作方法和注意事项进行操作,以免发生意外。

(7)激光器一般可连续工作4 h左右,不必中途关机。

四、电疗法

电疗法是利用电流或电场作用于机体而达到治疗疾病目的的方法。临床上常用的有直流电疗法、感应电疗法、短波电疗法和超短波电疗法等。

(一)直流电疗法

直流电疗法是使用低电压的平稳直流电通过畜体一定部位来治疗疾病的方法。

1. 适应症

临床上主要应用于亚急性或慢性炎症,如腱鞘炎、腱炎、黏液囊炎、肌炎、关节周围炎、神经麻痹或不全麻痹等的治疗,以及促进神经再生和恢复神经传导机能的治疗,但是湿疹、皮炎、溃疡、化脓性炎症、急性炎症,以及个别病畜对直流电特别敏感者不可应用该疗法。

2. 方法

直流电疗法的具体方法是患部剪毛、洗净后,把用8～10层纱布制成的、稍大于金属电极的衬垫物浸透生理盐水后敷于患部,其上放置有效电极,但要避开损伤面,并用绷带加以固定。为直流电提供回路的无效电极可用并置法(即将两个电极置于患部同一侧)或对置法(即将两个电极置于患部同一水平的相对两侧)安放在患部的附近或对应部。由于阴极下面具有促进吸收、刺激神经机能恢复和再生、使瘢痕软化的作用,所以在治疗时把有效电极(治疗电极)连接在阴极上。同时,由于当电流强度相同时,其电极上的电流密度大小与电极面积成反比,所以为了使治疗电极上的电流密度大一些,通常把它做得小一些。直流电疗时的剂量是用有效电极下的衬垫面积来计算的,按每平方厘米不超过0.3～0.5 mA为宜。每次治疗20～30 min,每日或隔日1次,25～30次为一个疗程。

(二)直流电离子透入疗法

直流电离子透入疗法是直流电疗法的一种,既具有直流电的治疗作用,又具有药物离子的作用。因为在直流电的作用下,药物溶液电离后的正负离子会向相反极性方向移动,从而透入机体组织而起到治疗作用。这种方法的特点是:①对皮肤无损害。②药物积聚患部,有利于集中发挥疗效。③用药量小,药效维持时间长。直流电离子透入疗法与直流电疗法的操作方法与适应症基本相似,但前者更应主要考虑药物离子的药理作用。不同药物离子的药理作用是不同的,如碘离子适用于腱鞘炎、黏液囊炎、纤维性关节周围炎、骨膜炎以及外伤性肌炎的治疗;钙离子透入适用于治疗佝偻病、骨软症及促进骨折后的骨痂形成;水杨酸离子适用于抗风湿;铜和锌离子用于系凹部痂状皮肤炎等;士的宁离子适用于神经麻痹;普鲁卡因离子透入用于消除疼痛等。

直流电离子透入疗法的具体步骤为:选择有效成分能电离的药物,用蒸馏水配成水溶液,并用其浸润治疗电极的衬垫,使治疗电极连接在与药物离子电荷相同的电极上,即在碘离子透入时,治疗电极是与碘离子所带的负电荷相同的负极;而在钙离子透入时,则选择与钙离子的正电荷一致的正极。无效电极仍用生理盐水浸润。

(三)感应电疗法及低频脉冲电疗法

感应电疗法及低频脉冲电疗法都是利用低频率的脉冲电流治疗疾病的方法。感应电疗具有兴奋肌肉、改善肌肉营养和代谢、促进分布于肌肉上的神经机能的恢复等功能。

1. 适应症

临床上常用于治疗神经麻痹、不全麻痹、肌肉萎缩、无力、跛行等,还可以用于止痛和麻醉,但是不能用于急性炎症、化脓性炎症及出血性疾病。

2. 方法

(1)感应电疗　感应电疗机的无效电极通过衬垫安置在靠近患畜肌肉附近或一端,治疗电极则安置在患部或肌肉的另一端。治疗时,用手控制断续地通以感应电流,每分钟不超过40次,每次治疗20～60 min,每天1次,感应电流的强弱以能引起肌肉明显收缩为佳。

(2)低频脉冲电疗　首先选好穴位进行针刺,然后把电针治疗机上的输出插口用带夹子的导线与针相连,再选择波形与工作状态,调节输出电压到所需程度即可。弱刺激用于促进神经的再生及功能恢复、止痛；中等刺激用于消炎、消肿，促进血液循环，改善组织营养；强刺激在治疗时少用，有时用于电针麻醉。

(四)短波电疗法

短波电疗法又叫高频电疗法，是利用频率为300万～3 000万Hz的电磁波来治疗疾病的一种电疗法。它可以使机体组织中的微细颗粒发生急速的往返运动而产生热，所以又称其为短波透热疗法。短波电疗法的主要作用有消炎、止痛、抗痉挛和杀菌。

1. 适应症

临床上用于治疗各种急慢性炎症，如神经炎、关节炎、肌炎、支气管炎、肺炎、挫伤、创伤、神经痛、肠痉挛等，在化脓性炎症、肿瘤及急性失血等情况下禁用。

2. 方法

(1)容电场治疗　将治疗部位置于短波电疗机的两极之间，极板与机体之间用毡子、毛巾等隔分，使保留一定间隙。连接导线后接通电源及总输出开关至“灯丝”的位置，5 min后接通高压旋动调节旋扭达到200～300 mA，并开始计时。治疗期间操作人员应离开机器2 m以外，每次治疗20～30 min。

(2)电缆治疗　用绝缘电缆包绕于患部，或将电缆盘成长条状或圆盘状，用绷带固定于患部。此法多用于四肢部疾病的治疗。

(五)超短波电疗法

超短波电疗法是使用频率为3 000万～30 000万Hz的电磁波治疗疾病的一种电疗法。超短波与短波相似，同样具有热效应，而且还具有促进神经末梢再生，加强化脓性炎症过程中渗出物的吸收；使白细胞增加，增强网状内皮系统的功能；促进肉芽组织的再生，加速瘢痕及上皮形成；消除酸中毒及镇痛等多种功能。

1. 适应症

临床上应用于神经、肌肉、腱、腱鞘、黏液囊、韧带、关节等的急性和慢性炎症，以及疖、急性化脓性淋巴管炎及蜂窝织炎等，而在肿瘤、机体有出血倾向及严重的循环系统紊乱时禁用。

2. 方法

治疗时把病畜保定好，安装好电极板并加以固定。接通电源，调节灯丝电压到所规定的数值，最后旋动调振旋扭使指示灯发光最亮即可。治疗时，操作人员要离开机器2 m，并准确记录治疗时间。每次治疗15～30 min，每日或隔日1次，10～20次为一个疗程。

五、烧烙疗法

烧烙疗法是将特制的烙铁烧红后，在动物体表进行画烙或熨烙的一种疗法。

1. 适应症

烧烙主要用于慢性炎症的治疗，特别对慢性骨和关节的疾病如慢性骨化性骨膜炎、跗关节内肿等，疗效较好。烧烙也可以用于外科手术过程中的烧烙止血或烧烙组织等。

2. 器械与方法

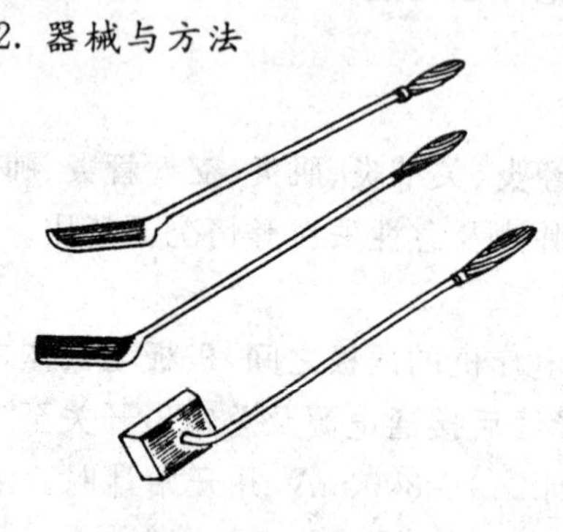

图 7-1　烙铁

烧烙要用专门的器械，最常用刀形或方形等各种形状的烙铁(图 7-1)，另外还有自动烧烙器、白金烙铁等。烧烙的方法因炎症的性质不同而有差别，常用到的有点状烧烙、线状烧烙、穿刺烧烙等几种方法。

(1)直接烧烙　病畜停食 8 h 后，将其横卧保定，按图 7-2 在患部进行烧烙。先烧掉毛，再由轻到重，边烙边喷醋，至皮肤烙呈焦黄色为度。烙后防止啃咬和感染。

图 7-2　马各部位烧烙图

(2)间接烧烙　病畜站立保定，将浸醋的棉纱垫固定于患部，然后用烧至半红的烙铁，反复在棉纱垫上烙熨，每个部位烙 10 min。其间应不断加醋，以免将棉纱垫烧焦。若不愈，1 周后再烙。

第三节　氧气疗法

氧疗法是通过给病畜吸入高于空气中氧浓度的氧气，来提高病畜肺泡内的氧分压，达到改善组织缺氧为目的的一种治疗方法。氧疗法在兽医临床上主要用于急救。适用于任何原因引起的缺氧，如因呼吸系统疾病影响肺活量的患畜，心功能不全使肺部充血而引起的呼吸困难，各种中毒引起的呼吸困难，中枢神经性疾病引起的昏迷，外科手术及分娩时出现的大出血、休克，以及过度全身麻醉引起的呼吸麻痹等。

一、给氧方法

1. 3%过氧化氢静脉注射输氧法

新鲜且未被污染的3%过氧化氢，用10%～25%葡萄糖溶液稀释10倍，使其浓度达到0.3%，供马属动物用；牛、羊等动物，在使用过氧化氢给氧时浓度不可超过0.24%。稀释后的过氧化氢溶液，按照马5.0 mL/kg体重，牛2.0 mL/kg体重，其他动物1～2 mL/kg体重进行静脉注射，每天2～3次。溶液要现用现配，避免久置。

应用过氧化氢供氧的机理是：当它与组织中的酶类相遇时，立即分解出大量氧为红细胞所吸收，从而增加血液中的可溶性氧。临床实验证明，除用法错误而发生溶血外，一般无任何毒性反应和气体栓塞现象。此种给氧方法，为基层抢救危重病畜提供了简便有效的给氧途径。

2. 鼻导管输氧法

(1)输氧装置

①氧气筒　为柱形无缝钢筒，顶端设总开关以控制氧气的输出量，侧边有与氧气表相连的气门，是氧气从筒中输出的途径。

②压力表　从表上的指针能测知筒内氧气的压力，压力越大，则说明氧气贮存量越多。

③减压器　是一种弹簧自动减压装置，用于减低来自氧气气筒内的氧气压力，使氧流量平衡，保证安全，便于使用。

④流量表　用于测量每分钟氧气流出量，流量表内装有浮标，当氧气通过流量表时，即将浮标吹向上端平面所指刻度，测知每分钟氧气的流出量。

⑤湿化瓶　瓶内装入1/3或1/2的冷开水，通气管浸入水中，用于湿润氧气，以免呼吸道黏膜被干燥氧气刺激，出气管和鼻导管相连。

⑥安全阀　由于氧气表的种类不同，安全阀有的在湿化瓶上端，有的在流量表的下端，当氧气流量过大、压力过高时，内部活塞即自行上推，使过多的氧气由四周小孔流出，以保证安全。

(2)输氧方法　打开氧气筒总开关及流量表，检查氧气流出量是否通畅，以及全套装置是否适用。根据动物个体大小选择粗细不同的橡皮鼻导管，一端连接湿化瓶上的玻璃管，一端插入动物鼻孔内并适当固定，打开总开关，输氧过程中观察病畜心跳、脉搏、血压、精神状态、皮肤颜色、温度与呼吸方式等有无改善来衡量氧疗效果，还可测定动脉血气分析判断疗效，选择适当的用氧浓度。停氧时，应先分离鼻导管接头，再关流量表开关，以免一旦开关倒置，大量气体冲入呼吸道损伤肺组织。

3. 皮下输氧法

把氧气注入肩后或两肋皮下疏松结缔组织中，通过皮下毛细血管内红细胞逐渐吸收而达到给氧的目的。操作方法是：将注射针头刺入皮下，把氧气输入导管和针头相连接，打开流量表的旁栓或氧气筒上的总阀门，则氧气输入，皮肤逐渐鼓起，待皮肤比较紧张时停止输入，操作应严格无菌，避免针头插入血管而引起气性血栓。如一次注入量不足，可另加一处。牛、马为6～10 L，中小动物为0.5～1 L，输入速度为1～1.5 L/min，皮下给氧后一般于6 h内被吸收。

二、给氧时注意事项

(1)为保证安全，给氧时，病畜需妥善保定，氧气筒与病畜保持一定的距离，周围严禁烟火以防燃烧和爆炸。

(2)输氧导管宜选用便于穿插、较为细软的橡皮管，以减少对鼻、咽黏膜的刺激。给氧前应检查导管是否通畅，并清洁病畜鼻腔。

(3)搬运氧气筒不许倒置，不许剧烈震动，附件上不许涂油类。

(4)吸入氧气时，其流量的大小应按病畜呼吸困难的改善状况进行调节；皮下给氧时，不能把氧气注入血管内，以防形成气栓。

第四节　针灸疗法

家畜针灸疗法在临床应用中有许多独到之处，具有治疗广泛、疗效迅速、操作简单,安全易学、便于推广等优点。针灸疗法包括针法和灸法。针法是应用各种不同类型的针具和不同的手法,刺扎畜体的一定穴位,给以适当的机械刺激,从而治疗疾病的一种方法。灸法是用特制的灸具或其他温热物体,烧灼或熏烤畜体的一定穴位,而达到治疗疾病的一种方法。

在祖国传统医学中,针灸疗法的理论基础是经络学说,通过调节经络血气达到镇痛、防卫和调整的作用,用来治疗疾病。针灸的许多其他的作用原理,还需要继续进行大量细致的研究工作去探讨。

一、兽医针灸的一般用具

1. 针具

(1)圆利针　针体粗 1.5～2.0 mm,分大、小圆利针。大圆利针长有 6 cm、8 cm、10 cm三种,一般用于马、牛、猪的白针穴位;小圆利针长有 2 cm、3 cm、4 cm 三种,一般用于针刺马、牛眼部周围、仔猪或禽的白针穴位。

(2)毫针　针体粗 0.64～1.25 mm,用不锈钢制成,又叫新针,针体长有 10 cm、12 cm、15 cm、20 cm、25 cm、30 cm 等六种。这种毫针多用于深刺、针刺麻醉或小动物的白针穴位。

(3)宽针　针尖形如矛尖,针刃锋利,有大、中、小种规格。大宽针长约 12 cm,针头宽约 0.8 cm。多用于放马、牛静脉、肾堂、蹄头血;小宽针长约 10 cm,针头宽约 0.4 cm,用于放马、牛缠腕、太阳血;中宽针介于大、小宽针之间,用于放马、牛带脉、胸膛血。

(4)三棱针　针尖部为三棱状,有大小两种,多用于面部血管穴位或其他小血管穴,如三江、玉堂、通关穴等。

(5)穿黄针　状如小宽针,尾部有一小孔,可以穿马尾,专用于穿黄。

(6)火针　比圆利针粗大,针头圆锐,针身长度可分 2 cm、3 cm、5 cm、10 cm 四种。用于肌肉丰满处的非血管穴,如九委、百会、巴山穴等。

(7)夹气针　形如矛尖状,扁平,针尖钝圆,由竹签或合金制成,长约 30 cm,宽约 0.4 cm,专用于夹气穴。

(8)针锤　为一种针刺辅助器械,多用于安装宽针,在放胸膛、带脉、蹄头血时使用。兽医常用的各类针具见图 7-3。

2. 灸具

最常用的灸具为艾卷,有时也用到艾柱。艾卷是用干燥的艾绒薄摊在草纸上,卷成长约 15 cm、粗约 1 cm 的松紧适度的艾卷,用浆糊封口;艾柱是用艾绒制成红枣大小的圆锥体,用于细针艾灸和隔姜(蒜)灸等。

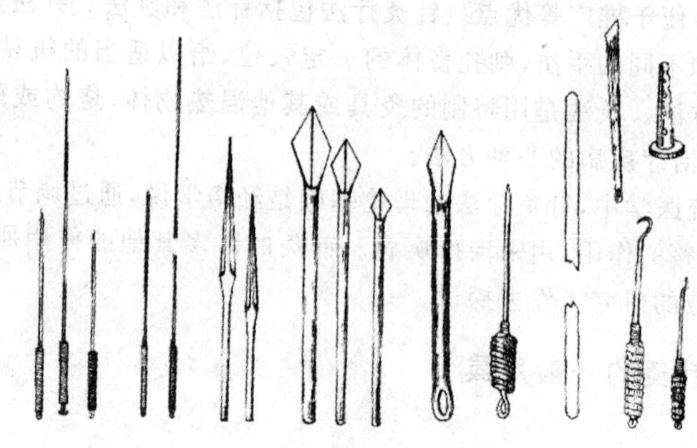

图 7-3 常用各类针具

二、取穴及针感反应

针灸施术前要在病畜体表准确地找出穴位，因为取穴正确与否，会直接影响疗效，所以掌握取穴方法是非常重要的。

1. 取穴法

依据不同的取穴标准，可将取穴方法分为以下几种。

(1)自然标志取穴法

①外观体形取穴　即以畜体各部自然标志为基础而取穴，如马的鼻端旋毛取分水穴，口角取锁口穴等。

②解剖部位取穴　即按畜体解剖学部位为基础而取穴，如腰椎与荐椎结合部凹陷正中为百会穴。

(2)体躯连线取穴法　即将畜体某些部位间的连线距离划分一定的比例而取穴，如股骨中转子与百会穴连线的中点取巴山穴，髋结节到背中线所做垂线的中、外 1/3 交界处取雁翅穴等。

(3)指量取穴法　即以人的手指第二指关节的宽度作为取穴尺度。食指、中指相并(二横指)为 3 cm；食指、中指、无名指、小指相并(四横指)为 6 cm。

2. 针感反应

对病畜的一定穴位针刺时，其有无针感反应，是判断取穴准确与否的关键。针感反应又名得气，是指针刺病畜某一特定穴位时，病畜所表现出的相应的独特的症状，如针刺后病畜有针感反应，则是针刺穴位准确无误的标志。针感反应的表现，依不同穴位而异，如鼻前穴的针感反应是“上唇提肌明显收缩”；百会穴则有“弓腰和臀部肌肉颤动”反应等。治疗某一疾病，可以取一个穴位，也可以选取多个穴位。取多个穴位治疗疾病时，其中起主要作用的叫主穴，起协同作用的叫配穴，如治疗肘黄（肘关节炎）时，抢风穴为主穴，肘俞、乘重为配穴。

三、针灸前的准备工作及注意事项

1. 针灸前的准备

（1）检查针具　施针前需选择适当的针具，并检查针尖有无生锈、带钩、折弯现象，针柄有无松动等，如果有上述情况则不能使用，以免发生意外。此外，要将所用针具擦拭光洁并用酒精棉球消毒。

（2）患畜保定　针灸疗法常引起患畜疼痛，以致骚动不安，容易影响到治疗效果，因此患畜要确实保定。马、牛等大动物一般在六柱栏内站立保定，猪、羊、犬可采取横卧保定。

（3）消毒　选择好穴位剪毛后，用酒精、碘酊涂擦，待干后施针。术者双手用清水洗净，晾干，并用酒精棉球擦拭消毒。

2. 针灸注意事项

（1）进行针灸治疗，必须建立在正确诊断的基础上，并对选定的穴位按疗程规定有计划地进行针刺。

（2）有下列情形时，不宜进行针灸治疗：①恶劣天气，如大雨、大风等。②母畜交配前后。③母畜妊娠后期。

（3）针灸后不要立即使役，但可以适当运动；针灸部位要防止雨淋和摩擦；针刺四肢下部穴位后不要下水或走泥泞路，以防感染。

（4）在施针过程中，有时由于患畜骚动或肌肉强烈收缩，常引起针身弯曲（弯针）和针刺入肌肉后不能捻转、提插的现象（滞针），此时术者应沉着冷静、安抚患畜，使之安静，轻轻捻动针柄，顺针弯的方向慢慢拔出。

（5）进针时应留适当长度的针身在体外，以便折断时易于拔出。若遇针体折断，体外尚露一小段时，应用镊子或钳子迅速拔出；全部折于体内的，则用手术方法取出。

（6）进针时如果由于针头过大、进针过深、刺伤动脉或切断血管等而出血不止的，应采取压迫、钳夹或结扎等止血措施。

（7）如果因消毒不严，针身生锈、烧针不透以及术后感染而引起针孔化脓者，应排出脓汁，清洁针孔，涂以碘酊；感染严重者，应切开排脓引流，按脓疮处理。

四、常用的针灸疗法

针灸治疗的方法很多，可以分为白针疗法、火针疗法、血针疗法、气针疗法、电针疗法、耳针疗法、水针疗法、激光针灸、磁针疗法和微波针灸疗法等。各种疗法的操作方法、适用范围及临床应用又有差别，以下介绍几种临床上较为常用的针灸疗法。

(一)白针疗法

白针疗法是应用圆利针、毫针或宽针按规定的深度，对血针外的穴位施针。其操作方法如下：

(1)持针　右手拇、食指夹持针柄以便用力，中指、无名指抵住针身，以辅助进针。

(2)按穴　一般以左手按穴，固定穴位皮肤，右手持针、进针。左手固定穴位的方法有：①指切按穴，即以左手拇指切压在穴位近旁的皮肤上，右手持针沿指甲边缘刺入。②舒张按穴，即以左手拇指、食指将穴位皮肤撑压绷紧，右手持针在二指间的中点刺入。

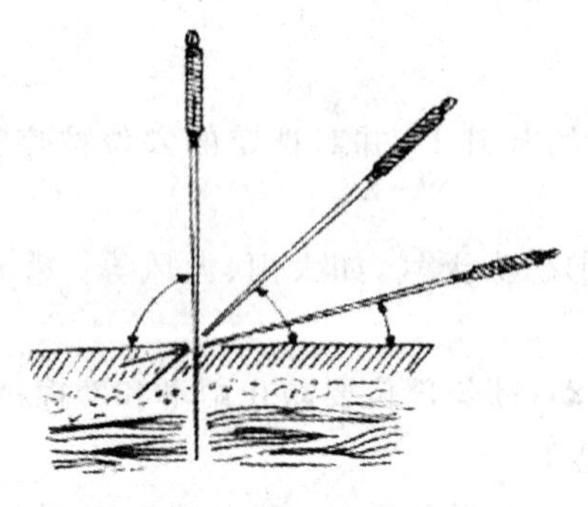

图 7-4　进针角度

(3)进针　进针的方法有两种，即急刺法和缓刺法。①急刺法：左手按穴，右手持针，以持针手拇、食指固定针刺深度，将针尖点在穴位中心，迅速刺入所需深度。②缓刺法：按上述方法按穴，将针尖先刺至皮下，然后再捻转进针至所需深度。其中，急刺法宜用宽针，缓刺法宜用圆利针。进针的角度一般有三种，即平刺、斜刺和直刺(图 7-4)。

(4)行针　针刺达到所需深度后，若立即退针，称不留针，适于新发病、轻症；若将针停留在穴位，称为留针。留针时间的长短，依病情而定，一般病症可留 5～15 min，慢性、顽固性疾病可留 15 min 以上。留针过程中，可以使针保持静止，有的为了加强作用可每隔 3～5 min 处理一次针，可采用提插、捻转、弹击针柄、针上加灸等方法，使患畜出现提肢、弓腰、摆尾、肌肉收缩和皮肤震颤等针感反应进一步增强疗效。

(5)退针　行针“得气”后，左手按压住穴位皮肤，右手持针柄捻转，将针抽出。

(二)火针疗法

火针同时兼有针和灸两种功能，可使针刺处组织出现较深的灼伤灶，在较长时间内保持对穴位的刺激作用，该法治疗风湿症、慢性腰肢病等有较好疗效。

1. 操作方法

(1)烧针 ①油火烧针(图 7-5),用棉花将针尖及针身一部分缠成枣核形,松紧适当,然后浸透植物油,将尖部的油挤至微干,以便点燃烧针,待棉花将要燃尽时去掉灰烬,迅速刺入穴位。②直接烧针,常用酒精灯直接烧红针尖部分立即刺入穴位。

(2)针刺 烧针前先选定穴位,消毒后用碘酊或龙胆紫点上记号,待针烧红后,立即刺入穴中。刺入后不留针或稍留针,退针时,稍把针身捻动一下即可抽出。针孔用碘酊消毒,并以胶布或火棉胶封闭针孔。

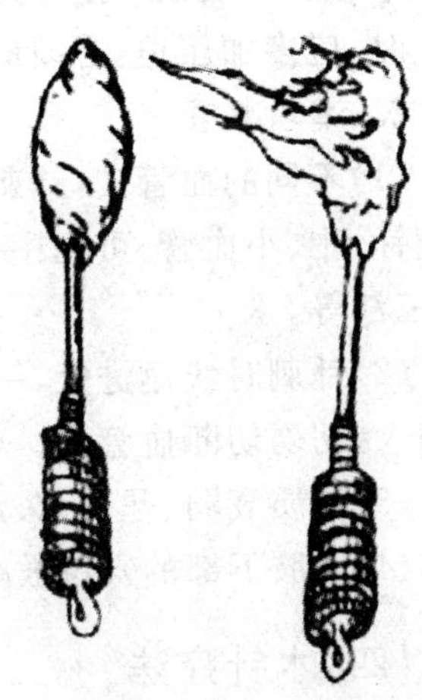

图 7-5 火针烧针法

2. 穴位

火针与白针穴位基本相同,但是脉管及关节部位不得使用火针疗法。

3. 注意事项

(1)保定要确实。

(2)选穴要准确,消毒要彻底,火针要烧透,针孔要封闭,以防止感染。

(3)火针后要加强护理,防止患畜摩擦、啃咬针孔或被雨水浸湿等。若针孔化脓,应及时处理。

(4)火针对患畜的刺激性较强,且针孔周围组织受到的灼伤刺激能持续一周以上,因此扎火针前应有全面的计划,每次选穴 3～4 个,每隔 7～10 d 扎一次,第二次选穴不能重复以前扎过火针的穴位。

(三)血针疗法

血针疗法是用针刺破血管穴,放出一定量的血液来防治疾病的一种方法,如在春季给牛、马等大家畜放大血或洗口放血,使其夏季少生热病。

1. 操作方法

(1)要看清血管,定准穴位,可用眼瞄法,也可用手指触压的方法。

(2)施针前为使血管怒张,便于刺中,可弹击或压迫血管,也可用绳捆扎(如颈静脉,可在颈下部扎绳)。

(3)术者用右手持针,也可将针装在针锤上,快速刺入选定的血管穴内。

(4)放血:应根据畜体类别、体质强弱、疾病性质和季节而定。马宜多放,牛宜少放;体壮、急性热病应多放;体弱、慢性病应少放;夏季多放,冬季少放。

(5)止血:放血一定量后,拔出刺针大多能自行止血,或稍加压迫即可。如出血不止时,应多加压迫,必要时可以用止血钳或止血药止血。

2. 注意事项

(1)不同的血管穴,针刺时所用针具不同。较大的血管穴,如胸腔静脉,可以用大宽针;中、小血管,可用中、小宽针。三棱针大多用于细小血管,如玉堂、通关、分水、三江等。

(2)针刺时快速进针,一次穿透皮肤及血管壁。使用宽针时,针刃需与血管平行刺入,切勿切断血管。

(3)体质衰弱、孕畜、久泻、失血的病畜,不宜放血。

(4)四肢下部的穴位放血后,不宜立即涉水,以防感染。

(四)水针疗法

水针疗法也叫穴位注射法,是一种针刺与药物相结合的新疗法。它是在穴位、痛点或肌肉起止点注射某些药物,通过针刺和药物对穴位的双重刺激,以达到治疗疾病的方法。此法操作简便,使用器材和药品少,疗效显著,在临床上用于眼病、风湿症、神经麻痹等的治疗,并逐步广泛应用到许多常见病、多发病和少数传染病的治疗。

1. 操作方法

(1)注射点的选择　可以有三种不同的选择:①穴位,一般毫针穴位均可使用,可根据不同疾病,选用不同穴位。②痛点,根据诊断找出痛点,进行注射。③患部肌肉起止点,若痛点不易找到,可选择在患部肌肉的起止点注射,注射深度要达到骨膜和肌膜之间。

(2)方法　选好注射点,局部剪毛、消毒后,以相应长度的针头刺入,至所需深度后,患畜会出现针感反应,即可连接注射器注入药物。注入后拔出针头,刺点消毒。一般1～2 d注射1次,3～5次为一个疗程,必要时可停药3～7 d后,再进行第二个疗程。

2. 药物与剂量

当前应用于水针疗法的药物有生理盐水、10%～20%葡萄糖液、0.5%～3.0%普鲁卡因液、青霉素、链霉素、安乃近、25%硫酸镁液、维生素 B_1 或 B_{12} 注射液以及当归液、10%红花液、黄连素注射液、穿心莲注射液等。药物用量可根据药物性质、注射部位及注射点的多少而定,一般为10～50 mL。

3. 注意事项

(1)水针疗法所用药物以能皮下或肌肉注射为宜,刺激性过强的药物不宜使用。

(2)注射后局部常会出现轻度肿胀和疼痛,一般经 1 d 可自行消失。

(3)个别病畜注射后会有体温升高现象,因此对发热的病畜最好不用此法治疗。

(4)操作过程中,严格遵循无菌操作规程。

(五)电针疗法

电针疗法是以白针疗法为基础发展起来的,针刺一定穴位得气后,再通以适当的电流刺激穴位,以调节机体的机能,从而达到治疗疾病的目的。在临床上,电针疗法用于治疗各种家畜的起卧症、消化不良、神经麻痹、肌肉萎缩、风湿症、直肠及阴道垂脱等多种疾病。

1. 操作方法

电针疗法一般可根据病情,每次选 2～4 个穴位,经剪毛、消毒后,将针刺入穴位达所需深度(即患畜出现针感反应)。将电疗机的两极导线分别夹在针柄上,确认输出调节在刻度"0"时接通电源。一般输出电流由弱到强,频率由低到高,逐渐调到所需强度(以病畜能够安静地接受治疗为准)。

通电时间一般为 15～30 min,也可根据需要而适当延长。在治疗过程中,为避免病畜对电刺激的逐渐适应,可通过适当地加大输出、使电压与频率时高时低或中途短时间停电后再继续通电等措施来确保满意的疗效。

治疗结束时,将调节旋钮调到零值后关闭电源,然后除去金属夹,退出针具,消毒针孔。一般每日或隔日 1 次,5～7 d 为一个疗程,两个疗程间可间隔 3～5 d。

2. 注意事项

(1)调节强度时,应由小到大慢慢增强,不可突然增强,以防意外。

(2)靠近脊髓、延髓部位的穴位,刺激强度不宜过强,以免发生事故。

(3)孕畜禁用。

(六)气针疗法

气针疗法是向穴位皮下注入适量气体(氧气或空气)的一种针刺疗法。当气体进入皮下或肌肉内,会刺激末梢神经和血管,使之兴奋或抑制,从而改变了局部血液循环及营养供应,使疾病得以治愈。此法多用于治疗神经麻痹、肌肉萎缩等引起的慢性跛行。

1. 针具

采血针头一个,输液用胶管两段,去掉胶头的点眼管(内装少量稍干的酒精棉球)一个,100 mL 注射器一个。

2. 操作方法

常选用的穴位是弓子穴,也可选抢风、肾俞、大胯等穴,穴位和针具消毒后,将针头刺入穴位的皮下,连接点眼管和注射器,通过点眼管注入适量空气(200～500 mL)。注射结束后,拔出针头,用酒精棉球轻压针孔,适当按摩。

3. 注意事项

(1)气针治疗后,病畜不可做剧烈运动,以防气体扩散,影响疗效。

(2)气体决不能注入血管,当确认回抽无血时方可注入空气。

(3)注入穴位内的气体,一般经 1～2 周即可吸收。

(七)激光针灸

激光是 20 世纪 60 年代发展起来的一项新技术,现在已广泛应用到许多科学领域,在兽医针灸上的应用也越来越多,实践证明,激光针灸能治疗家畜很多疾病且疗效显著。

激光针灸疗法可分为光针疗法和光灸疗法。

1. 器材

目前兽医临床上应用最多的是氦氖激光器和二氧化碳激光器,其中前者功率较小,输出红光,穿透力较强,热效应较弱,主要用于照射穴位和病灶局部;后者功率较大,输出红外不可见光,穿透力较弱,热效应较强,用于肿瘤切除和穴位烧灼等。

2. 取穴

一般根据针灸穴位的主治性能酌情选穴。例如,消化不良取脾俞、关元俞、后三里;结症取关元俞、大肠俞、脾俞;骨软症取脾俞、百会、关元俞、巴山、邪气、抢风、冲天等;风湿症取风门、九委、抢风、百会、肾棚、腰中、大胯、小胯等;不孕症取后海、阴俞阴蒂等;乳房炎取阳明、滴明(乳井后缘腹壁皮下静脉上)、通乳(前后乳头之间旁开 3 cm 处);仔猪白痢、羔羊下痢取交巢(后海)等。

3. 适应症

可提高畜体免疫能力,用于镇痛、麻醉、催情排卵,以及各种常见病的治疗,如消化不良、风湿症、支气管炎、仔猪白痢、羔羊下痢、不孕症、神经麻痹、结症、骨软症、关节扭挫伤、外伤等。

4. 操作方法

(1)光针疗法　应用氦氖激光器,根据病情选取一个或多个穴位,剪毛消毒,接通激光电源,打开开关,发出红光,光束对准穴位,一般每穴照射 5～15 min,每日 1 次,连续 7～14 次为一个疗程,照射距离以 5～10 cm 为宜。

(2)光灸疗法　应用二氧化碳激光器，如灼烧穴位，每穴灼烧 2～6 s；如用扩束照射头，距穴位应为 20～30 cm，每穴区照射 5～10 min。

五、常用针灸穴位及其应用

现将马、牛的部分常见针灸穴位，按名称、部位、针法及主治等项，列表 7-1 和表 7-2 简介如下。

表 7-1　牛的常用穴位及其应用

部位	穴名	穴位	针法	主治
头颈部	天门	两角根连线正中后方的凹陷中，即枕骨外结节与寰椎之间的凹陷处，1 穴	圆利针或火针向后下方刺入 1.5～3.0 cm	癫痫，破伤风，脑黄
	人中（山根）	主穴在鼻唇镜背侧正中有毛与无毛交界处，左右鼻孔背角处各 1 副穴，共 3 穴	小宽针向后下方刺入 1.0 cm，出血	中暑，消化不良，冷痛，风湿，癫痫
	开关（牙关）	颊部咬肌前缘，最后一对臼齿稍后上方，左右侧各 1 穴	中、小宽针或火针向后上方刺入 1.5～2.5 cm	腮肿，破伤风，歪嘴风
	颈脉（大脉）	颈静脉沟前 1/3 处的颈静脉上	吊起牛头，颈系采血绳，用大宽针平行脉管刺入 1～1.5 cm，放血	急性中毒，五脏积热，中暑，脑黄
前肢部	抢风（中腕）	三角肌深部，小圆肌后缘与臂三头肌长头、外头之间所形成的间隙中，左右肢各 1 穴	中宽针、小宽针、圆利针或火针直刺入 3～5 cm	闪伤，前肢风湿，外夹气
	肘俞（下腕）	臂骨外与肘突之间的凹陷中，左右肢各 1 穴	小宽针或火针向内下方斜刺 3 cm	肘部肿胀，前肢风湿，闪伤
	缠腕（寸子）	悬蹄旁上约 1.5 cm 处凹陷中，即球节上方，指屈腱与骨间中肌之间的凹陷处，前后肢内外各 1 穴，共 8 穴	中宽针或小宽针向内下方刺入 1～2 cm，出血	蹄黄，扭伤，寸腕肿痛，风湿
	蹄头（八字）	蹄冠缘背侧正中，有毛与无毛交界处，即三、四指（趾）蹄匣上缘，每蹄内外各 1 穴，共 8 穴	中宽针或小宽针向后下方刺入蹄冠 1 cm，出血	蹄黄，蹄胎肿，中暑，腹痛，感冒

续表 7-1

部位	穴名	穴位	针法	主治
躯干及尾部	苏气	倒数第五、六胸椎棘突间的凹陷中,1穴	中宽针或火针向前下方刺入1.5～2.5 cm,圆利针刺入3～4.5 cm	肺热咳喘,气胀,食滞
	百会（千金）	腰荐椎连接处的凹陷中,1穴	小宽针、火针或圆利针直刺3～6 cm	腰胯风湿,二便不利,后躯瘫痪
	肾俞	髋结节与百会穴连线的中点处,即百会穴旁约8 cm的臀中肌中,左右侧各一穴	中宽针或火针向内下方刺入1.5～2.5 cm,圆利针刺入3～4 cm	腰背和后肢风湿
	脾俞	倒数第三肋间隙上端,背最长肌与髂肋间的肌沟中,左右侧各1穴	中宽针、小宽针或火针向内下方刺入2.5～3 cm	气胀,脾虚泄泻,腹痛,慢草
	关元俞	肛门与尾根之间的凹陷中,1穴	圆利针向内下方刺入4～7 cm	水草肚胀,便秘,泄泻
	肺俞	倒数第五、六、七、八肋的任何一肋间与髋肩关节连线的交点处,左右侧各1穴	中宽针、小宽针或火针向内下方刺入2.5～3 cm	咳嗽,气喘,肺胀,肺热
	后海（地户、交巢）	肛门与尾根之间的凹陷中,1穴	提起尾巴,以小宽针或火针向前上方刺入3～4.5 cm,圆利针刺入4.5～7 cm	痢疾,泄泻,肠胃热结
	尾根	尾背侧正中,荐尾结合部棘突间凹陷处,1穴	手摇动尾根时,能动的骨节前凹陷中,用小宽针或火针直刺1 cm,圆利针刺入1.5～2.5 cm	便秘,脱肛,子宫脱,热痛
	尾尖（垂珠）	尾尖部,1穴	中宽针刺入1 cm或十字切开,出血	中暑,感冒,过劳

续表 7-1

部位	穴名	穴位	针法	主治
后肢部	大胯	股骨大转子上方凹陷中，即髋关节直上方 6～10 cm 处的臀中肌内，左右肢各 1 穴	中宽针、圆利针或火针直刺 3 cm	后肢风湿，腰胯闪伤
	小胯	股骨大转子直下方约 8 cm 的股二头肌中，左右肢各 1 穴	中宽针、圆利针或火针直刺 3 cm	后肢风湿，腰胯闪伤
	邪气（黄金）	坐骨结节和股骨大转子连线与股二头肌沟的交点处，左右肢各 1 穴	小宽针、圆利针或火针直刺 3 cm	后肢风湿，闪伤腰胯痛，后肢麻痹
	仰瓦	邪气穴前下方 12～5 cm 处的股二头肌沟中，左右肢各 1 穴	小宽针、圆利针或火针直刺 3 cm	后肢风湿，闪伤疼痛，后肢麻痹
	肾堂	股内侧上部皮下隐静脉上，左右肢各 1 穴	吊起对侧后肢，术者站在患牛的后方，以宽针沿血管刺入 1 cm，出血	外肾黄，后肢肿痛
	曲池（承山）	跗关节前上方稍内侧，趾长伸肌腱与第三腓骨肌腱之间的胫前静脉上，左右肢各 1 穴	中宽针或小宽针向后上方急刺1.5 cm，出血	合子骨肿痛，后肢风湿

表 7-2 马的常用穴位及其应用

部位	穴名	穴位	针法	主治
头颈部	分水	在上唇外面正中的旋毛处，1 穴	血针，左手紧握上唇穴部周围皮肤，右手持三棱针或小宽针，在旋毛中心处直刺 1～1.5 cm，出血	冷痛，过食症，急性消化不良，中暑
	姜芽	在鼻外翼、鼻翼软骨角的顶端处，左右侧各 1 穴	巧治，切皮后将翼状软骨小角割去；现在多以中宽针刺至软骨角端挑动一下	冷痛及其他腹痛

续表 7-2

部位	穴名	穴位	针法	主治
头颈部	玉堂	口内上腭第三腭褶正中旁开 1.5 cm 处，穴下为硬实的静脉丛，左右侧各1穴	血针，左手拉舌，拇指顶住上腭，右手持三棱针，从口角斜向前上方刺入 0.5 cm，出血，然后用盐擦之(针刺过深有血流不止的危险，应注意)	口疮，消化不良，中暑，过劳，感冒
	三江	内眼角下方 2～3 cm 的眼角静脉分叉处，左右侧各 1 穴	血针，低拴马头，以左手拇指压迫穴位下方的脉管，或右手食指轻弹穴位几下，即见带有分叉的眼角静脉怒张，于汇集处稍下方，右手用三棱针由下向上沿血管刺入 1 cm，出血	冷痛，气胀，结症，肝热传眼
	耳尖	耳尖背侧面，耳静脉内、中、外支汇合处的静脉上，左右耳各 1 穴	血针，左手紧握马耳尖边缘，用小宽针刺破脉管，出血	冷痛，感冒
	伏兔	耳后 6 cm，环椎翼背侧弓稍后方，椎间孔的凹陷处，左右侧各 1 穴	(1)白针，斜向下方刺入 6 cm (2)火针，刺入 2～2.5 cm (3)间接火烙	破伤风，风邪症
	颈脉	颈静脉上、中 1/3 交界处，左右侧各 1 穴	血针，用细绳活扣紧系在穴位下方颈部，使颈静脉怒张，再将大宽针对准穴位，急刺 1～1.5 cm，出血。放血量视马体大小、营养状况及病情而定，一般放血在 500～1 000 mL 之间	中暑，脑黄，心热风邪，肺热，遍身黄，中毒
前肢部	膊尖	肩脚软骨与肩脚骨前角结合部的凹陷处，左右侧各 1 穴	(1)白针，沿肩脚骨内缘向后下方刺入 10～12 cm (2)火针，刺入 2～3 cm	前肢风湿症，肩脚上神经麻痹，膊尖肿痛
	抢风	肩关节后下方耻骨正后下方约 15 cm 的凹陷处，即三角肌后缘、臂三头肌长头与外头形成的凹陷内，左右侧各 1 穴	(1)白针，直刺 8～10 cm (2)火针，刺入 3～4.5 cm 取穴时，以中指按触肩端，拇指向后按取较大的深凹陷便是	前肢风湿症，前肢各关节疼痛，桡神经麻痹

续表 7-2

部位	穴名	穴位	针法	主治
前肢部	蹄头	前蹄头在蹄头正中线稍偏外侧 2 cm(后蹄头在正中线上),蹄冠上缘与皮肤交界处,皮下为蹄冠静脉丛,左右前后蹄各1穴	血针,大宽针装在针槌上或手持直接刺入 1 cm,出血(泻血量最大可达 100～500 mL)	冷痛,中暑,结症,五攒痛,球节肿痛,屈腱炎
躯干部	百会	腰荐十字部,即最后腰椎与第一荐椎棘突之间的凹陷处,1穴	(1)白针,直刺 6～10 cm (2)火针,刺入 4～6 cm	后躯风湿,腰痿,闪伤腰胯,破伤风,过劳,各种腹痛,不孕症
	乘重	桡骨上端外侧韧带结节下部凹陷处(桡尺骨间隙),指总伸肌与指外侧伸肌的肌沟中,左右肢各1穴	白针,稍斜向前方刺入 4.5～6 cm	前肢风湿症,肘腕关节肿痛,桡神经麻痹,肌腱炎
	关元俞	第十八肋骨后缘,距背中线 14 cm 的髂肋肌沟中,左右侧各1穴	白针,直刺 6～8 cm	结症,消化不良,冷痛,气胀,泄泻
	脾俞	倒数第三肋间,距背中线 14 cm 处的髂肋肌沟中,左右侧各1穴	(1)白针,斜向内下方刺入 3～4.5 cm (2)火针,刺入 3 cm	消化不良,冷痛,气胀,大肚结(胃扩张)
	雁翅	髋结节到背中线所作垂线的中、外 1/3 交界处,左右侧各1穴	(1)白针,直刺 8～10 cm (2)火针,刺入 3 cm	后肢风湿症,雁翅痛,不孕症

续表 7-2

部位	穴名	穴位	针法	主治
后肢及尾部	巴山	百会穴与股骨中转子连线的中点处，左右侧各1穴	(1)白针，直刺8～12 cm (2)火针，刺入3～4.5 cm	后躯风湿，雁翅痛，坐骨神经麻痹，股神经麻痹
	路股	百会穴与股骨中转子连线的中、下1/3交界处，左右各1穴	(1)白针，直刺8～10 cm (2)火针，刺入3～4.5 cm	后躯风湿，雁翅痛，坐骨神经麻痹，股神经麻痹
	大胯	股骨中转子前下方凹陷处，左右侧各1穴	(1)白针，斜刺6～8 cm (2)火针，沿股骨前缘向后下方刺入3～4.5 cm	后躯风湿，雁翅痛，坐骨神经麻痹，股神经麻痹
	小胯	股骨第三转子后下方凹陷处，左右侧各1穴	(1)白针，斜刺6～12 cm (2)火针，沿股骨后缘向后下方刺入3～4.5 cm	后躯风湿，雁翅痛，坐骨神经麻痹，股神经麻痹
	掠草	膝盖骨下缘稍外方凹陷中，左右肢各1穴	(1)白针，4.5～6 cm (2)火针，斜向后上方刺入3 cm	后肢风湿，掠草痛，膝关节炎，肌腱炎，股神经麻痹
	后三里	掠草穴斜后下方约10 cm，腓骨小头下方凹陷处，即趾长伸肌与趾外侧伸肌的肌沟中，左右肢各1穴	(1)白针，直刺4.5～6 cm(2)火针，刺入2～4 cm	消化不良，膝关节炎，跗关节炎，胫腓神经麻痹
	后海	肛门上尾根下的凹陷处，1穴	(1)白针，向前上刺入12～18 cm (2)火针，刺入10 cm	消化不良，泄泻，结症，气胀，冷痛，直肠麻痹，不孕症

【复习思考题】

1. 简述给牛导胃与洗胃的操作方法。
2. 简述家畜的温热疗法。
3. 简述家畜的深部灌肠法。
4. 简述按摩疗法的种类。
5. 简述水针的应用范围、操作方法及注意事项。
6. 简述电针疗法的临床应用。

第八章　动物外产科手术

知识目标

- 掌握动物外产科手术基础知识(防腐和灭菌、麻醉、手术基本操作技术)。
- 掌握常用动物外产科手术的基本理论知识(适应症、手术步骤、术后护理等)。
- 掌握常见外科手术的操作要领,培养学生的动手能力。

技能目标

- 掌握外科手术的基本操作:麻醉、器械使用、术前准备、切开、止血、缝合、包扎等。
- 熟练掌握常见外产科手术(气管切开术、食管切开术、犬声带切除术、腹壁切开术与腹腔探查术、肠管吻合术、剖腹产术、瘤胃切开术和阉割术等)的基本操作。

第一节　动物外科手术基础

一、常用外科手术器械

1. *手术刀*

手术刀主要用于切开和分离组织,有固定刀柄和活动刀柄两种。活动刀柄手术刀由刀柄和刀片两部分构成。为了适宜不同部位和性质的手术,刀片有不同的大小和外形,常用的 4、6、8 号刀柄,只能安装 19 号及以上刀片,3、5、7 号刀柄安装 18 号及以下刀片,动物外科临床上多用 4 号刀柄。按刀刃的开头可分为圆刃、尖刃和弯形尖刃手术刀等。安装刀片时,用持针钳夹持刀片装置于刀柄前端的槽缝内(图 8-1)。

为了稳重而精确地完成操作,执刀的方法必须正确,用力要适当。外科手术中常用的执刀法有下列几种：指压式，以食指按刀背后1/3处，用腕和手指力量进行切割，适用于切开皮肤、腹膜及切断钳夹组织。执笔式，如执笔姿势，力量主要在手指，适用于短距离精细操作，如切开腹膜小口，分离神经、血管等。全握式，用手全握住刀柄，用于切割范围广，用力较大的切开，如切开较长的皮肤、筋膜等。反挑式，刀刃向上，用于由组织内向外挑开，以免损伤深部组织，如腹膜的切开（图 8-2）。

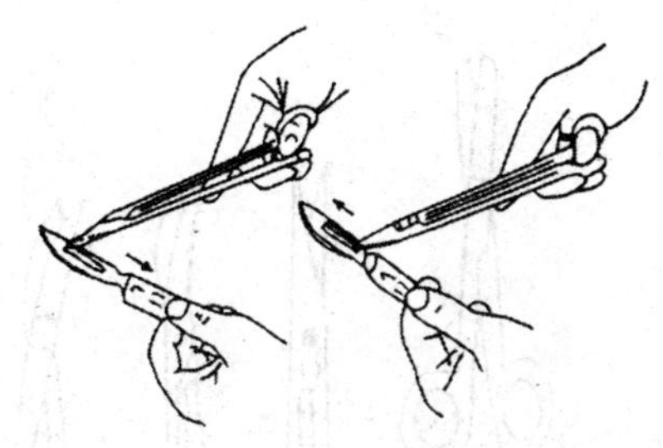

图 8-1 手术刀片装、取法

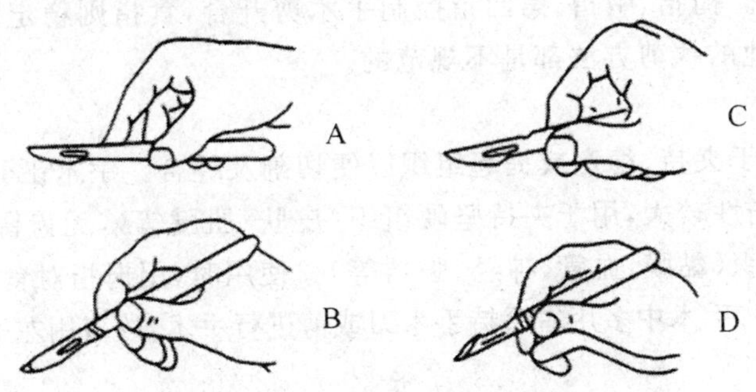

A. 指压式 B. 执笔式 C. 全握式 D. 反挑式

图 8-2 执手术刀的姿势

手术刀的使用范围，除了刀刃用于切割组织外，还可以用刀柄作组织的钝性分离，或代替骨膜分离器剥离骨膜。在手术器械数量不足的情况下，也可代替手术剪作切开腹膜、切断缝线等。

随着激光医学发展，已有高频电刀、二氧化碳激光及氩离子激光“光刀”等，它不仅能切开组织（皮肤、肌肉、软骨及骨组织），而且能封闭凝结切口的小血管，可防止失血。还有微波手术刀，不仅具有独特的止血功能，而且可杀死刀口周围的癌细胞及细胞，尤其适用于肝癌等的切除。

2. 手术剪

手术剪主要用途有两种，一是沿组织间隙分离和剪断组织的，叫组织剪；二是剪断缝线的，叫剪线剪。手术剪一般分为直、弯两种，剪刀尖端分锐头、锐钝头和钝头三种。长的钝头弯剪用于胸腹腔深部手术，锐头直剪用于浅部组织及剪线，锐钝头剪可兼用于剪线、拆线及浅部组织分离。此外，根据手术要求，有剪开肠管用的肠剪等（图 8-3）。

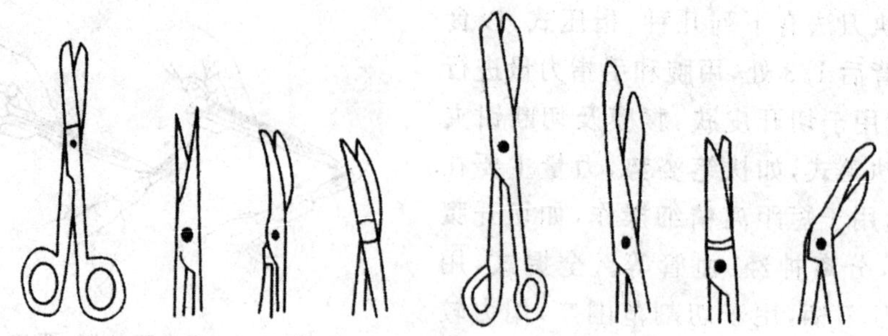

图 8-3 各种手术剪

正确的执剪法是以拇指和第四指插入剪柄的两环内，不宜插入过深，食指轻压在刀的轴节处。拇指、中指、第四指控制手术剪开合，食指则稳定和控制剪的方向（图 8-4）。其他的执剪方法都是不规范的。

3. 手术镊

手术镊用于夹持、稳定或提起组织以便切割及缝合。手术镊分为有齿、无齿两种，有齿镊损伤性较大，用于夹持坚硬组织（皮肤、肌腱等），无齿镊损伤性小，用于夹持较脆弱组织（黏膜、血管、神经、脏器等）。使用时，用拇指对食指、中指执拿，执夹力量应适中。手术中多用右手持手术刀或剪进行手术，故多用左手执镊（图 8-5）。

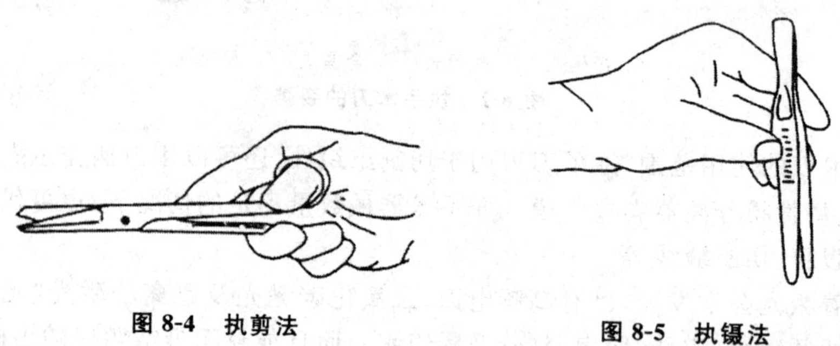

图 8-4 执剪法

图 8-5 执镊法

4. 止血钳

止血钳又叫血管钳，主要用于夹住出血部位的血管或出血点，以止血或便于结扎止血，有时也用于分离组织、牵引缝线。止血钳分弯、直两种，直钳用于浅表组织和皮下止血，弯钳用于深部止血。止血钳尖端带齿的叫有齿止血钳（科克氏钳），用于夹持较厚的坚韧组织（图 8-6）。止血钳的执拿法同手术剪，夹持血管后，适当用力锁上锁扣，以防松开。松钳时，用右手将拇指与第四指套入柄环内，将拇指下压再稍前推即可；用左手时，拇指及食指捏住一柄环，第三、第四指顶住另一柄环，二者相对用力，即可松开。

5. 持针钳

持针钳用于夹持缝针缝合组织，常用的有两种：一种是钳式持针钳，另一种是握式持针钳（图 8-7）。

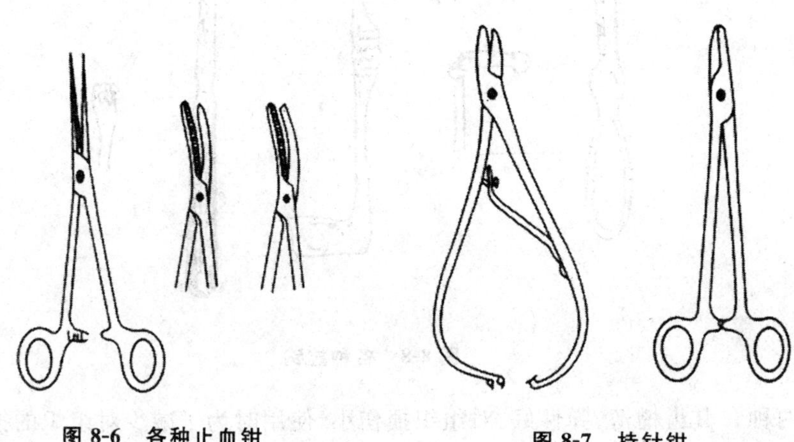

图 8-6　各种止血钳

图 8-7　持针钳

持针钳多夹持弯针，用其尖端夹在针尾与针中部之间，缝线应重叠 1/3。使用握式持针钳时多用右手，把钳柄置于掌心内，食指顶住轴节处，用手握压钳柄，当发生 1～2 声响即表示锁扣发生作用，已夹稳缝针。钳式持针钳的使用与手术剪执法相同。

6. 牵开器（拉钩）

牵开器用于牵开术部表面组织以便显露深部组织，以利于手术操作。总的分为手持牵开器和固定牵开器。手持牵开器有爪状拉钩（1 爪、2 爪、3 爪、4 爪及 6 爪 5 种，每种又分为锐爪与钝爪）和腹部拉钩（单头和双头两种），可灵活地根据手术需要改变牵引部位、方向和力量（图 8-8）。固定牵开器多用于牵引时间较长而力量较大的创口。

使用牵开器时，拉力应均匀，不能突然用力或用力过大，以免损伤组织。必要时用纱布垫将拉钩与组织隔开，以减少不必要的损伤。

7. 巾钳

巾钳用于固定手术创巾，隔离术部与周围体躯（图 8-9）。使用方法是将创巾固定在皮肤上，防止创巾移动，以及避免手或器械与污染区接触。

8. 肠钳

肠钳用于肠管手术，以阻止肠内容物移动、溢出或肠壁出血。肠钳分为直形与

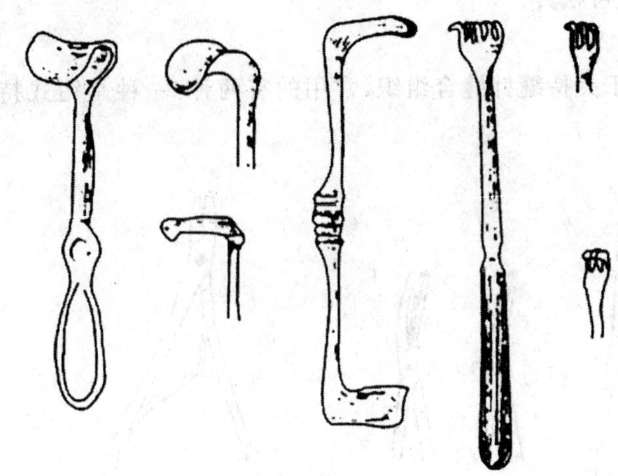

图 8-8 各种拉钩

弯形两种。其齿槽薄，弹性好，对组织损伤小，使用时为了减少对组织的损伤，应在肠钳的齿上套上乳胶管(图 8-10)。

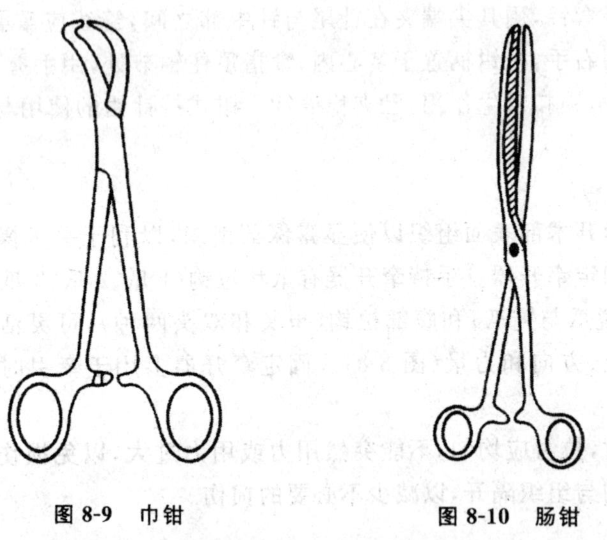

图 8-9 巾钳　　图 8-10 肠钳

此外，还有组织钳(一种钳端为多细齿的皮肤钳，多用于夹持皮肤，对皮肤创缘进行保护)、舌钳(手术中可用于牵拉组织或瘤胃切开时夹持和外翻胃壁等；器械钳：用于夹持和传递器械、敷料、器皿等)、探针(普通探针用于探查窦道的方向、深浅，有无异物；有钩探针用于引导切开腹膜等)。

9. 缝合针(缝针)

缝针主要用于闭合组织或贯穿结扎。缝针分直针、弯针两种,而又由于针体不同分为圆针和三棱针。直圆针多用于胃肠和子宫的缝合,可用手直接操作,操作方便,但需较大的空间。弯针有一定弧度,操作灵便,不需要太大的空间,多用于深部组织的缝合,部位愈深,针的弧度应愈大,常用的有 1/2 弧、3/8 弧和半弯针,进针需用持针钳操作,拔针时也需用持针钳。圆针尖端为圆锥形,穿过组织时可将附近血管或组织纤维推向一旁,不切割组织,留下的孔道较小,用于缝合肌肉、内脏、胸腹膜、血管等软组织。三棱针前半部有锐利的刃缘,能穿过较厚的坚韧组织,但损伤较大,用于缝合皮肤、肌腱、软骨、瘢痕等坚韧组织。

此外,还有一种在制作时缝线已包在缝针的尾部,针尾较细,且仅为单线,损伤组织很小,称为"无损伤缝针",适用于血管吻合或缝合。

使用时将缝针按大小排列固定在一块小纱布上。穿好线的弯针应夹持在持针钳上,针尖朝上,针尾朝下以备用。

10. 缝合线(缝线)

缝合线用于闭合组织和结扎血管。分为可吸收缝线和不可吸收缝线两种。

(1)可吸收缝线　可吸收缝线分为动物源的和合成的两类。前者是胶原异性移植物,有肠线、胶原线、袋鼠腱等;后者为聚乙醇酸线、聚二氧杂环已酮缝线。

(2)不可吸收缝线　不可吸收缝线有非金属线和金属线两种。非金属线有丝线、棉线、麻线、尼龙线等,最常用的为丝线。金属线也有多种,目前最常用者为不锈钢丝,还有铜丝、银丝等。

二、防腐和灭菌

(一)防腐和灭菌的概念

防腐是利用各种适宜浓度的化学消毒剂来杀灭细菌或抑制其生长繁殖的措施。化学消毒剂由于浓度的不同,其作用结果也有差异。例如,浓度低只有抑菌作用;浓度适中才有杀菌作用;而浓度过高则容易对机体产生刺激作用。防腐主要用于术者的手臂、施术动物的术部、施术场所等。防腐对细菌的芽孢几乎无作用。

灭菌是指用物理的方法(主要利用高热,如煮沸、高压蒸汽和干烤等)杀灭细菌的措施。灭菌主要用于手术器械、敷料及手术衣、帽等,对包括细菌芽孢在内的所有细菌都有杀灭作用。

防腐和灭菌这两个在概念上有所不同,但目的一致。临床上常说的"消毒"则为二者的总称。

手术主要是为了治疗动物的疾病，但治疗效果的好坏，除了操作的熟练程度，更取决于是否严格执行无菌操作。

外科手术创感染的预防与手术治疗效果有极为密切的关系。施行手术时，假若疏忽了预防感染的措施，不可避免地会感染严重的并发病。例如，由于不遵守无菌操作而引起的手术创化脓菌的感染，轻者影响创口的愈合，重者则会引起败血症导致动物的死亡。所以在术前做好施术人员的手臂、动物术部、手术场地、器械、敷料及手术衣帽等的消毒是预防手术创口的感染，保证手术成功的最基本条件之一。

(二)手术感染的途径

机体体表的皮肤及黏膜是防止外界病原微生物的侵入的机械屏障，一旦完整性受到破坏后，便成了微生物侵入的门户。手术感染的途径可分为内源性感染和外源性感染。

1. 内源性感染

机体本身已具有感染灶，但以隐性状态存在于某一部位，在手术中如果接触了体内保菌的组织，或术后患畜抵抗力下降，则可能产生感染。如创伤愈合后的疤痕、淋巴结和已形成包膜的脓灶都可能成为隐性感染灶。

2. 外源性感染

外源性感染是手术感染的主要原因，外界病原微生物通过不同的途径侵入创口而引起感染。

(1)空气感染　空气中的尘埃带有很多的病原微生物，病原微生物随尘埃落入创口而引起感染。因而在施术过程中要防止病畜挣扎和人员随意走动，减少灰尘飞扬，以减少感染的机会。

(2)飞沫感染　人的口腔及鼻腔中有大量的微生物。在施术过程中由于人的谈话、咳嗽和打喷嚏，微生物可随飞沫落入创口内而引起感染，所以施术有关人员必须戴上口罩，同时在手术过程中尽量避免谈话，以减少飞沫感染的机会。

(3)汗滴感染　人的汗滴中也含有微生物，若汗滴落入创口也可引起感染。所以巡回助手应随时擦去施术人员的汗液。

(4)施术人员手臂污染　人的皮肤表面平时就有许多微生物。施术人员的手臂在施术过程中可直接或间接多次接触创口，如果消毒不彻底可造成手术感染。又由于人的手臂消毒受到条件限制，所以不易做到彻底消毒，尤其是被严重污染的手臂，因而要求施术人员在手术中尽量戴手套。

(5)手术器械、敷料等污染　在手术中器械和敷料等直接或间接的接触创口，如果手术物品灭菌不彻底或手术中接触了其他未经消毒的物品，可引起创口感染。

(6)植入感染　手术的缝线、引流管或引流条等异物，因长期留在组织中，如果灭菌不彻底或一旦被污染，则成了微生物滋生的场所而使手术感染。

(7)术部被毛的污染　动物皮肤及被毛上附有大量的微生物，从动物体表面分离出来的微生物中，有60%为化脓性微生物。如果术部剃毛不彻底、消毒不良，体表的微生物可落入创口而引起感染。

(8)术后创口的污染(继发外源性感染)　术后对术部保护不当或对病畜缺乏妥善护理，而使创口受到泥土或粪便等污染，致使术部感染。

(三)手术器械、敷料和其他物品的消毒

在手术过程中，手术器械、敷料和其他物品，都能直接或间接地反复多次与组织接触，所以在手术前必须进行消毒，以减少感染的机会，为创口愈合创造一个良好条件。因此，在术前按照器械物品的性质与需要的缓急，结合现有条件选用不同的消毒方法。

1. 消毒方法

(1)煮沸灭菌法　可广泛地应用于手术器械和常用物品的简单灭菌法。一般把清洁的常水加热，水沸腾后将金属器械放到沸水中，待第二次水沸腾时计算时间，维持30 min(急用时也不能少于10 min)，可将一般的细菌杀死，但不能杀灭芽孢。因此对可疑污染细菌芽孢的器械或物品，必须煮沸60 min，而有的甚至需数小时才能将其杀死。常水中加入碳酸氢钠使之成2%浓度的碱性溶液或加入氢氧化钠使之成配成0.25%浓度，可以提高水的沸点到102～105℃，消毒时间可缩短到10 min，还可以防止金属器械生锈(但对橡胶制品有害)。如果消毒玻璃注射器，应在冷水中逐渐加热至沸腾，以防玻璃骤然遇热而破裂。

煮沸灭菌时，应注意严守操作规程。物品在消毒前应刷洗干净，去除油垢，打开器械关节，排除容器内气体，并将其浸没在水面以下盖严；应避免中途加入物品。如必须加入，则应从重新煮沸后再开始计算时间。

(2)高压蒸汽灭菌法　使用特制的高压灭菌器进行灭菌，即利用高压下的饱和蒸汽随着压力的增大而温度增高。这不但可以杀死普通的细菌，而且可以在短时间内杀死细菌芽孢。一般用1.05 kg/cm^2 的压力，经15 min即可。压力过大或时间过长可损坏物品。

在没有高压灭菌器的情况下，可利用蒸笼或蒸锅进行熏蒸(通常可达98～99℃)灭菌。这种方法适用于各种器械及敷料的灭菌，水沸腾的时间应达2 h以求彻底灭菌。

高压蒸汽灭菌法注意事项：

①灭菌时需排尽灭菌器和物品包内的冷空气，如未被完全排除会影响灭菌效果。

②消毒物品包不宜过大(每件小于 50 cm×30 cm×30 cm)，不宜过紧，各包间要有间隙，以利于蒸汽流通。为检查灭菌效果，可在物品的中心放一玻璃管硫黄粉，消毒完毕启用时，如硫黄已熔化(硫黄熔点 120℃)，则表明灭菌效果可靠。

③消毒物品应合理放置，不可放置过多，一般安放体积应低于灭菌器的 85%。

④包扎的消毒物品存放 1 周后，需重新消毒才能使用。

⑤ 灭菌器内加水不宜过多，以免沸腾后水向内桶溢流，使消毒物品被水浸泡；水也不宜过少，以防烧坏灭菌器。

⑥ 放气阀门下连接的金属软管不得折损，否则放气不充分，冷空气滞留在桶内会影响温度上升，影响灭菌效果。

⑦灭菌时事先应检查并保证灭菌器性能完好，设专人操作、看管，对压力表要定期进行检验，以确保安全。

(3)化学药液消毒法　将被消毒物品洗净后，浸没于药液中，经一定时间可达到消毒目的。但这种方法不如煮沸及高压蒸汽灭菌确实，尤其对细菌的芽孢不易杀死，而且有些消毒液有腐蚀性，可使有刃器械变钝。所以在条件许可的情况下，最好使用煮沸或高压蒸汽灭菌。但这种方法使用方便，又不需特殊条件，因此也是一种常用的消毒方法。经浸泡消毒后的物品，在使用前要用灭菌生理盐水反复冲洗。常用的化学消毒剂和使用方法如下：

①0.1%新洁尔灭溶液　使用时配成 0.1%的溶液，用于金属器械和其他可以浸湿的用品的消毒。市售的为 5%或 3%的水溶液，使用前稀释成 0.1%溶液。使用时注意以下几点：浸泡器械，浸泡 30 min，可不用灭菌水冲洗，而直接应用。本品毒性低，刺激性小，而消毒能力强，使用方便；稀释后的水溶液可以长时间贮存，但贮存一般不超过 4 个月；可以长期浸泡器械，为了防止金属生锈，可以在浸泡器械时按比例加入 0.5%亚硝酸钠；环境中的有机物会使新洁尔灭的消毒能力显著下降，故需浸泡的物品不可带有血污或其他有机物；不可与肥皂、碘酊、升汞、高锰酸钾和碱类药物混合应用；如果使用过程中溶液颜色变黄后，应立即更换，不可继续再用。

这一类的药物还有灭菌王、洗必泰、杜米芬和消毒净，其用法基本相同。

②70%酒精　一般采用浓度为 70%～75%，可用于浸泡器械，特别是有刃的器械，浸泡不应少于 30 min，可达理想的消毒效果。

③来苏儿　一般采用浓度为 5%，用于消毒器械时浸泡时间为 30 min，使用前需用灭菌生理盐水冲洗干净。该药在手术消毒方面并不是理想的，多用于环境的

消毒。

④10％甲醛溶液　用10％甲醛溶液浸泡30 min，一般消毒导尿管或塑料制品。

(4)酒精火焰灭菌法　主要用于搪瓷盆、器械盘以及少量金属器械的灭菌。瓷盆或瓷盘内放入适量的酒精(按每平方厘米器械燃烧不少于1 min)，然后点燃向各处转动，当酒精燃尽后，等数分钟至被灭菌物冷却后即可使用。也可将器械在点燃的酒精灯或酒精棉球上直接烧烤，这种方法对器械的损害较大，尤其对有刃的器械，烧烤后变钝。所以除在非常紧急需要的情况下，一般不用火焰灭菌。

2. 各种器械、物品的消毒

(1)金属器械　煮沸灭菌法是最常用的方法，也可用高压蒸汽灭菌法或化学药液消毒法。在灭菌前须将刀等有刃的器械用纱布将刃包住，避免在灭菌过程中因碰撞而变钝。缝针及针头等插在纱布块上，以便于取用，能张开的器械必须稍开张。煮沸灭菌时，必须在水沸腾后才能把器械放入，以免水中的气体和盐类腐蚀金属器械及其沉淀物附着于器械上。

(2)玻璃、瓷、搪瓷类器皿　所有这些用品都应充分清洗干净，易损易碎者要用纱布适当包裹以保护之。若体积较小，可以考虑采用高压蒸汽灭菌法、煮沸法或是化学消毒药物浸泡法(玻璃器皿切勿骤冷骤热，以免破损)。大件的器物如大方盘、搪瓷盆等，可以考虑使用酒精火焰灭菌法。注意酒精的数量要适当，太少时不能充分燃烧，达不到消毒目的，太多则燃烧过久，会造成搪瓷的崩裂。关于注射器的灭菌，现今已大量普遍使用一次性注射器，使用时甚为方便，并保证了灭菌的要求。如果需要消毒玻璃注射器时，事先应将注射器洗刷干净，把内栓和外管按标码用纱布包好，再将针头别在纱布外表处。临床上多用高压蒸汽灭菌法，没有条件时也可采用煮沸灭菌法。

(3)敷料及其他布制品　一般采用高压蒸汽灭菌，在1.05 kg/cm^2，121.6℃维持30～45 min。

如果无高压灭菌器可用流动蒸汽灭菌法。

将灭菌的物品先分别按规格折叠，并用布单包好，但包裹不宜过大过紧，放入灭菌器内排列也不宜过密，否则会降低灭菌效果。如果有贮槽时，可将叠好或包好的物品放入贮槽内，并打开其窗孔，然后放入高压灭菌器内，灭菌后从灭菌器内取出时再关闭贮槽的窗孔。纱布块、创巾等也可使用煮沸灭菌法。

(4)缝合材料　丝(棉)线一般用煮沸或高压灭菌。在灭菌前将线用水浸湿，缠在玻片或胶管上。一般缠4～5层，层次不能太多，否则灭菌不确实。最好按需要量的多少进行灭菌，若反复多次灭菌可使线变脆，用时易断裂。

肠线已经过灭菌后封藏于玻璃管中,用时拿酒精消毒玻璃管表面,打破玻璃管取出肠线,放入温的灭菌生理盐水中泡软即可使用。

(5)橡胶和塑料制品　一般用煮沸灭菌法。在煮沸时应用滤过的开水或蒸馏水,宜在水中加入碱性化学药品,以免橡胶变质。被煮沸的物品不要接触灭菌器的壁或金属器械,以免烧焦或变黑,为此需用纱布予以包裹。

高压蒸汽灭菌很少采用,因高压蒸汽会使橡胶变性而降低其坚固性,即使使用也要将灭菌时间缩短至10～15 min。在乳胶手套灭菌时,应向内撒入滑石粉,以避免粘连,将腕部外翻,成双地放入准备好的袋内。

对于各种橡胶导管或耐热性较差的橡胶及塑料制品,常用化学药液消毒法。

(四)手术人员手臂的消毒

未消毒手术人员的手臂皮肤表面及毛囊、皮脂腺和汗腺存在着大量的细菌,尤其是皱褶和指甲缝隙内最多。皮脂腺和汗腺在分泌皮脂和汗液的同时,也将细菌不断地带到皮肤表面。因此术前手术人员手臂进行彻底消毒是防止感染的关键。

手臂消毒过程分三步进行。

第一步:剪短指甲,除去指甲边缘下的积垢,并磨光指甲缘。脱掉外衣,将内衣的衣袖卷至肘关节以上。戴上灭菌的手术帽和口罩。

第二步:经上述准备完毕后,可进行手臂消毒。手臂消毒的方法很多,现介绍两种常用的方法。

(1)氨水擦洗酒精浸泡法　用肥皂水洗刷手臂 5～10 min(洗刷时应从指端开始,逐步到肘部以上)→用水冲净→在 2 盆 0.5%温氨水溶液中各洗涤 2～3 min(如有条件最好用流动氨水冲洗手臂,使氨水从指端流向肘部)→灭菌纱布擦干→70%酒精中浸泡 5 min,最后用 2%碘酊涂擦指甲缘、指端和皮肤皱褶,再用 70%酒精脱碘。

(2)新洁尔灭溶液浸泡法　用肥皂水反复洗刷手臂 5～6 min→用清水充分冲洗并用无菌纱布擦干→在 0.1%新洁尔灭溶液中浸泡 5 min,也可用同样浓度的洗必泰或杜米芬进行手臂消毒。

第三步:穿戴灭菌手术衣和手套。穿手术衣时,两手提起手术衣领两端,抖开手术衣,使其不接触地面和术者,向空中轻掷,立即就势将双手分别伸入袖中,然后两臂交叉提起腰部衣带,由助手在身后系紧。

手术衣以从后面系结的短袖长罩褂(反穿衣)为方便,衣袖紧口并短至上臂的1/3 处。兽医的手术衣以浅蓝或浅绿色较合理。戴手套时,如用湿手套,可将手套内先装以适量消毒液,并将双手沾湿,即容易戴入。戴好后屈曲手指将水挤出,用灭菌的温生理盐水冲洗后，即可实施手术。如用干手套时，双手消毒后用灭菌纱布擦干并擦上灭菌滑石粉后戴入。

已消毒的手臂不可接触任何未消毒的物品，为此应双臂弯曲，两手置于胸前。如不马上进行操作，可用一块灭菌纱布盖住。

(五)手术部位的消毒

术部的常规处理分为三个步骤，即术部除毛、术部消毒和术部隔离。

1. 术部除毛

动物的被毛浓密，容易沾染污物，并藏有大量的微生物。因此手术前必须先用剪毛剪逆毛流依次剪除术部的被毛，并用温肥皂水反复擦洗，去除污垢、软化毛根。再用剃刀顺着毛流方向剃毛。剃毛的范围一般为手术区的2～3倍。剃完毛后，用肥皂反复擦刷并用清水冲净，最后用灭菌纱布拭干。对于剃毛困难的部位，可使用脱毛剂(6%～8%硫化钠水溶液，为减少其刺激性可在每100 mL溶液中加入甘油10 g)涂于术部，待被毛呈糊状时(约10 min)，用纱布轻轻擦去，再用清水洗净即可。为了减少对术部皮肤的刺激，术部除毛最好在手术前一天进行。

2. 手术区消毒

术部除毛并清洗后，通常由助手在未消毒前进行。助手用镊子夹取棉球蘸化学消毒溶液涂擦手术区，消毒的范围要相当于剃毛区。一般无菌手术，应先由拟定手术区中心部向四周涂擦，如是已感染的创口，则应由较清洁处向患处涂擦(图8-11)。

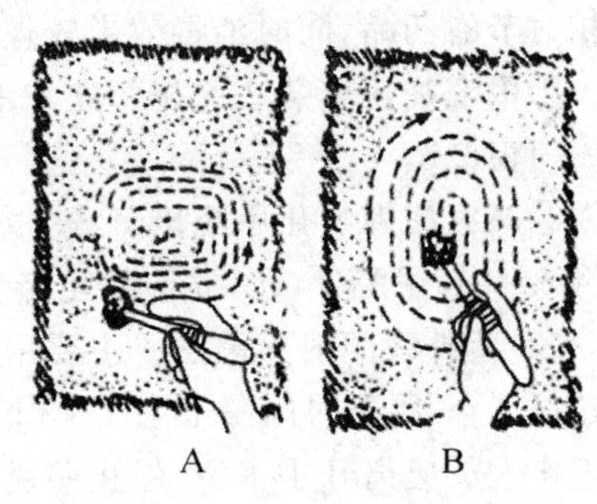

A. 感染创、肛门区消毒　B. 手术区消毒

图8-11　术部皮肤的消毒

术部的皮肤消毒，最常用的药物是5%碘酊和70%酒精。碘酊涂擦2遍，待完全干后，再以70%酒精擦2遍去碘。也可用1%碘伏涂擦1遍。对口腔、鼻腔、阴道、肛门等处黏膜的消毒不可使用碘酊，可用刺激性较小的0.05%～0.1%新洁尔灭、0.1%利凡诺等溶液，涂擦2～3遍。重复涂擦时，必须待前次药品干后再涂。消毒时，注意手不要触及动物皮肤。眼结膜多用2%～4%硼酸溶液消毒；四肢末端手术用2%煤酚皂溶液脚浴消毒。

3. 术部隔离

采用大块有孔手术巾覆盖于手术区，仅在中间露出切口部位，使术部与周围完全隔离。也可用四块小手术巾依次围在切口周围，只露出切口部位的方法隔离术部。手术区一般应铺盖两层手术巾，其他部位至少有一层大无菌手术巾。手术巾一般用巾钳固定在动物体上，也可用数针缝合代替巾钳。手术巾要有足够的大小遮蔽非手术区。在铺手术巾前，应先认定部位，一经放下，不要移动，如需移动只许自手术区向区外移动，不能向手术区内移动。

(六)手术场地的消毒

手术前要对手术场地进行消毒，对于减少手术感染，保证手术的成功具有一定的意义。

1. 手术室消毒

手术室应由专人管理，平时要进行定期的清洁消毒。每次手术后应立即清洗地面和擦洗手术台、器械台等，每次手术前应按下列方法进行手术室的消毒。

(1)化学消毒剂喷洒法　用2%～3%来苏儿或石炭酸溶液喷洒地面和擦洗手术台、器械台等，或将上述药液装入喷雾器内进行喷雾消毒，而后关闭门窗1 h即可。

(2)化学消毒剂熏蒸法　此法近年来应用较广，熏蒸法与喷洒法比较，熏蒸法可相对节省药品，同时消毒效果较理想。

①甲醛加热熏蒸法　按每立方米40%甲醛2 mL的量，置于容器内加热蒸发，密闭门窗2 h。

②高锰酸钾氧化甲醛熏蒸法　每立方米空间用高锰酸钾粉1 g，置于容器内，再倒入40%甲醛2 mL，立即氧化产生甲醛气，密闭门窗6 h。

(3)紫外线照射灭菌法　主要用于手术室内的空气灭菌。紫外线灯距地面不应超过3 m，照射时间一般为1～3 h。紫外线直接照射可引起结膜炎，所以在照射时工作人员应离开手术室，停止照射后再开始进行手术。

2. 临时手术场地消毒

由于客观条件的限制及兽医工作的特殊性，手术人员往往不得不在没有手术室的情况下来施行外科手术。为此，兽医工作者必须积极创造条件，选择一个临时性的手术场地。

在房舍内进行手术，可以避风雨、烈日，尤其是减少空气污染的机会，这是应该争取做到的条件，尤其在北方风雪严寒的冬季，更是必要的。在普通房舍进行手术时，也要尽可能创造手术室应备的条件。例如，首先腾出足够的空间，最好没有杂物。地面、墙壁能洗刷的进行洗刷，否则亦应用消毒药液充分喷洒，避免尘土飞扬。为了防止屋顶灰尘跌落，必要时可在适当高度张挂布单、油布或塑料薄膜等，一般能遮蔽患病动物及器械即可。在刮风的天气，还应注意严闭门窗。

在晴朗无风的天气，手术也可在室外进行。场地的选择原则上应远离大路，避免尘土飞扬，也应远离畜舍和积肥地点等蚊蝇较易滋生、土壤中细菌芽孢含量较多的场地。最好选择能避风而平坦的空地，事先打扫并清除地面上杂物，并在地面上洒水或消毒药液。需要侧卧保定的手术，应设简易的垫褥或铺柔软的干草，在其上盖以油布或塑料布。

在无自来水供应的地点，可利用河水或井水。事先在每 100 kg 水中加明矾2 g及漂白粉 2 g，充分搅拌，待澄清后使用。此外，最简便易行的办法是将水煮沸消毒，还可除去很多杂质。

三、麻醉

(一)麻醉概述

1. 麻醉的概念

利用药物、针刺或物理的方法，使动物全身或局部的痛觉暂时消失或迟钝，以利手术进行的方法叫麻醉。

现代麻醉技术的发展，已能成功地消除或减轻手术中动物的疼痛反应，避免了手术的不良刺激，防止疼痛性休克的发生。麻醉可避免动物骚动，有利于手术中无菌操作及手术顺利进行，为抢救动物生命赢得了时间，减少了手术污染的机会，还可简化保定程序，节省了人力、物力，避免人、畜在手术过程中的损伤。

2. 麻醉方法的选择

(1)根据手术的大小及难易程度　对于简单的或小手术(如去势术、脓肿切开等)，通常不需麻醉。能采用局部麻醉就能进行的手术，不要用全身麻醉。能用浅麻醉就可达到目的的，不用深麻醉。能用针刺麻醉的，尽量采用针刺麻醉，因为麻醉药均有一定的毒性和副作用。

(2)根据动物的种类　马、骡、驴、犬、猫等对疼痛刺激比较敏感，手术时常采用全身麻醉。牛、羊、猪则比较迟钝，多采用局部麻醉。禽类对疼痛的刺激迟钝，在手术时往往不需要麻醉。

(3)根据手术的部位　对于后躯(肛门、外生殖器、尾部等)的手术，多采用硬膜外腔麻醉或其他局部麻醉方法，口腔手术不宜采用电针麻醉。

(4)根据动物的病情、体况　体质弱的病畜，一般多用电针麻醉或局部麻醉，以便在手术中采取补液等治疗措施。对于孕畜，为避免影响胎儿的生长发育，尽量不用全身麻醉。

(5)根据保定的方法　要求站立保定的动物手术，可采用局部麻醉或浅麻醉。

(6)根据动物各部组织对刺激的敏感程度　敏感性比较强的组织依次为神经、皮肤、骨膜、腹膜、黏膜等。敏感性差的组织依次为蜂窝组织、肌肉、筋膜、骨组织。但处于急性炎症期的组织、器官较敏感,而水肿、变性组织则较迟钝。

3. 麻醉的分类

用于动物的麻醉方法种类较多,麻醉的分类也各不相同,习惯上分为局部麻醉、全身麻醉和电针麻醉三类。

(1)局部麻醉　局部麻醉是利用局部麻醉药物,暂时地阻断神经末梢、神经纤维、神经干的冲动传导,使其分布或支配的相应局部组织暂时失去痛觉的一种方法。

(2)全身麻醉　利用麻醉药物抑制动物的中枢神经机能,使动物暂时丧失意识、感觉、反射和肌肉张力全部丧失的麻醉方法。全身麻醉时,若同时采用几种麻醉药,称为复合麻醉。

全身麻醉根据用药的方法不同分为吸入麻醉和非吸入麻醉两大类。

①吸入麻醉　吸入麻醉是将挥发性液体麻醉药(乙醚、氟烷等)或气体麻醉药(氧化亚氮、环丙烷等)经动物的呼吸道吸入体内,从而产生麻醉作用的方法。

②非吸入麻醉　该类麻醉的方法很多,分为静脉注射、肌肉注射、腹腔内注射、口服、灌肠等。

(3)电针麻醉　采用针刺动物体上的一些穴位(一个或数个),辅以适当的电流刺激,从而获得镇痛效应的方法。电针麻醉是在针灸疗法基础上发展起来的一种新的麻醉技术。

(二)局部麻醉

1. 表面麻醉

用药物直接作用于组织表面的神经末梢,而起到的麻醉作用称表面麻醉。麻醉结膜和角膜时,用2%～5%的利多卡因或0.5%～1%的丁卡因溶液;麻醉口、鼻、直肠和阴道黏膜,用2%～4%利多卡因、1%～2%的丁卡因溶液;麻醉关节、腱鞘及黏液囊中的滑膜,可用4%～6%普鲁卡因溶液注射;麻醉胸膜腔浆膜,用3%～5%普鲁卡因喷洒。

2. 局部浸润麻醉

利用低浓度的麻醉药,均匀地注入局部组织内,作用于神经末梢而引起的麻醉作用,称为局部浸润麻醉。常用的药物为0.25%～1%普鲁卡因溶液,也可用0.25%～0.5%利多卡因溶液。方法是先将针头插至预定的深度,然后边退针边注射药液,可以在一个刺入点,向不同的方向分次注射药液(图8-12)。

局部浸润麻醉按照刺入部位和进针方向不同,可分为直线浸润、菱形浸润、扇形浸润、基部浸润和分层浸润等(图 8-13),以适应不同的手术需要。分层浸润麻醉时,可按照组织的解剖层次由浅入深地分层浸润,也可以在手术时采取浸润一层、切开一层的方法。

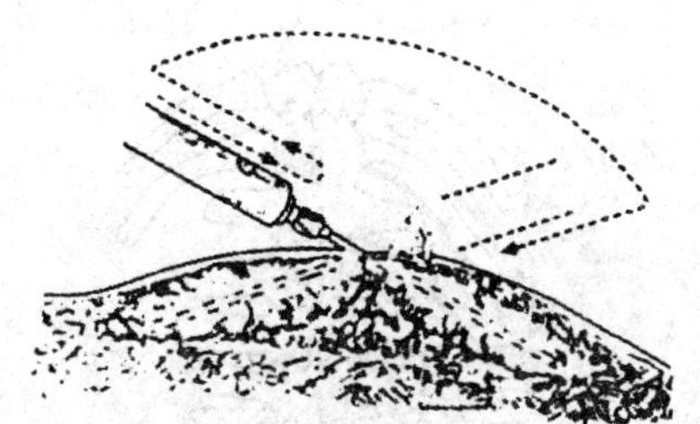

图 8-12　浸润麻醉的注入方法

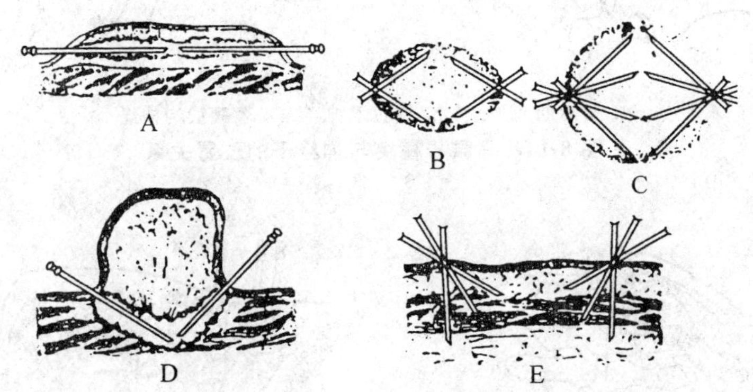

A. 直线浸润　B. 菱形浸润　C. 扇形浸润　D. 基部浸润　E. 分层浸润

图 8-13　浸润麻醉的各种方式

3. 传导麻醉

将局部麻醉药注射到神经干周围,暂时阻断其所支配区域的痛觉传导,称为传导麻醉。这种麻醉方法如注射部位准确,仅用少量局部麻醉药,即可获得较大区域的麻醉。传导麻醉种类很多,要求掌握被麻醉神经干的位置、外部投影等局部解剖知识和熟悉操作的技术,才能正确做好传导麻醉。

(1)腰旁神经干传导麻醉　马、牛腰旁神经干传导麻醉各有 3 个注射点(图 8-14、图 8-15)。

第一针注射点:麻醉最后肋间神经。于第一腰椎横突游离缘的前角,垂直皮肤刺入针头直达骨面,然后针头稍后退,沿前角骨缘再向前下方刺入 0.5 cm,注射 3%盐酸普鲁卡因溶液 10 mL,然后将针头提至皮下再注射药液 10 mL,以麻醉该神经干的背侧支。

第二针注射点:麻醉髂腹下神经。于第二腰椎横突游离缘的后角,垂直皮肤刺入针头,直达骨面,然后针头稍后退,再沿后角骨缘向后下方刺入 0.5 cm,注射 3%盐酸普鲁卡因溶液 10 mL,然后将针头提至皮下再注射药液 10 mL。

第三针注射点:麻醉髂腹股沟神经。马的注射部位在第三腰椎横突游离缘后

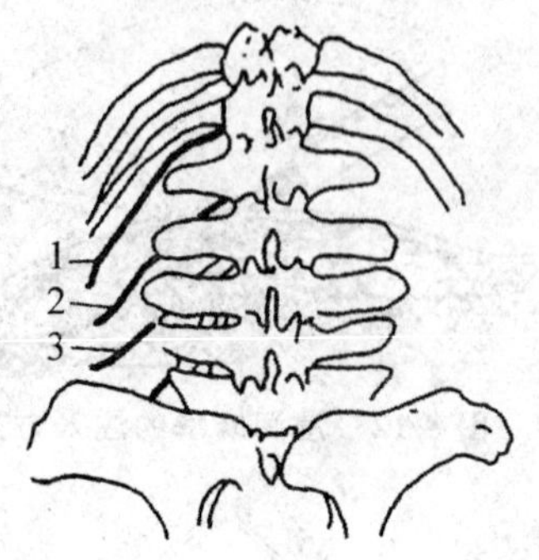

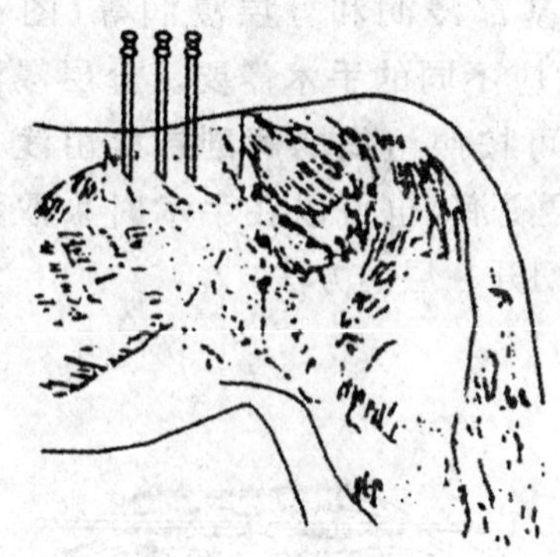

1. 最后肋间神经 2. 髂腹下神经 3. 髂腹股沟神经

图 8-14 马腰椎横突与神经干的位置关系

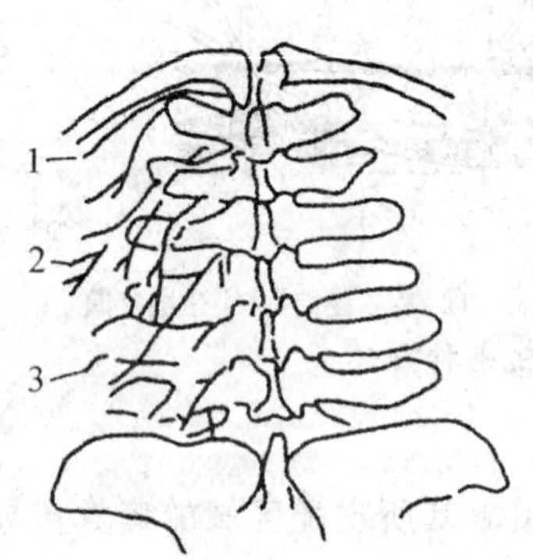

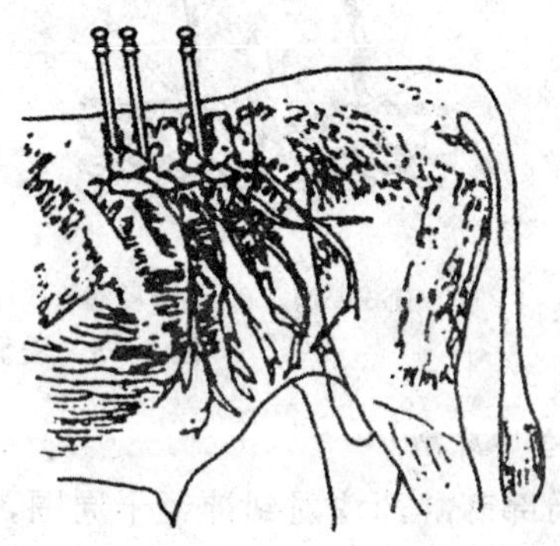

1. 最后肋间神经 2. 髂腹下神经 3. 髂腹股沟神经

图 8-15 牛腰椎横突与神经干的位置关系

角，操作方法及用药量同第二针。牛的注射部位在第四腰椎横突游离缘的前角，操作方法及用药量同第一针。

腰旁神经于注射药液 15 min 后产生麻醉，持续时间 1～2 h，可用于腹后侧壁的手术。

(2)牛角神经传导麻醉　确实保定头部，在眶上突的基部与角根连接中点处为注射点(图 8-16)。垂直刺入 1～2 cm，注射 3% 盐酸普鲁卡因溶液 10 mL，约 10 min 后出现麻醉。注意，注射部位不能距眶上突太近，因该处神经位置较深，麻醉效果不确实，若距角根太近，则因角神经已分支，麻醉效果也会受到影响。

角神经麻醉可用于断角术和角折修补术。

(3)牛眶下神经传导麻醉　从眼眶外角平行鼻背作一直线为眶线，再从上颌第一前臼齿的齿前线作一垂直于眶线的齿槽线，在上述两线的交叉点可触摸到一凹陷，即为眶下孔。另外，也可由上颌第一前臼齿前缘垂直向上 2～3 cm 触摸，确定眶下孔的位置。针头刺入眶下孔时略向外上方刺进 3～4 cm，注入 3%普鲁卡因溶液 10 mL，可麻醉同侧的前臼齿、鼻镜、上唇及邻近的组织，用于豁鼻修补术(图 8-17)。

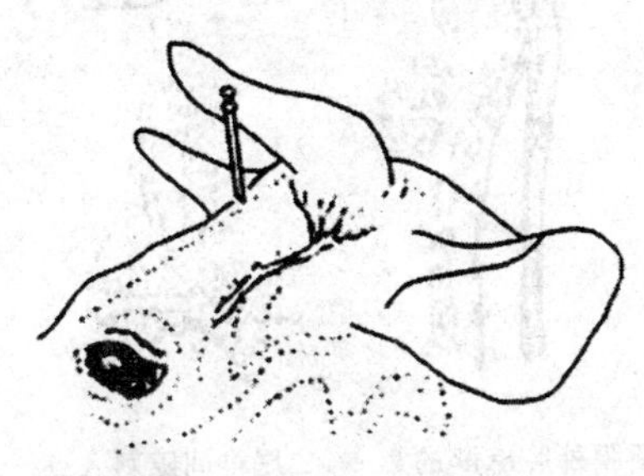

图 8-16 牛角神经传导麻醉

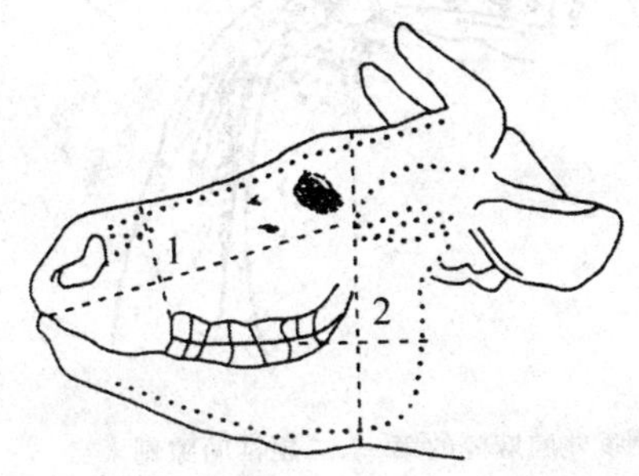

1. 眶下神经 2. 下颌齿槽神经

图 8-17 牛的眶下神经与下颌齿槽神经传导麻醉定位方法

(4)牛下颌齿槽神经传导麻醉 为寻找下颌孔的位置也需要作两条假想线：一条线在下颌侧面，沿上颌臼齿咀嚼面平行向后延续的线；另一条是眼眶线，由额骨颧突前缘引出的与上述平行线垂直交叉的直线，这两条线的交叉点即为下颌孔的投影位置。将眼眶线延长到下颌骨腹侧缘，从延长线的末端到两线的交叉点，为针头刺入的深度和方向。针头在下颌骨腹侧缘内面及翼状肌内面之间刺入，达预定深度后，注射 3%盐酸普鲁卡因溶液 10 mL。10～15 min 后，同侧的下颌臼齿、齿槽、下唇及颏部可被麻醉(图 8-17)。

4. 脊髓麻醉

将局部麻醉药注射到椎管内，阻断脊神经的传导，使其所支配的区域丧失疼痛反应，称脊髓麻醉。根据局部麻醉药注入椎管的部位不同，脊髓麻醉分为蛛网膜下腔麻醉和硬膜外腔麻醉(图 8-18、图 8-19)。

(1)硬膜外腔麻醉 硬膜外腔麻醉一般在第一、二尾椎间隙或荐尾间隙进行。第一、二尾椎间隙的定位方法：一手上下晃动尾巴，另一手指按在尾根背部，活动最明显处即为注射部位，局部剪毛消毒后，用 6～7 cm 的针头，在尾背正中处，针尖向前下方呈 45°～60°角刺入，深 2～4 cm 即可刺入硬膜外腔，针头刺入椎管后阻力消失，同时可感到刺穿弓间韧带的感觉，然后接上注射器，如回抽无血即可注入药液，否则，需将针头退至皮下，调整刺入方向后再行刺入。注射 2%～3%盐酸普鲁卡因溶液或 2%～3%盐酸利多卡因溶液 10～15 mL，5～15 min 后痛觉消失，持续 1～2 h，用于难产救助、直肠、肛门、阴道或髂区剖腹术。

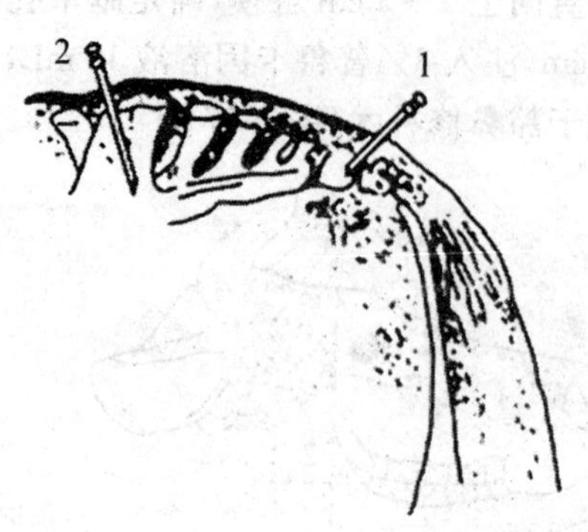

1. 硬膜外腔麻醉的第一、二尾椎间隙刺入点
2. 硬膜外腔麻醉及蛛网膜下腔麻醉的腰荐间隙刺入点

图 8-18　马的脊髓麻醉部位图

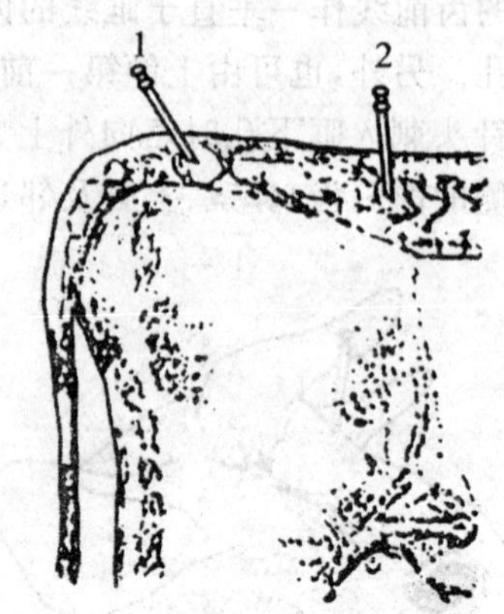

1. 硬膜外腔麻醉的第一、二尾椎间隙刺入点
2. 硬膜外腔麻醉及蛛网膜下腔麻醉的腰荐间隙刺入点

图 8-19　牛的脊髓麻醉部位图

牛的硬膜外腔麻醉操作方法和适应症与马相同。在站立保定时，2%～3%普鲁卡因溶液不应超过 10 mL。

猪、羊的硬膜外腔麻醉部位也可选用荐尾椎间隙或腰荐间隙，常注射 2%～3%盐酸普鲁卡因 3～5 mL 或 1%～2%盐酸利多卡因 2～5 mL。

(2)蛛网膜下腔麻醉　马麻醉部位在腰荐椎间隙处(即百会穴的位置)，左右两荐结节的连线与沿椎骨棘突所引的中线的交叉点即为注射点。牛的注射部位，在最后腰椎棘突和第一荐椎棘突所引起的直线与两髋结节连线的交叉点向后两指处的凹陷内。用 15 cm 长、带针芯的针头垂直刺入皮肤，推进针头中在穿过棘上韧带和棘间韧带时，可感到阻力突然减少，然后再缓慢进针，当刺透脊硬膜及蛛网膜时，可感到阻力突然消失(针刺深度 10～12 cm)，回抽针芯有脑脊液流出，证明刺入正确，马可注入 3%盐酸普鲁卡因溶液 20～30 mL，牛 30～50 mL，5～10 min 后开始出现麻醉，持续 1～2 h、适应症同硬膜外腔麻醉。因腰荐椎间隙处椎管位置较深，如操作不熟练易伤及脊髓。

(三)全身麻醉

全身麻醉是指利用某些药物对动物中枢神经系统产生广泛的抑制作用，从而暂时地使机体的意识、感觉、反射和肌肉张力部分或全部丧失，但仍保持生命中枢的功能的一种麻醉方法。

全身麻醉时，如果仅单纯采用一种全身麻醉剂施行麻醉的，称为单纯麻醉；如果为了增强麻醉药的作用，减低其毒性和副作用，扩大麻醉药的应用范围而选用几种麻醉药联合使用的则称为复合麻醉。在复合麻醉中，如果同时注入两种或数种麻醉剂的混合物以达到麻醉的方法，称为混合麻醉（如水合氯醛-硫酸镁、水合氯醛-酒精等）；在采用全身麻醉的同时配合应用局部麻醉，称为配合麻醉法；间隔一定时间，先后应用两种或两种以上麻醉剂的麻醉方法，称为合并麻醉。在进行合并麻醉时，于使用麻醉剂之前，先用一种中枢神经抑制药达到浅麻醉，再用另一种麻醉剂以维持麻醉深度，前者即称为基础麻醉。如为了减少水含氯醛的有害作用并增强其麻醉强度，可在注入之前先用氯丙嗪做基础麻醉，其后注入水合氯醛作为维持麻醉或强化麻醉以达到所需麻醉的深度。

根据麻醉强度，又可将全身麻醉分为浅麻醉和深麻醉。前者是给予较少量的麻醉剂使动物入睡、反射活动降低或部分消失，肌肉轻微松弛；后者使动物出现反射消失和肌肉松弛的深睡状态。

动物在全身麻醉时会形成特有的麻醉状态，表现为镇静、无痛、肌肉松弛、意识消失等。在全身麻醉状态下，对动物可以进行比较复杂的和难度较大的手术。全身麻醉是可以控制的，也是可逆的，当麻醉药从体内排出或在体内代谢后，动物将逐渐恢复意识，不对中枢神经系统有残留作用或留下任何后遗症。根据全身麻醉药物进入动物体内的途径不同，可将全身麻醉分为吸入麻醉和非吸入麻醉两大类。

1. 吸入麻醉

吸入麻醉是指采用气态或挥发性液体的麻醉药，使药物经呼吸由肺泡毛细血管进入循环，并达到中枢，使中枢神经系统产生全身麻醉效应。用于吸入麻醉的药物为吸入麻醉药。吸入麻醉的优点是迅速准确地控制麻醉深度，能较快终止麻醉，复苏快。缺点是操作比较复杂，麻醉装置价格昂贵。

常用的吸入麻醉药有乙醚、氟烷、甲氧氟烷、安氟醚（恩氟烷）、氧化亚氮（亦称笑气）等。

吸入性全身麻醉因需要一定的麻醉设备，常用的麻醉装置（麻醉机）可以供动物氧气、麻醉气体和进行人工呼吸，是临床麻醉和急救时不可缺少的设备。麻醉机根据其呼吸环路系统分为开放式、半开放式或半紧闭式和紧闭式三种。

2. 非吸入麻醉

非吸入性全身麻醉是指麻醉药不经吸入方式而进入动物体内并产生麻醉效应的方法。兽医临床中常采用非吸入性全身麻醉，该种麻醉方法操作简便，不需特殊的设备，不出现兴奋期，比较安全。缺点是需要严格掌握用药剂量，麻醉深度和麻醉持续时间不易灵活掌握。给药途径有多种，如静脉内注射、皮下注射、肌肉注射、腹腔内注射、口服及直肠内灌注等。常用的非吸入性全身麻醉药有以下几种。

(1)隆朋 商品名又叫麻保静，化学名称为2,6-二甲苯胺噻嗪，具有中枢性镇静、镇痛和肌松作用。本品的安全范围较大，毒性低，无蓄积作用。临床上常以其盐酸盐配成2%～10%水溶液，主要用于草食动物，也可用于小动物。一般肌肉注射后10～15 min或静脉注射后3～5 min出现作用，镇静可维持1～2 h，镇痛延缓时间15～30 min。1%苯噁唑溶液(回苏3号)可逆转其药效。

剂量：马肌肉注射量1.5～2.5 mg/kg；牛肌肉注射量为0.11～0.22 mg/kg，静脉注射量减半；水牛1～2 mg/kg；羊肌肉注射量为0.1 mg/kg；犬、猫皮下注射量2.2 mg/kg，静脉注射减半。灵长目动物肌肉注射2～ 5 mg/kg；狮、虎、熊等肌肉注射5～ 8 mg/kg。

(2)静松灵(二甲苯胺噻唑) 其药理特性与隆朋基本相同，是目前国内在草食动物中应用最广泛的麻醉药。

剂量：马肌肉注射量为0.5～1.2 mg/kg，静脉注射量为0.3～0.8 mg/kg；牛肌肉注射量为0.2～0.6 mg/kg；水牛肌肉注射量为0.4～1.0 mg/kg，羊、驴、梅花鹿等肌肉注射量为1～3 mg/kg。

(3)氯胺酮 本品是一种较新的、快速作用的麻醉药，对大脑中枢的丘脑-皮质系统产生抑制，镇痛作用较强，但对中枢的某些部位产生兴奋。麻醉后显示镇静作用，但受惊扰仍能醒觉并表现有意识反应，这种特殊的意识和感觉分离的麻醉状态叫做“分离麻醉”。在兽医临床上用于对马、牛、猪、羊、犬、猫及多种野生动物的化学保定、基础麻醉和全身麻醉。肌肉、腹腔或静脉注射皆可，剂量为10～30 mg/kg。由于氯胺酮使用后会出现流涎，多在用药前15 min先皮下注射阿托品。兽医临床上又常常将氯胺酮与氯丙嗪、隆朋、安定等神经安定药混合应用，以改善麻醉状况。

(4)水合氯醛 是马属动物全身麻醉的首选药物，对于小动物使用较少。临床上常用5%～10%水合氯醛注射液，静注剂量为0.1 g/kg。

(5)巴比妥类麻醉药 临床所用巴比妥类药物根据其作用时限不同，可以分成四大类别，即长、中、短和超短时作用四种，而作为临床麻醉使用的为短时或超短时作用型的。该类药可以少量多次给药作为维持麻醉之用。因其有较强的抑制呼吸中枢和抑制心肌作用，在临床应用时应严格计算用量，严防过量导致动物死亡。常用的有硫赍妥钠、戊巴比妥钠、异戊巴比妥钠。

(6)速眠新合剂(846合剂) 该药具有广泛的镇痛、制动确实，诱导和苏醒平稳等特点。广泛应用于犬科动物、猫科动物。肌肉注射量马0.01～0.015 mL/kg，牛0.005～0.015 mL/kg，羊、犬、猴0.1～0.15 mL/kg，猫、兔0.2～0.3 mL/kg。在犬科动物给药后4～7 min内有呕吐表现(特别是当胃内充满情况下)，但当胃内空虚时则不表现呕吐，表现安静，后来卧地，全身肌肉松弛、无痛、遍及全身，表明已进入麻醉状态，一般维持 1 h 以上。为了减少唾液腺及支气管腺体的分泌，在麻醉前10～15 min 皮下注射硫酸阿托品 0.05 mg/kg 体重。如果手术时间较长，可用速眠新追加麻醉。手术结束后需要动物苏醒时，可用速眠新的拮抗剂——苏醒灵 4 号静脉注射，注射剂量应与速眠新的麻醉剂量比例一般为(1～1.5)∶1，注射后 1～1.5 min 动物苏醒。

(四)电针麻醉和激光麻醉

1. 电针麻醉

电针麻醉是在祖国医学针灸疗法的基础上发展起来的麻醉方法。它是利用不同波型、频率的电流配合穴位针刺，使刺激量容易调整、掌握，使针刺麻醉方便，效率提高，代替了徒手捻针的费力与不便。

电针麻醉具有很多优点。首先是生理干扰少，动物在麻醉过程中始终保持清醒状态，从而减少了对中枢神经机能的不良干扰；其次是在电针麻醉过程中可以随时采用输液、强心等措施，有利于对重危病畜的抢救；第三是术后麻醉解除快，一拔针，动物即可站立行走，不影响动物术后饮水、采食；最后是操作简便，容易掌握。

(1)常用的电针麻醉穴位及进针方法

①三阳络组穴　包括三阳络、抢风、夜眼 3 个穴。本组穴对马、骡、驴、牛和猪麻醉镇痛效果较好，适用多个部位的手术。三阳络穴，位于桡骨外侧韧带结节下方 6 cm 的指总伸肌和腕尺侧伸肌之间的肌沟中。抢风穴，位于肩关节后稍下方，三角肌后缘，臂三头肌长头与外侧头之间的凹陷处。夜眼穴，位于前肢内侧夜眼正中处(图 8-20)。

操作方法：三阳络透夜眼穴，取 12～18 cm 长的新针，自三阳络穴处，使针与皮肤呈 15°～30°角，沿桡骨后缘斜向内下方夜眼方向刺入，以不穿透夜眼穴但能在皮外触及针尖为度(无夜眼穴的家畜，可刺至相当于夜眼穴的位置即可)。抢风穴，用 6～12 cm的新针，垂直皮肤刺入 6～9 cm，在两针柄上各夹上导线夹后即可开始操作。

②百会、腰旁组穴　本组穴主要用于牛的腹臂及腹腔手术，羊、猪也可采用。百会穴位于腰、荐结合部的凹陷处，腰旁穴选第一腰椎横突末端的前角。

操作方法：用 15 cm 长的新针，在百会穴处垂直刺入 6～10 cm，另取 16～18 cm 新针，于手术侧第一腰椎横突末端前缘刺入皮肤，向后沿横突末端的下缘透针直达第三或第四腰椎横突末端下缘，即一针透三或四穴(图 8-21)。

(2)电针麻醉一般操作步骤　进针前穴位周围要剪毛消毒，进针时需要按穴位及要求的角度刺入皮肤达所要求的深度，分别在针柄夹上导线夹。临床上常用的

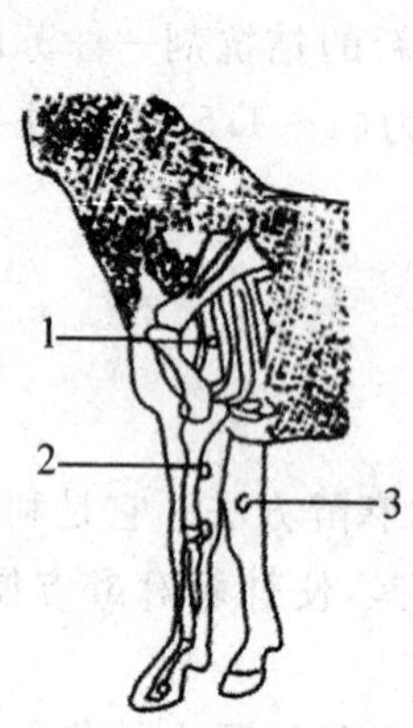

1. 抢风　2. 三阳络　3. 夜眼

图 8-20　马三阳络组穴

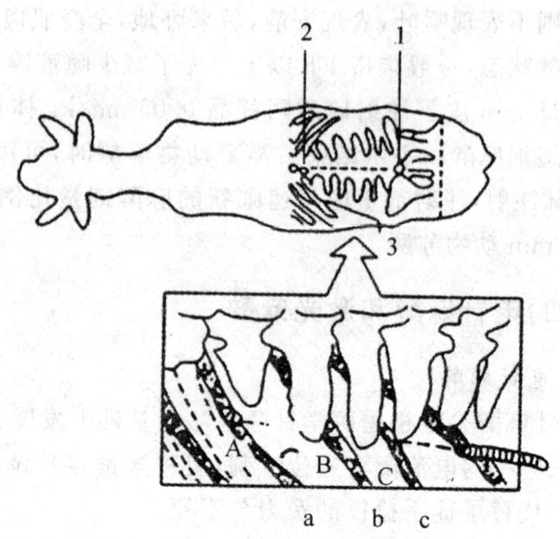

1. 百会　2. 腰旁透穴(A. 腰旁 1　B. 腰旁 2　C. 腰旁 3)

a. 最后肋间神经　b. 髂腹下神经　c. 髂腹股沟神经

图 8-21　百会、腰旁组穴

电麻机为 73-10 型兽用麻醉治疗综合电疗机，波型选择有间断波、连续波和疏密波三种。打开开关后逐步开大电压输出与频率旋钮，可见指示灯闪光由慢变快，肌肉随刺激频率而收缩。然后加大频率至肌肉出现强直性收缩，再逐渐加大电压，使家畜能忍受不挣扎为度，诱导时间 15～30 min，经检查家畜无疼痛反应即可进行手术。对性情暴烈的动物或术中有挣扎、骚动现象，应配合镇静剂或局部浸润麻醉。手术结束后，应逐渐降低电压输出和频率，直到零位。关闭开关，拆除导线，将针拔除并消毒针刺部位。

2. 激光麻醉

激光麻醉是近年发展起来的一种新型麻醉方法，利用激光机发出的光束，对准针灸穴位照射，导致动物体出现麻醉。常用的激光机为 8～35 mW 的小型氦氖激光机，发出红色的可见光束，光斑直径一般为 1～5 mm，根据手术时间的长短来决定光照的时间。还有二氧化碳激光麻醉，其后续镇痛效应持久，在手术前用二氧化碳激光照射一定的穴位(根据手术不同而取穴)，每穴照射 1～2 min，然后间隔一定时间即可手术。

四、组织分离

组织分离又叫组织切开，是使用锐性或钝性的方法，根据局部解剖生理特点，把原来完整的组织分离开，以造成手术通路，显露、切除某器官或病变组织。

根据分离的组织性质不同，分为软组织（皮肤、肌肉等）分离和硬组织（软骨、骨、角质）分离。软组织分离又分为锐性与钝性分离。锐性分离系用手术刀或手术剪进行细致的切剪，一般用于皮肤、筋膜、肌肉、浆膜、腱等的分离。钝性分离是用手术刀柄、止血钳、手指进行分开或撕开，多用扁平肌肉、肌层间隙、内脏浆膜间粘连的分离等。

(一)组织切开的原则

(1)切口位置要适当，便于显露、接近病变组织或病变器官。

(2)切口大小要适中，以能充分暴露病变为准，切口过大损伤组织过多，切口偏小则影响手术进行。

(3)切开组织必须整齐，力求一次切开，不要切成毛边形或阶梯状，以免缝合时对合不良，影响愈合。

(4)为了避免损伤大的神经、血管和腺体导管，减少手术中出血，切开时要尽可能按肌纤维方向分层切开，如果肌纤维的走向与神经、血管、腺体导管方向不一致，可不考虑肌纤维方向，以保证其生理功能。

(5)切开的方法要合适，进行断离大多采用锐性分离，用刀切或剪断，这样操作方便、节约时间，但对血管较多处，用钝性分离可减少出血，如刀柄剥离、撕开等。

(6)分离骨组织，要先分离骨膜，尽量保持其完整性和健康部分，同时骨断端的锐缘要修整平，去除游离骨片或骨屑，以利骨组织愈合。

在进行手术时，还需要借助拉钩帮助显露。负责牵拉的助手要随时注意手术过程，并按需要调整拉钩的位置、方向和力量。并可以利用大纱布垫将其他脏器从手术野推开，以增加显露。

(二)组织分离的操作方法

组织分离分为锐性分离和钝性分离两种。

1. 锐性分离

用手术刀或剪进行切开或剪开，对组织损伤小，术后反应也少，愈合较快。适用于比较致密的组织。用刀分离时，以刀刃沿组织间隙作垂直的、轻巧的、短距离的切开。用剪刀时以剪刀尖端伸入组织间隙内，不宜过深，然后张开剪柄，分离组织，在确定没有重要的血管、神经后，再予以剪断。为了避免发生副损伤，必须熟悉解剖，需在直视下辨明组织结构时进行。

2. 钝性分离

用刀柄、止血钳、剥离器或手指等进行。适用于组织间隙或疏松组织间的分离，如正常肌肉、筋膜和良性肿瘤等的分离。方法是将这些器械或手指插入组织间隙内，用适当的力量分离周围组织。钝性分离时，组织损伤较重，往往残留许多失去活性的组织细胞，因此，术后组织反应较重，愈合较慢。钝性分离切忌粗暴，避免重要组织结构的撕裂或损伤。

(三)软组织切开

1. 皮肤切开法

(1)紧张切开　在皮肤活动性较大而皮下组织疏松的部位作切口时，术者左手食指与拇指在预定切口的两侧将皮肤撑紧使之固定，较大的皮肤切口应由术者与助手在切口两旁或上、下将皮肤撑紧固定，然后将刀刃与皮肤垂直，用力均匀，一次切开皮肤及皮下组织，必要时也可补充运刀，但要避免多次切割。多次切割边缘参差不齐，影响到创缘对合和愈合。

图 8-22　皱襞切开法

(2)皱襞切升　在切口下面有重要的器官，如大血管、大神经等，而皮下组织疏松，可由术者和助手用手指将皮肤提起呈垂直样皱襞进行切开(图 8-22)。

皮肤切开的形状最常用的是直线切口，既方便操作，又利于愈合，但根据手术需要，也可作菱形、“O”形、“U”形、“T”形及“十”字形切开，多用于脑部、副鼻窦或肿瘤等手术。

2. 皮下组织及其他组织的分离

切开皮肤后宜采用逐层切开的方法分离皮下组织，以便识别组织，避免对大血管、大神经的损伤。

(1)皮下疏松结缔组织的分离　因其分布有许多小血管，故多用钝性分离。方法是先将组织切一小口，再用刀柄、止血钳或手指进行分离。

(2)筋膜和腱膜的分离　用刀在其中央做一小切口，然后用弯止血钳在此切口上、下将筋膜下组织与筋膜分开，再剪开筋膜。若筋膜下有神经血管，可用手术镊将筋膜提起，切一小口，插入有钩探针引导切开。

(3)肌肉的分离　一般沿肌纤维方向用刀柄、止血钳或手指钝性分离开，扩大到所需的长度，但为了使手术通路广阔和便于排液，也可横断切开。横过切口的血管可用止血钳钳夹，或用细缝线作双重结扎后，再从中间将血管切断。

(4)腹膜的分离　切开腹膜时，为了避免伤及内脏，术者和助手用手术镊或止血钳夹起腹膜，术者先用手术刀在腹膜的皱襞上切一小口，再利用食指和中指或有钩探针引导，用手术刀反挑或手术剪分离。

3. 肠管的切开

肠管侧壁切开时，一般在肠管的纵带上或肠系膜对侧，一次纵行切开肠壁全层，并应避免伤及对侧肠管。

4. 胃、子宫的切开

胃切开一般在胃大弯上、血管较少处切开。子宫的切开也是在子宫大弯、血管较少处，牛、羊子宫切开时还应注意避开母体胎盘子叶。

5. 索状组织的分离

索状组织(如精索)的分离，除用手术刀(剪)作锐性切断外，也可用刮断、拧断等钝性分离方法，以减少出血。

(四)硬组织的分离

分离骨组织之前，首先应分离骨膜。分离骨膜应尽可能保持其完整性或保存健康部分，以利骨组织愈合，因为骨膜内层的成纤维细胞在损伤或病理情况下，可变为成骨细胞参与骨骼的修复。分离骨膜时，先用手术刀切开骨膜(切成"十"字形或"T"字形)，然后用骨膜分离器分离骨膜。分离骨组织一般是用骨剪剪断或骨锯锯断，其骨的断端应使用骨锉锉平其锐缘，以免损伤软组织，并清除骨片或骨屑，以免遗留在手术创内引起不良反应和影响愈合。

分离骨组织常用的器械有圆锯、线锯、骨剪、骨锉、骨钳及骨膜分离器等。

蹄和角的分离亦属于硬组织分离。对于蹄角质可用蹄刀、蹄刮挖除，浸软的蹄壁可用柳叶刀切开。蹄壁上裂口的闭合可用骨钻、锔子钳和锔子。牛羊断角时可用骨锯和断角器。

五、止血

止血是手术过程中自始至终经常遇到而又必须立即处理的基本操作技术。手术中完善的止血，可以预防失血的危险，还可以保持术野清晰，便于操作，有利于争取手术时间，避免误伤重要器官，预防并发症的发生。因此要求手术中的止血必须迅速而可靠，并在手术前采取积极有效的预防性止血措施，以减少手术中出血。

(一)出血的种类

血液自血管中流出的现象，称为出血。在手术过程中或意外损伤血管时，即伴随着出血的发生,按照受伤血管的不同,出血的种类有以下四种。

1. 动脉出血

由于动脉压力大,血液含氧量丰富,所以动脉出血的特征为:血液鲜红,呈喷射状流出,喷射线出现规律性起伏并与心脏搏动一致。动脉出血一般自血管断端的近心端流出,指压动脉管断端的近心端,则搏动性血流立即停止,反之则出血状况无改变。具有吻合支的小动脉管破裂时,近心端及远心端均能出血。大动脉的出血须立即采取有效止血措施,否则可导致出血性休克,甚至引起动物死亡。

2. 静脉出血

静脉出血时血液以较缓慢的速度从血管中呈均匀不断地泉涌状流出,颜色为暗红或紫红。一般血管远心端的出血较近心端多,指压出血静脉管的远心端则出血停止,反之出血加剧。

静脉出血的转归不同,小静脉出血一般能自行停止,或经压迫、堵塞后而停止出血,但若深部大静脉受损如腔静脉、股静脉、髂静脉、门静脉等出血,则常由于迅速大量失血而引起动物死亡。体表大静脉受损,可因大失血或空气栓塞而死亡。

3. 毛细血管出血

毛细血管出血的血液色泽介于动、静脉血液之间,多呈渗出性点状出血。一般可自行止血或稍加压迫即可止血。

4. 实质出血

实质出血见于实质器官、骨松质及海绵组织的损伤,为混合性出血,即血液自小动脉与小静脉内流出,血液颜色和静脉血相似。由于实质器官中含有丰富的血窦,而血管的断端又不能自行缩入组织内,因此不易形成断端的血栓,易产生大失血威胁动物的生命,故应予以高度重视。

(二)常用的止血方法

1. 全身预防性止血法

为了减少手术过程中出血,术前给施术动物注射增高血液凝固性的药物和同类型血液,以提高机体抗出血能力。

(1)输血　输血是一种良好的全身性止血方法,它不但可以增高施术动物血液的凝固性,又刺激血管运动中枢反射性地引起血管痉挛性收缩,以减少手术中的出血。为此,在术前 30～60 min 输入同种类型血液,或同种动物的氯化钙相合血(即10%氯化钙溶液 50～100 mL,加入相合血 500～1 000 mL),牛、马 500～1 000 mL,猪、羊 200～300 mL。

(2)10%氯化钙溶液　其作用是增高血液中钙离子。马 100～200 mL,牛 100～150 mL,猪、羊 20～40 mL,犬 5～10 mL,静脉注射。

(3)维生素 K_3 注射液　其作用是提高凝血酶原的合成与促进血凝。牛、马 100～400 mg，猪、羊 20～30 mg，犬 10～30 mg，猫 1～5 mg，肌肉注射。

(4)凝血质注射液　其作用是促进血液凝固(每支含量 15 mg/2 mL)，牛、马 20～30 mL，猪、羊、犬 5～10 mL，肌肉注射。

(5)安络血注射液　其作用是增强毛细血管的收缩力和降低其渗透性(每支含量 10 mg/2 mL)，牛、马 10～20 mL，猪、羊 2～4 mL，犬、猫 2～3 mL，肌肉注射。

(6)止血敏注射液　其作用是增强血小板机能及黏合力，减少毛细血管渗透性(每支含量 0.25 g/2 mL)，牛、马 10～20 mL，猪、羊 2～4 mL，犬、猫 1～2 mL，肌肉注射。

2. 局部预防性止血法

(1)肾上腺素局部注射　术部进行局部麻醉时，在 100 mL 普鲁卡因溶液中加入 0.1%肾上腺素溶液 0.2 mL，使局部小血管收缩，以减少手术局部的出血，其作用可维持 20 min 至 2 h。但有炎症的术部，因局部组织呈酸性反应，可减弱肾上腺素的作用。另外，当肾上腺素作用消失后，局部小动脉扩张，如血管内血栓形成不牢固时，可能发生二次出血。

(2)装置止血带　术前装置橡皮管止血带或其他代用品——乳胶管、绳索、绷带，最理想是用血压计的空气囊止血带，以暂时阻断血液循环，减少手术中的出血。多用于四肢中、下部，阴茎和尾部手术。止血带装置在术部的上方，局部应垫以纱布或手术巾，以防勒伤软组织、血管及神经，缠缚止血带应有足够压力(以止血带远侧端的脉搏将消失为度)，缠绕 2～3 圈固定之，其保留时间最好不超过 2 h，冬季不超过 40～60 min。在此时间内如未完成手术，可临时松开止血带 10～30 s，然后重新缠好。松开止血带时，应采取多次“松、紧、松、紧”的方法，不可一次松开。

3. 手术过程中止血法

手术过程中的止血法很多，现将常用的止血方法分述如下。

(1)压迫止血　用灭菌纱布块压迫出血的部位，以促血栓与凝血块的形成，多用于手术中的毛细血管出血，压迫片刻可自行停止。对中、大血管出血，用纱布按压可暂时停止出血，为下一步采取可靠止血措施创造条件，同时还可黏除血液，清洁创面，便于手术操作的进行。

为了提高压迫止血效果，可用浸有温生理盐水、1%～2%麻黄素、0.1%肾上腺素溶液的纱布块进行压迫止血。需要注意的是，纱布按压而不是擦拭，以免损伤组织或破坏已形成的血栓。

(2)填塞止血　适用于深部大血管出血，一时找不到血管断端，钳夹或结扎止血困难时，其方法是用大块灭菌纱布紧紧塞于出血的创腔或解剖腔内，以压迫血管断端达到止血目的。必要时对其创围皮肤作暂时性缝合或用压迫绷带固定之。填塞物一般在 24～48 h 后取出。

(3)钳夹止血　用止血钳最前端垂直夹住血管断端，对小血管出血钳夹数分钟后大多达到止血效果，注意钳夹止血时，不要钳夹过多的组织。为了更好地止血，钳夹住血管断端后再扭转1～2周，轻轻去钳，则可完全闭合断端而止血。对于中、大血管出血，通常先用止血钳夹住出血的血管断端，再进行结扎止血。

(4)结扎止血　多用于较大血管出血的止血，是手术中最常用、最可靠的止血方法，其方法有以下两种。

①单纯结扎止血　先用止血钳前端垂直夹住血管断端，然后用丝线绕过止血钳所夹住的血管及少量组织，助手将止血钳放平并略向上挑，露出钳端，这时打紧第一结扣，助手松开止血钳，接着打紧第二结扣。结扎血管时要轻柔、细致，不要用力过大拉断缝线或勒断血管。

②贯穿结扎止血　用带有缝针的丝线穿过所钳夹组织（不能穿过血管），然后进行结扎。

贯穿结扎止血常用的有"8"字缝合结扎及单纯贯穿结扎两种（图8-23）。

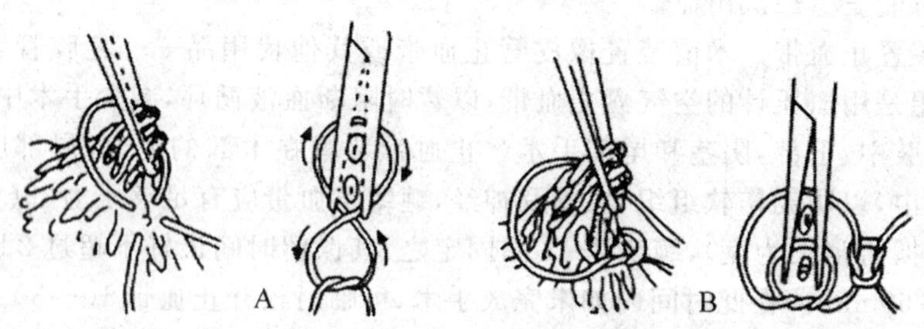

A."8"字缝合结扎法　B. 单纯贯穿结扎法

图8-23　贯穿结扎止血法

(5)创内留钳止血　用止血钳夹住创伤深部血管断端，并将止血钳留在创伤内24～48 h，为使止血钳固定于局部，可用绷带拴住钳柄并系于动物躯体上。此法多用于大动物去势后继发精索内动脉大出血。

(6)烧烙止血　用电热烧烙器、白金醚烧烙器或铁制烧烙器的烧烙作用使血管断端收缩、组织蛋白凝固成痂而止血。此法多用于弥漫性出血、羔羊断尾等的止血。使用时将烧烙器烧得微红，稍用力按压出血点后即迅速移开，即达到止血目的。其缺点是损伤组织较多。

(7)电凝止血　利用高频电力，借高频电流凝固组织而达到止血目的。其方法是将钳夹出血处的止血钳轻轻向上提起，不与周围组织接触，擦干血液，将电凝器与止血钳接触，待局部冒烟即可。电凝时间不宜过长，以免烧伤范围过大影响切口愈合。对空腔脏器、大血管附近及皮肤等处不可用电凝止血，以防组织坏死发生并发症。电凝止血迅速，不留线结于组织内，但止血效果不完全可靠，凝固的组织易于脱落而再次出血，故只适于小血管的止血，对较大的血管仍应以结扎止血为宜。

(8)局部化学及生物止血法 指用止血的化学药物或活组织等填塞或压迫出血处，达到止血目的。

①麻黄素、肾上腺素、止血粉止血 用1%～2%麻黄素溶液或0.1%肾上腺素溶液浸湿的纱布，或局部撒布止血粉进行压迫止血。也可将上述药品浸湿棉球做鼻出血、拔牙后齿槽出血的填塞压迫止血，待止血后拉出棉球。

②止血海绵止血 将止血海绵敷贴于出血面上或填塞于出血的伤口内，即可达到止血目的，多用于一般方法难以止血的创面、实质器官、骨松质及海绵质出血。常用的止血海绵有白明胶海绵、淀粉海绵、纤维蛋白海绵、羧甲基纤维素等，它们促进血液凝固和提供凝血时所需要的支架结构，并能被组织吸收，使受伤血管日后保持贯通。

③活组织填塞止血 是用自体组织(如网膜)填塞于出血部位，多用于实质器官的止血。

④骨蜡止血 当骨面出血时，在出血处涂布骨蜡，即可制止骨质渗血，用于骨的手术和断角术(骨蜡配方：蜂蜡5.0 g，石蜡油5.0 mL，凡士林1.0 g，混合后高压灭菌，以无菌操作搅拌均匀)。

⑤ZT(黏涂)快速医用胶止血 ZT胶一般用于新鲜创口的吻合，而且还有快速的止血作用，对中小静脉止血、实质器官出血只需滴到创面即可迅速止血。

六、缝合与拆线

缝合是将分离的组织、器官进行对合和固定或重建其通道，以有利于创口愈合及恢复其功能的基本操作。缝合是外科手术的一项重要的基本操作技术，要求我们多练、勤练，以求迅速、熟练、确实。缝合一般使用缝针和缝线，近年来有医用黏合剂(WAB生命胶等)、伤口愈合拉链、缝合组织的小型缝纫机代替缝合，大大地缩短了操作时间，提高了闭合效果。

缝合的目的：使被分离的组织密接，免受外界不良刺激，为组织再生和愈合创造有利条件；保护无菌创免受感染；有止血作用及治疗某些疾病。为了确保愈合，缝合时应遵守以下原则。

(1)严格遵守无菌操作。缝合时尽量局限在术区，防止和有菌物件接触，以防止感染。被污染的器材均应弃去或重新消毒后再用。

(2)缝合前必须彻底止血，清除创内凝血块、异物及无生机的组织。

(3)为了使创缘均匀接近，在两针孔之间要有相当距离，以防拉穿组织。

(4)缝针刺入和穿出部位应彼此相对,针距相等,否则易使创伤形成皱襞或裂隙。

(5)凡无菌手术创或非污染的新鲜创经外科常规处理后,可作对合密闭缝合。具有化脓腐败过程以及具有深创囊的创伤可不缝合,必要时作部分缝合。

(6)在组织缝合时,一般是同层组织相缝合,除非特殊需要,不允许把不同类的组织缝合在一起。缝合、打结应有利于创伤愈合,如打结时既要适当收紧,又要防止拉穿组织,缝合时不宜过紧,否则将造成组织缺血。

(7)合理应用缝针、缝线,正确地选用缝合方法。按照组织张力的大小,选用不同粗细的缝针和缝线。细小的组织应用细线、小针。应用圆针缝合皮肤常很困难,需改用三棱针,内脏器官不能应用三棱针。张力比较大的创口需采用减张缝合。所有内脏器官均应采用内翻缝合,以使浆膜贴紧,利于愈合。皮肤、肌肉大都用间断缝合,以保证血液供应,术后即使有1~2针发生断裂,也不至于发生创口全部哆裂。腹膜则用连续缝合,保证密闭。

(8)松紧适宜。过松,创缘裂开,运动时创缘不时发生摩擦,不利于愈合;过紧,缝合部血液循环障碍,组织反应重,易导致水肿,反而使缝线环更趋紧张,缝线嵌入组织,以致局部发生缺血性坏死或缝线断裂、创口哆开。

(9)创缘、创壁应互相均匀对合,皮肤创缘不得内翻,创伤深部不应留有死腔、积血和积液。缝合的深浅要适宜,缝线应正好穿过创底。过深会造成皮肤内陷,过浅则皮肤下造成死腔。缝合后的皮肤应稍微外翻,以利愈合。在条件允许时,可作多层缝合。

(10)缝合的创伤,若在手术后出现感染症状,应迅速拆除部分缝线,以便排出创液。

(一)打结

打结是外科手术最基本的操作之一,正确而牢固地打结是结扎止血和缝合的重要环节,熟练地打结,不仅可以防止结扎线的松脱而造成的创口哆开和继发性出血,而且可以缩短手术时间。

1. 结的种类

常用的结有方结、三叠结和外科结。

(1)方结　又称平结、二重结,是手术中最常用的一种结。由于第一结和第二结方向相反,不易滑脱,用于结扎小血管和一般组织缝合的打结。

(2)三叠结　又称加强结,三叠结是在方结的基础上再加一层结,第三结和第二结方向相反,较牢固,多用于组织张力较大时缝合打结,如大血管的结扎以及肠线、尼龙线和不锈钢丝的打结。

(3)外科结　打第一结时绕两次，使摩擦面增大，打第二结时不易松动，此结牢固可靠，可用于大血管或张力较大组织的缝合结扎。

此外，在打结过程中常产生的错误结，有假结和滑结两种。

假结(斜结)：打方结时，两手未进行交叉而形成，此结易松脱。

滑结：打方结时，虽则两手交叉打结，但两手用力不均，只拉紧一根线而形成，易滑脱，应尽量避免发生。

各种结如图 8-24 所示。

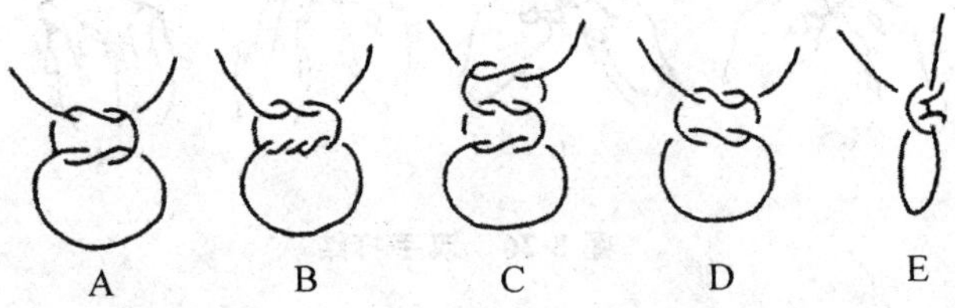

A. 方结　B. 外科结　C. 三叠结　D. 假结　E. 滑结

图 8-24　各种结线

2. 打结方法

常用的有单手打结、双手打结和器械打结三种。外科中方结用得最多，现以方结为例介绍打结方法。

(1)单手打结　为最常用的方法，简便迅速，左右手打结均可，虽各人打结的习惯不同，但基本动作相似(图 8-25)。

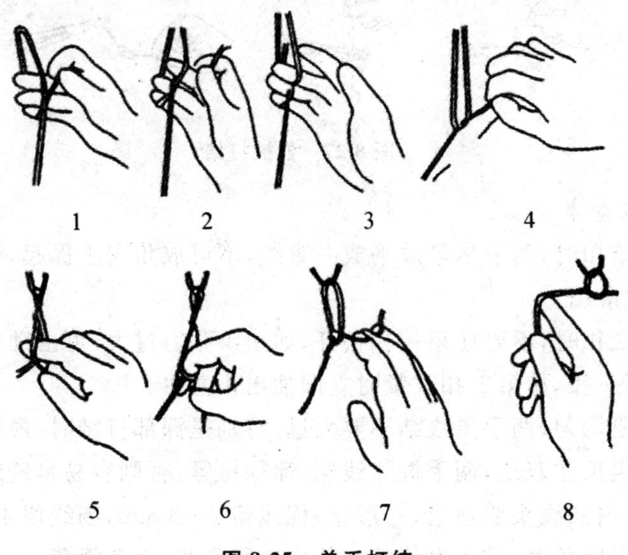

图 8-25　单手打结

(2)双手打结　除用于一般结扎外,对深部或张力较大的组织缝合、结扎较为方便可靠(图 8-26)。

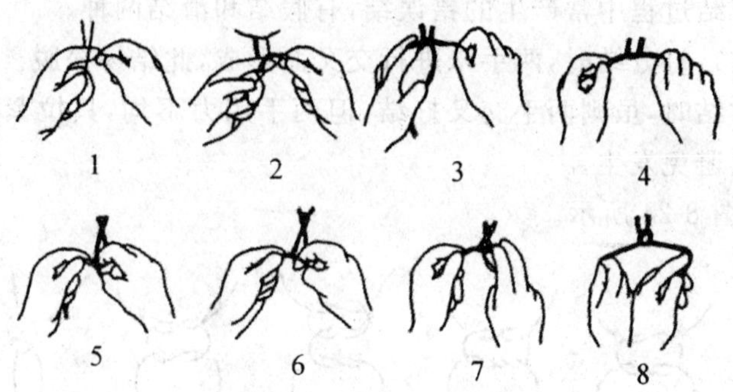

图 8-26　双手打结

(3)器械打结　用持针钳或止血钳打结,用于缝合线头过短、深部和某些精细手术的打结(图 8-27)。

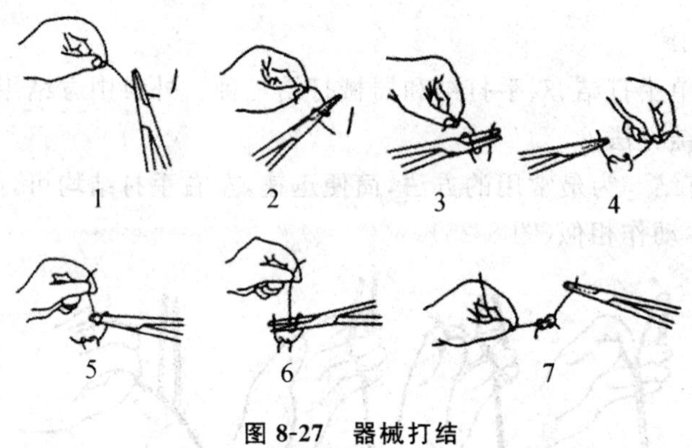

图 8-27　器械打结

3. 打结注意事项

(1)拉紧结扣时,两手尽量放平成一直线,不可成角向上提起,否则使结扎点容易撕脱或打成滑结。

(2)结第二扣时,不要让第一扣松开,如组织张力过大,可由助手用止血钳轻轻夹住或压住第一扣,待第二扣收紧时立即抽出止血钳。

(3)用力要均匀,两手离线结不要太远,特别是深部打结时,最好用两手食指伸到结旁,以指尖顶住双线,两手握住线端,徐徐拉紧,否则容易将缝线拉断或打不紧结。留在组织内的线头要适当,一般丝、棉线留 2～3 mm,肠线留 4～5 mm,细线可留短些,粗线可留长些,较大血管的结扎也应留长些,以免滑落。

(4)正确地剪线是将双线尾提起,用稍张开的剪尖沿着拉紧的缝线滑至结扣处,再将剪刀稍向上倾斜,然后剪断之。倾斜的角度大则所留线头较长,反之较短。

(二)缝合法

外科手术中所用的缝合方法很多,根据缝合后切口边缘的形态,可分为对接缝合、内翻缝合、外翻缝合三类,而第一类中,又有间断缝合和连续缝合两种。

1. 单纯缝合法

单纯缝合又称单纯对接缝合,缝合后创缘平整对合,多用于皮肤、肌肉和筋膜的缝合。常用的有以下几种缝合法。

(1)间断缝合

①结节缝合　为最常用的基本缝合法,是用带有 15～25 cm 缝线的缝针,于创缘一侧垂直刺入,于对侧相应的部位穿出进行打结(图 8-28)。优点是效果确实,拆除方便,对局部血液循环影响小,即使个别线结断裂,不影响其他邻近缝合结扣,不至于整个创面裂开,若有感染须排液时,可拆除少数缝线。其缺点是费时和需要较多的缝线及在创内留的线结较多。一般进针和出针距创缘 0.5～1 cm,线距为 1.0～1.5 cm。直线切口的缝合可从切口的中央开始缝合,然后再在每段的中间下针,直至缝合好。

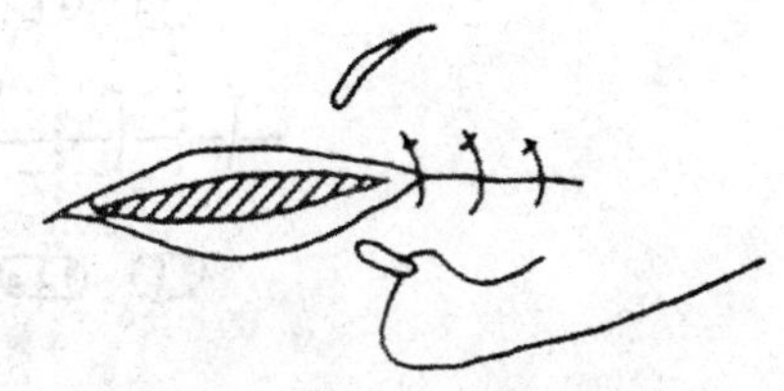

图 8-28　结节缝合

②"8"字形缝合　又称双间断缝合,为两个相反方向交叉的间断缝合组成。分为内"8"字形和外"8"字形两种。多用于腹白线、肌肉、腱或由数层组织形成的深创的缝合(图 8-29)。

图 8-29　"8"字形缝合

③减张缝合　应用在张力过大的皮肤缝合,以防止缝线扯裂创缘组织。在结节缝合的基础上,用缝线每隔 2～3 针缝一针减张缝合,即针的进、出点距缘 2～4 cm,然后打结。为了减小线对皮肤的压力,可在线的两端缚以适当粗细的消毒纱

布卷或橡皮管作为圆枕，称圆枕减张缝合。也可在缝线上套上胶管，在创口的一侧打结(图 8-30)。

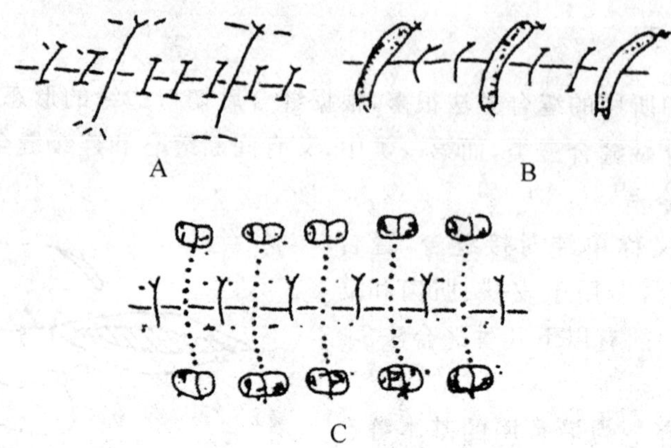

A. 减张缝合 B,C. 圆枕减张缝合

图 8-30 减张缝合

④钮孔状缝合 又称褥垫缝合，分为水平、垂直与重叠三种缝合法(图 8-31)，前两种用于张力较大的皮肤和腱的缝合及治疗子宫、阴道脱出的缝合固定，重叠钮孔状缝合多用于修补疝轮。

(2)连续缝合 用一根长缝线把创口全部闭合地缝合称连续缝合。优点是组织对合完全，相邻组织接合牢固，防止液体从创口漏出，同时节省时间和缝线。缺点是一处断裂，则全部缝线松脱。

①螺旋形缝合 用一条长缝线，先在创口一端缝合打结，然后以等距离螺旋形缝合，最后留下线尾在一侧打结(图 8-32)。常用于具有弹性、无太大张力的切口，如肌肉、腹膜及肠胃、子宫的第一层缝合。

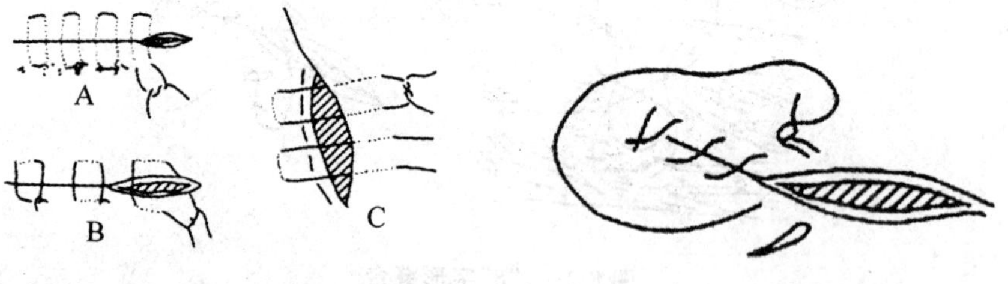

A. 水平钮孔状缝合 B. 垂直钮孔状缝合 C. 重叠钮孔状缝合

图 8-31 钮孔状缝合

图 8-32 螺旋形缝合

②锁边缝合 锁边缝合和螺旋形缝合基本相似，但在缝合过程中每次应将缝

线交锁(图 8-33),多用于缝合皮肤直线形切口以及于薄而活动性较大的组织。

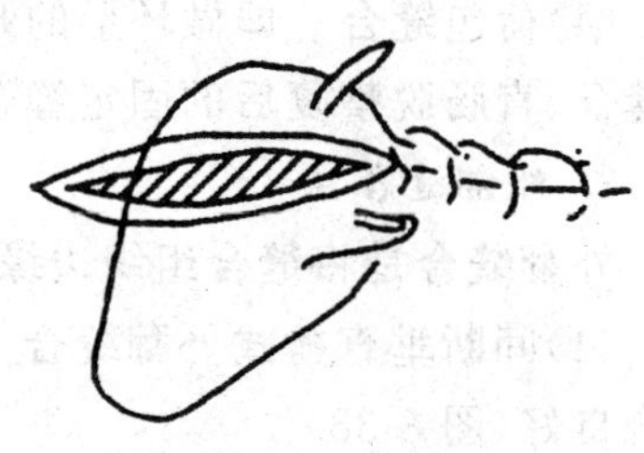

图 8-33　锁边缝合

2. 内翻缝合法

内翻缝合主要用于胃肠、子宫、膀胱等空腔器官的缝合。缝合后创缘内翻,浆膜面相互密接,表面光滑,有利于愈合。

(1)伦伯特(lembert)氏缝合　又称垂直褥式内翻缝合。分间断与连续两种,空腔器官缝合时,用于缝合浆膜肌层(图 8-34)。

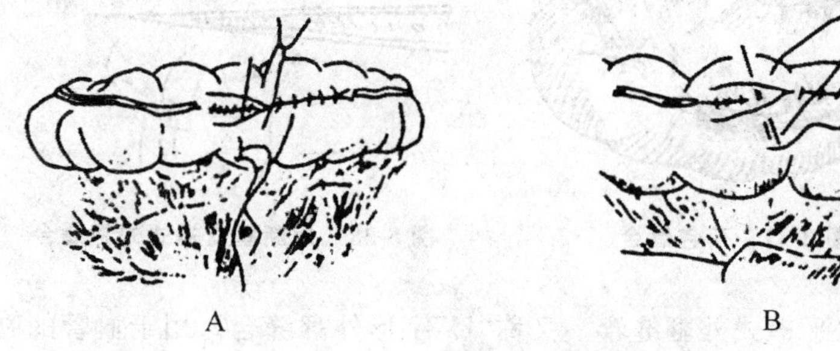

A　　B

A. 间断内翻缝合　B. 连续内翻缝合

图 8-34　伦伯特氏缝合

(2)库兴(Cushing)氏缝合　又称连续垂直褥式内翻缝合。适用于胃肠、子宫浆膜肌层缝合(图 8-35)。

(3)康乃尔(Connell)氏缝合　此法大致与库兴氏缝合相同,但在缝合时要穿透全层组织。多用于胃肠、子宫壁全层缝合(图 8-36)。

图 8-35　库兴氏缝合

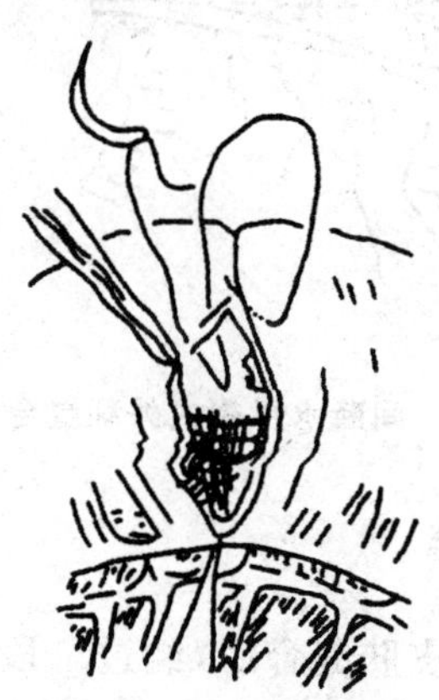

图 8-36　康乃尔氏缝合

(4)荷包缝合　即做环形的浆膜肌层连续缝合。主要用于胃肠壁小范围的内翻缝合、直肠脱整复后的固定缝合及胃肠、膀胱造瘘等引流管的固定等(图 8-37)。

3. 外翻缝合法

外翻缝合是将缝合组织边缘向外翻出。分间断和连续缝合两种。

(1)间断垂直褥式外翻缝合　用于松弛皮肤的缝合,以防皮缘内卷,保证边缘对合良好(图 8-38)。

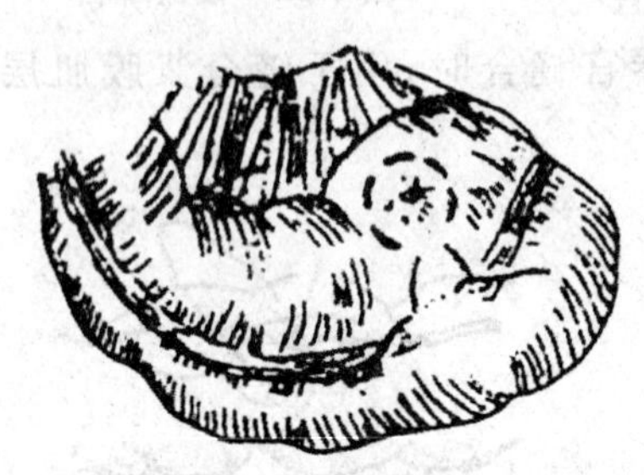

图 8-37　荷包缝合

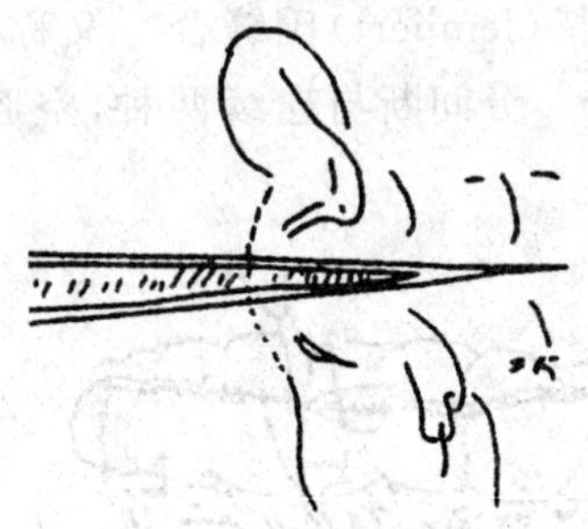

图 8-38　间断垂直褥式外翻缝合

(2)间断水平褥式外翻缝合　又称"U"字形外翻缝合。用于血管的吻合,张力较大的肌肉和疝轮等的缝合(图 8-39)。

(3)连续外翻缝合　连续外翻缝合又称"弓"字形外翻缝合,用于血管、腹膜的缝合(图 8-40)

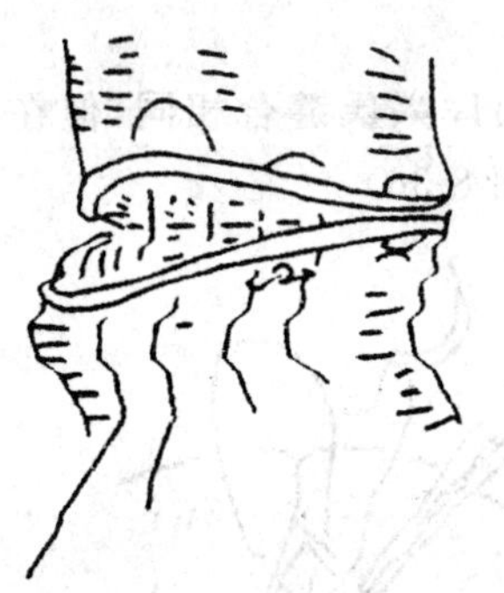

图 8-39　间断水平褥式外翻缝合

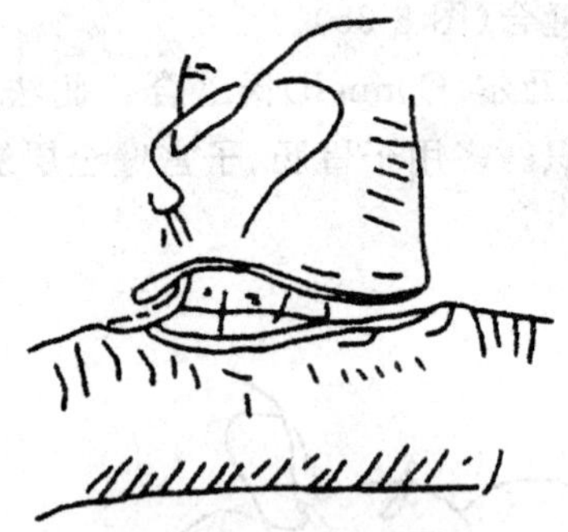

图 8-40　连续外翻缝合

(三)拆线

拆线是指皮肤缝合后,经过一段时间组织愈合,其牢固性已能阻止切口裂开时,须拆除缝线。拆线的时间,一般是在术后 7～8 d,凡营养不良、贫血、老龄动物及局部张力较大或活动性较大等，应适当延长拆线时间，若创伤已化脓或创缘已被缝线撕裂不起作用时，可根据创伤治疗的需要，拆除全部或部分缝线。拆线时，先消毒创口皮肤和缝线，将线结用手术镊轻轻提起，用拆线剪紧贴皮肤，使埋在组织内的缝线露出后剪断，向着剪断的一侧拉出缝线，再次消毒创口及皮肤。如拆线偏迟，线孔组织常化脓，拆线后涂擦碘酊可自愈。

七、包扎法

包扎法主要用于固定和保护创伤，由内层和外层材料组成，内层为敷料（纱布块和脱脂棉等），外层为带状的绷带。

绷带的作用是固定敷料和药物，保护创口不与外界接触，预防感染；固定患部，使创伤保持安静，防止移位和进一步损伤；减轻张力，防止缝线断裂和创伤裂开，使创缘、创面密接促进愈合；吸收创伤分泌物，减轻对组织的浸渍；压迫患部，减少渗出，达到止血及防止创面肉芽组织过度生长的目的；有助于夏天防蝇、冬天防冻等。装着绷带时要注意下列事项：患部应先清创和用药，骨折要加以整复；应作向心性缠绕，防止淤血；松紧要适宜，以不阻断血液循环、动物感觉舒适为原则；经常检查，发现装着过松或偏紧、被分泌物浸透、患部增温、肿胀等，应及时处理。

根据临床应用和局部解剖的特点，常用的绷带有卷轴绷带、结系绷带、复绷带、胶质绷带和石膏绷带等，现分述如下。

（一）卷轴绷带

卷轴绷带是用适当宽度的纱布或棉布卷制而成，分为单头、双头和丁字形绷带。卷轴绷带多用于大动物的四肢游离部、尾部、角和蹄及小动物的胸、腹部。装置时，一般用左手持绷带开端，右手持绷带卷，以绷带的背面紧贴患部，由左向右缠绕，当缠好第一圈后，将绷带的游离端反转盖在第一圈绷带上，再用第二圈绷带压住第一圈绷带。然后根据需要进行不同形式的缠绕，最后仍以环形终止，将绷带末端剪成两半，在肢体外侧打结或以胶布将末端固定。

（1）环形带　环形带多用于系部、掌（跖）部等较小创口的包扎，也是其他形式包扎的起始和结尾。方法是在患部把卷轴带呈环形缠绕数圈，每圈盖住前一圈（图 8-41）。

（2）螺旋带　用于粗细一致的较长部位，如掌部、跖部和尾部，先在下端以环形带开始，再以螺旋形向上缠绕，每后一圈盖住前一圈的 1/3～1/2，最后以环形带结束（图 8-41）。

（3）折转带　折转带用于上粗下细的部位，如前臂部和胫部，方法是由下向上螺旋形缠绕，当每圈绕到肢外侧时，用左手拇指压住绷带上边缘，把绷带向下回折

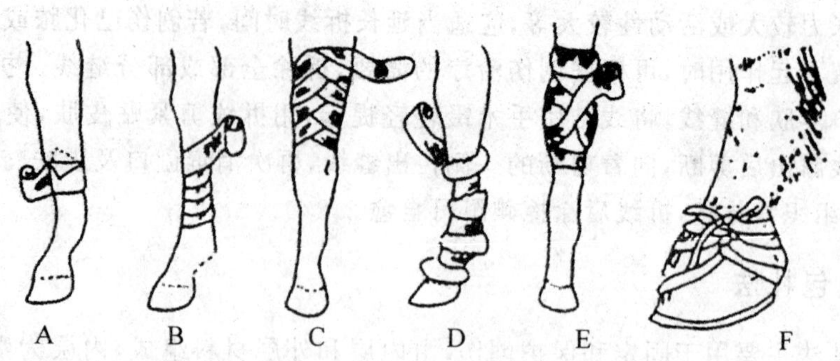

A. 环形带 B. 螺旋带 C. 折转带 D. 蛇形带 E. 交叉带 F. 蹄冠绷带

图 8-41 卷轴绷带装置法

继续缠绕(图 8-41)。

(4)蛇形带 蛇形带用于固定夹板绷带的衬垫材料,斜行向上缠绕,各圈互不遮盖(图 8-41)。

(5)交叉带 交叉带用于腕、肘、系关节等。其方法是在关节下方作环形带,然后斜向关节上方作一圈环形带后再斜行至关节下方,呈“8”字样交叉至患部完全被包扎住,最后以环形带结束(图 8-41)。

(6)蹄冠绷带 蹄冠绷带用于蹄冠或蹄踵部包扎,使用一头长另一头较短的双头绷带,将其中间背面覆盖于患部上,包住蹄冠,使两头在患部对侧相遇,彼此扭缠,然后将用长头逐渐由、上向下缠绕,每遇小头即扭缠一次返回再缠,最后打结于患部对侧(图 8-41)。

(7)蹄绷带 蹄绷带用于蹄底疾病。将绷带开端留下约 20 cm 作缠绕的支点,在系部作环形带数圈,然后由一侧斜经蹄前壁向下折过蹄尖经蹄底,至蹄踵与游离的绷带头扭转后,再由另侧斜经蹄前壁作蹄底缠绕,同样操作至将整个蹄底包妥为止,最后与游离部分打结(图 8-42)。为防止蹄绷带被污染,在外部可用帆布套等包扎。

(8)角绷带 角绷带用于牛羊角壳脱落和角折。先用一块纱布盖在断角上,用环形带固定纱布,然后以健康角为支持点,以“8”字缠绕进行包扎,最后在健康角根作环形带打结(图 8-43)。

(9)尾绷带 尾绷带用于后躯、肛门、会阴部施术前、后固定尾部,防止污染切口。先在尾根上作环形带,然后把背侧尾毛折转向上用绷带螺旋包扎压住,以同样方法螺旋缠至尾尖时,将整个尾毛全部折转作数圈环形带后,绷带末端通过尾毛折转所形成的圈内(图 8-44),拉到颈基部围绕打结固定。

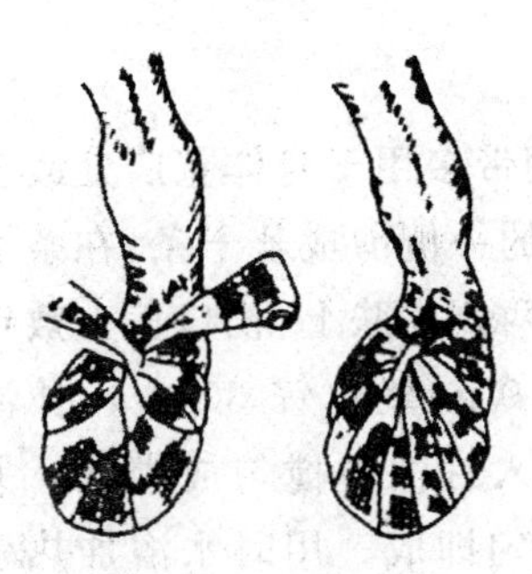

图 8-42 蹄绷带

图 8-43 角绷带

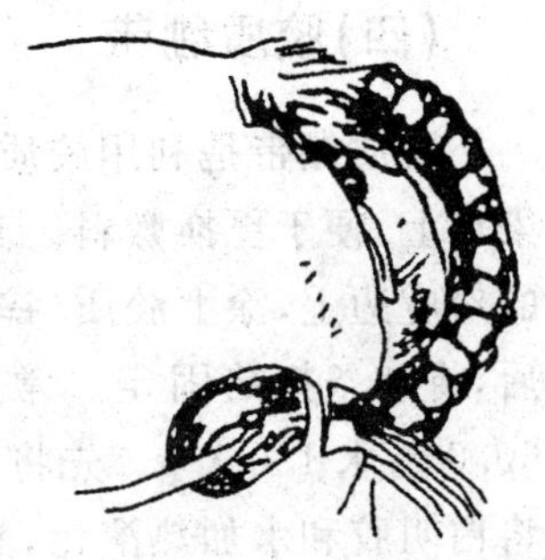

图 8-44 尾绷带

(二)结系绷带

结系绷带又称缝合绷带,是用缝线代替绷带固定敷料的一种保护手术创口及减轻其张力的绷带,它可以装在畜体任何部位。方法是利用圆枕缝合的游离线尾将无菌纱布块固定在创口上,或者选用适当大小的无菌纱布块数层盖在切口上,四周用 4～8 个结节缝合将其固定在皮肤上。

(三)复绷带

复绷带是根据畜体部位的形状而缝制的,具有一定结构、大小的双层盖布,其四周缝合若干布条以打结固定,要求装置简便,固定可靠。常用的复绷带如图 8-45 所示。

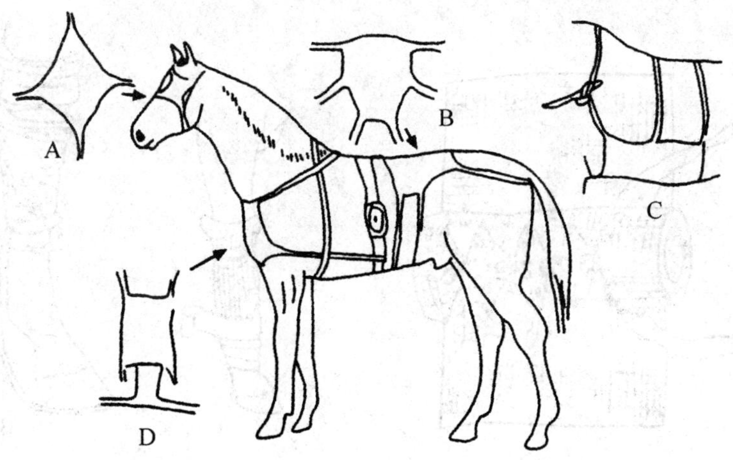

A. 眼绷带 B. 背腰绷带 C. 腹绷带 D. 前胸绷带

图 8-45 复绷带

(四)胶质绷带

胶质绷带是利用胶质把敷料固定在创口部。这种绷带多用于身体宽广处或感染创上,便于更换敷料。其方法是将适当大小的两块布的一侧剪成若干条,在条子的对应边上,涂上胶质(锌明胶)后黏附在已剪毛的伤口两侧皮肤上,伤口盖上敷料后,将布条打结固定。常用的锌明胶制法:白明胶 90.0 g,氧化锌 30.0 g,甘油 60.0 g,水 150.0 g。先将氧化锌在研钵中研成细末,加入甘油中搅匀成糊状。另将白明胶和水加热溶化,然后倒入氧化锌糊内。慢慢搅匀即成。用时水浴加热融化即可使用。拆除时用温水浸软后即可取下(图 8-46)。

(五)夹板绷带

夹板绷带是利用夹板的作用固定患部,避免移位和再损伤等的一种起制动作用的绷带。分为临时夹板绷带和预制夹板绷带,多用于骨折、关节脱位的救治等。

临时夹板绷带常用竹板、薄木板等作夹板,预制夹板绷带常用金属丝、薄铁板、桐木等制成适合四肢解剖形状的各种夹板。包扎时先将患部进行整复处理后,包上较厚的棉花或毡片等衬垫,并用蛇形带加以固定,然后装置夹板。用于掌(跖)部可准备 4 块宽 1.5～2.5 cm 的夹板,用于前臂部或胫部的可准备 6 块 2.5～4 cm 宽的夹板,长度必须包括患部上下两个关节,又略短于衬垫材料,最后用细绳或螺旋带捆绑固定。若利用的是竹板,可先用细绳编系起来再用较为方便(图 8-47)。

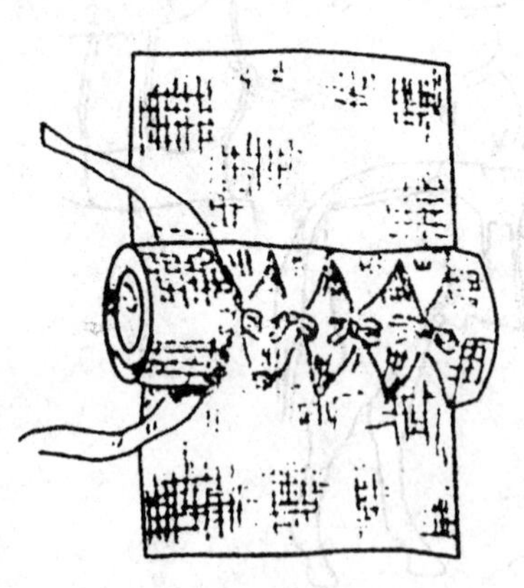

图 8-46　胶质绷带

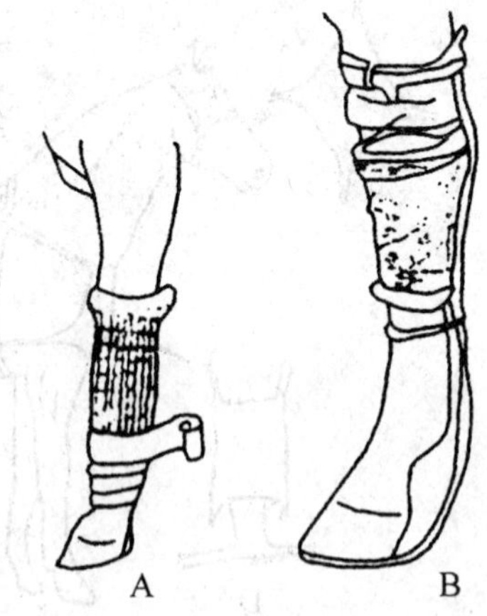

A. 竹板夹板绷带　B. 单辐铁板夹板绷带

图 8-47　夹板绷带

(六)石膏绷带

石膏绷带是由淀粉液浆制过的大网眼纱布加上煅石膏粉制成，具有可塑性好、固定可靠、装着方便等特点，主要用于四肢中、下部疾病(骨折、关节脱位、腱断裂等)。

装置石膏绷带时，患部先按常规处理，骨折的要整复，有创伤的进行创伤处理，并将肢体上、下端各绕一圈薄的纱布棉垫，同时将石膏绷带浸没于 30～40℃温水中，待气泡出完后两手握住石膏绷带两端从水中取出，轻轻对挤，挤出多余水分，用螺旋带的方法从病肢下端向上缠绕，松紧要适宜，每缠一层后均匀地涂抹石膏泥。当第一卷快要用完时，再将下一卷绷带浸入温水中。一般大动物包扎 6～8 层，中小动物 3～4 层，在缠最后一层时，须将上下衬垫向外翻转，包住石膏绷带的边缘，最后表面涂抹石膏泥，使之表面光滑、美观，并写明日期。为了加强固定作用在缠完第二层或第三层后，在患部四周放上若干夹板。如有创伤，创口上覆盖无菌的创伤压布，将大于创口的杯子放于布上，绕过杯子按前法缠完绷带，在石膏未硬固之前取下杯子用石膏泥将窗口边缘整好，通过窗口可观察和处理创伤(图 8-48)。

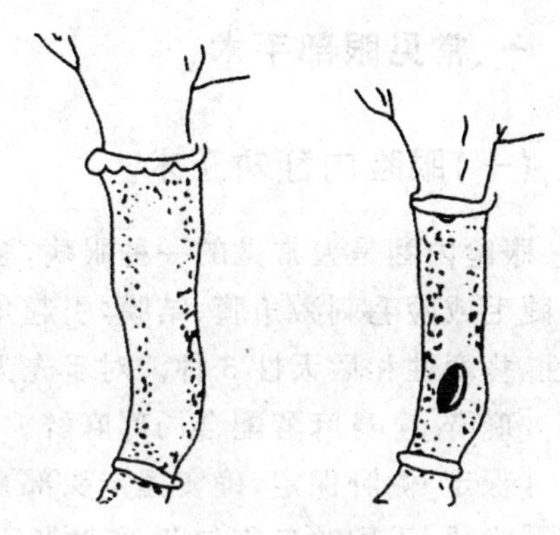

图 8-48　石膏绷带

石膏绷带缠好后，一般经过 20～30 min 才能硬化成型，为加速其硬化，可用电吹风机吹干。

石膏绷带拆除时间，一般大家畜为 6～8 周，小家畜 3～4 周。拆除时，先用热醋、双氧水或饱和食盐水在石膏表面划好拆除线，使之软化，然后沿拆除线用石膏刀切开、石膏锯锯开或石膏剪逐层剪开。简便的拆除方法则用热醋或热水浸透石膏绷带，找到末端，逐层撕下即可。

第二节 常见外产科手术

一、常见眼部手术

(一)眼睑内翻矫正术

眼睑内翻是犬常见的一种眼病,多发生于面部皮肤皱褶的犬种。由于眼睑内翻,睫毛或睑毛刺激角膜、结膜,引起角膜或结膜炎症,严重影响视力。其病因有先天性、痉挛性和后天性 3 种。对于先天性需采用眼睑内翻矫正术加以治疗。

[麻醉]全身麻醉配合局部麻醉。

[保定]侧卧保定,确实固定头部,患眼在上。

[术式]采用改良霍尔茨-塞勒斯氏(Holtz-Celus)眼睑成形术。

术者距下眼睑缘 2～4 mm 用镊子镊起皮肤,并用一把或两把止血钳钳住(图 8-49)。夹持皮肤的多少视内翻的程度而定。用力钳夹皮肤 30 s 后松开止血钳。镊子提起皱起的皮肤,再用手术剪沿皮肤皱褶的基部将其剪除(图 8-50),切除后的皮肤创口呈半月形(图 8-51)。将月牙形皮肤切除掉,在分离切除时,且勿过深,以免伤及眼睑结膜。最后用 4 号线结节缝合,闭合创口。缝合要紧密,针距为 2 mm(图 8-52)。

[术后护理]术后眼睑肿胀,似乎矫正过度,几天后则会恢复正常。术后患眼用抗生素眼药水,每天 3～4 次。颈部安装颈圈,防止自我损伤病眼。术后 10～14 d 拆线。

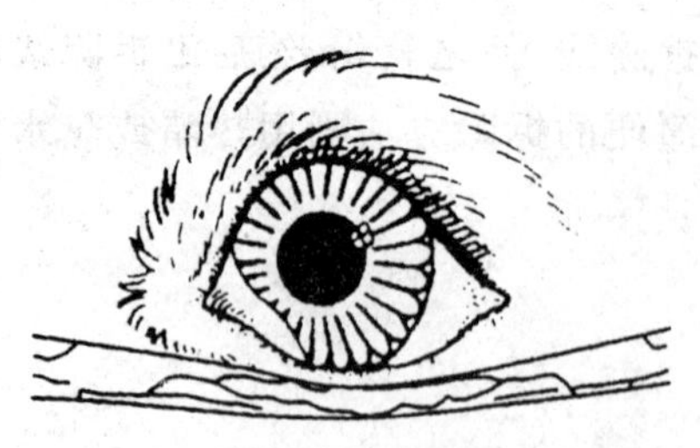

图 8-49 止血钳夹持眼睑下缘皮肤

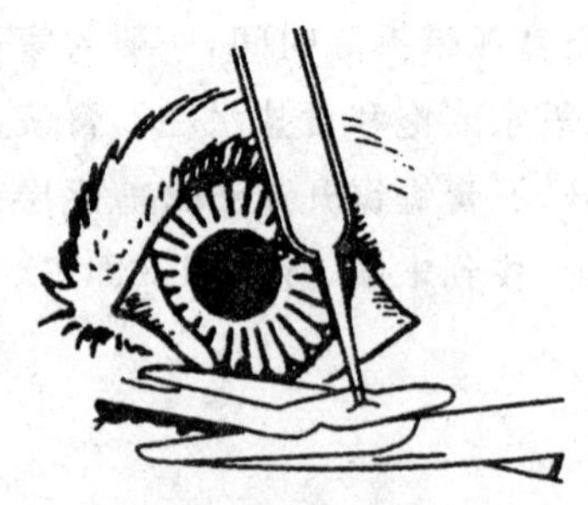

图 8-50 剪除皱起的皮肤

图 8-51　半月形皮肤创口

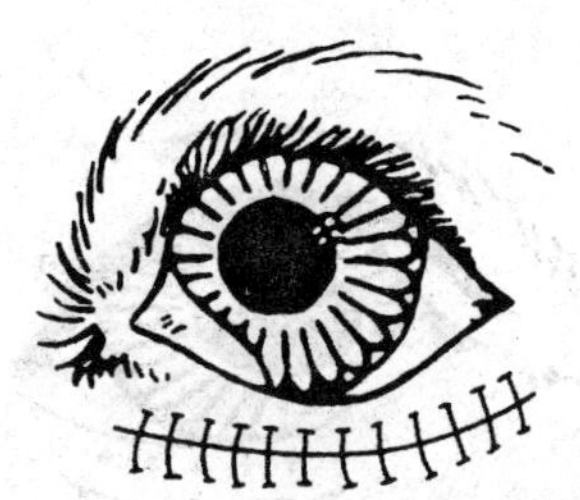
图 8-52　创口结节缝合

(二)眼睑外翻矫正术

眼睑外翻常见于某些犬种，以下眼睑发病多见。因眼睑外翻，眼结膜长期暴露在外，引起结膜、角膜炎症、干燥等。

[麻醉]全身浅麻醉配合局部麻醉。

[保定]侧卧保定，患眼在上。

[术式]局部剪毛、消毒。距眼睑外翻下缘 2～3mm 处作一“V”形皮肤切口，深达皮下组织，并从其尖端向上分离皮下组织，使三角形皮瓣游离(图 8-53、图 8-54)，其“V”形基底部应宽于外翻部分。然后从尖端向上作“Y”形缝合。即从“V”形尖部开始缝合，边缝合边向上移动皮瓣，直到外翻矫正为止。最后缝合皮瓣和皮肤切口，使“V”形创面变为“Y”(图 8-55、图 8-56)。

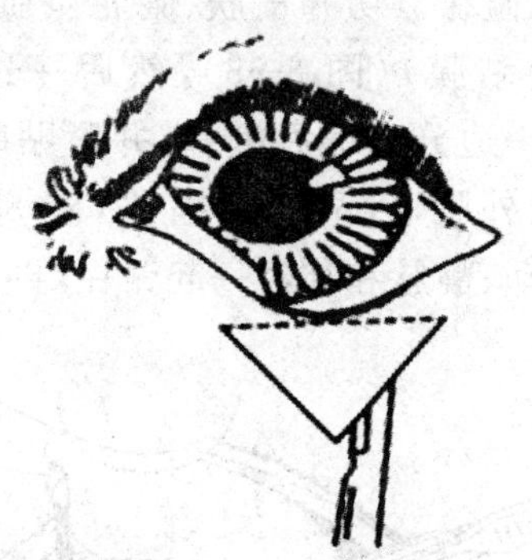
图 8-53　眼睑下缘作一“V”形皮肤切口

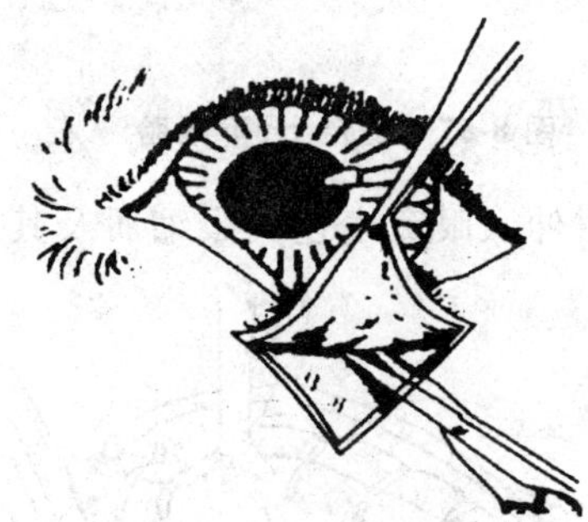
图 8-54　向上分离使皮瓣游离

[术后护理]眼球及眼睑滴涂抗生素和考的松眼膏或药水 5～7 d。颈部安装颈圈。防止自己损伤。术后 10～14 d 拆除缝线。

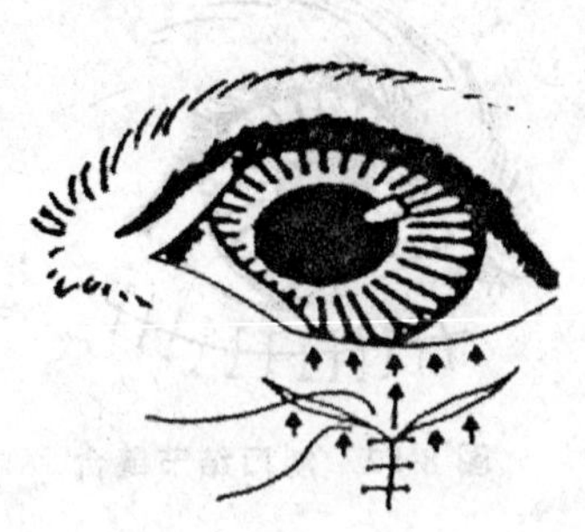

图 8-55 边缝合边向上移动皮瓣

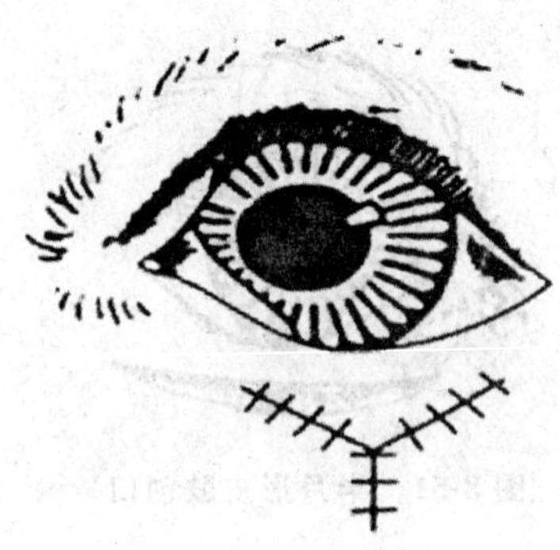

图 8-56 缝合皮瓣和边缘切口

(三)眼球摘除术

[适应症]无治愈希望的眼球损伤,治疗无效的化脓性全眼球炎,眼球内肿瘤。

[保定与麻醉]大动物站立保定或健侧侧卧保定,小动物健侧侧卧保定,要确实固定头部。小动物多采用全身麻醉,大动物作全身麻醉或球后麻醉。球后麻醉方法:注射针头于眶外缘与下缘交界处,经外眼角结膜向对侧下颌关节方向刺入,针贴住眶上突后壁,沿眼球伸向球后方,注入 2%盐酸普鲁卡因 20 mL。

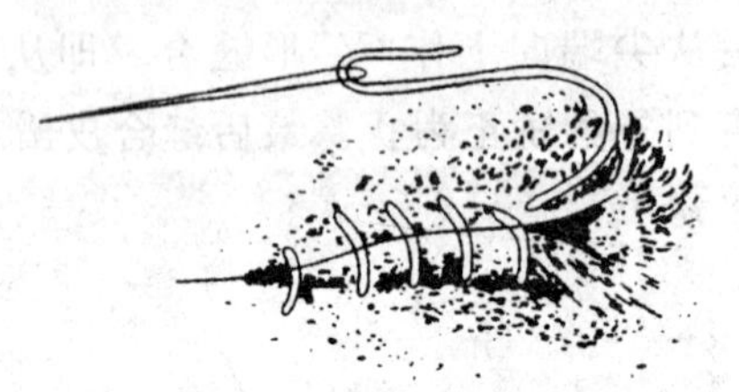

图 8-57 缝合上、下眼睑

[术式]先对上、下眼睑作连续缝合(图 8-57),环绕眼睑缘做一椭圆形切口。马因皮肤紧贴其深层骨组织,切口应紧靠眼睑缘。切开皮肤、眼轮匝肌(不要切开睑结膜)(图 8-58),然后一边牵拉眼球,一边分离球后组织,并紧贴眼球壁切断眼外肌,以显露眼缩肌(图 8-59)。用弯止血钳伸入眼窝底连同眼缩肌及其周围的动、静脉和神经一起钳住,再用手术刀

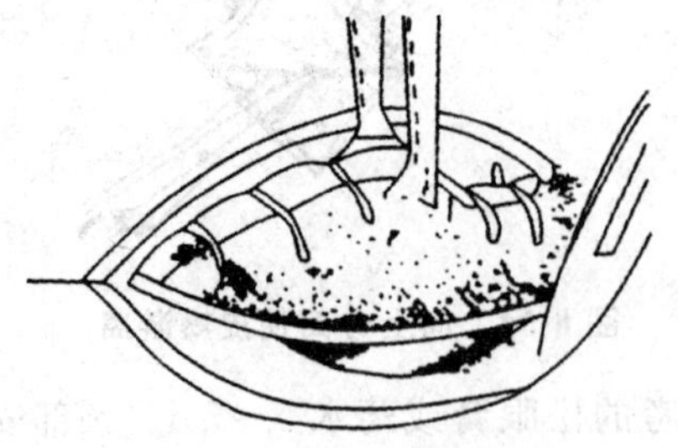

图 8-58 切开皮肤、眼轮匝肌

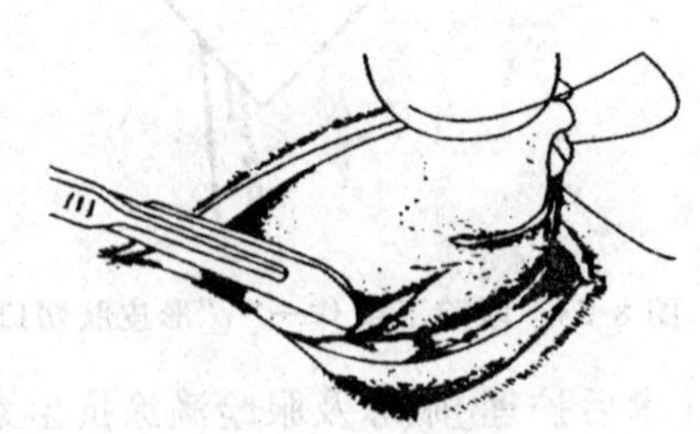

图 8-59 显露眼缩肌

或者弯剪沿止血钳上缘将其切断,取出眼球(图 8-60)。于止血钳下面结扎动、静脉,控制出血(图 8-61)。移去止血钳,再将球后组织连同眼外肌一并结扎,填塞眶内死腔。此法既可止血,又可代替纱布填充死腔(图 8-62)。最后结节缝合皮肤切口,并作眼绷带保护创口(图 8-63)。

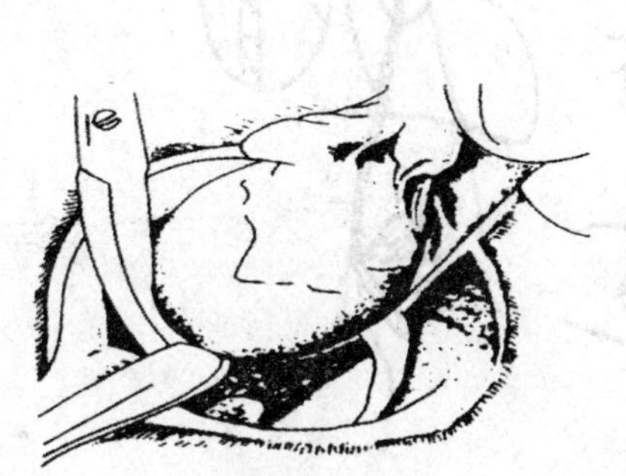

图 8-60 取出眼球

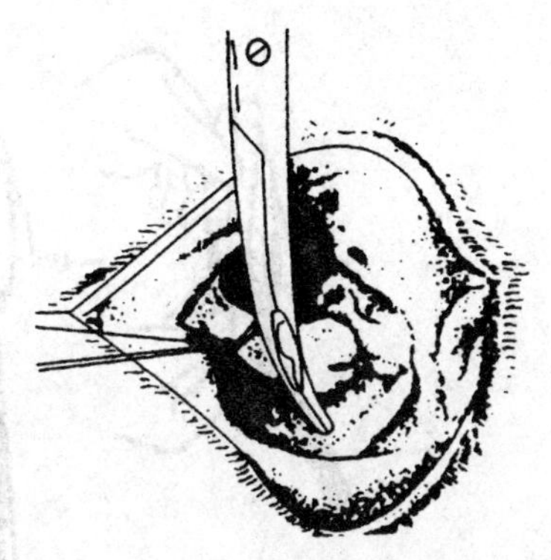

图 8-61 结扎动、静脉以控制出血

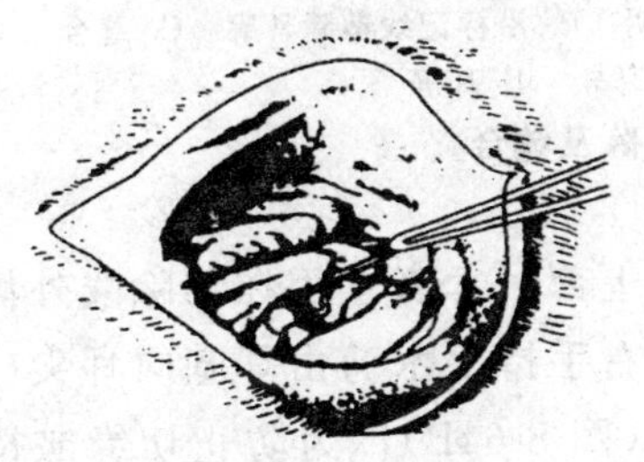

图 8-62 结扎并填塞眶内死腔

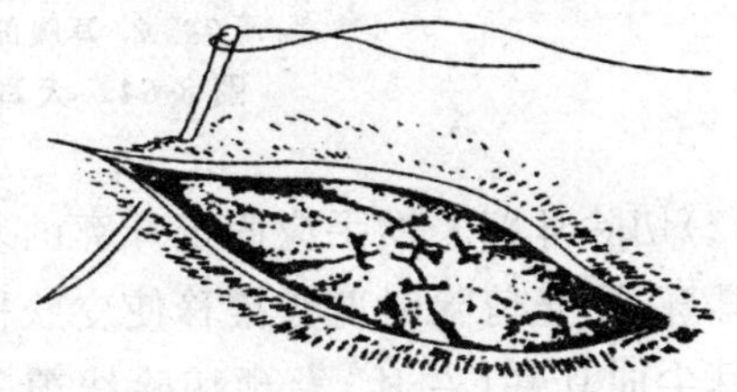

图 8-63 缝合

[注意事项]如果考虑到术后切口不易闭锁,可先用细线分别固定上下眼睑并向上向下做牵引,充分露出全眼球。然后用手术刀小心切开巩膜结膜,以下步骤同前。

二、犬耳整容成形术

对于某些犬种,为使耳竖起,达到标准的外貌要求,需施耳整容成形术。耳修剪的最佳年龄是 8～12 周龄。年龄愈大,其整容成功率就愈低。

[术前准备]动物全身麻醉,侧卧保定。犬下颌垫上折叠的毛巾,抬高其头部。两耳剃毛、消毒。外耳道塞上棉球。

[术式]

(1)确定切除线 在两耳后缘耳屏和对耳屏软骨下方即耳支与头交界处皮肤

各剪一三角形缺口。耳拉直，用塑料尺在耳廓测量，确定切除线，并用标记笔标明。再在切除顶端剪一裂口将两耳对齐拉直，在另一耳相应位置剪一裂口，确保两耳保留一致的长度(图 8-64A)。

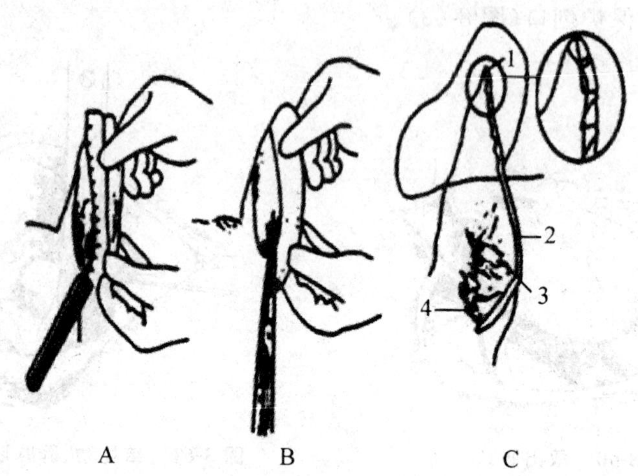

A. 在耳内侧用尺测量，确定切除线，并用记笔标明　B. 沿标记线剪除耳廓　C. 缝合

1. 耳尖　2. 耳腹部　3. 对耳轮　4. 耳屏

图 8-64　犬耳耳廓切除及缝合

(2)切除耳廓　助手应固定耳廓的基部和上部。术者左手在切除线外侧向内顶托耳廓，防止剪除时剪头推移使皮肤松弛。右手持手术剪由耳基向耳尖(右耳)或由耳尖向耳基(左耳)沿预切除线剪除耳廓(图 8-64B)。为防止切缘皱褶和出血，在修剪前，可用直的肠钳由上向下沿切口线前缘钳住耳廓，但不易超过预切长度的 2/3，剩余 1/3 保留其自然皱褶状态。用手术刀沿肠钳后缘由上向下切除钳夹的耳廓，其余部分则用剪剪除。在切除基部耳廓时，务必使保留的部分呈足够的喇叭形。否则，耳因失去基础支持而不能竖立。

(3)缝合耳廓　用 4 号丝线距耳尖 6～12 mm 做简单连续缝合。先从内侧皮肤进针，越过软骨缘，穿过外侧皮肤，再到内侧皮肤，如此反复缝合。针距 8 mm 左右。这样，抽紧缝线时，外侧松弛的皮肤可遮盖软骨缘。缝到 7～8 针时，改用全层(穿过皮肤和软骨)连续缝合(图 8-64C)，有助于增加此处的缝合强度。但部分软骨因未被皮肤遮覆暴露在外，影响创口的愈合。

另一种缝合方法是从耳基部开始。先结节缝合耳屏的皮肤切口(不包括软骨)，其余创缘仅做皮肤的简单连续缝合，当缝至耳尖时，缝线不打结(图 8-65)。这种缝合方法有助于促进创口的愈合，减少感染和瘢痕的形成。

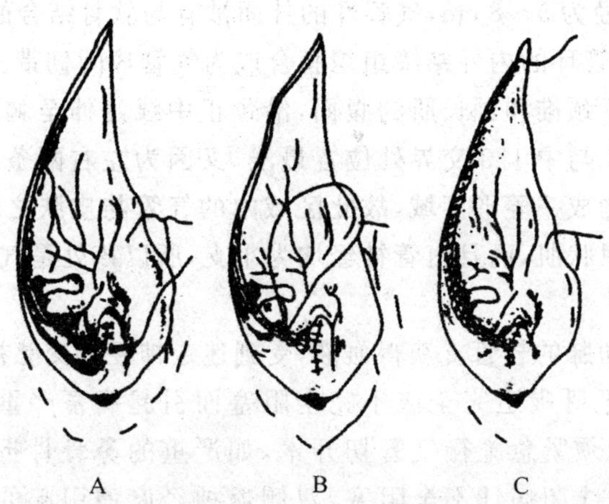

A. 仅结节缝合耳屏处皮肤切口　B. 开始连续缝合皮肤创缘

C. 耳廓创缘完全闭合，其耳尖部缝线不打结

图 8-65　耳廓缝合法

［术后护理］术后患耳必须安置支撑物，包扎耳绷带、限制耳摆动，促使耳竖立。支撑物可用纱布卷、塑料管、塑料注射器管、泡沫塞、纸筒及金属支架等材料。

手术一结束，可用纱布卷作为支撑物。将纱布卷成锥形填塞外耳内，锥体在下，锥尖在上。为防止胶带粘连创缘，在两耳创缘各放一纱布条。将耳直立，用多条短胶带由耳基部向上呈“鸠尾”形包扎，固定纱布卷。最后，两耳基部用胶带“8”字形固定，确保两耳直立（图 8-66）。填塞物每 3 d 更换 1 次，连用 2 周。如两周后耳不能站立，可按耳下垂的相反方向将耳卷曲固定。5 d 换胶带 1 次。也可用硬质材料如塑料管、塑料注射器等支撑耳朵。包扎方法同上。术后 7～10 d 拆线。

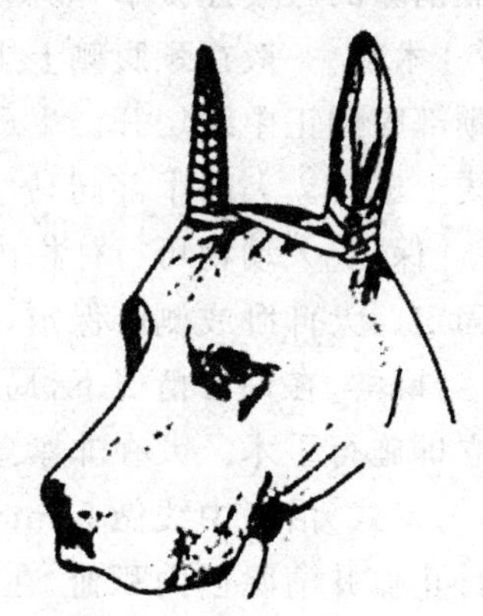

图 8-66　术后耳部包扎固定

三、气管切开术

［局部解剖］气管是由气管软骨环组成，各种动物气管环的数目和形状是不一致的，马为 48～55 个，呈圆筒状，前后稍压扁；牛为 48～50 个，从两侧向上渐变狭窄，末端朝上，形成高的尖锐的脊。

气管软骨环为环间韧带所连接。中部气管软骨环最宽，向两端变窄，大动物直径为 4～7 cm，横径为 5～8 cm，气管环的外面被有与软骨结合的致密结缔组织膜，在软骨环间隙，气管环的内外结缔组织膜合成为气管环间韧带。

颈部气管位于颈椎和颈长肌的腹面，沿颈正中线延伸至胸腔入口。气管在颈腹侧正中线上 1/3 与中 1/3 交界处位置最浅，又因为左右两条胸头肌和肩胛舌骨肌在这里分离而构成一菱形区域，故此区域内的气管与皮肤之间只有细而薄的胸骨舌骨肌及胸骨甲状肌，而且血管神经均为小支，所以该处是气管切开的良好手术通路。

气管由颈总动脉的气管支获得血液，受到迷走神经和交感神经的分支所支配。

[适应症]当上呼吸道完全或不完全阻塞而引起病畜严重呼吸困难，甚至危及动物生命时，均须紧急施行气管切开术，如严重的鼻骨骨折、鼻腔肿瘤或异物阻塞，牛鼻咽部放线菌病灶不全阻塞，双侧返神经麻痹引起的喉室偏瘫及毒蛇、蜂蜇咬后头鼻部急性炎性水肿等。也适用于上部呼吸道施行手术时而需做的气管切开术。

气管切开术可分为暂时性和永久性气管切开，前者多属于急救性质，待局部障碍消除后，切开的气管即可闭合，而后者多适用于贵重品种家畜，在上部呼吸道有不能消除的瘢痕性狭窄，双侧面神经、返神经麻痹以及不能治疗的肿瘤等。

[术部]一般在颈腹侧上 1/3 和中 1/3 交界处，颈腹正中线上做切口，也可以在下颈部腹侧正中线切开。牛可在颈腹皱襞的一侧切开，但其切口位置仍应对准正中线上进行。犬的术部同马。

[保定]大动物可行柱栏内站立保定，亦可侧卧保定，牵引头部，使颈伸直，并确实固定。犬仰卧或侧卧保定，使颈伸直。

[麻醉]在许可情况下，局部进行直线浸润麻醉；紧急情况下，可不做任何麻醉而立即施行手术。犬在非紧急情况下，应进行全身麻醉。

[术式]沿正中线做 5 cm 左右的皮肤切口，切开浅筋膜、皮肌，用创钩扩开创口进行止血并清除创内积血，在创口的深部寻找两侧胸骨舌骨肌之间的白线，用外科刀切开，扩开肌肉，再切深层气管筋膜，则气管完全被暴露。待气管切开之前再度止血，防止创口血液流入气管。气管切开的方法很多，归纳起来有圆形、直线、窗形切开 3 种。

(1)在临近两个气管环上各做一半圆形切口(宽度不得超过气管环宽度的 1/2)，合成一个近圆形的孔。切软骨环时要用镊子牢固夹住，避免软骨片落入气管中，然后将准备好的气导管正确地插入气管内，用线或绷带固定于颈部。皮肤切口的上、下角各做 1～2 个结节缝合，有助于气导管的固定，若没有已备的气导管时，可用铁丝制成双“W”形、“丁”形橡胶管，代替气导管(图 8-67、图 8-68)。

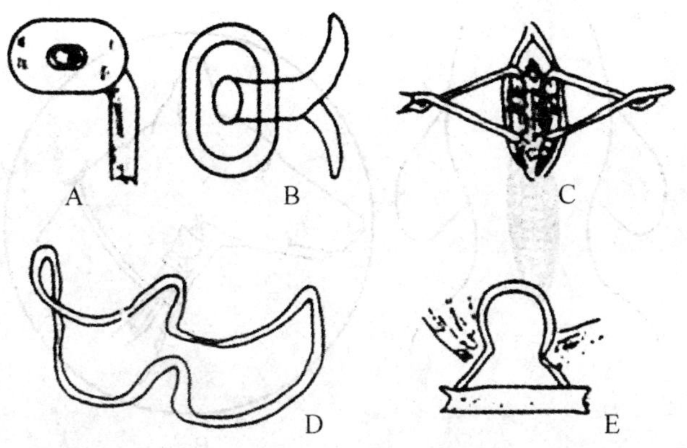

A,B. 金属制气导管 C. 双"W"形 D. 拉钩式 E. 横木式

图 8-67 气导管类型及其代用品

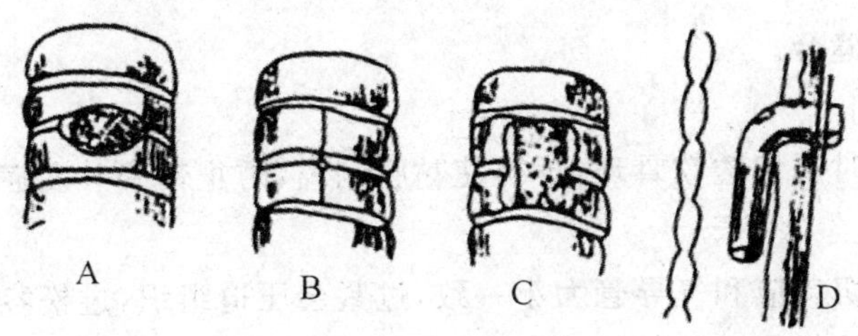

A. 圆形切开 B. 直线切开 C. 窗形切开 D. 气导管正确安装

图 8-68 气管切开类型及气导管的安放

(2)在气管环中央,纵向切开 2～3 个气管环,在同一环的切口两侧各缝一线圈,把线圈挂在预先制备好的横木两端(图 8-67),使气管保持开放。这种办法适合基层兽医站应用,其优点是可随地取材,其缺点是软骨环边缘易向气管内凹陷,造成气管狭窄。

(3)切除 1～2 软骨环的一部分,造成方形"天窗",用间断缝合将黏膜与相对应的皮肤缝合,形成永久性的气管瘘,是一种永久性气管切开(图 8-68)。犬的气管切开如图 8-69 所示。

[术后护理]拴好头部,防止动物摩擦术部,并要经常检查气导管装置情况,每日清洗气导管,除去附着的分泌物和干涸血痂。术后每 2 h 向气管内喷洒含有青霉素的生理盐水 1～2 mL,使气管保持湿润。嘱咐看护人员注意气导管气流声音的变化,如有异常立即反映,以便及时纠正。

根据上部呼吸道病势的情况,若确认已痊愈,可将气导管取下,创口做一般处

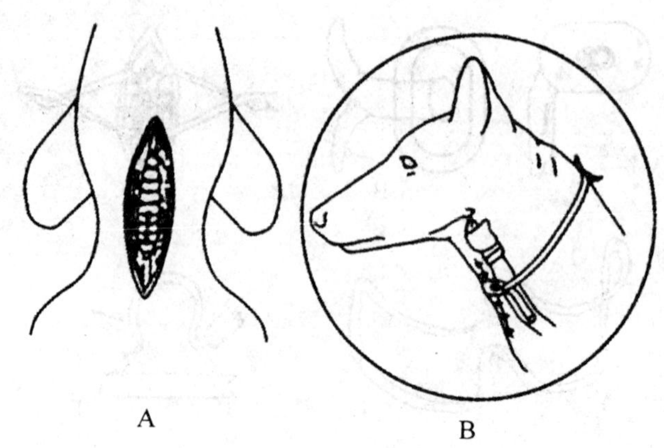

A. 气管的切开　B. 装置和固定气导管

图 8-69　犬的气管切开

理，皮肤做结节缝合。

［注意事项］

(1)切气管时要切透软骨环，不得使黏膜剥离，防止带来并发症，影响气管环软骨再生。

(2)气管的切口应和气导管大小一致，过紧会压迫组织，过松容易脱落。

(3)气导管的位置必须装正，否则不利于空气流通。

(4)在切开气管的瞬间，动物可发生咳嗽和短期呼吸停止，此为一时现象，很快就平息。

(5)由于进行上部呼吸道某种手术而实行气管切开，在术后 24～48 h 拆除气导管，清理创部，严密缝合两侧的胸骨舌骨肌，再缝合浅筋膜和皮肤，争取第一期愈合。

四、食管切开术

［局部解剖］食管可分为颈部食管、胸部食管和腹部食管。颈部食管起始于咽头的食管口，直达胸腔入口之前。这部分食管位于颈椎和气管之间，其经路开始沿气管的背面向后行走，约在第四颈椎的水平位处以后，逐渐偏于气管的左侧，从第六颈椎至胸腔入口之前，则完全位于气管左侧。食管壁分为外膜、肌层、黏膜下层和黏膜四层。

［适应症］对发生食管梗塞的动物，当采取一般疗法无效时，则采用食管切开术，另外也适用于食管憩室及食管创伤。犬多因采食肉团、碎骨、塑料等引起食管

完全或不完全梗塞，及误食鱼刺、鱼钩等异物引起的食管损伤，需手术治疗。

[术部]牛的食管梗塞多见于吞食块根饲料，发生部位多在颈上 1/3 食管的起始部位。牛的异物刺伤食管也多发生于此处。马的食道梗塞多发生在胸腔的入口处。犬的食道梗塞多在咽下食管起始部，或在贲门前的食管部。

临床上常根据触诊或用胃导管探诊来判定梗塞位置而确定手术部位。

[保定]牛马多采用右侧卧保定，也可站立保定，但要确实固定好头部。犬采用仰卧保定。

[麻醉]局部浸润麻醉或全身麻醉。

[切口及术式]颈部食管分为上切口与下切口(图 8-70)。

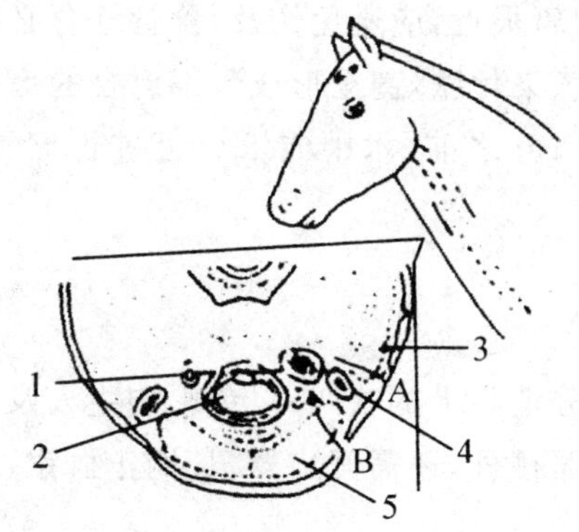

A. 上切口通路　B. 下切口通路

1. 食管　2. 气管　3. 臂头肌　4. 颈静脉　5. 胸头肌

图 8-70　上切口通路与下切口通路的切口定位

上切口是沿颈静脉沟的上缘和臂头肌之间的切口，用于皮肤切口预备加以缝合的患畜。下切口是在颈静脉的下方沿胸头肌上缘的切口，用于食管严重损伤预备作开放疗法确保创液顺利排出的患畜。

不论是上切口或下切口均须沿颈静脉纵向切开皮肤 12～15 cm，犬则切开 4～5 cm，钝性分离颈静脉和臂头肌(上切口)或颈静脉和胸头肌(下切口)之间的筋膜，在不损伤颈静脉周围结缔组织腱鞘的情况下，用剪刀剪开纤维性腱鞘。以后根据施术部位，在颈上 1/3 处和中 1/3 处，钝性分离肩胛舌骨肌并剪开深筋膜；在颈下 1/3 处，剪开肩胛舌骨肌筋膜及深筋膜，根据梗塞物很容易找到病变食管段，如无梗塞物时，可根据解剖位置寻找呈淡红色、柔软、扁平、表面光滑的食管。显露病变食管段后，小心将食管拉出，注意不得破坏周围结缔组织，并用灭菌纱布隔离食管，一次切开食管壁的全层(其长度以能顺利取出梗塞物为度)，谨慎地取出异物。食管切口经冲洗之后，用单纯连续缝合法缝合食管黏膜层。在确认黏膜层缝合严密后，用青霉素生理盐水清洗，用内翻缝合法缝合食管肌层和外膜而闭合食管。皮下肌肉及皮肤可根据情况进行全缝合或部分缝合。只有食管壁有坏死倾向时，才施行开放疗法，皮肤及皮下肌肉做部分缝合。

牛或犬食管梗塞若发生在胸部食道靠近贲门处时，可做瘤胃或胃切开手术，然后用手或钝头钳将贲门处异物取出。

[术后处理]术后禁食 1～2 d，以后给以柔软饲料和流体食物。可静脉注射葡萄糖生理盐水，半月内不可使用胃导管，皮肤缝合线于术后 10～14 d 拆线。

[注意事项]为了使手术创能顺利愈合，术中应尽量不使食管周围组织发生分离，手术切口与颈静脉相离很近，应避免伤及，食管缝合必须严密，以免唾液或食物残渣进入组织间隙引起感染化脓，甚至形成久不愈合的瘘管。

在进行反刍兽食管切开之前，术中或术后可进行瘤胃穿刺，以避免瘤胃发生臌气。

五、犬声带切除术

[适应症]彻底或部分消除犬的吠叫，以免影响主人及其周围住户的休息。

[器械]除常用手术器械外，还需开口器、长柄止血钳、长柄弯圆头手术剪、压舌板及小型高频电刀。

[麻醉及保定]速眠新全身麻醉。经口腔喉室声带切除术时则俯卧保定，将其颈部伸长。对经腹侧喉室切除声带则仰卧保定，头颈伸展，保持前低后高体位。

[术式]

(1)经口腔喉室声带切除术　装上开口器充分打开口腔，用压舌板压住舌根和会厌软骨的尖端，暴露喉的入口，“V”字形声带位于喉口里面的喉腹侧基部，用长柄止血钳钳夹声带黏膜，注意不要损伤声带背侧的喉动脉分支，边向外牵引边用长柄手术剪将声带黏膜全部剪除(包括声带肌)。但应避免切除声带腹侧的联合部，以免引起肉芽组织增生，造成声门狭窄。用同样方法剪除另一侧声带。对手术中出血，可用浸有 0.1％肾上腺素液的棉球压迫止血，或用电灼止血、钳夹止血。为防止血液吸入气管，应装置气管插管，放低头部，若有血液流入气管内，应及时吸出(图 8-71)。

(2)腹侧喉室声带切除术　以甲状软骨突起为切口中心，准确地在喉腹中线上切开皮肤，分离胸骨舌骨肌，暴露环甲软骨韧带、喉甲状软骨，沿环甲软骨韧带中线纵形切开，并向前切开 1/2 甲状软骨。用小的有齿创钩拉开创缘，暴露喉室和声

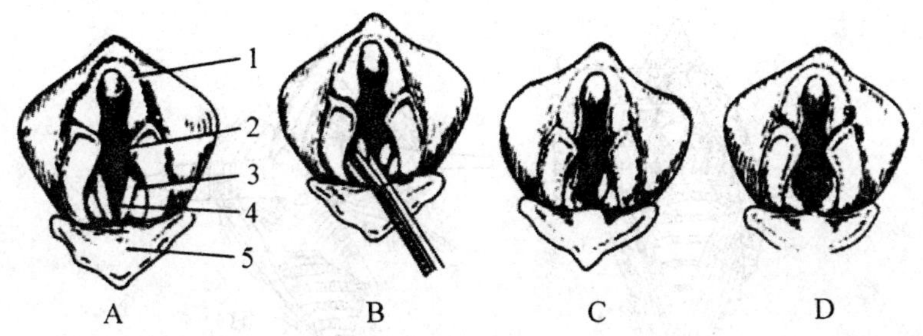

A. 从口腔观察声门（1. 小角状突　2. 楔状突　3. 勺状会厌壁　4. 声带　5. 会厌软骨）
B. 活组织钳切除右侧声带　C. 声带的腹侧不切除　D. 两侧声带均切除，但仍保留其腹侧

图 8-71　经口腔喉室声带切除术

带。左手用组织钳夹持声带基部并向外牵引，右手持弯手术剪或高频电刀将其完整地切除。若切除不彻底，犬会出现低沉、沙哑的叫声。用同样方法切除另一侧声带。采取电灼、钳夹或压迫止血后，清除血液，结节缝合甲状软骨和环甲软骨韧带。注意所有缝线不要穿过喉黏膜，且缝合时创缘要对合良好、紧密。最后缝合胸骨舌骨肌、皮下组织和皮肤。颈部包扎绷带（图 8-72）。

[术后护理]术后保持低头体位，以利于唾液、血液自口腔排出；保持环境安静，减少外界刺激而引起犬鸣叫，以利创口愈合。也可向喉室内喷入 2%丁卡因液，以免咳嗽影响创口愈合，术后 3～5 d，应使用抗生素以防感染。

六、腹壁切开术与腹腔探查术

（一）腹壁切开术（剖腹术）

1. 肷部切口

肷部切口为腹部常用切口，包括中切口、前切口、后切口和下切口等。

左肷部中切口在马属动物最为常用，如腹腔探查术，小肠各段的闭结或肠扭转整复手术，盲肠假性变位整复术，小结肠与骨盆曲闭结、扭转的排除或整复手术等。肷部中切口的优点是切口位置高，站立保定时，手术操作方便，且肠管不易涌出，缝合后切口张力小及不易形成切口疝或死腔。

[麻醉]全身麻醉或腰旁神经干传导麻醉配合局部浸润麻醉。

[术部]马属动物肷部中切口，在最后肋骨至髋结节水平线的中点向下 3～5 cm处，做一平行于肋骨的 15～20 cm 切口，也可做垂直切口（图 8-73）。

[术式]一次切开皮肤并分离皮下组织。逐层锐性切开或钝性分离腹外斜肌、

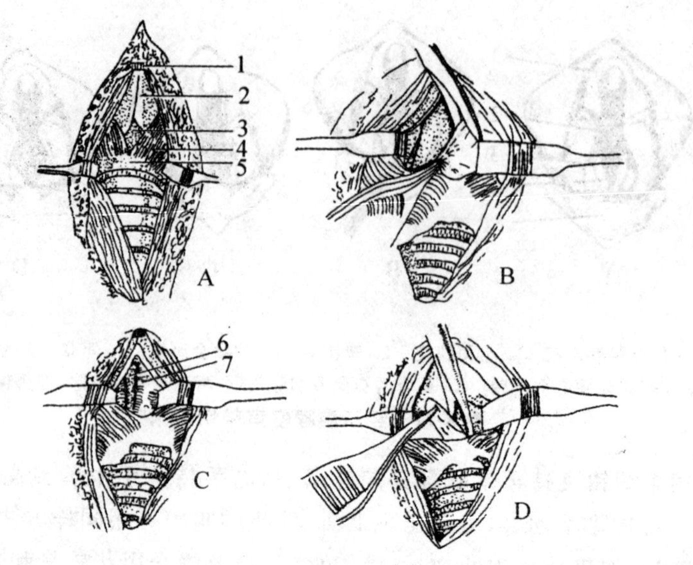

A. 喉腹侧手术径路 B. 喉切开暴露声带腹侧附着部
C,D. 镊子镊住左侧声带,并向外牵拉,便于剪除
1. 舌骨静脉弓 2. 甲状软骨 3. 环甲韧带 4. 环甲状肌
5. 环状软骨 6. 喉腔 7. 左侧声带

图 8-72 腹侧喉室声带切除术

腹内斜肌、腹横肌并显露腹膜。腹膜显露后,术者左手持有齿镊夹住腹膜,助手用弯止血钳距其旁 2 cm 处夹住腹膜,然后在钳镊之间切一小口。术者将两手指经小口插入腹腔,以手术剪扩大腹膜切口。切口缘两侧垫好生理盐水纱布垫,用拉钩牵引,显露腹腔。

闭合肷部切口。腹壁缝合前,应检查腹腔内有无血凝块及其他手术物品遗留。用丝线或肠线连续缝合腹膜与腹横肌。腹膜进针时可用压肠板或手指垫起腹膜,以防误缝内脏器官。间断或连续缝合腹内斜肌、腹外斜肌,皮肤用 10 号丝线结节缝合。

2. 弓下斜切口

马属动物肋弓下斜切口,在左侧用于左上、下大结肠手术,右侧用于胃状膨大部切开术、盲肠手术。

[术部]马的胃状膨大部切开术,采用肋弓下斜切口的定位方法,自右侧第 14 或第 15 肋骨终末端引一延长线,距肋弓 6～8 cm 处为切口中点。切口与肋弓平行,长度为 25～30 cm(图 8-74)。

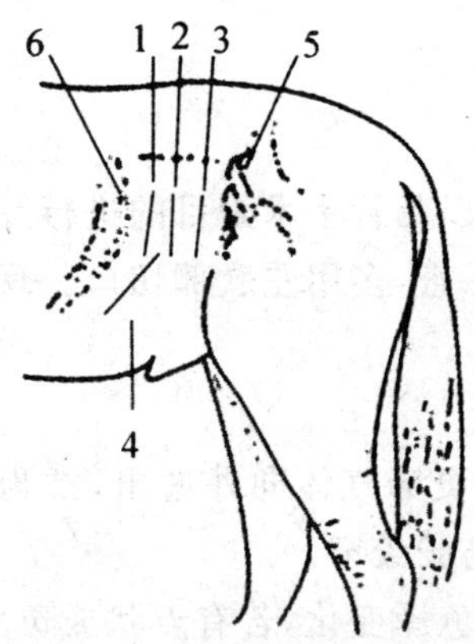

1. 肷部前切口　2. 肷部中切口　3. 肷部后切口
4. 肷部下切口　5. 髋结节　6. 最后肋骨

图 8-73　马肷部切口定位

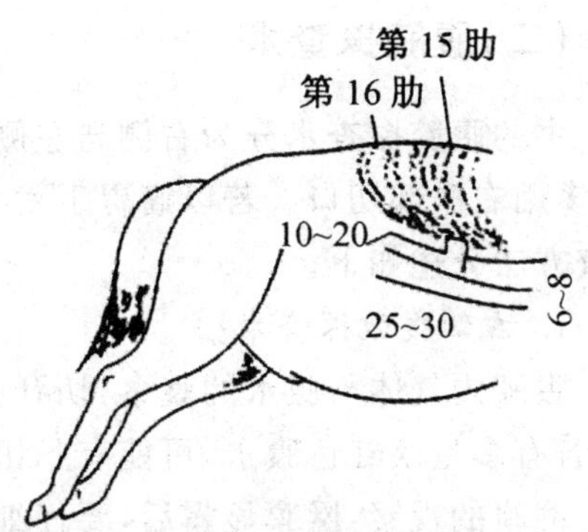

图 8-74　马胃状膨大部切开术的肋弓下斜切口(单位:cm)

盲肠手术切口的定位方法,基本与胃状膨大部切口相同,但距肋弓为 8～10 cm。盲肠手术切口定位,还可在距右侧腰椎横突下方 15～20 cm,于最后肋骨后方 5～8 cm 处,并与肋弓平行做 20～30 cm 切口。

[术式]切开皮肤,注意应尽量避开腹下静脉,也可做双重结扎后切断,手术巾隔离切口缘,暴露腹黄膜。接着切开腹黄膜与部分腹直肌外鞘,暴露部分腹直肌。按切口方向分离腹直肌,注意结扎切断血管,并尽量减少对肋间神经深支的损伤。切开腹直肌,显露腹横肌腱膜与腹膜。切开腹横肌腱膜与腹膜,显露腹腔内肠管。

在关闭腹腔时,将腹膜与腹横肌腱膜作连续缝合。用 10 号线对腹直肌与腹黄膜做间断缝合,最后皮肤做结节缝合。

3. 中线切口(腹下白线切口)

适用于马属动物广泛性大结肠闭结时行肠侧壁切开术、胸膈曲扭转整复术和小肠全扭转放液减压整复术等。

中线切口是腹部切口中解剖层最简单的一种。它具有出血少、手术显露范围广和操作简便等优点。

[保定与麻醉]仰卧或后躯半仰卧保定,全身麻醉。

[术部]根据手术目的要求,可在脐前部或脐后部中线上做 20 cm 切口。必要时也可越过脐部延长切口。

[术式]切开皮肤,显露白线。在手指端引导下切开白线。无血管分布的白线厚达 1 cm,在其下面为腹膜。切开腹膜,用手术剪扩大切口。

闭合切口时,腹膜与白线筋膜用粗丝线做间断缝合。对皮肤做间断缝合与减张缝合。

(二)腹腔探查术

牛的腹腔探查术分为右侧与左侧腹腔探查。以肠管手术为目的进行综合性探查,多用右肷部切口。若以瘤胃手术为主要目的探查,多用左肷部切口。现将两种探查方法分述如下。

1. 右侧腹腔探查术

腹腔内气体与腹水的观察:切开腹膜后,有粪臭味气体向外逸出,常为胃肠穿孔,若有多量淡红色腹水,可能有肠扭转、肠套叠与肠绞窄。

网膜的观察:网膜显露后,要仔细观察网膜的色泽变化,若有点状或斑状出血,具有纤维素形成,提示其网膜邻近有炎性病变。陈旧性炎性病变,使网膜与腹膜发生粘连。

十二指肠与皱胃的探查:在切口内,可直视十二指肠髂弯曲。若此段肠管膨胀积液,说明十二指肠第三段或空肠袢有梗阻。左手自膨胀的髂弯曲向后转入网膜上隐窝间口上部,再向前即为十二指肠第三段。若十二指肠髂弯曲空虚,而乙状弯曲膨胀积液,则为乙状弯曲梗阻。手沿十二指肠髂弯曲向前下方,在肝右叶胆囊下面可检查乙状弯曲。沿乙状弯曲向下继续检查,在右侧第十二肋骨终末端下腹壁处,可摸到皱胃幽门部及皱胃。幽门括约肌发达明显易摸,探查时易误认为病变。

正常的皱胃内容物为适量粥状物。皱胃积食发生后,胃内充满大量而坚硬未消化的粗纤维饲料,向后上方扩张,严重时可达耻骨前缘。

皱胃前上方与肝脏下方,在右侧第 8 至第 10 肋间隙为瓣胃,呈圆球状,似生面团硬度。瓣胃梗塞时,可扩张至最后肋骨后方 15 cm 处,触摸坚硬。

盲肠探查:术者左手移向骨盆方向,自网膜上隐窝间口进入网膜上隐窝内,在总肠系膜后上方摸到具有盲端的粗大肠管,即为盲肠。盲肠尖朝向骨盆方向,游离性甚大。正常情况下有适量半液状内容物。

腹腔探查时,盲肠明显臌气是结肠闭结的标志,如盲肠不臌气,梗阻部则在小肠。

臌气的盲肠游离性甚大,可向背侧弯曲,有时盲肠尖可转向前上方。盲肠积粪时,肠腔内充满大量粪便,盲肠尖下垂。回盲口阻塞时,盲肠不臌气,但全部小肠袢明显积液膨胀。

结肠袢探查:术者左手在网膜上隐窝内,手背沿瘤胃的右侧面,手心向着结肠袢的左侧面触摸。自旋袢的外周依次摸向其中央部,可发现闭结点。也可在结肠袢的右侧面与大网膜深层之间进行探查。

结肠闭结点，常呈鸭蛋到拳头大小的硬粪球阻塞，阻塞部前方肠管臌气。大多数结肠闭结点易于寻找。

空回肠探查：术者手进入网膜上隐窝内，自总肠系膜结肠袢的周缘，沿着空肠的前、腹、后缘顺序探查。空肠闭结点仅为鸡蛋大小，阻塞部前方肠管膨胀积液。术者手在花环状膨胀肠袢内做鱼尾状摆动，当闭结点撞击手端，便可发现。

探查肠变位：肠套叠多发生于空、回肠交界处。阻塞部前方肠管明显膨胀，套叠部呈香肠状肉样感，局部淤血、水肿。

有时部分空肠自身扭转 360°，扭转部淤血、水肿，甚至发生坏死。在公牛尚有空回肠部与生殖褶附近纤维素索状物缠绕，局部肠管高度膨胀积液。

2. 左侧腹腔探查术

术者左手伸入腹腔内进行探查，健康牛瘤胃浆膜光滑，触诊瘤胃内容物上 1/3 多为气体，中 1/3 为草团，下 1/3 为液体。手自瘤胃背囊探查，斜向前下方为脾脏的位置，其紧贴于瘤网胃壁上。瘤胃前背盲囊的前下方，可摸到紧贴膈肌的网胃，并可感到心搏动。网胃前壁浆膜光滑，与周围组织无粘连。

网胃内有较大的异物（如钉、针、铁丝）或网胃脓肿、胃壁瘘管等，在探查时可发觉。若异物穿出网胃，可引起局限性腹膜炎、网胃与膈粘连或形成索状瘘管。

异物穿入心包腔，则引起创伤性心包炎，触摸膈肌患部，心搏动感到遥远、不清。

术者右手自瘤胃后背盲囊后方，经过直肠下方，进入右侧腹腔。在大网膜浅层和右侧腹膜之间探查，可摸到十二指肠髂弯曲、乙状弯曲、瓣胃后部及皱胃大部分。

术者右手于网膜上隐窝间口进入网膜上隐窝，可探查盲肠、结肠袢上部和空回肠袢的腹缘与后缘。探查寻找病部的方法与右侧腹腔探查方法相同。

七、肠梗阻和肠部分切除术

肠腔内容物的正常运行发生障碍，不能顺利通过肠道，即称为肠梗阻。临床上常见的为顽固性肠闭结、肠变位、肠扭转、肠套叠、肠嵌闭等病症，均应采用手术疗法。

可采用柱栏站立保定、侧卧保定、仰卧或后躯半仰卧保定。可采用全身麻醉或电针麻醉加局部麻醉。

（一）肠闭结手术

肠闭结的手术方法有隔肠注水法、隔肠按压法、肠侧壁切开法和肠部分切除吻合手术等。

隔肠注水法：即用注射器将生理盐水等隔肠注入粪结中，以软化闭结点，以利于隔肠按压。

隔肠按压法：隔肠注水以后，手在腹腔内可用切压法、平压法、握压法等方法进行按压结粪，便于肠内容物后送。

肠侧壁切开术：纤维球或毛球阻塞、肠结石、虫团阻塞、结粪坚硬经隔肠注水按压无效者，及时采用此手术。

1. 空肠、小结肠、骨盆曲闭结肠侧壁切开术

将病部肠管引至腹腔外，用温水生理盐水纱布垫保护隔离，用两把肠钳闭合结粪两侧肠腔。由助手举持与地面成45°紧张固定。术者用手术刀在病肠纵带上或肠系膜对侧，一次纵切肠壁全层，切口长度约为结粪纵径的3/4。用过的污染器械、纱布，应集中于专用器械盘内。

助手将结粪两侧适当压挤，使之自动由切口滑入器皿内，以防污染术部。助手仍按45°位置固定肠管，用酒精棉消毒切口缘。术者立即进行连续全层缝合，随即转入无菌手术。肠壁清洁处理后，再做连续伦伯特氏缝合或库兴氏缝合。除去肠钳，检查有无渗液、漏气现象。用生理盐水冲洗肠管，涂以抗生素。将肠管还纳腹腔内，闭合腹壁切口(图8-75)。

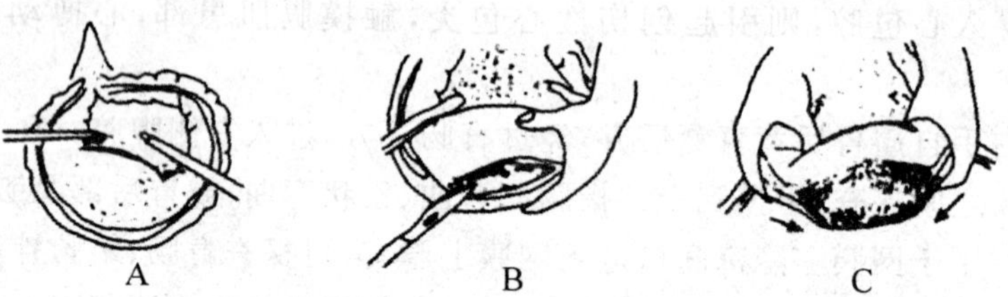

A. 用肠钳固定闭结点两侧　B. 在纵带上切开　C. 两手压挤结粪，使其自动脱出

图8-75　小结肠闭结侧壁切开

2. 胃状膨大部、盲肠、左侧大结肠侧壁切开术

此3种肠管侧壁切开的手术方法基本相同，现以胃状膨大部肠侧壁切开术为例叙述如下。

胃状膨大部结石或闭结，因病部肠管粗大、阻塞物坚硬，移动性很小，不易引出切口外，常由助手辅助固定。助手将手自腹壁切口一角伸入腹腔，使结粪肠管移近切口，尽量显露病部，用大纱布严密隔离。用手术刀在肠纵带上做15 cm切口，再用软橡胶洞巾连续缝合于肠壁切口周缘。此时为污染手术，助手戴好手套，经切口取出结粪，清理肠壁切口，除去软橡胶洞巾，肠壁切口做全层连续缝合。然后转入无菌手术，做连续伦伯特氏或库兴氏缝合，肠壁切口涂抹抗生素，最后闭合腹壁

切口。

马属动物胃状膨大部多发生肠结石，结石取出的手术方法与胃状膨大部肠侧壁切开术基本相同。

(二)小肠部分切除术

手术适用于马、牛、猪、犬、猫等，是治疗因各种类型肠变位引起的肠坏死、广泛性肠粘连、不易修复的广泛性肠损伤以及肠肿瘤的根治手术。

1. 小肠部分切除术

将病部肠管引至腹壁切口外，用温生理盐水纱布隔离术部，保护肠管。肠切除线须在距病变部位两侧 5～10 cm 的健康肠管上。切除线与肠管成 45°，以保证吻合端供血良好，并可防止吻合口狭窄。

展开肠系膜，在预定切除的肠段两端，用肠钳在距切断部 2～5 cm 处的健康肠段固定，对相应肠系膜作“V”形或扇形预定切除线，在预定切除线两侧双重结扎分布在该肠段的肠系膜上的血管(图 8-76)，然后在结扎线之间将坏死肠管及肠系膜切除。并彻底冲洗肠管断端。

2. 肠吻合的方法

肠吻合的方式有端端吻合、侧侧吻合与端侧吻合等三种。端端吻合符合解剖学与生理学要求，临床上常用。但在肠管较细和技术不熟练的情况下，吻合后易出现肠腔狭窄。侧侧吻合适用于较细肠管的吻合，能克服肠腔狭窄之缺点。端侧吻合在兽医临床上仅在两肠管口径相差悬殊时使用。

(1)端端吻合　助手合拢两肠钳，使两肠断端对齐靠近。首先在两肠断端肠系膜侧距肠端缘 0.5～1 cm 处，用 4～6 号丝线将两肠壁浆膜肌层或全层做 25 cm 长的牵引线。在肠系膜对侧用同样方法另作一牵引线，紧紧固定两肠断端以便缝合(图 8-77)。

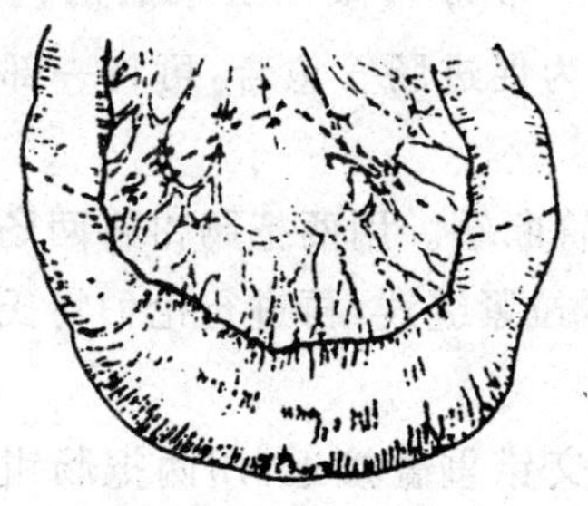

图 8-76　肠系膜血管双重结扎

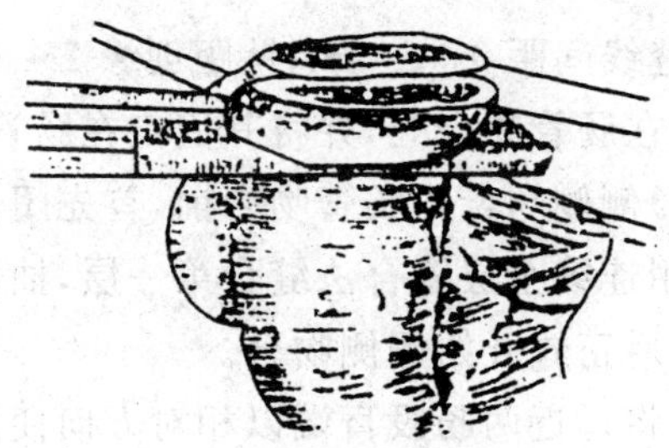

图 8-77　肠端端吻合

然后用直圆针自两肠端的后壁从肠系膜对侧开始，在肠腔内从左向右做连续全层缝合，缝合接近肠系膜侧向前壁折转处，将缝针自一侧肠腔黏膜向肠壁浆膜刺出，而后缝针从另一侧肠管前壁浆膜刺入(图 8-78)。自此，采用康乃氏缝合法缝合前壁，至肠系膜对侧与后壁连续缝合起始的线尾打结于肠腔内(图 8-79)。

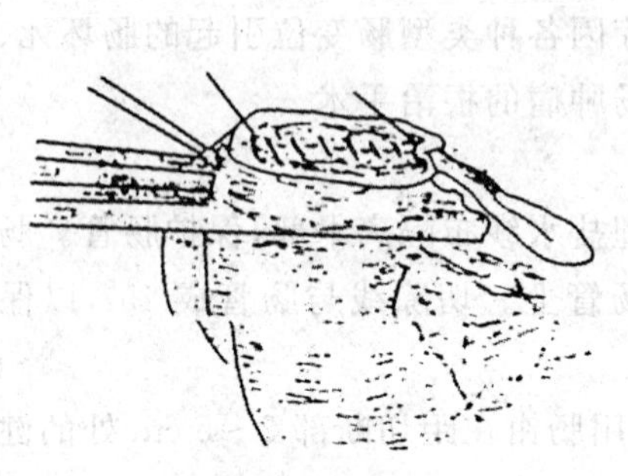

图 8-78　后壁连续全层缝合，缝至前壁的翻转穿刺的方法

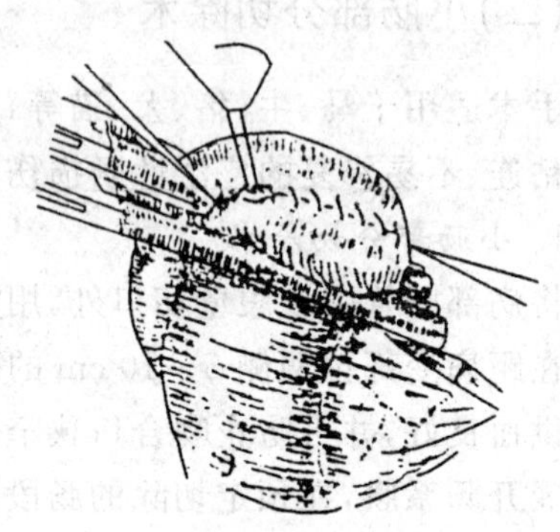

图 8-79　前壁缝合到最后一针和后壁的第一针线尾打结于肠腔内

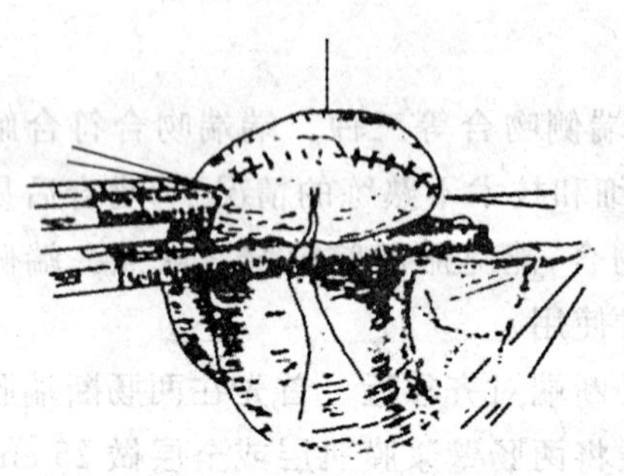

图 8-80　转入无菌术，前后壁间断伦伯特氏缝合

完成第一层缝合后，用生理盐水冲洗肠管，手术人员重新消毒，更换手术巾与器械，转入无菌手术，第二层采用伦伯特氏缝合法缝合前后壁(图 8-80)。肠系膜侧和肠系膜对侧两折转处，必要时可作补充缝合。撤除肠钳，检查吻合口是否符合要求。最后间断缝合肠系膜游离缘。

犬、猫进行肠管端端吻合时，因其肠管细小，常常只做一层浆肌层内翻缝合即可，缝线间距 3～4 mm，针距创缘 2～3 mm。为促进肠管愈合，可将一部分大网膜覆盖在肠管吻合处，并将其固定在肠管上。

(2)侧侧吻合　肠管吻合前，首先闭合两肠管断端。用两把肠钳将两肠管断端夹住，用连续全层缝合法缝合第一层，抽出肠钳，拉紧缝线，再进行伦伯特氏缝合法缝合之后正式开始侧侧吻合。

先将远近两肠段盲端以相对方向使肠侧壁交错重叠接近，用两把肠钳各在近盲端处，沿纵轴方向钳夹盲端肠管。钳夹的水平位置要靠近肠系膜侧。然后将两肠钳并列靠拢，交助手固定，纱布垫隔离术部。

靠近肠系膜侧做间断或连续伦伯特氏缝合,缝合长度应略超过切口长度。距此缝合上方 1～1.5 cm 处,位于两侧肠壁中央部,各做一相当于肠管管径 1～2 倍的切口,形成肠吻合口,吻合口后壁做连续全层缝合,直至前后壁折转处,按端端吻合的方法转入前壁,进行康乃尔氏缝合。缝至最后一针,缝线与开始第一针线尾打结。检查薄弱点做加强补充缝合。最后,在前壁浆膜上做间断或连续伦伯特氏缝合。撤除肠钳,将重叠肠系膜游离缘作间断缝合。

(3)端侧吻合　除马属动物之外,有时用于反刍动物和猪的回肠末端肠套叠手术,将坏死回肠切除后,做回、盲肠端侧吻合术。

确定患部两侧回盲口与回肠预定切除线,并用肠钳闭合肠腔。将回盲系膜切除数厘米后,截断患部肠管,闭合回盲口残端。更换肠钳,在回盲口后右侧方钳夹新吻合口的肠壁。助手将两肠钳靠拢,两肠管后壁外层做伦伯特氏缝合,然后用刀在盲肠新吻合口上切开肠壁,对吻合口前后壁做连续全层缝合,缝合方法与端端吻合前后壁相同。两肠管前壁外层再行伦伯特氏缝合。吻合后用手指检查吻合口,回盲系膜游离缘做间断缝合。

八、瘤胃切开术

[适应症]

(1)严重的瘤胃积食,或者食入大块塑料布、尼龙线等,经保守疗法无效。

(2)误食有毒饲料、饲草,且尚在瘤胃中滞留,手术取出毒物并进行胃冲洗。

(3)创伤性网胃炎或创伤性心包炎时,进行瘤胃切开取出异物。

(4)瓣胃梗塞、皱胃积食,可做瘤胃切开及胃冲洗术进行治疗。

[保定与麻醉]一般采用站立保定,也可行右侧卧保定。腰旁神经传导麻醉、局部浸润麻醉或电针麻醉。

[术部]

(1)左肷部中切口　在左侧髋结节与最后肋骨连线的中点,距腰椎横突下方 6～8 cm 处,垂直向下做 25～30 cm 的腹壁切口。此切口常作为瘤胃积食的手术通路。一般体型牛可兼用于网胃内探查、胃冲洗和右侧腹腔探查术。

(2)左肷部前切口　在左侧腰椎横突下方 8～10 cm,距最后肋弓 5 cm 左右,做一与最后肋骨平行的切口,切口长约 25 cm。适用于体型较大病牛的网胃探查与胃冲洗术。

(3)左肷部后切口　左侧髋结节与最后肋骨连线上,在第 4 或第 5 腰椎横突下 6～8 cm处,垂直向下切开 25 cm 左右,为瘤胃积食手术或兼做右侧腹腔探查术的手术通路(图 8-81)。

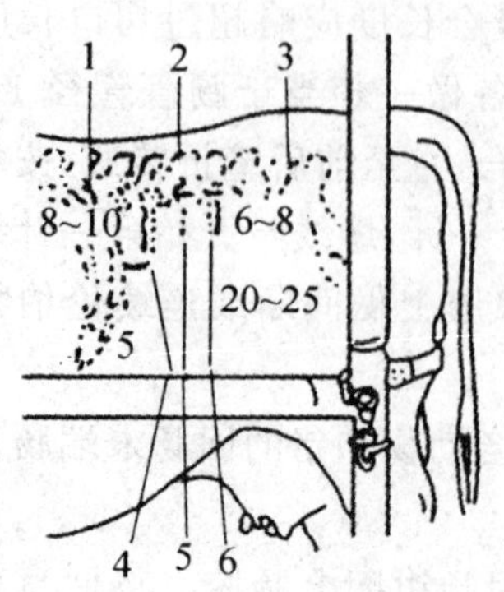

1. 最后肋骨 2. 腰椎 3. 髋结节
4. 肷部前切口 5. 肷部中切口 6. 肷部后切口

图 8-81 瘤胃手术切口定位(单位:cm)

[术式]

(1)切开腹壁　按开腹术的要求,切开腹壁,打开腹腔。因牛的腹壁肌层较薄,切开时注意腹膜,以免过早地切开胃壁,造成术部污染。

(2)腹腔探查　腹壁切开以后,着重探查瘤胃壁与腹壁的状态,网胃与横隔间有无粘连或异物等,同时注意检查右侧腹腔器官的状态。

(3)瘤胃固定与隔离

①瘤胃浆膜肌层与切口皮缘连续缝合固定法　显露瘤胃后,用三棱缝针做瘤胃浆膜肌层与腹壁切口皮缘之间的环绕一周连续缝合,针距为 1.5～2 cm。胃壁显露宽度 8～10 cm。缝毕检查切口下角是否严密,必要时应做补充缝合并加纱布垫(图 8-82)。

②瘤胃六针固定和舌钳夹持外翻法　显露瘤胃后,在切口上下角与周缘,做 6 针钮孔状缝合,将胃壁固定在皮肤或肌肉上,打结前应在瘤胃与腹腔之间填入浸有青霉素普鲁卡因液的纱布。纱布一端在腹腔内,另一端置于腹壁切口外(图 8-83)。

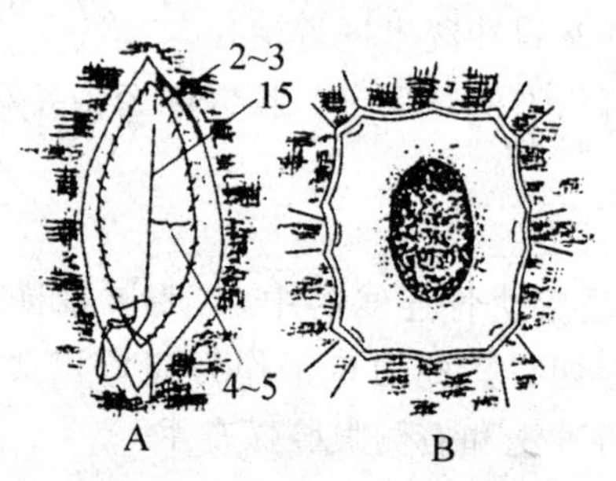

A. 瘤胃壁浆肌层与皮肤连续缝合一周,以固定胃壁　B. 胃壁切缘两侧各做 3 个钮孔状缝合,牵引线使胃壁黏膜外翻

图 8-82 瘤胃切开术(单位:cm)

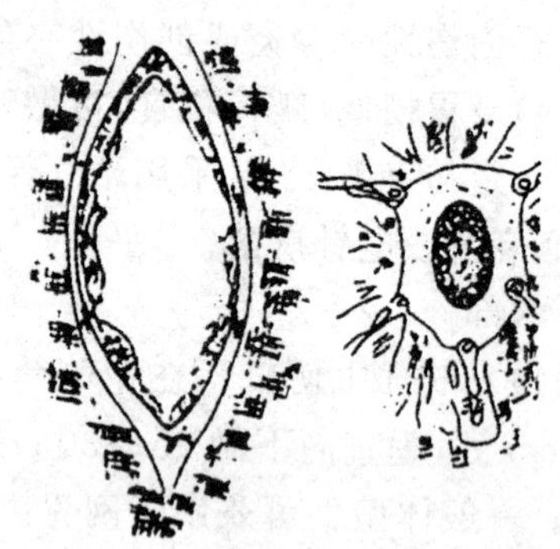

图 8-83 瘤胃壁六针固定和舌钳夹持瘤胃壁切缘使之外翻

(4)瘤胃切开　此阶段为污染手术。用浸有青霉素普鲁卡因液的纱布隔离创围,在切开线上方用刀将胃壁先切一小口,慢慢地放出气体,然后由上向下扩大创

口切开 15～20 cm，胃壁切口上下角距胃壁缝合固定点为 2 cm。胃壁切缘两侧各做 3 个钮孔缝合，以牵引外翻胃壁黏膜。外翻的胃壁浆膜与皮肤间仔细地填塞纱布垫。钮孔状缝合线端用巾钳固定在皮肤或隔离巾上（图 8-82），或随即用巾钳把舌钳柄夹住，固定在皮肤和创布上，以便胃内容物流到地面（图 8-83）。胃壁黏膜外翻是防止胃内容物污染胃壁浆膜与减少手臂频繁进出对胃壁切口的机械性刺激。

(5)放置洞巾　在 15 cm 的胃壁切口内，放入橡胶洞巾。橡胶洞巾系由 70 cm 正方形的防水材料制成（橡胶布、油布、塑料布等），洞孔直径为 15 cm，洞孔弹性环是用弹性胶管或弹性钢丝缝于防水洞巾孔边缘制成的（图 8-84）。应用时将洞巾弹性环压成椭圆形，把环的一端塞入胃壁切口下缘，另一端塞入胃壁切口的上缘。将洞巾四周拉紧展平，并用巾钳固定在隔离巾上，以便掏取瘤胃内容物和进行网胃探查。

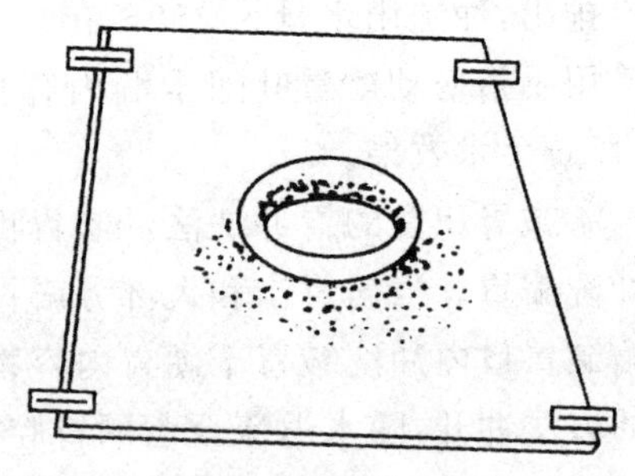

图 8-84　带有弹性环的橡胶洞巾

(6)胃腔内探查与各种类型病区的处置　瘤胃切开后即可对瘤胃、网胃、网瓣胃孔、瓣胃及皱胃进行探查，并对各种类型病区进行处理。

①瘤胃疾病的处理　对于粗纤维引起的瘤胃积食，可取出胃内容物总量的1/2～2/3。对泡沫性臌气，取出胃内部分内容物后，用等渗温生理盐水灌入瘤胃，冲洗胃腔，清除发酵的胃内容物。对饲料中毒的病畜，将有毒物取出，剩余部分用大量等渗温盐水冲洗，并放置相应解毒药。

②网胃内探查与处理　术者用手自瘤胃前背盲囊向前下方，经瘤、网胃孔进入网胃。首先检查网胃前壁和胃底部每个多角形黏膜隆起褶——网胃小房，有无异物刺入（如针、钉、铁丝等），胃壁有无硬结和脓肿。已刺入网胃壁上或游离网胃底部的异物要全部取出。

③瓣胃梗塞的探查与处理　瓣胃梗塞的病牛，于瘤胃腔前肌柱下部，隔瘤胃壁触摸瓣胃体积较正常增大 2～3 倍，坚实、指压无痕，网瓣胃孔常呈开张状态，孔内与瓣胃沟中充满干涸胃内容物，瓣胃叶间嵌入大量干燥如豆饼样物质。

瓣胃冲洗前，先将瘤胃基本取空，然后左手进入网瓣胃孔，取出干涸胃内容物。将双列弹性环的橡胶排水袖筒洞巾放入瘤胃腔内，再插入胶管，并用漏斗灌注大量温盐水，泡软瓣胃沟内干涸内容物，一边灌水一边用手指松动瓣胃沟及瓣胃叶间的内容物。泡软冲碎的内容物随水返流至网胃和瘤胃腔内。在瓣胃叶间干涸的内容物未全部泡软冲散前，一定不要将瓣皱胃孔阻塞部冲开，以免灌注水大量涌入皱胃并进入肠腔造成不良后果。由于其解剖特点，瓣胃左上方叶间干涸的内容物最难泡软冲散，手指的松解动作也难以触及该部。应将手退回瘤胃腔内，在前肌柱下部隔着瘤胃壁按压瓣胃的左上角，促使瓣胃叶间干涸物松散脱落。

这样反复地灌注温盐水及手指松动干涸胃内容物和隔胃按压相结合的方法，可将瓣胃内容物全部冲散除尽。大量冲洗瓣胃返流到瘤胃的液体，不断地经瘤胃切口排出，冲洗用水量为 250～400 kg。

用手指松动瓣胃叶间干涸内容物时，切勿损伤叶片，以免造成叶片血肿或出血，影响手术效果。

④皱胃积食的胃冲洗法　皱胃积食常继发瓣胃阻塞，因此皱胃冲洗的步骤应先冲洗瓣胃。当瓣胃沟和大部分瓣胃叶间干涸内容物已松软冲散后，手持胶管进入瓣皱胃口内冲洗皱胃干硬胃内容物。皱胃前半部干硬物，经边灌注边用手指松动的方法冲开，随水返流至瘤网胃腔内，并自瘤胃切口排除，返流冲洗液呈现胃酸味。皱胃后半部干硬物，手难以直接触及松动，主要依靠温盐水浸泡冲洗与体外撬杠按摩的方法松动解除。也可在瘤胃腹囊处，隔瘤胃壁对皱胃进行按摩。皱胃内干涸胃内容物比瓣胃内容物较易泡软冲散。在皱胃幽门部阻塞物冲开前，一定要确定瓣胃与皱胃的干涸阻塞物已基本冲散除尽，方可将皱胃幽门冲开，至此皱胃积食的胃冲洗术即告结束。

将瘤胃、网胃内过多的液体，经胶管虹吸至体外，胃内液体水平面保持在瘤胃的下 1/3 处即可。向胃内填入 1.5～2.5 kg 青干草或健康牛的瘤胃内容物，以刺激胃壁恢复收缩能力，促进反刍。

(7)清理瘤胃创口与胃壁的缝合　病区处理结束后，除去橡胶洞巾，用温生理盐水冲净附着在胃壁上的胃内容物和凝血块。拆除钮孔状缝合线，在胃壁创口进行自下而上的连续全层缝合，缝合要求平整、严密，并防止黏膜外翻。

用温生理盐水再次冲净胃壁浆膜上凝血块，并用浸有青霉素盐酸普鲁卡因溶液的纱布覆盖创缘上，拆除瘤胃皮肤连续钮孔状缝合线，清理局部。

此后，由污染手术进入无菌手术。手术人员重新洗手消毒，污染器械不许再用。清理纱布后，对瘤胃浆肌层进行连续伦伯特氏或库兴氏缝合，局部涂以抗生素软膏，将瘤胃送回腹腔。腹腔内注入青霉素盐酸普鲁卡因溶液 100 mL。

(8)闭合腹壁创口　腹腔探查后，由助手清点手术器械和敷料，闭合腹壁创口的方法同剖腹术，必要时对皮肤增加减张缝合，装置结系绷带。

九、皱胃切开术

[适应症]牛皱胃切开术的适应症是皱胃积食。皱胃积食手术有两种手术途径，一种是左肷部手术途径，另一种是右侧肋弓下斜切口的手术途径。前者手术治愈率较高，操作方便，容易推广。而右侧肋弓下斜切口的手术途径，经较长期临床观察，其治愈率不够理想，操作较困难，后遗症多。

现将右侧肋弓下斜切口的操作方法叙述如下。

[保定与麻醉]左侧侧卧保定或站立保定。用静松灵或保定宁配合局部麻醉。

[术部]右侧肋弓下斜切口，距右侧最后肋骨末端 25～30 cm 处，定为平行肋弓斜切口的中点。在此中点上作 20～25 cm平行肋弓的切口，也可在右侧下腹壁触诊皱胃轮廓明显处，确定切口位置(图 8-85)。

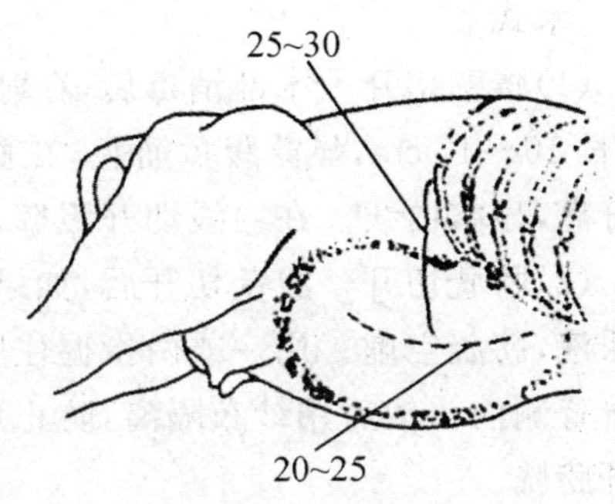

图 8-85　牛皱胃肋弓下斜切口(单位:cm)

[术式]术部常规消毒。切开腹壁，并彻底止血后，显露皱胃。

(1)皱胃显露与隔离　用浸有青霉素生理盐水的灭菌纱布填塞于腹壁切口和皱胃之间，以防切开皱胃时污染腹腔。

皱胃切口约 20 cm，将事先准备好的 50 cm×50 cm 橡胶洞巾，连续缝合在胃壁切口创缘上，将橡胶洞巾固定于皮肤和创巾上。

(2)掏取胃内容物　先用手指将皱胃内干涸内容物取出一部分，随即用温水进行胃冲洗。将接在漏斗上的胶管引入胃腔内，手指边松动干硬胃内容物，边用温水冲洗，这样，大量松散的液状胃内容物持续自切口排出，直到全部排出为止。

皱胃积食的病牛往往继发瓣胃梗塞，由于皱胃内容物全部取出，梗塞的瓣胃下沉，压迫空虚的皱胃，术后可造成皱胃压迫性阻塞。因此，对继发瓣胃梗阻的病牛，在皱胃内容物冲洗排空的基础上，继续经瓣皱胃孔冲洗瓣胃内容物。

(3)胃壁缝合　对受损伤的胃壁创缘作部分切除，是防止胃瘘发生的有效措施。拆除胃壁上手术巾，除去填充纱布，用丝线做全层连续缝合，再用生理盐水冲洗清拭胃壁，涂以少量青霉素，再进行浆肌层库兴氏缝合，胃壁涂以抗生素油膏送入腹腔，关腹。

十、膀胱切开术

[适应症]膀胱或尿道结石、膀胱肿瘤、膀胱息肉等。

[保定与麻醉]全身麻醉或腰椎间隙硬膜外腔麻醉。

[术部]

耻骨前腹白线切口，但皮肤切口应在阴囊（乳房）侧方，或者在耻骨前缘 2～3 cm，腹股沟外环与阴囊（乳房）之间，做一平行腹白线的切口，直达腹腔。

[术式]

（1）腹壁切开　术部消毒后，在耻骨前、阴囊（乳房）侧方纵行切开皮肤及浅筋膜，长 10～15 cm，显露腹黄筋膜，在腹黄筋膜表面沿筋膜下间隙向腹腔白线行钝性分离，显露白线。在白线切开腹壁，注意不要损伤充满的膀胱。

（2）膀胱切开　腹壁切开后，如果膀胱胀满，需要排空蓄积尿液，使膀胱排空蓄积尿液，膀胱空虚。用一或两指握住膀胱的基部，小心地把膀胱翻转出创口外，使膀胱背侧向。然后用纱布隔离，防止尿液流入腹腔。在膀胱背侧面血管稀疏部位切开膀胱。

（3）取出结石　使用茶匙除去结石或结石残渣。特别注意取出狭窄的膀胱颈及近端尿道的结石。在尿道中插入导尿管，反复冲洗，保证尿道和膀胱颈畅通。

（4）膀胱缝合　用可吸收缝线两层缝合，第一层用库兴氏缝合膀胱壁浆肌层，第二层用伦伯特氏缝合膀胱浆肌层。

（5）腹壁缝合　还纳膀胱于腹腔中，冲洗腹腔，常规缝合腹壁。

[术后护理]

（1）术后观察患畜排尿情况，特别在术后 48～72 h，有轻度血尿，或尿中有血凝块。

（2）抗生素治疗，防止术后感染。

十一、阉割术

摘除或破坏动物的睾丸或卵巢，并消除其生理机能的手术称为阉割术。其目的是使性情恶劣的动物变得温驯，便于饲养管理和使役；选育优良品种，提高动物的利用价值，如猪、鸡等畜禽阉割后，生长迅速，肉质细嫩，节约饲料，从而提高动物的经济价值。此外，还可以治疗生殖器官疾病及淘汰不良品种等。

阉割术在我国历史悠久，积累了丰富的经验，其中有些手术方法简便易行，迅速安全，我们应当很好地继承并加以发展。在我国古代，将公畜的睾丸命之为“势”，所以说“去势”就是对公畜的阉割，主要是将公畜的睾丸去掉。

随着科学技术的发展,目前又出现新的阉割术,如化学药物去势、免疫去势等。

(一)去势术

1. 公猪去势术

小公猪的去势以1~2月龄,体重5~10 kg的最为适宜,大公猪不作种用亦可去势。

[保定]小公猪左侧躺卧,背向术者。术者左脚踩住颈部,右脚踩住尾根,并用左手腕部按压在公猪右侧大腿的后部,使该腿向上,充分暴露阴囊。

[术式]术者用左手的中指、食指和拇指捏住阴囊颈部,把睾丸推向阴囊底部,使阴囊皮肤紧张,将睾丸固定。右手持刀,在一侧睾丸最突出的阴囊上做一与阴囊中缝平行的切口,一次切透阴囊全层和总鞘膜,挤出睾丸。食指和拇指捏住鞘膜韧带与睾丸连接部,然后切断或用手扯断鞘膜韧带,再以右手向外牵引睾丸,左手把韧带和总鞘膜推向腹壁,用拇指和食指固定精索,右手放开睾丸,再在睾丸上方1~2 cm处的精索上来回刮挫,直到断离为止。然后以同样的方法摘除另一侧睾丸。创部涂5%碘酊,切口一般不缝合(图8-86)。对大公猪去势时,在阴囊上做平行缝际的两个纵行切口,其余方法基本同上。但因大公猪精索粗而短,须牢靠结扎后再将睾丸切除。

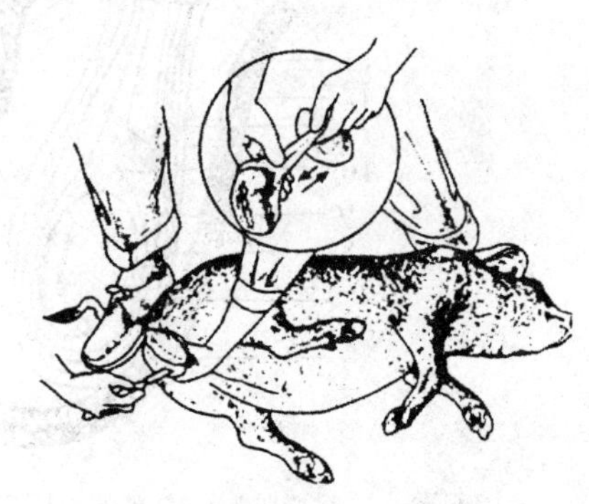

图8-86　小公猪去势术

2. 公马去势术

马的去势年龄以2~4岁为宜。去势过早会影响发育;去势过晚,因精索粗大不易止血,术后易发生慢性精索炎。一般以春秋两季施术为好,有利于创伤的愈合。

[局部解剖]

(1)阴囊　马的阴囊在股部的内侧,是由皮肤、肉膜及肉膜下筋膜3层组成。沿阴囊的正中平面形成一阴囊纵隔,将阴囊分为左右两半。

(2)鞘膜　鞘膜由总鞘膜和固有鞘膜组成。总鞘膜是由腹膜壁层及贴于其外的腹横筋膜构成。固有鞘膜是腹膜的脏层,它紧密地与睾丸和附睾的白膜相连。在阴囊内总鞘膜与固有鞘膜之间形成鞘膜腔,在腹股沟管内形成鞘膜管,鞘膜腔经鞘膜管与腹腔相通。

睾外提肌位于总鞘膜外，是一条宽的横纹肌，向下则逐渐变薄。

(3)睾丸与附睾　马的睾丸呈椭圆形。前端背侧接附睾头，后端接附睾尾，背侧缘直接和附睾相接，腹侧缘游离。白膜被覆于睾丸的表面，外面是固有鞘膜和总鞘膜，再外面是一条宽的睾外提肌。

(4)精索　精索是由输精管与通入睾丸的神经、血管、淋巴管以及睾内提肌等共同由固有鞘膜包裹所构成，经腹股沟管进入腹腔(图 8-87)。

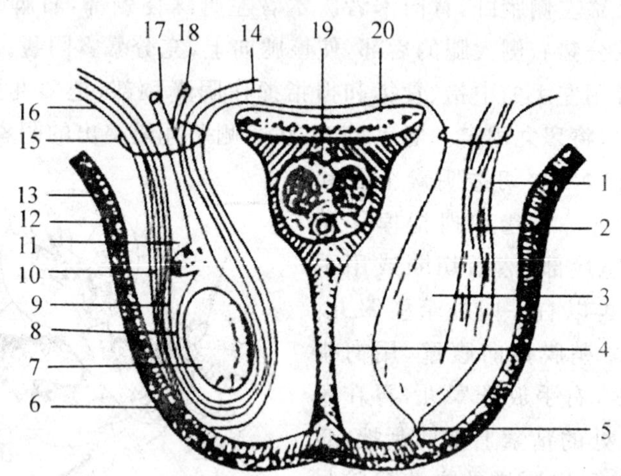

1. 精索　2. 提睾肌　3. 总鞘膜　4. 阴囊纵隔　5. 阴囊韧带　6. 固有鞘膜　7. 睾丸
8. 总鞘膜　9. 提睾肌　10. 附睾　11. 鞘膜腔　12. 肉膜　13. 阴囊的皮肤
14. 腹膜　15. 腹股沟管　16. 提睾肌筋膜(腹直肌鞘外叶)　17. 精索内的血管
18. 输精管　19. 阴茎(切断)　20. 耻骨(切断)

图 8-87　阴囊的模式图

[术前检查]首先对施术家畜进行全身检查，然后检查腹股沟区和阴囊的局部，是否为隐睾，阴囊内是否有小肠袢，睾丸是否有肿大或粘连等异常。如有影响去势的不利情况，宜暂缓去势。

[术前准备]术前半个月左右注射破伤风类毒素。术前 12 h 停饲。手术应选择在避风、向阳、宽敞及平坦的场地，将地面打扫洁净、消毒。准备好所需药品和器械，并按常规消毒。

[保定]可采用侧卧保定和站立保定。一般多取左侧卧保定。上侧后肢前方转位，充分暴露术部。用卷轴绷带做马尾绷带，以防止术部感染。

[消毒与麻醉]术部先用肥皂水刷洗，再用 0.1%新洁尔灭溶液消毒，然后进行常规消毒。一般只进行局部麻醉，常用的是盐酸普鲁卡因精索内麻醉和皮肤切口做直线浸润麻醉。

[术式]根据去势是否切开总鞘膜，而分为开放式去势法和非开放式去势法(被睾去势法)两种。

(1)开放式露睾去势法

①固定睾丸　侧卧保定时，术者可位于马的腰臀部左手握住阴囊颈部，使阴囊皮肤紧张，充分显露睾丸的轮廓。此时尽量使睾丸自然下垂，并把它挤向阴囊底部，固定睾丸。

②切开阴囊露出睾丸　在阴囊底部距缝际两侧 1.5～2 cm 处，平行缝际切开阴囊及总鞘膜。切开长度以睾丸能自由露出为度。如有粘连可仔细剥离。切口过小、切口内外不一致、不正或过高均可影响分泌物的排出，对术后的愈合是不利的。

③剪断阴囊韧带　睾丸脱出后术者一只手固定睾丸，另一只手将阴囊及总鞘膜向上推，在附睾尾上方找出阴囊韧带，由助手剪断。然后将鞘膜向深部撕开并推送，睾丸即不能缩回。

④除去睾丸　常用的有以下 3 种方法。

a. 锉切法　充分露出精索，术者用固定钳在睾丸上方 4～5 cm 处将精索固定，然后将固定钳交给助手。术者左手握睾丸，右手持锉切钳(图 8-88)，开张钳嘴使其锉齿面向腹壁，切刃面向睾丸，靠近固定钳处夹住精索，徐徐紧闭钳嘴，锉断精索。断端涂碘酊。经过 2～3 min 再取下固定。然后按相同的方法除去另一侧睾丸。该法对 2～4 岁精索较细的公马止血效果确实。

b. 捻转法　露出精索后，采用与挫切法同样的方法，将固定钳夹住精索进行固定，而后将固定钳交给助手，然后术者在固定钳下方装置捻转钳(图 8-88)，慢慢地从左向右捻转精索，由慢渐快直至完全捻断为止。断面涂碘酊，缓慢地取下固定钳。用同样方法捻断另一侧精索，除去睾丸。该法止血确实，对精索较粗的马匹尤为适宜。

c. 结扎法　在睾丸上方 6～8 cm 的精索上，术者用消毒的粗缝合丝线做双套结扎。为防止结扎线滑脱，可在输精管与血管束之间用贯穿缝合法结扎。在其下方 2 cm 处切断精索，涂碘酊。以同样的方法处理另一侧睾丸。

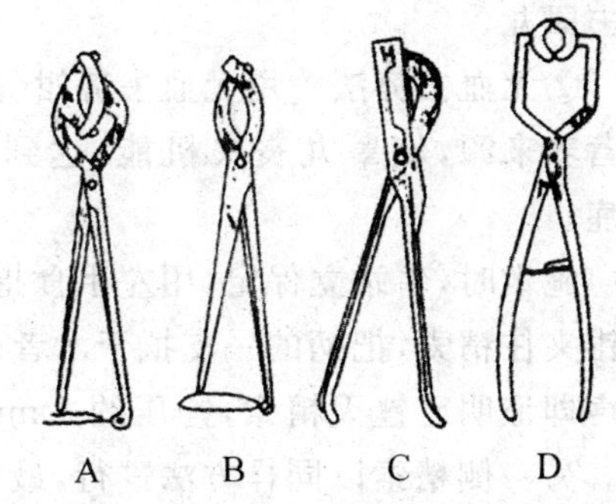

A,B. 固定钳　C. 锉切钳　D. 捻转钳

图 8-88　大家畜去势钳

(2)被睾去势法　当腹股沟内环过大，去势后有发生肠脱出的危险，或患有阴囊疝的马匹进行治疗时，可采用被睾去势法。此法只切开阴囊而不切开总鞘

膜。可用钝性剥离的方法，将总鞘膜与阴囊分离，在摘除睾丸的同时，将总鞘膜一同切除。

[术后护理和治疗]术后应防止去势马感冒和倒卧，从第2日起至1周之内，每日早晚应测体温，并牵遛30～40 min，在此期间严禁骑乘和跑步运动。1周之后可延长牵遛运动的时间。

术后要注意观察是否出血和腹腔内容物的脱出，如有发生，应及时处理。术后出血常见于解除保定，第一次饲喂及术后36～48 h(由于血凝块的溶解而血管断端再出血)。内容物的脱出有肠管、网膜、精索断端及肉膜等。脱出时间常在手术的当时或术后6 h之内。

3. 公牛、公羊去势术

役牛的去势，一般以1～2岁较为适宜，肥育牛则以3～6月龄为宜。采用站立或侧卧保定，一般可不进行麻醉。

牛、羊的阴囊和马一样位于两后腿之间，比马靠前，显著下沉。阴囊的上部缩小为颈部，牛、羊的阴囊颈部细而较长。睾外提肌发达，完全包盖总鞘膜表面，在睾丸尾端逐渐消失。

睾丸呈长椭圆形，纵轴垂直位于阴囊内。附睾位于睾丸的后面。睾丸纵隔明显呈带状，精索比马的长，睾内提肌不发达。

(1)公牛去势术

①结扎法　常用的有两种切口方法：一是纵切法，在阴囊的后面或前面阴囊缝际的两旁作平行缝际的纵切口，下端应达阴囊底部，该法适用于成年牛。二是横切法，在阴囊底部作垂直缝际的切口，同时切开阴囊和总鞘膜。睾丸露出后剪断阴囊韧带，挤出睾丸，结扎精索，其他步骤与马的结扎法相同(图8-89)。

②锉切法　切开阴囊及总鞘膜，露出睾丸，剪断阴囊韧带，用锉切钳剪断精索，除去睾丸。

③无血去势法　用无血去势钳(图8-90)，在阴囊颈部的皮肤上，锉灭精索，断绝营养来源，使睾丸丧失机能，达到去势目的。该法简单、安全，可避免术后并发症。

施术时，牛站立保定，用左手食指和拇指将精索挤到阴囊一侧固定，用无血去势钳夹住精索，把柄的一支抵于术者的大腿上作为支点，迅速关闭把柄，如听到断腱声即证明已锉灭精索，锉压约1 min，然后将去势钳下移2 cm处进行第二次锉灭。另一侧精索以同样方法进行，最后涂擦碘酊。

术后阴囊和睾丸会肿胀，1周后自愈。

(2)公羊去势术　公羊一般应在生后4～6周去势。

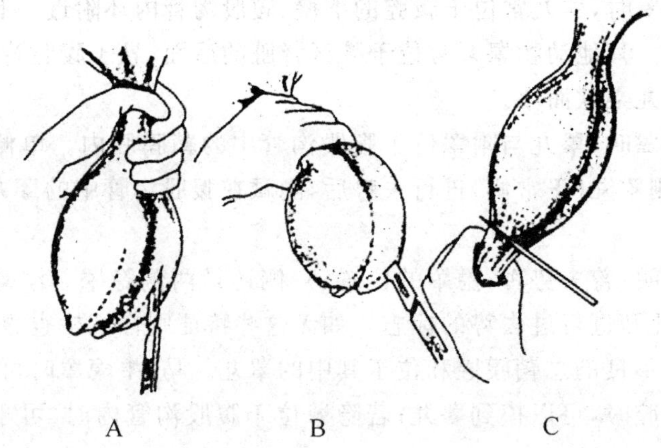

A. 纵切法　B. 横切法　C. 横断法

图 8-89　公牛有血去势术

常用倒提保定。术者将羊两后肢提起，用两腿夹住头颈，使羊腹部向着术者倒垂。亦可采用侧卧保定，手术方法与牛基本相同。

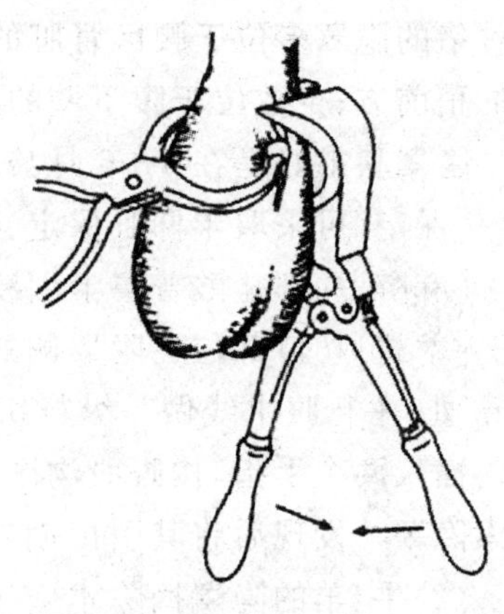

图 8-90　公牛无血去势术

4. 公犬、公猫去势术

为防止公犬及公猫于发情时四处游走和咬架，以及作为预防狂犬病的一个措施等，可施行本手术。

[术式]采取仰卧保定，全身麻醉。犬的阴囊在股间下垂，猫的则稍靠近肛门。阴囊局部剪毛，常规消毒。术者在动物仰卧保定时立于动物的右侧，侧卧保定时立于背侧。用左手拇指和食指从前方固定睾丸并使阴囊皮肤紧张，与阴囊中隔平行纵向切开阴囊皮肤后再切开总鞘膜，当睾丸露出后助手轻轻向外牵引，剪开阴囊韧带，向上撕开睾丸系膜，露出精索。

用丝线靠近腹股沟外环处贯穿结扎精索并切断。将精索断端用镊子还纳入总鞘膜内，有时部分总鞘膜露于阴囊创外不易还纳时可切除。用 2% 碘酊消毒创口，阴囊创口一般不做缝合。

5. 隐睾手术

公畜的睾丸在出生后仍保留在腹腔或腹股沟管内者，称为隐睾。隐睾常见于猪和马，其他动物少见。

马发生隐睾时，睾丸常位于腹腔的下壁、腹股沟管内环附近。有时在腹股沟区的腹腔侧壁上。其他动物睾丸常位于腰区肾脏的后面，悬于腹腔背壁的短系膜上，隐睾较正常睾丸柔软而小。

腹股沟隐睾时，睾丸与附睾位于腹股沟管中的鞘膜腔内。单侧者往往随年龄的增长，在一侧睾丸(正常侧)进行去势后，隐藏在腹股沟管中的睾丸逐渐发展而降至阴囊内。

术前须查明：曾去势否；隐睾的位置；一侧还是两侧隐睾。注意有无切口瘢痕和精索断端，此乃进行过去势的标志。如无这些特征则仔细检查腹股沟管外环，有时可发现发育不良的总鞘膜腔和位于其中的睾丸。马、牛隐睾时可进行直肠检查：若隐睾位于腹腔时，可以摸到睾丸；若隐睾位于腹股沟管内时，可于其内环处摸到精索和血管束。

(1)猪的隐睾摘除术　隐睾猪性欲强烈，生长缓慢，肉质低劣，饲养困难，因此必须进行去势。

猪的隐睾多位于腰区肾脏的后方，有时则位于腹腔下壁或下外侧壁、腹股沟内环的稍前方；少数位于腹下壁的脐区或在骨盆腔膀胱的下面。

隐睾猪最好是在4～6月龄时进行手术。术前应停饲半天。

[保定]可采取半仰卧保定、倒悬式保定或隐睾侧向上的侧卧保定。

[麻醉]局部盐酸普鲁卡因浸润麻醉。

[术式]切口部位在隐睾侧的髋结节向腹中线引垂线，在此线上距离髋结节6～8 cm处，平行腹中线做一纵行切口，切口长3～5 cm。切开皮肤、肌层和腹膜，向腹腔内插入两个手指，按腹股沟区、耻骨区、髂区、肾脏后方的腰区、膀胱背面的顺序探索隐睾。发现后将其引出创外，结扎精索，摘除睾丸，创口分层缝合。

(2)牛、羊的隐睾摘除术

[保定]牛取站立保定或隐睾在上的侧卧保定，羊取侧卧保定。

[麻醉]传导麻醉或局部浸润麻醉。

[术式]在髋结节和最后肋骨之间的中央部向下做一长10～12 cm的垂直切口，在肾脏的后方寻找睾丸。找到后引向创外，结扎精索，摘除睾丸。

隐睾公羊去势时，为了易于寻找睾丸，最好在腹下部沿腹白线切开腹腔摘除睾丸。

6. 去势后的并发症及其处置

动物去势后可能会引起并发症，不仅影响创口的愈合，甚至会造成动物死亡。

(1)术后出血　往往由于对精索断端及阴囊壁血管止血不确实或结扎线脱落等引起。当阴囊壁的血管出血时，血液从阴囊壁创口的皮肤边缘滴状流出，一般可不予治疗,不久则自然止血。

当精索内动脉出血时,则有大量血液从阴囊创口呈细线状流出。对于较轻的术后出血,可注射止血药或于阴囊内滴入0.1%肾上腺素,或填塞消毒纱布压迫止血,对于严重的术后出血,则应迅速将病畜保定好,用消毒的止血钳伸入阴囊内,直至腹股沟管内找出精索断端拉出,用消毒丝线进行结扎。出血过多时,除用上述方法外,应进行全身止血及补液。

(2)腹腔内容物和精索断端脱出 阉割后并发总鞘膜或精索断端的脱出,可应用结扎切除的方法去除。对于网膜或肠管脱出,必须慎重处理。一旦发生肠管脱出时,应进行急救手术,先用生理盐水或0.1%雷夫奴尔溶液冲洗,然后还纳腹腔,当肠嵌闭甚至坏死时,则按嵌闭性疝处理或进行肠管部分截除术,闭锁腹股沟外环。连用抗生素3~5 d。

(3)阴囊及包皮炎性水肿 本症是去势后由于炎性渗出液浸润到阴囊壁和包皮,有时扩散到下腹壁的皮下。

局部肿胀严重、体温升高者,可用消毒过的手指划开去势创口,排净阴囊内积存的凝血块和渗出液,并配合抗生素治疗。

当包皮和阴囊部分肿胀严重而消散缓慢且无明显的全身症状者,可行局部乱刺后涂碘酊,并适当地加强牵遛运动以改善局部的血液循环和淋巴循环。

(4)厌气性蜂窝织炎 厌气性蜂窝织炎是去势后创口感染厌气菌所引起。临床表现为阴囊部剧烈肿胀,有时波及包皮、下腹部。初期肿胀部有明显的热痛反应,但随着浸润物的增多,热痛反应逐渐消失,自切口内排出血样稀薄的渗出液。病畜精神沉郁,体温升高,在公绵羊局部组织浸润常混有气体蓄积,且主要局限在阴囊组织中,常于发病后2~3 d内死亡。

治疗时,首先应将创口及阴囊侧壁做深而广阔的切开,并切除精索断端。用氧化剂洗涤创口,并向创腔内疏松地填塞浸有奥立柯夫氏液的纱布引流。配合应用强心剂、利尿剂、抗生素疗法、磺胺疗法等进行治疗。

(二)卵巢摘除术

生产实践中除母猪卵巢摘除术外,其他动物较少进行。饲养犬、猫时,为避免妊娠、分娩前后的许多麻烦也可进行母犬、母猫的卵巢摘除术。

1. 猪的卵巢摘除术

[局部解剖]

(1)卵巢 由于年龄不同,卵巢的位置稍有差异。一般位于骨盆腔入口顶部的两旁,左右各一,小母猪稍靠上,大母猪则靠下。卵巢外面包有一层鲜红色的卵巢囊。性成熟前的小母猪卵巢只有黄豆大，呈淡红色或淡黄色。性成熟后，卵巢表面凹凸不平，如桑葚。

(2)输卵管　输卵管呈粉红色弯曲的细管，一端连接卵巢，一端连于子宫角。

(3)子宫　包括子宫颈、子宫体和两个子宫角。子宫角长而弯曲，其末端与输卵管相连。两个子宫角会合的粗短部分叫子宫体(图 8-91)。

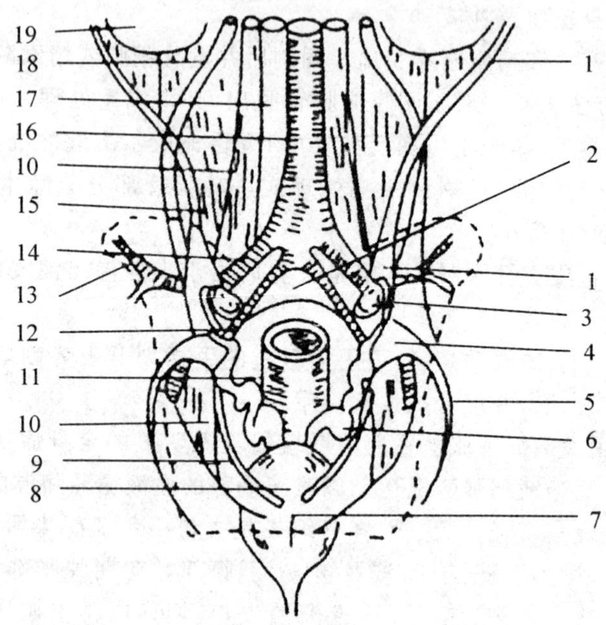

1. 卵巢系膜后行部，卵巢系膜的下降部　2. 荐骨岬　3. 左卵巢　4. 子宫系膜　5. 子宫圆韧带　6. 子宫角　7. 膀胱脐中褶　8. 膀胱　9. 膀胱圆韧带及膀胱脐侧褶　10. 腰小肌　11. 直肠　12. 髂内动脉　13. 旋髂深动脉　14. 髂外动脉　15. 腰大肌　16. 腹主动脉　17. 后腔静脉　18. 输尿管　19. 肾

图 8-91　小母猪生殖器官局部解剖

我国各地区阉割母猪的方法和经验各有不同。现介绍两种常用方法。

(1)小挑花　适用于 1～3 月龄、体重不超过 15 kg 的小母猪。术前应禁饲一顿，最好在清晨饲喂前做手术。

[保定]术者以左手提起小母猪的左后肢，右手捏住左侧膝皱襞，使其背向术者呈右侧卧地。术者立即用右脚踩住猪的左侧颈部，脚跟着地，脚尖用力。并将左后肢向后伸直，使猪的后躯即接近仰卧姿势。左脚踩住猪的左后肢的跖部。术者也可坐凳保定，使身体重心落于两脚上，小猪即被充分固定。

[术部]在左下腹部，左侧乳头外侧 2～3 cm，与左侧髋结节的相对处。术者左

手中指顶住左侧髋结节，拇指压在同侧腹壁上（拇指指端要按在同侧乳头与膝前皱襞之间中点的稍外方），此处就是切口位置（图8-92）。

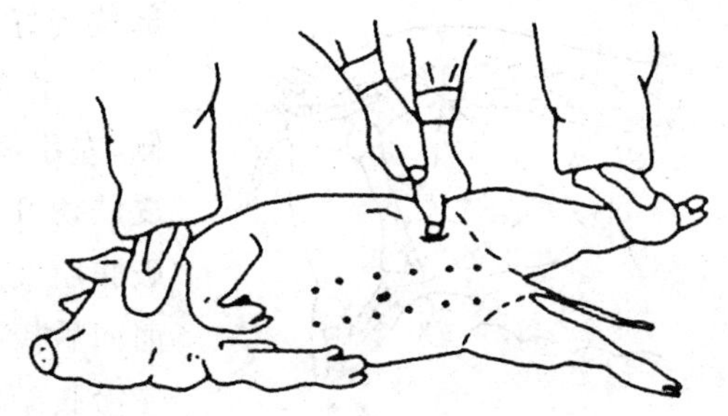

图 8-92 小挑花切口部位

仔猪营养好、发育快者，切口可稍偏腹侧；营养差、身体消瘦的仔猪，切口稍偏背侧。俗语所谓“饥朝前、饱朝后，肥靠内、瘦靠外”，就是这个意思。

[术式]局部消毒后，术者右手将术部皮肤稍向腹侧牵移，左手拇指用力按压在术部稍外侧，压得越紧离卵巢越近，手术也容易成功。右手持刀，用拇指与中、食指控制刀刃的深度，用刀刃垂直切开皮肤成 0.5～1 cm 的纵切口，左手仍然压住不动，右手将刀调动刀头，用刀柄钩端呈 45°角向斜前方伸入切口内，在猪嚎叫时，随腹压升高而适当用力“点”破腹壁肌层和腹膜，此时有少量腹水流出，有时子宫角也随着涌出。如子宫角不出来，左手一定要压紧，右手将刀柄钩端在腹腔内作弧形滑动，稍扩大切口，由于猪叫时腹压升高，子宫角或卵巢便从腹腔脱出于切口外，以刀柄轻轻引出，右手捏住脱出的子宫角及卵巢，轻轻向外牵拉，然后用左、右手的拇、食指轻轻地轮换往外导，左右手的其他三指交换压迫腹壁切口。当引出两侧卵巢和子宫体的一部分时，以手指钝性挫断子宫体，将两侧子宫角及卵巢一同除去。切记不可留下一侧子宫角及卵巢，否则猪仍会发情、受孕。

此时可收回左手，切口涂布碘酊，提起猪的后肢，稍摆动一下，放开即可。因切口小可不缝合。

由于操作不熟练或其他原因，按上述操作未达到目的时，助手将猪两后肢提起，行倒立保定。术者稍微扩大术部切口，用刀柄拨开肠管、膀胱，显露出粉红色的子宫角，然后用刀柄钩出或用止血钳取出，连同卵巢一起除去，最后缝合腹膜、肌肉和皮肤切口。

(2)大挑花　适用于 3 月龄以上、体重在 15 kg 以上的母猪。在发情期最好不要进行手术，此时卵巢及子宫均高度充血容易造成大出血。术前须禁食一顿。

[保定]左侧或右侧横卧保定，使猪背部向着术者。以右侧卧为例，术者右脚踏住颈部，助手将两后肢向后牵引伸直。对 50 kg 以上的母猪，最好由助手用木杠压住颈部保定。

[术部]在髋结节前下方 5～10 cm 处（根据猪的大小而定），一般指压抵抗小的

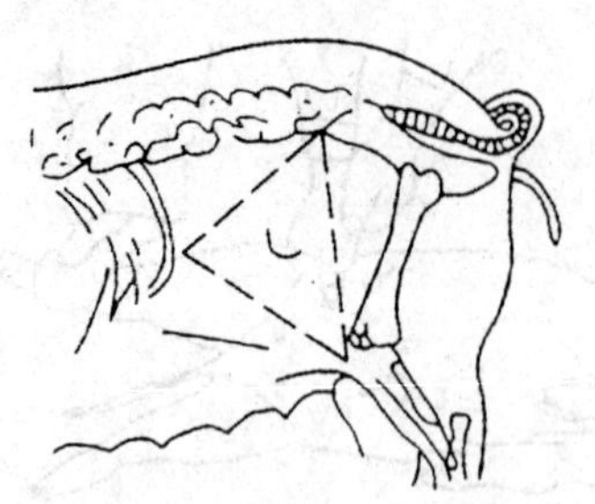
图 8-93　大挑花切口部位

部位为好(图 8-93)。

[术式]术部消毒后,术者屈膝位于猪的背侧,左手捏起膝皱褶,使术部紧张,右手持刀将皮肤切开 3～5 cm 的弧形口,用右手指垂直戳破腹肌及腹膜,伸入腹腔,并沿脊柱、侧腹壁,由前向后探摸左侧卵巢。摸着卵巢时,用指尖压住沿腹壁向外钩出,当用食指钩出卵巢时,需用屈曲的中指、无名指及小指用力按压腹壁,使卵巢不致滑脱。卵巢达到切口时,用刀柄钩出。再伸入腹腔,通过直肠下方到右侧,探摸右侧卵巢,同法钩出,分别结扎并除去卵巢。

如猪体肥大,手指短而触摸不到时,可先将左侧卵巢结扎,摘除卵巢,然后还纳左子宫角,同时向外导出右子宫角并取出卵巢,以同样方法摘除卵巢。

卵巢摘除后,一般施行皮肤、肌肉、腹膜的全层结节缝合。对大母猪应连续缝合腹膜,再结节缝合肌肉和皮肤。缝合时,应注意不要伤及肠管,同时腹膜缝合必须紧密,以防肠管脱出于皮下而发生粘连、嵌闭或坏死等继发症。

[注意事项]为保证手术顺利,必须注意以下几点:

①保定要确实,小挑花时必须前侧、后仰、体肢平展。

②切口要正确,如靠前则肠管容易脱出,靠后时膀胱圆韧带容易脱出。

③应空腹摘除,饱腹时肠管后移,子宫角被压不易脱出,而肠管则易从切口脱出。

④在用刀尖切开及用刀柄端钩取子宫角时,切勿抵触底壁,以免损伤后腔静脉,造成大出血而死亡。

⑤在向外牵拉子宫角时,不可用力过猛,因小猪子宫角细嫩,极易拉断。摘除前要检查是否连带卵巢,千万不可将卵巢遗留在腹腔内。

2. 犬、猫卵巢子宫摘除术

[适应症]母犬、猫生理性绝育,卵巢囊肿、肿瘤,子宫肿瘤,子宫积脓,雌激素过剩症(慕雄狂),乳腺肿瘤等。

[麻醉与保定]速眠新全身麻醉,仰卧保定。

[术式]术部在脐后腹中线。

(1)按常规消毒术部,从脐后沿腹中线切开腹壁 5～10 cm(依动物个体大小而定)。打开腹腔后将肠管推向前方,若膀胱积尿时可压迫使其排空。

(2)术者手伸入骨盆腔入口找到子宫体,沿子宫体向前找到两侧子宫角牵引至创口,再顺子宫角提起输卵管和卵巢。卵巢由卵巢悬韧带和卵巢系膜将其悬吊在腹腔的腰部，钝性分离卵巢悬韧带，将卵巢提至腹壁切口处。

(3)在卵巢动、静脉的后方卵巢系膜上开一小孔，用3把止血钳穿过小孔夹住卵巢血管及其周围组织，其中一把靠近卵巢，另两把远离卵巢，在卵巢远端止血钳外侧0.2 cm处用缝线做一结扎。除去远端止血钳，然后在余下两把止血钳之间剪断卵巢系膜和血管，观察断端有无出血，若无出血，取下中间止血钳。再观察断端，若有出血，可在断端处再行结扎止血，卵巢近端止血钳仍保留。

(4)从游离的卵巢开始钝性分离卵巢系膜，并沿子宫角向后分离子宫阔韧带，分离至子宫阔韧带中部时有一索状物，即子宫圆韧带，应将其撕断，继续分离至子宫角交叉处。注意不要损伤子宫动、静脉。如阔韧带上有大的血管应做集束结扎。

(5)将两侧游离的卵巢和子宫角引出创外，暴露子宫体和子宫颈。结扎子宫颈后方两侧的子宫动、静脉并切断(图8-94)。用三钳法钳夹子宫体(图8-95)。先在远端止血钳与子宫颈之间子宫体上做一贯穿结扎，然后在中间和近端止血钳间切断子宫体，这样子宫连同卵巢一并除去。松开中间止血钳，若无出血，将子宫体断端送回原位。如果是年幼的犬、猫，则不必单独结扎子宫血管，可采用三钳法把子宫体与子宫血管一同结扎。

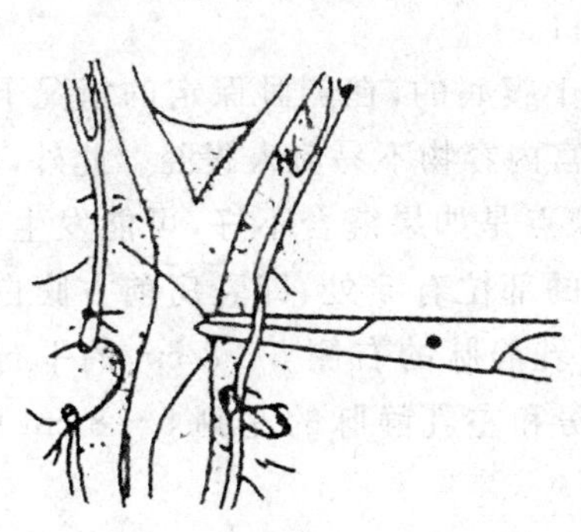

图8-94　贯穿结扎子宫血管

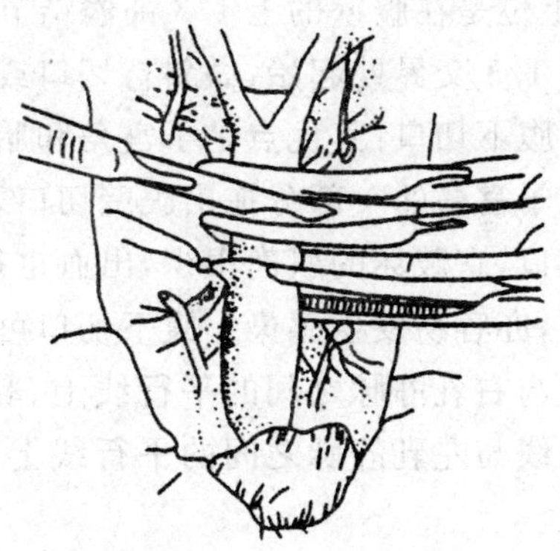

图8-95　三钳法钳夹子宫

(6)清创后，按常规闭合腹壁切口。犬、猫有舔咬习惯，在缝合皮肤时，先做皮肤内缝合，再做皮肤结节缝合。

[术后护理]术后保持犬、猫舍清洁、干燥，防止犬、猫舔咬创口。全身应用抗生素3～5 d，给予易消化食物。1周内限制剧烈运动。

十二、剖腹产术

[适应症]骨盆发育不全(交配过早)或骨盆变形(骨软症、骨折)而使骨盆过小；

羊等小动物体格小，手不能伸入产道；阴道极度肿胀或狭窄，手不易伸入；子宫颈狭窄，且胎囊破裂，胎水流失，子宫颈没有继续扩张的迹象，或者子宫颈发生闭锁；子宫捻转，矫正无效；胎儿过大或水肿；胎向、胎位或胎势严重异常，无法矫正；胎儿畸形，难以施行截胎术；子宫破裂；子宫迟缓，催产或助产无效；干尸化胎儿很大，药物不能使其排出；胎儿严重气肿难以矫正或截除；妊娠期满母畜因患其他疾病生命垂危，须剖腹抢救仔畜；双胎性难产；用于胎儿的手术难以救治的任何难产；需要保全胎儿生命而其他手术方法难以达到时；用于研究目的，如培养 SPF 仔(幼)畜，直接由剖腹产术取得胎儿。

1. 牛的剖腹产术

[手术部位]

切口的选择应视具体情况而定，一般选择切口的原则是，胎儿在哪里摸得最清楚，就靠近哪里做切口。牛剖腹产的切口有腹侧切口和腹下切口两种。

腹侧切口：又分为左侧壁切口和右侧壁切口两种。左子宫角怀孕以左侧壁切口较好，右子宫角怀孕以右侧壁切口较好。可以采用左侧壁切口的尽可能采用左侧切口，因为右侧常受空肠干扰，给手术实施带来一定难度。腹侧切口也有上下之分，上位是在腹壁的上 1/3 部髋结节下角 5 cm 的下方起始；下位是在腹壁的中 1/3 与下 1/3 交界处起始，做斜行切口或垂直切口。

腹下切口：其优点是子宫角和胎儿是沉于腹底的，在侧卧保定的情况下，很容易把子宫壁的一部分拖出腹壁切口之外，子宫内容物不易流入腹腔。此外，较之腹侧切口，它破坏的肌肉很少，出血也很少。缺点是如果缝合不好，可能发生疝气或豁口，亦容易发生感染。腹下切口可供选择的部位有 5 处，即乳房前方腹白线、腹白线与右乳静脉之间的平行线上、乳房和右乳静脉的右侧 5～8 cm 的平行线上、腹白线与左乳静脉之间的平行线上以及乳房和左乳静脉的左侧 5～8 cm 的平行线上。

(1)腹下切开法

[保定]术前应检查动物的体况，使其左侧卧或右侧卧，分别绑住前后腿，并将头压住。

[术部准备及消毒]对母畜的尾根、外阴部、会阴及产道中露出的胎儿部分，首先应用温肥皂水清洗，然后用消毒液洗涤，并将尾根系于身体一侧。身体周围铺上消毒巾，腹下部的地面铺以消毒过的塑料布。

[麻醉]可行硬膜外麻醉及切口局部浸润麻醉，或盐酸二甲苯胺噻唑肌肉注射及切口局部浸润麻醉法，或用电针麻醉，但如果胎儿仍然活着则应尽量少用全身麻醉及深麻醉。

[术式]在中线与右乳静脉间，从乳房基部前缘开始，向前做一长 25～30 cm 的纵行切口，切透皮肤、腹黄筋膜和腹斜肌肌腱、腹直肌，用镊子把腹横肌腱膜和腹膜同时提起，切一小口，然后在食指和中指引导下，将切口扩大。为了操作方便及防止腹腔脏器脱出，可在切开皮肤后使母畜后躯仰卧，再完成其他部分的切开，也可在切开腹膜后由助手用大块纱布防止肠道及大网膜脱出。如果奶牛的乳房很大，为了避免切口过于靠前，难以暴露子宫，可先不把切口的长度切够，切开腹膜后再确定向前或向后延伸。乳腺和腹黄膜的联系很疏松，切口如需向后延长，可将乳房稍向后拉。如果切口已经够大，可将手术巾的两边用连续缝合法缝在切口两边的皮下组织上。

切开腹膜后，常可发现子宫及腹腔脏器上覆盖着大网膜，此时可将双手深入切口，紧贴下腹壁向下滑，以便绕过它们，或者将大网膜向前推，这样有助于防止小肠从切口脱出，也利于暴露子宫。手伸入腹腔后，可隔着子宫壁握住胎儿的身体达到某些部分(正生时是两后腿跖部，倒生时是头和前腿的掌部)，把子宫孕角大弯的一部分拉出切口之外，这样也就把小肠和大网膜挤开了。在子宫和切口之间塞上一大块纱布，以免肠道脱出及切开子宫后其中的液体流入腹腔。如果发生子宫捻转，则因为子宫被捻短了，而且紧张，暴露子宫壁有困难，切开子宫壁时出血也多，所以应先把子宫转正。如果胎儿为下位，背部靠近切口，向外拉子宫壁时无处可握，应尽可能先把胎儿转正为上位。如果在切开皮肤之后让牛仰卧，则此时应使其侧卧。有时子宫内胎儿太沉，无法取出切口外，也可用大纱布充分填塞在切口和子宫之间，在腹内切开子宫再取胎。

沿着子宫角大弯，避开子叶，做一与腹壁切口等长的切口，切透子宫壁及胎膜。切口不可过小，以免拉出胎儿时被扯破而不易缝合。切口不能做在侧面或小弯上，因这些地方血管较为粗大，切破引起的出血较多。将子宫切口附近的胎膜剥离一部分，拉于切口之外，然后再切开，这样可以防止胎水流入腹腔，尤其在子宫内容物已受污染时更应如此。在胎儿活着或子宫捻转时，切口出血一般较多，须边切边止血，不要一刀把长度切够。

胎儿正生时，经切口在后肢上拴上绳子，倒生时在胎头上拴上绳套，慢慢拉出胎儿，交助手处理。从后肢拉出胎儿时速度宜快，以防止胎儿吸入胎水引起窒息。如果腹壁及子宫壁上的切口较小，可在拉出胎儿之前再行扩大，以免撕裂。拉出的胎儿首先要清除口、鼻内的黏液，擦干皮肤。如果发生窒息，先不要断脐带，可一边用手捋脐带，使胎盘上的血液流入胎儿体内，一边按压胎儿胸部，以诱导吸气，待呼吸出现后，拉出胎儿。必要时可给胎儿吸氧气。如果拉出胎儿困难，而且胎儿已经死亡，可先将造成障碍的部分躯体截除。

拉出胎儿后如有可能，应把胎衣完全剥离拿出，子宫颈闭锁时尤应如此，但不要硬剥。如果胎儿活着，则胎儿胎盘和母体胎盘一般都粘连紧密，剥离会引起出血，此时最好不要剥离，但剖腹产后子宫感染及胎衣不下的发病率均较高，因此可以在子宫腔内注入10%氯化钠溶液，停留1～2 min，亦有利于胎衣的剥离。如果剥离很困难，可以不剥，在子宫中放入1～2 g四环素，术后注射催产素，使它自行排出。有时子宫中未剥离的胎衣可能会妨碍缝合，此时可用剪刀剪除一部分。

将子宫内液体充分蘸干，均匀散布四环素族抗生素2 g，或者使用其他抗生素或磺胺药。

用丝线或肠线、圆针连续缝合子宫壁浆膜和肌肉层的切口，再用胃肠缝合法缝第二道内翻缝合(针不可穿透黏膜)。

用加有青霉素的温生理盐水将暴露的子宫表面洗干净(冲洗液不能流入腹腔)，蘸干并充分涂布抗生素软膏，然后放回腹腔。缝合好子宫壁后，可使牛仰卧，放回子宫后将大网膜向后拉，使其覆盖在子宫上。

用粗丝线、圆针缝合腹膜，再对肌层实行两层结节缝合，最后缝合皮肤。

[术后护理]术后应注射催产素，以促进子宫收缩及复旧，并按一般腹腔手术常规进行术后护理。如果伤口愈合良好，可在术后7～10 d拆线。

(2)腹侧切开法

[保定]必须站立保定，这样才能将一部分子宫壁拉到腹壁切口之外。但应注意有些牛在手术过程中可能努责强烈甚至发生休克而卧地。施术时不能进行侧卧保定，否则因为胎儿的重量，暴露子宫壁会遇到很大困难。

如果无法使牛站立，可使它伏卧于较高的地方，把左后肢拉向后下方，这样便于将子宫壁拉向腹壁切口，同时也可扩大术部。

[麻醉]硬膜外注射5～10 mL 2%盐酸普鲁卡因，可以减少腹壁的努责、排粪及尾巴的活动，并使施术动物能够保持站立位，再在手术部位施行局部浸润麻醉，也可采用肌注盐酸二甲苯胺噻唑并配合局部浸润麻醉的方法进行麻醉。

[术式]在左腹胁部髋结节与脐部之间的连线或稍上方做35 cm长的切口。整个切口宜稍低一些，这样便于暴露子宫壁，但必须要与静脉之间有一定的距离。切口应仔细止血，以免形成术后血肿。

切开皮肤和皮肌后，按肌纤维方向依次切开腹外斜肌、腹内斜肌、腹横肌腱膜和腹膜，以便于切口的缝合及愈合，但切口的实际长度会大为缩小，因此可将腹外斜肌按皮肤切口方向切开，其他腹肌按其纤维方向切开或撕开。

暴露子宫时，如果瘤胃妨碍操作，助手可垫着大块纱布将它向前推，术者隔着子宫壁握住胎儿的某一部分向切口拉，即能将子宫角大弯暴露出来，在其上做切口，拉出胎儿。

切开腹膜后，如果有大量腹水或甚至腹水染血，则表明发生了子宫捻转或子宫破裂，此时应仔细检查子宫，确定哪侧为孕角及捻转或破裂的程度。如果发生了子宫捻转，应确定捻转的方向，并进行矫正。如果矫正困难，可在取出胎儿后再行矫正。

先连续缝合腹横肌腱膜和腹膜，再对肌层用结节缝合法缝合，皮肤可用丝线进行锁边缝合。

2. 猪的剖腹产术

[术部]由于猪的乳房位于腹下，切口部位可选择腹侧的两个地方（左右侧均可）：一是距腰椎横突 5～8 cm，髋结节与最后肋骨中点连线上作垂直切口；二是在髋结节之下 10 cm 处，沿肋弓方向向前向下做斜行切口。

[保定与消毒]侧卧保定，常规外科手术消毒。

[麻醉]可应用氯丙嗪、保定宁做基础麻醉，配合切口局部浸润麻醉。

[术式]外科手术基本操作与牛的剖腹产术基本相同，在此仅介绍猪术式的特点。

打开腹腔后，术者首先向骨盆方向探摸，隔着子宫壁将最靠近产道的胎儿推向产道，由助手协助试行从产道拉出。如果取出的胎儿是唯一过大或为最后一个胎儿，不必再将子宫切开，可等待或帮助其余胎儿排出。此法不能奏效时，再切开子宫。

如果切开子宫，术者可将手伸入腹腔找到一侧子宫角，隔着子宫壁抓住胎儿头或臀部将其慢慢向切口外拉，等一侧子宫角全部被拉出以后，分辨清楚子宫体与子宫角交界处，在被拉出的子宫上覆盖以生理盐水浸润的纱布，子宫切口在已拉出的子宫角和子宫体交界处的大弯上，切口长 10～15 cm。切开子宫后，把每一个胎儿与其胎衣取出来，当一侧子宫角掏完后，再从同一切口将另一侧子宫内的胎儿和胎衣取出。子宫缝合与腹壁缝合同牛。

3. 犬、猫的剖腹产术

[术部]可选在距离腹白线 1～2 cm 的两侧，最后一个或倒数第 1～2 对乳头之间，亦可在脐孔后腹壁正中线上，切口长度一般 10～15 cm，可依犬体大小灵活掌握。

[保定与消毒]可采用后躯仰卧、前躯侧卧的姿势保定，犬应戴上防护口罩或用绷带缠绕上下颌加以捆绑。防止咬伤工作人员。保定以后采用常规手术消毒。

[麻醉]麻醉效果的好坏，直接影响手术的结果。如果效果不确切，常常在手术过程中骚动不安，甚至母犬或猫由于疼痛而引起休克。一般做全身麻醉再配以局

部浸润麻醉,全身麻醉常用药为氯胺酮或846合剂。

[术式]因为犬、猫的皮肤很薄,切开腹壁要小心细致,下刀不可用力过大。在切开腹膜之前必须先开一个小口,然后在伸入的手指指引下,用钝头剪刀剪开。犬、猫都是多胎动物,且又仰卧保定,探找和拉出怀孕子宫并不困难。子宫拉出后行子宫切口及其他处理方法同猪剖腹产术,但腹壁缝合后的腹壁创口应装置绷带加以保护,以防止舔咬。

[术后护理]同腹下缝合法。腹侧切开法剖腹产时,胎水极易进入腹腔。如果胎儿仍存活或新近死亡,则胎水对腹腔的污染一般不会引起严重后果,可不再进行护理。但如果胎水已被污染并且进入腹腔,则极难将其吸干净,这也是腹侧切开法的最大缺点。这种情况下可再在腹腔中放入大剂量的抗生素。

十三、助产术

(一)手术助产的原则

(1)难产助产应及早进行,否则胎儿楔入产道,子宫壁紧裹胎儿,胎水流失以及产道水肿,将妨碍矫正胎儿姿势及强行拉出胎儿。

(2)手术助产时,将母畜置于前低后高姿势,整复时尽量将胎儿推回子宫内,以便有较大的活动空间。只有在努责间歇期方能进行推进或整复,努责时拉。

(3)如果产道干燥,应预先向产道内注入液体石蜡等滑润剂,以便于操作及拉出胎儿。

(4)使用尖锐器械时,必须将尖锐部分用手保护好,避免在操作过程中损伤产道。

(5)为了预防手术后感染,术后应用0.1%高锰酸钾溶液或0.1%雷夫奴尔溶液冲洗产道及子宫,排出冲洗液后放入抗生素或磺胺类药物。

(二)手术助产前的准备

根据对产畜及胎儿检查的结果,及时做出助产计划及实施方案,并做好以下准备工作,以确保助产工作的顺利进行。

[保定]以站立保定为宜,取前低后高姿势。如果母畜不能站立,则可使其侧卧,至于侧卧于哪一侧,主要以便于操作为原则。如胎儿头颈于左侧者,母畜须右侧卧,反之则取左侧卧姿势。侧卧保定时,也应将后躯垫高。

[麻醉]为了抑制产畜努责,便于操作,可给予镇静剂或硬膜外腔麻醉。

[消毒]助产时必须对产房、场地、产畜外阴部、胎儿外露部分、助产所用器械和

术者手臂进行严格消毒,按外科手术常规消毒方法进行。

[润滑产道]为了便于推回、矫正和拉出胎儿,尤其当胎水流尽、产道干燥、胎衣及子宫壁紧包着胎儿时,必须向产道及子宫内灌注温的肥皂水或润滑油。如果强行推、拉矫正,极可能造成子宫脱出或产道破裂。

(三)手术助产的基本方法

救治难产时,可选用的助产方法很多,但大致可分为两类:一类适用于胎儿,主要有牵引术、矫正术和截胎术;另一类适用于母体,主要有剖腹产手术(前述)。

1. 胎儿牵引术

[适应症]适用于胎儿过大,母畜努责、阵缩微弱、产道扩张不全等。

[方法]先用产科绳将胎儿前置部分捆缚住拉紧。正生时捆缚住胎儿头或两前肢,倒生时捆缚住两后肢。拉出时要配合母畜阵缩和努责,用力要缓,并上下左右反复活动胎儿。术者保护胎儿及产道,令助手按照骨盆轴方向,强行拉出胎儿,当胎儿胸部通过子宫径、阴门时,要稍作停留以利于这些地方充分扩张,并用手保护阴门,以防造成阴门裂伤。

2. 胎儿矫正术

[适应症]主要用于胎水流失少、产道完全扩张情况下的胎势、胎位、胎向异常造成的难产。

[保定]矫正时,以站立保定为宜,此时子宫向前垂入腹腔,腹压小,胎儿活动范围大,容易矫正。拉出胎儿时,侧卧保定为好,侧卧时腹壁托起子宫,增大腹压,有利于拉出胎儿。不能站立的产畜,要根据胎儿异常部位的位置,确定侧卧的方向。如胎儿右侧肩关节屈曲,母畜宜左侧卧保定。这样胎儿异常部位不被母体压迫,易于进行矫正。

[方法]徒手配合器械矫正胎儿的异常部分。除使用产科绳外,配合使用绳导、产科梃、产科钩等。

矫正时,首先应将胎儿用产科梃或手推回子宫内,产科梃一定要顶牢,术者用手固定,指令助手慢慢向前推,严防滑脱而损伤子宫,推四肢时,先要用产科绳拴住,绳的另端留在阴门之外,以便牵引胎儿。推回子宫后,用手将胎儿姿势扭正,在扭的过程中配合牵拉,把屈曲的部位拉直。然后按强行拉出胎儿的方法,配合母畜努责拉出胎儿。

3. 截胎术

截胎术是为了缩小胎儿体积而肢解或除去胎儿身体某部分的手术。难产时,如果无法矫正胎儿,又不能或不宜施行剖腹产,或确定胎儿已经死亡,可将胎儿的某些部分截断，分别取出，或把胎儿的体积缩小后拉出。

(1)截头术　适用于胎头侧转、胎头过大、产道狭窄及胎儿前肢姿势不正等。

先用产科钩钩住眼眶，将胎头拉至产道，然后经耳前，眼眶后至下颌做一切口，在寰枕关节处切断项韧带，用产科钩钩住枕骨大孔，拉离颈部。同时把连接头颈的皮肤、肌肉用刀切断。切掉头部之后，留3个皮瓣(两耳及下颌)结扎在一起，形成一个坚固的结，以便推进或拉出胎儿时用。此法无效时，可用线锯绕过颈部将其切断，或用产科铲将颈部铲断。

(2)前肢截断术　适用于前肢各关节屈曲无法矫正或肩围过大难以产出的难产。

其方法是用指刀或隐刃刀沿肩胛骨的后角，切开胎儿的皮肤和肌肉，并将肩胛骨与胸廓的联系切断，然后用产科钩或产科绳将前肢扯断拉出。在肘关节或腕关节屈曲时，可用指刀或隐刃刀切断关节处的周围皮肤、肌肉及韧带的联系，然后用铲或凿铲断或用线锯锯断。

(3)后肢截断术　适用于倒生时、胎儿过大及后肢姿势不正等。

施术时首先用产科绳把后肢拴住并拉紧，然后用钩状指刀或隐刃刀沿荐骨平行的方向，切开荐部与股骨间的皮肤和肌肉，一直切到髋关节。然后经坐骨结节外侧向后与会阴平行切割，并将骨盆与大腿之间的软组织完全切断。最后切断髋关节及其周围的韧带，再把后肢扯下。如果扯下有困难时可将股骨用产科凿凿断，或用线锯将其锯断，然后拉出后肢。

(4)骨盆围缩小术　适用于正生分娩时胎儿骨盆发育过大或畸形而造成的难产。

施术时，首先将胎儿的头、前肢及内脏截除并取出，再将胸廓截除。借绳导把线锯从两后肢间、尾椎之前伸入，由胎儿腹下往外拉，沿脊柱及骨盆联合锯开胎儿后躯，最后将锯开的两半分别拉出。

(5)胎儿内脏摘除术　适用于水肿或气肿胎而造成的难产。

在正生时，可先将一前肢连同肩胛骨一起切除，再切掉若干根肋骨，将手伸入胸、腹腔把内脏掏出来。倒生时，必须先截除一后肢，然后将手伸入胸、腹腔掏出全部内脏。

(6)胎儿半截术　适用背部前置的横胎向及竖胎向不能整复时。

施术时可用线锯或链锯绕过胎儿躯干，然后锯断并分别拉出。若无线锯、链锯时可用指刀或隐刃切开腹壁，摘除内脏，然后用产科凿或铲将脊柱铲断，再分别取出来。

【复习思考题】

1. 简述术中止血方法。
2. 叙述术前手术人员、动物和物品如何进行消毒。
3. 动物手术麻醉方法有哪些?
4. 常用手术器械的使用方法有哪些?
5. 动物手术组织切开方法及止血方法有哪些?
6. 常用外科手术打结方法和缝合方法有哪些?
7. 瘤胃切开术的适应症有哪些? 描述该手术的基本操作步骤。
8. 肠管吻合术有几种方法? 简要叙述其适应范围和基本步骤。
9. 简述公猪去势术的操作要领。
10. 试述小母猪阉割术的术部确定及操作要点。
11. 试述牛的剖腹产术的手术过程。
12. 简述助产术的基本方法。

参考文献

1. 韩博.动物疾病诊断学.北京:中国农业大学出版社,2005.
2. 王俊东,刘宗平.兽医临床诊断学.北京:中国农业出版社,2006.
3. 耿永鑫.兽医临床诊断学.北京:中国农业出版社,2001 .
4. 王书林.兽医临床诊断学.3 版.北京:中国农业出版社,2003.
5. 唐兆新.兽医临床治疗学.北京:中国农业出版社,2002.
6. 汤德元,陶玉顺.实用中兽医学.北京:中国农业出版社,2005.
7. 侯加法.小动物外科.北京:中国农业出版社,2000.
8. 白景煌.养犬与犬病.北京:科学出版社,2001.
9. 汪世昌,陈家璞.家畜外科学.3 版.北京:中国农业出版社,2000.
10. 甘孟侯.禽病诊断与防治.北京:中国农业大学出版社,2002.
11. 崔中林.实用犬猫疾病防治与急救大全.北京:中国农业出版社,2002.
12. 林德贵.犬猫病的诊断与防治手册.北京:中国农业大学出版社,1999.
13. 杨龙骐.兽医临床诊疗技术.西安:西安出版社,2002.
14. 陈崇德,杨龙骐,钟鸣久.动物外科学.郑州:河南科学技术出版社,1993.
15. 东北农学院.兽医临床诊断学.北京:中国农业出版社,2001.
16. 武瑞.兽医临床诊疗学.2 版.哈尔滨:东北林业大学出版社.2006.
17. 李玉冰.兽医临床诊疗技术.北京:中国农业出版社,2009.
18. 何德肆.动物临床诊疗与内科病.重庆大学出版社,2007.
19. 东北农业大学.兽医临床诊断学实习指导.北京:中国农业出版社,2001.
20. 吴敏秋,周建强.兽医实验室诊断手册.南京:江苏科学技术出版社,2009.
21. 沈永恕.兽医临床诊疗技术.北京:中国农业大学出版社,2005.
22. 万鹏程,杨永林,石国庆,等.B 超仪与腹腔内窥镜在绵羊早期妊娠诊断中的应用.草食家畜(季刊),2003,118(1):31-32.
23. 张建涛,王洪斌,孙玉国,等.用腹腔镜探查母山羊腹腔.中国兽医杂志,2008,44(9):25-26.

24. 郑家三,夏成,张洪友.应用腹腔镜对奶牛进行腹腔探查.中国奶牛,2009(8):45-47.

25. 石焦,王洪斌,张建涛,等.腹腔镜技术在马疾病诊治中的应用.中国兽医杂志,2009,45(9):80-81.

26. 刘志学,赵凯,王玉珠.心电图在动物疾病与麻醉中的应用.畜牧兽医科技信息,2005(1):63-63.

27. 李树鹏,郝艳霜,陈文英,等.心电图在家禽生产中的应用.中国家禽,2008,30(7):54-55.

28. 陈兆英.超声断层扫描监测湖羊早孕的应用试验.中国养羊,1996(2):16-19.

29. 覃广胜,梁贤威,杨炳,等.B超在水牛繁殖中的应用.中国奶牛,2010(6):28-30.

30. 靳智勇.兽用超声多普勒仪在奶牛早期妊娠诊断中的应用.青海大学学报,(自然科学版),2008,26(2):77-78.

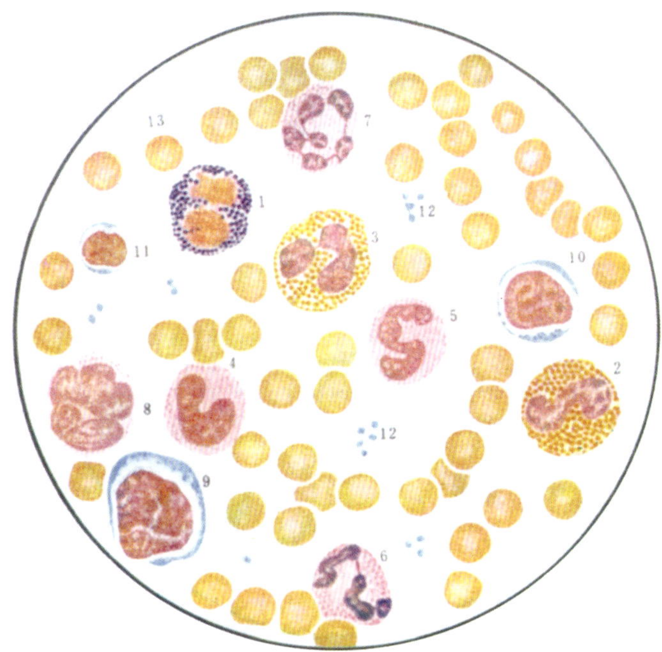

彩图 1　牛血涂片

1. 分叶核型嗜碱性粒细胞　2. 杆状核型嗜酸性粒细胞　3. 分叶核型嗜酸性粒细胞　4. 幼稚型嗜中性粒细胞　5. 杆状核型嗜中性粒细胞　6、7. 分叶核型嗜中性粒细胞　8. 单核细胞　9. 大淋巴细胞　10. 中淋巴细胞　11. 小淋巴细胞　12. 血小板　13. 红细胞

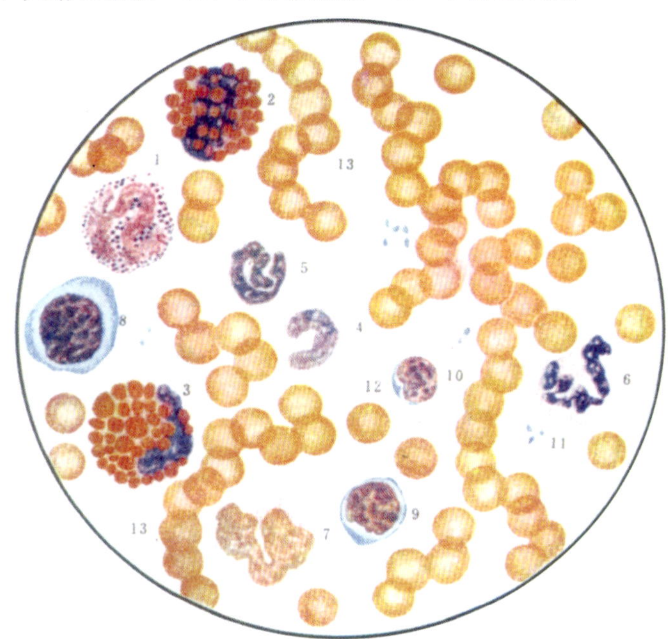

彩图 2　马血涂片

1. 嗜碱性粒细胞　2、3. 嗜酸性粒细胞　4. 幼稚型嗜中性粒细胞　5. 杆状核型嗜中性粒细胞　6. 分叶核型嗜中性粒细胞　7. 单核细胞　8. 大淋巴细胞　9. 中淋巴细胞　10. 小淋巴细胞　11. 血小板　12. 单独的红细胞　13. 串状红细胞

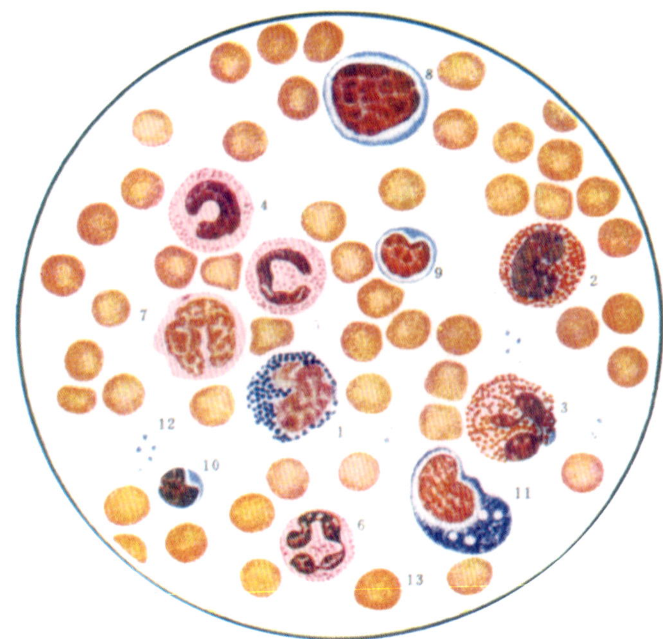

彩图 3　猪血涂片

1. 嗜碱性粒细胞　2. 幼稚型嗜酸性粒细胞　3. 分叶核型嗜酸性粒细胞　4. 幼稚型嗜中性粒细胞　5. 杆状核型嗜中性粒细胞　6. 分叶核型嗜中性粒细胞　7. 单核细胞　8. 大淋巴细胞　9. 中淋巴细胞　10. 小淋巴细胞　11. 浆细胞　12. 血小板　13. 红细胞

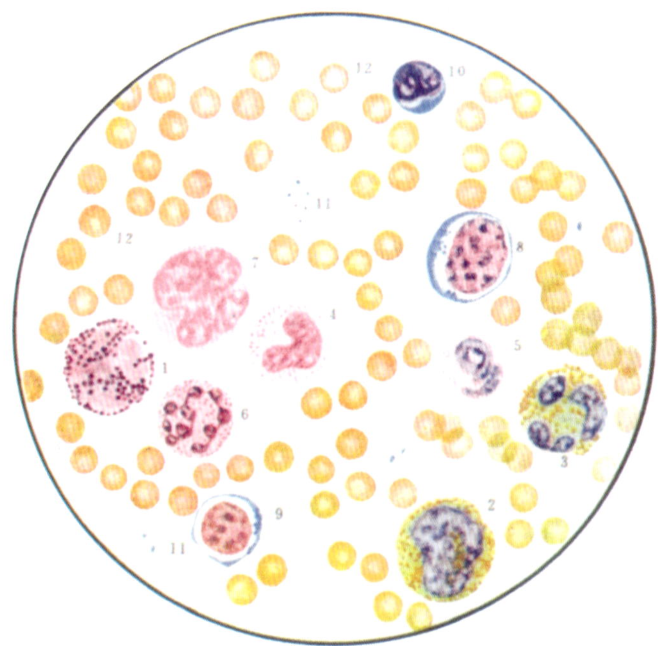

彩图 4　绵羊血涂片

1. 嗜碱性粒细胞　2. 杆状核型嗜酸性粒细胞　3. 分叶核型嗜酸性粒细胞　4. 幼稚型嗜中性粒细胞　5. 杆状核型嗜中性粒细胞　6. 分叶核型嗜中性粒细胞　7. 单核细胞　8. 大淋巴细胞　9. 中淋巴细胞　10. 小淋巴细胞　11. 血小板　12. 红细胞

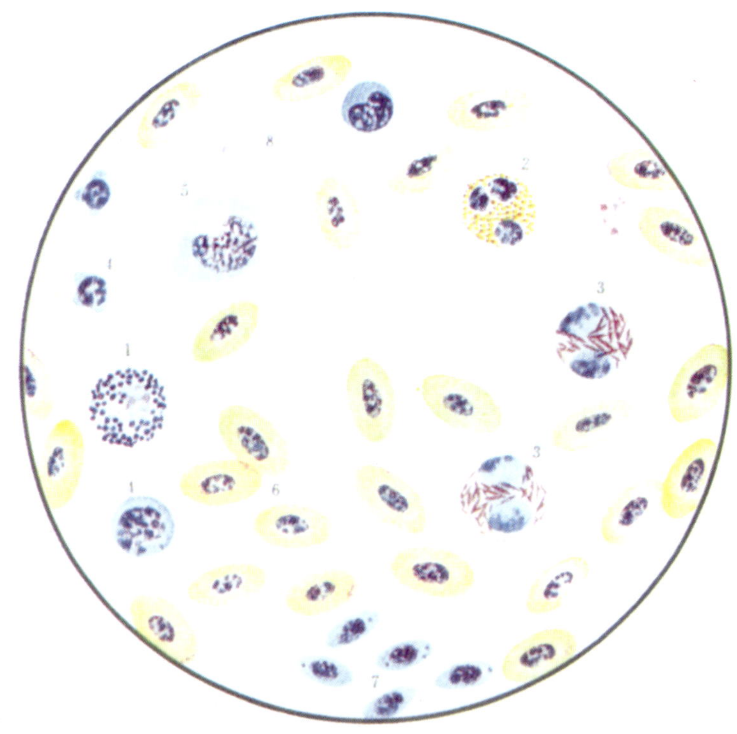

彩图 5　鸡血涂片

1. 嗜碱性粒细胞　2. 嗜酸性粒细胞　3. 嗜中性粒细胞
4. 淋巴细胞　5. 单核细胞　6. 红细胞　7. 血小板　8. 核的残余

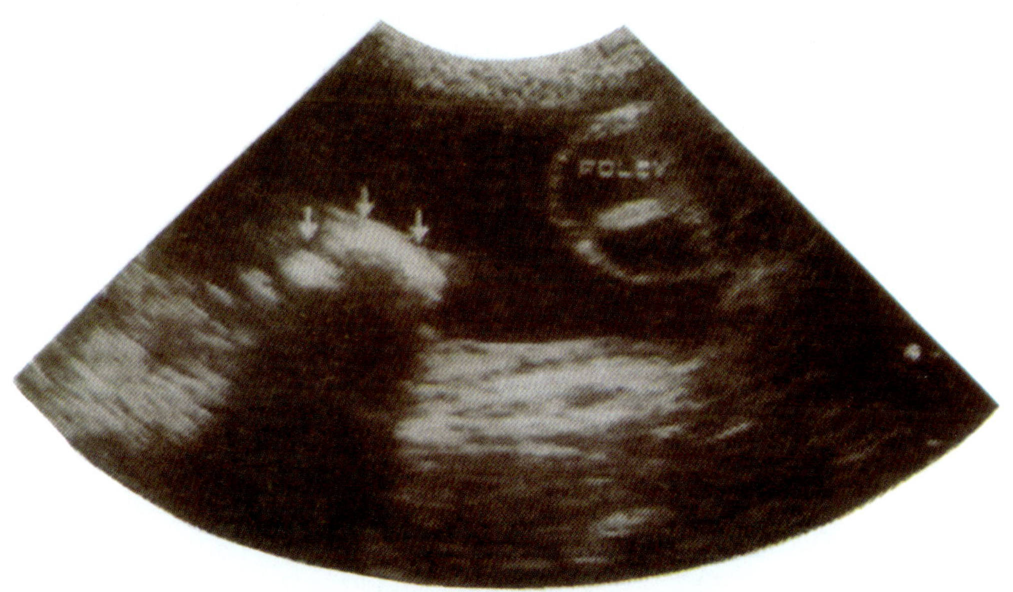

彩图 6　清洁声影

膀胱底部囊状结石远方清洁的声影（箭头所指），膀胱颈部圆形结构是 Foley 套管

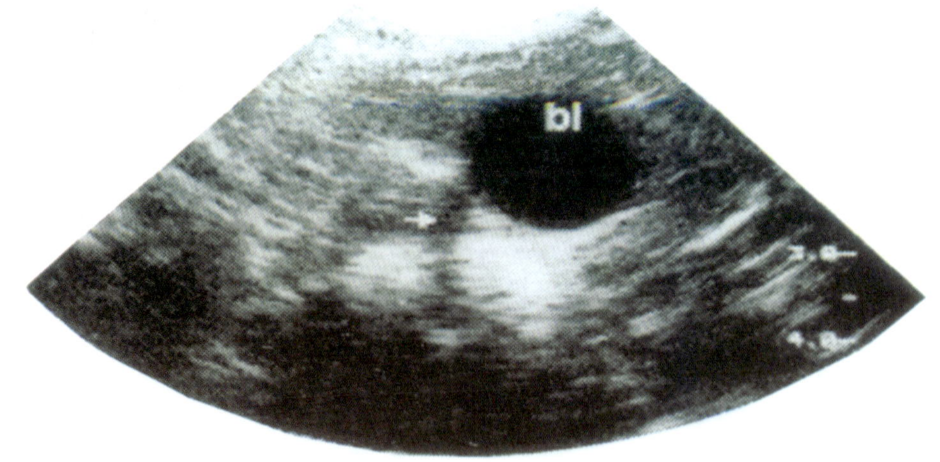

彩图 7　膀胱横断面侧边声影（箭头所指）

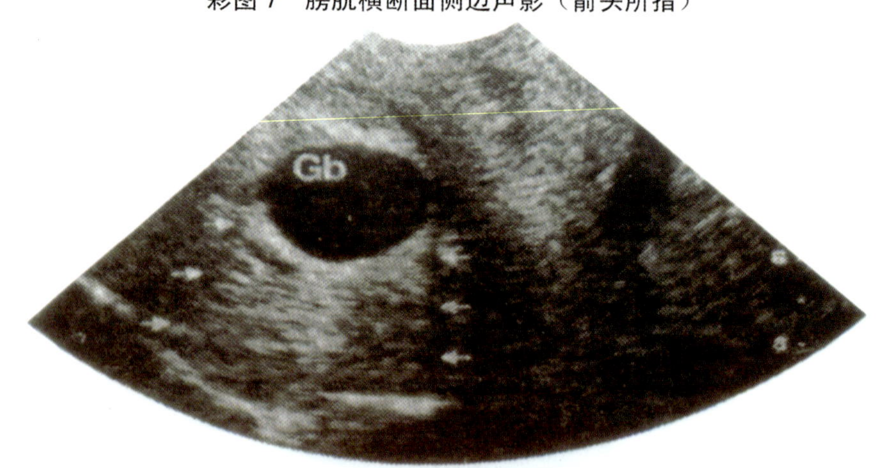

彩图 8　后壁增强效应

胆囊横断面图，在胆囊远方出现回声增强（箭头之间），较弱的侧边回声也明显可见

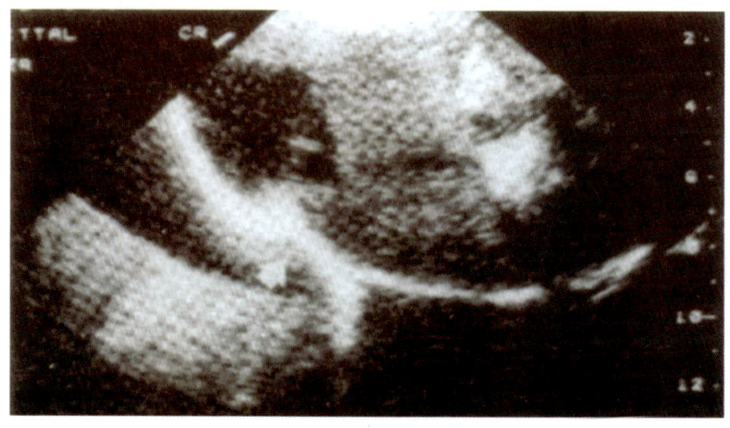

彩图 9　膈肌移位

由于胸膜渗出，声阻抗改变，造成膈肌移位

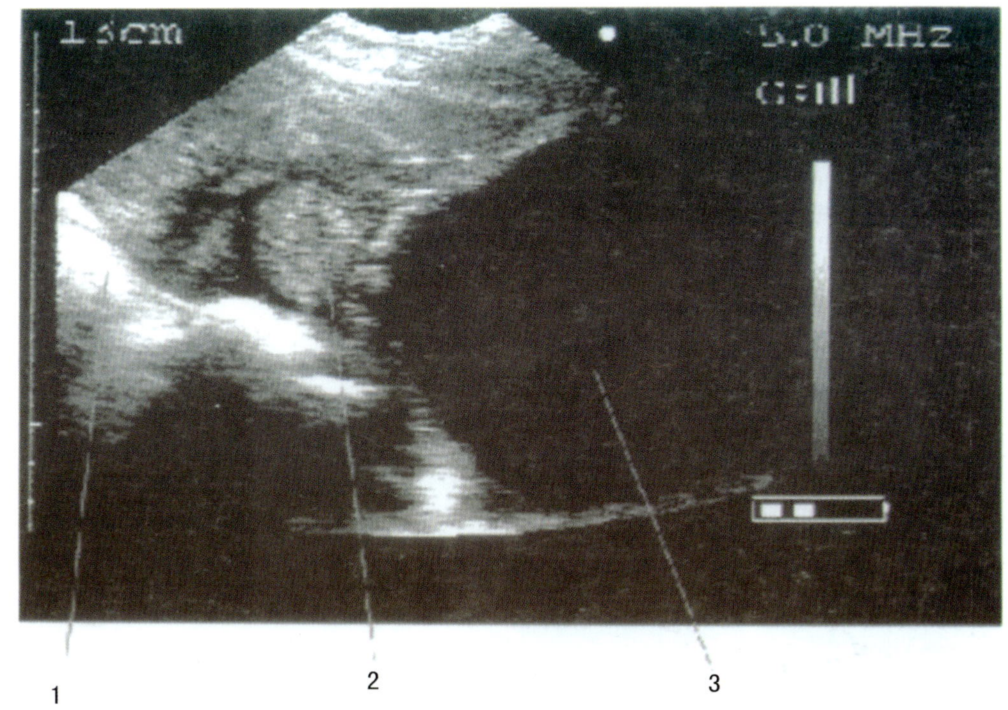

彩图 10　猪卵巢声像图

从左至右的第 1 条线指示肠袢；第 2 条线指示卵巢；第 3 条线指示膀胱

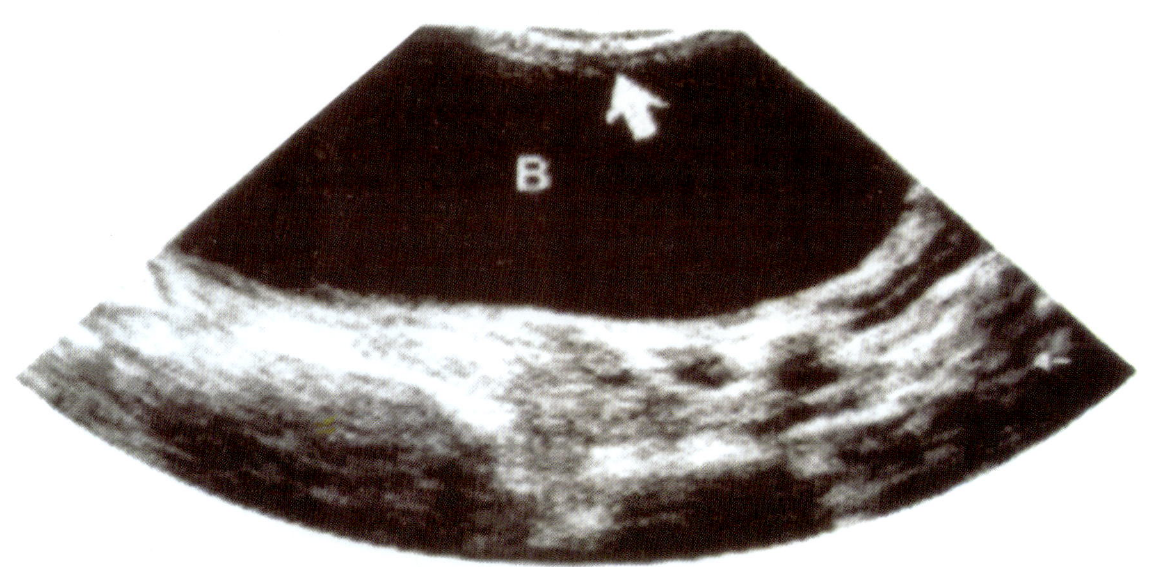

彩图 11　犬膀胱正常声像图

膀胱壁薄而平滑，内腔为液性暗区

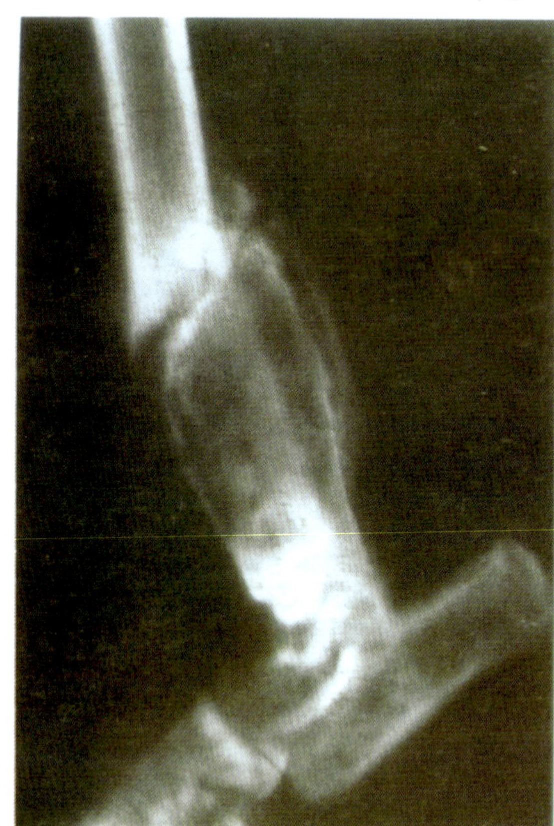

彩图12 病理性骨折（Thrall D E，1986）

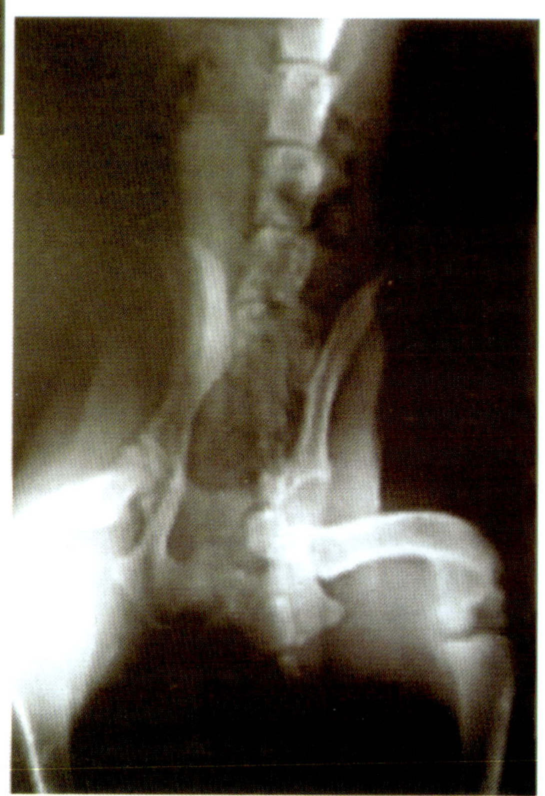

彩图13 髋关节内方脱位

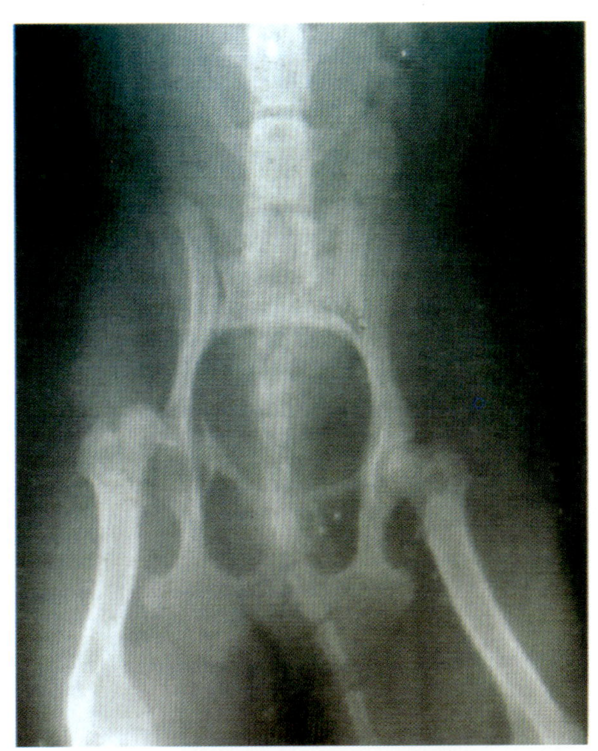

彩图 14　髋关节前外方脱位

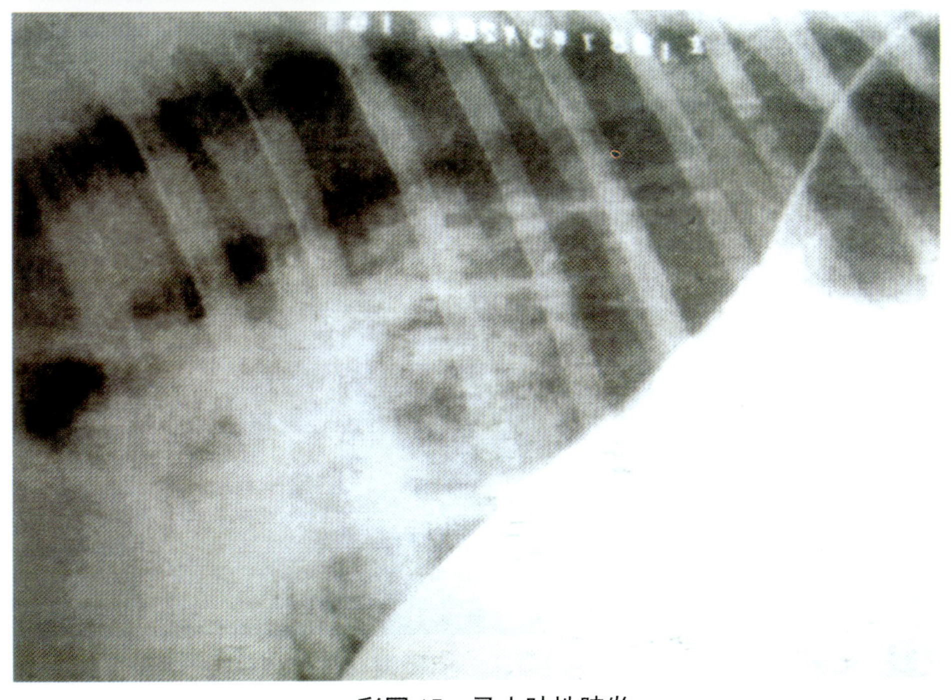

彩图 15　马小叶性肺炎

左侧位示心膈角部及其上方肺野较广泛性不均匀渗出阴影

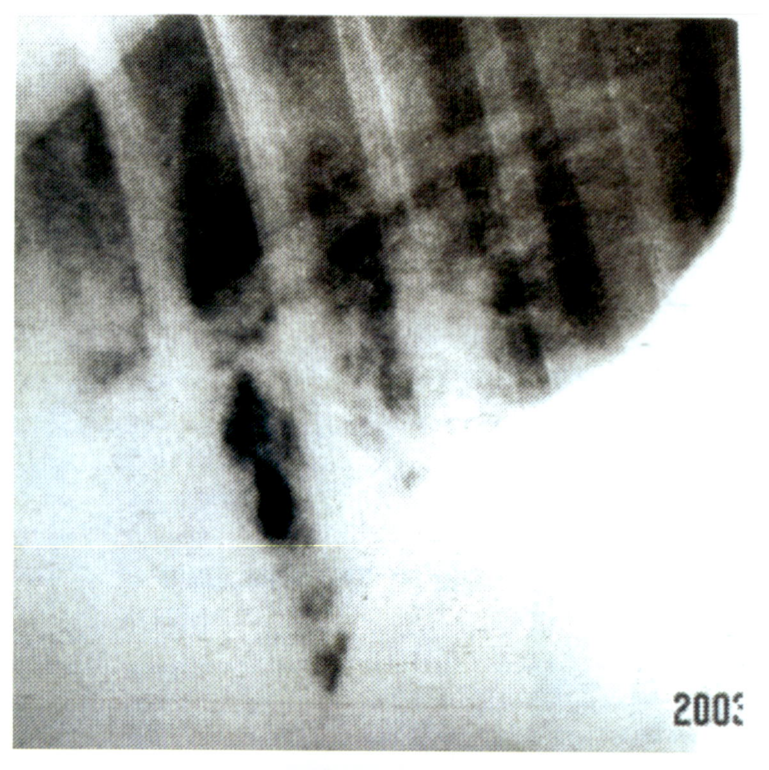

彩图 16 牛小叶性肺炎

侧位片显示心膈角及其上方肺野多发小片状渗出性阴影

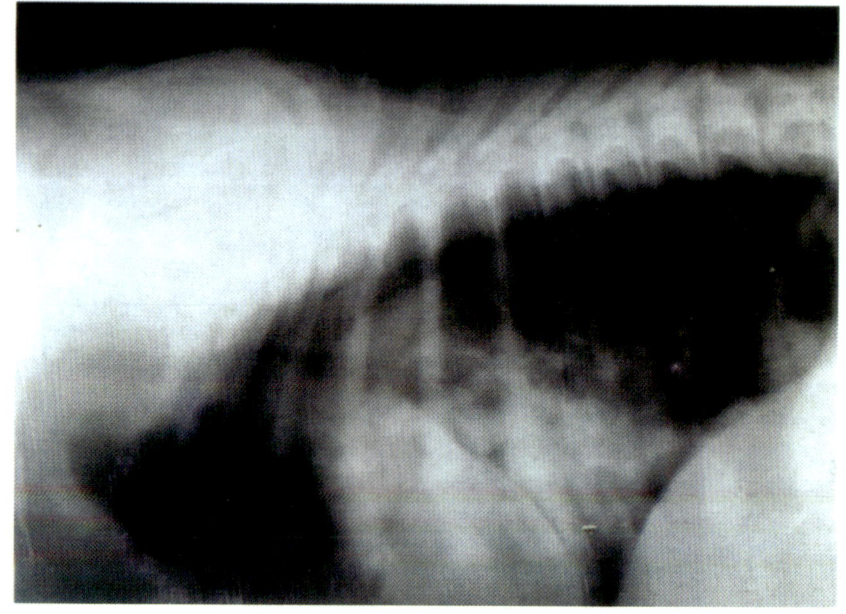

彩图 17 犬小叶性肺炎

侧位片可见心膈角存在范围较广的云絮状渗出性阴影

彩图 1~5 引自东北农业大学主编《临床诊疗基础》

彩图 6~11、13~18 引自中国农业大学谢富强主编《兽医影像学》